南水北调东线八里湾泵站建设管理与施工关键技术

主　编　钟传利　王继堂
副主编　李新立　刘瑞伟

U0253396

黄河水利出版社

·郑州·

内 容 提 要

本书以《水利工程建设程序管理暂行规定》(1998 年 1 月 7 日水利部发布)为纲要,参照现行国家及行业近年来颁发的有关规范、标准、法律法规等精心编写而成。全书共分 9 篇、42 章。第一篇为建设项目"三项制度",共分 5 章;第二篇为泵站深基坑工程降水及止水帷幕关键技术研究,共分 5 章;第三篇为临时帷幕围封截渗和基坑降水监测,共分 3 章;第四篇为桩基础和混凝土底板及流道异型模板,共分 3 章;第五篇为度汛措施和安全措施,共分 3 章;第六篇为金属结构与机电设备,共分 4 章;第七篇为场区布置、基坑开挖及水保、环保,共分 4 章;第八篇为泵站运行管理,共分 5 章;第九篇为安全评估,共分 10 章。

本书在编写过程中力求涵盖泵站建设管理的主要环节、施工关键技术,涉及其他主要施工、验收、评价内容,不仅可供水利工程建设管理、监理和施工人员使用,也可供大专院校相关专业的师生学习参考。

图书在版编目(CIP)数据

南水北调东线八里湾泵站建设管理与施工关键技术/钟传利,王继堂主编 . —郑州:黄河水利出版社,2014. 12
ISBN 978 - 7 - 5509 - 1002 - 7

Ⅰ. ①南… Ⅱ. ①钟… ②王… Ⅲ. ①南水北调 – 泵站 – 水利工程 Ⅳ. ①TV675

中国版本图书馆 CIP 数据核字(2014)第 302583 号

组稿编辑:王路平 电话:0371 - 66022212 E-mail:hhslwlp@ 126. com

出 版 社:黄河水利出版社
地址:河南省郑州市顺河路黄委会综合楼 14 层 邮政编码:450003
发行单位:黄河水利出版社
发行部电话:0371 - 66026940、66020550、66028024、66022620(传真)
E-mail:hhslcbs@ 126. com
承印单位:郑州龙洋印务有限公司
开本:787 mm × 1 092 mm 1/16
印张:29.5
字数:680 千字 印数:1—1 000
版次:2014 年 12 月第 1 版 印次:2014 年 12 月第 1 次印刷
定价:80.00 元

《南水北调东线八里湾泵站建设管理与施工关键技术》

编委会

主　　编　　钟传利　　王继堂

副 主 编　　李新立　　刘瑞伟

编著人员　　钟传利　　王继堂　　李新立　　刘瑞伟

　　　　　　李建军　　李建志　　杨玉林　　钟传青

　　　　　　冯延海　　孙　强　　曲淑文　　张艳锋

　　　　　　冯向珍　　孙　倩

前　言

　　水利工程基本建设程序的实施,规范了水利建设市场,建设项目"三项制度"在水利工程建设中发挥了重要作用,取得了令人瞩目的成就,积极推动了水利建设行业的发展。建设项目"三项制度"的实施,保证并提高了工程质量,满足了施工工期,控制并降低了工程总投资。随着我国市场经济的进一步发展和完善,对水利工程建设工作提出了更高标准的要求,培养和造就高素质的水利工程建设人才越来越迫切。

　　为了适应我国建设管理体制改革的不断深化及水利事业蓬勃发展的新形势,满足水利工程建设工作的需求,增强水利工程建设人员自身素质,提高自身能力,作者亲身经历"南水北调东线八里湾泵站枢纽工程"建设,以国家及水利水电行业的现行规范、标准等为指导,结合水利工程的特性,将近三年来从事泵站建设、监理、施工、试运行、运行管理、质量评定与验收等工作内容,总结实践经验和体会,编写出《南水北调东线八里湾泵站建设管理与施工关键技术》一书。书中简明扼要地介绍了泵站建设管理的主要实施过程,尽可能地阐述施工关键技术基本做法。本书作者多年从事水利工程建设管理工作,具有担任建设管理主管、总工程师、总监理工程师、项目经理的经历,写作基础是泵站工程实施过程中的实践经验积累,其内容具体,层次清晰,操作性强,可供水利水电工程建设人员及其他有关人员参考。

　　本书编写过程中参考和引用了有关作者的资料,由于篇幅有限,书后仅列出了主要文献目录,在此对所引用文献的作者对本书编写所给予的支持和帮助表示衷心的感谢!在本书的编写过程中还有许多工作人员提供了大量翔实的第一手资料,付出了辛勤的劳动,并提出了许多有益的建议,较好地丰富了本书的内容,在此对他们表示衷心的感谢!

　　由于编者水平有限,书中难免有不妥之处,恳请读者批评指正。

作　者

2014 年 10 月

目　录

第七篇　场区布置、基坑开挖及水保、环保

第八篇　泵站运行管理

第九篇　安全评估

第一篇 建设项目"三项制度"

第一章 项目法人制

第一节 项目法人责任制的发展

项目法人责任制自 20 世纪 90 年代中期开始实施,从经营性项目的试行,到包括公益性项目在内的全面推行,经过了 20 多年探索历程。1998 年,水利工程实行了以项目法人责任制为核心的建设管理"三项制度"改革,对实行项目法人责任制提出了一系列要求。经过试验、探索和不断地总结,使项目法人最终落实为建设项目的责任主体,在项目建设管理和维护建设市场秩序中处于核心地位,是招标投标制、建设监理制及工程建设的关键。这对规范水利工程建设、确保工程质量起到了巨大作用。

第二节 泵站建设管理

南水北调主体工程建设采用项目法人直接管理、代建制和委托制管理相结合的管理模式,即对工程技术复杂、工期压力大的枢纽、重要渠段(河)及省(市)边界工程,由项目法人直接建设管理或招标选择专业建设管理机构实行代建制管理;对技术含量低、工期压力小的渠(河)道工程,由项目法人以合同方式,委托地方政府指定或组建的建设管理机构组织建设。

南水北调工程建设实行项目法人直接管理与委托和代建相结合的管理模式。国务院南水北调工程建设委员会办公室(简称国调办)根据山东省南水北调工程总体规划和分期建设要求,并考虑到历史情况、现状条件以及工程运用功能,组建了南水北调东线干线有限责任公司。由山东省出资人代表组建,作为一期工程的项目法人。

受南水北调东线山东干线有限责任公司委托,东平湖管理局承担了八里湾泵站工程建设管理任务,并抽调精干人员成立了"南水北调东线八里湾泵站工程建设管理局",内设办公室、工程技术处、财务资产处和质量安全处 4 个职能部门。

第三节 泵站工程委托建设管理协议

甲方：南水北调东线山东干线有限责任公司

乙方：山东黄河河务局东平湖管理局

南水北调东线一期南四湖至东平湖段输水与航运结合工程八里湾泵站工程初步设计已经得到国务院南水北调办公室批复，为确保工程顺利实施，遵循有利于工程项目建设与运行管理、提高管理效率和责权统一的原则，结合该工程特点，参照《南水北调工程委托项目管理办法(试行)》及《中华人民共和国合同法》有关规定，甲方委托乙方负责该工程建设管理工作。经甲、乙双方协商，达成如下协议。

一、委托项目及内容

委托项目：南水北调东线一期南四湖至东平湖段输水与航运结合工程八里湾泵站工程。

委托内容：从工程监理、施工招标开始的工程建设管理和移交工作。

其中：水泵站与机电设备，工程保险(建筑工程一切险附加第三者责任险、雇主责任险)已经招标确定并签订合同，不在本次委托范围。

投资：按国调办批复概算，扣除征地移民补偿费、前期工作经费、甲方实施的其他费用和8%的建设单位管理费等。

委托形式及工期要求：甲方委托乙方作为该项目的建设管理责任主体，乙方依据国调办有关规定和本协议对甲方负责，并对项目的质量、进度、投资及安全直接负责。

乙方承担项目在初步设计批复后至项目完工(竣工)验收移交给管理单位为止的建设管理工作。

二、责任目标

(1)投资控制目标：确保委托项目不突破国家批复概算的投资，并按照国调办"静控动管"的办法实施投资管理。

(2)进度控制目标：确保委托项目工程建设在国家批准的工程建设期内完工。

(3)工程质量目标：确保项目主体工程达到优良标准。

(4)安全生产目标：杜绝重特大事故发生，避免较大事故发生，减少一般事故发生，力争实现事故死亡率"零"目标。

(5)文明施工目标：争创省部级文明建设工地。

三、建设资金管理、拨付与结算

(1)国家投资计划下达、资金到位后，甲方扣除征地移民补偿费、相应的勘测设计费和按照规定甲方支配的管理费后，其余资金拨付乙方。

(2)工程开工后，甲方以季度作为资金拨付周期，向乙方预拨付建设资金。乙方应在每季度的第一个月内，向甲方报送下季度的建设资金申请计划，同时向甲方提交上季度的工程进展情况和资金使用详细报表，经甲方审核后在本季度末前向乙方预拨付下季度的建设资金。

(3)当拨付的资金总额达到由乙方管理的建设项目静态投资的95% 时，甲方停止向乙方拨付建设资金,待项目质保期满、完工验收后交付运行管理单位的三个月内,甲方向乙方拨付剩余资金。

(4)甲方将委托项目的建设单位管理费的92%交由乙方包干使用。

(5)本协议实施过程中,若国家实行国库集中支付,建设资金的拨付按照国库集中支付的要求办理;若国家和地方对南水北调工程建设资金的管理有新的规定,则双方应遵照执行;资金节余按照国调办有关规定处理。

四、双方权利和义务

(一)甲方权利和义务

1.甲方权利

(1)依据国家有关规定监督检查乙方的现场建设管理机构设置以及人员配备到位情况。若甲方认为乙方履行合同不力严重影响工程建设,有权要求乙方更换主要负责人员。

(2)依据国家规定及本协议对项目的投资控制、建设进度、工程质量、安全生产、文明施工等进行监督和检查。

(3)审核乙方编报的年度投资计划、建设实施方案及有关度汛等专项方案。

(4)对乙方的招标活动进行监督。

(5)按照国家有关规定组织工程验收。

(6)山东省南水北调南四湖至东平湖段工程建设管理局作为甲方派驻该项目的现场管理机构,代表甲方全面负责该项目的现场管理工作,行使该协议中甲方的各项权利和义务。

2.甲方义务

(1)筹措工程建设资金,按照工程进度及本协议及时拨付乙方。

(2)向乙方提供国调办及甲方制定的与实施本工程项目建设管理有关的管理办法和规定。

(3)负责施工图勘察设计委托工作。

(4)本协议保密期内,不得泄露乙方申明的秘密,不得泄露与本协议业务有关的技术、商务等资料。

(二)乙方权利和义务

1.乙方权利

(1)负责组建现场建设管理机构和人员配备。

(2)按本协议的约定独立进行项目的建设管理。

(3)按照国调办有关规定组织该项目的施工及设备采购的招标,并与中标人签订合同。

(4)审核和支付项目的工程价款、竣工结算。

(5)按照南水北调工程的有关验收管理规定,组织该项目的施工合同验收和完工验收。

2.乙方义务

(1)按照国调办有关规定设置现场管理机构和配备人员,并保持主要人员的相对稳定。

（2）工程建设资金严格执行南水北调财务管理规定，设立工程建设资金银行专户一个，专款专用，严格资金管理，不得截流、挪用建设资金，并接受国家有关行政主管部门依法进行的稽查、监督和审计。

（3）严格执行国家有关规定、规程、工程质量和技术标准，以及国调办和甲方制定的有关南水北调工程建设的管理办法和规定，在项目的建设管理中应当实行招标投标制、建设监理制以及合同管理制。

（4）接受南水北调工程山东质量监督站监督，上级有关部门的审计、稽查、检查等。

（5）按时编报总体建设实施方案、年度投资计划方案、年度建设实施方案、项目管理预算、价差报告、度汛方案及有关专项方案。

（6）招标工作严格按照国家及国调办有关法律法规执行，严格按照已批准的分标方案组织招标，及时向甲方报送招标报告、招标结果、公示报告、招标总结及有关合同文本。

（7）按时报送项目建设管理月报及有关统计报表，按照国家、南水北调有关档案管理办法做好工程建设过程中有关资料的收集、整理、归档、验收、移交。

（8）按照国家有关规定和工程专项设施批复意见做好文物保护、环境保护和水土保持工作。

（9）负责完成项目年度决算、完工决算、完工报告的编制，并完成完工决算审计。

（10）负责工程建设过程中出现的文物保护等方面的工作，做好与工程建设有关的其他方面协调工作。

（11）本协议保密期限内，不得泄露甲方申明的秘密，不得泄露与本协议有关的技术、商务等资料。

五、其他

（1）甲方已经为本工程购买了"建筑工程一切险附加第三者责任险和雇主责任险"，乙方应明确一名保险联系人，并按规定提供雇主人员名单，出险时甲方协助乙方按保险协议办理理赔事宜。

（2）本工程征地移民工作由山东省南水北调建设管理局委托地方政府组织实施，双方共同配合，做好征地移民、环境协调工作，为工程的顺利实施提供良好的外部条件。

（3）本工程水土保持监测、环境工程监测部分已由甲方统一落实实施单位，双方共同配合做好该项工作，为工程顺利实施提供条件。

（4）乙方不得委托第三方从事全部或部分工程项目的建设管理工作。

（5）设计变更的管理按照国调办有关规定执行。乙方严格控制各种设计变更，因设计变更增加的费用由乙方用招标节余解决。

（6）工程部分预备费的使用按国调办规定执行。

（7）工程其他问题见附件一。

六、争议的解决

本协议发生争议时，双方应通过友好协商解决，协商不成的，提交山东省南水北调工程建设管理局进行调解。在解决争议的过程中，双方仍应继续承担本协议约定的各自的责权和义务，保证工程建设与运行的正常进行。

七、本协议未尽事宜，双方协商解决，双方签订的相关补充协议具有与本协议同等法律效力。

八、本协议正本二份,甲乙双方各执一份;副本六份,甲乙双方各执二份,报国调办、山东省南水北调建设管理局各一份备案,抄山东黄河河务局一份。本协议经双方签字盖章后生效,正本与副本具有同等法律效力。

甲方:(盖章)　　　　　　　　　　　乙方:(盖章)

法定代表人或委托代理人:(签字)　　　法定代表人或委托代理人:(签字)

日期: 年 月 日　　　　　　　　　　日期: 年 月 日
地址:　　　　　　　　　　　　　　　地址:

联系电话:　　　　　　　　　　　　　联系电话:

第四节　泵站建设管理制

一、泵站工程建设管理制度

(1)南水北调东线八里湾泵站工程建设管理局职责。
(2)南水北调东线八里湾泵站工程建设管理局岗位职责。
(3)党风廉政建设制度。
(4)领导班子廉政建设岗位职责。
(5)工作及生活秩序管理办法。
(6)南水北调东线八里湾泵站工程建设重大质量与安全事故应急预案。
(7)南水北调东线八里湾泵站工程安全生产管理办法。
(8)南水北调东线八里湾泵站工程建设管理局安全生产责任制度。
(9)南水北调东线八里湾泵站工程安全生产例会制度。
(10)南水北调东线八里湾泵站工程安全生产事故报告和处理制度。
(11)南水北调东线八里湾泵站工程安全生产隐患排查整改制度。
(12)南水北调东线八里湾泵站工程质量管理与验收办法。
(13)南水北调东线八里湾泵站工程质量管理责任制度。
(14)南水北调东线八里湾泵站工程质量例会制度。
(15)南水北调东线八里湾泵站工程质量管理检查制度。
(16)南水北调东线八里湾泵站工程建设管理局质量缺陷处理备案制度。
(17)南水北调东线八里湾泵站工程质量事故报告和处理制度。

（18）南水北调东线八里湾泵站工程质量与安全月报制度。

（19）南水北调东线八里湾泵站工程专项技术方案审查制度。

（20）南水北调东线八里湾泵站工程质量管理奖惩制度。

（21）文明工地建设实施办法。

（22）文明施工实施细则。

（23）南水北调东线八里湾泵站工程档案管理规定。

（24）南水北调东线八里湾泵站工程施工图审查管理办法。

（25）南水北调东线八里湾泵站工程现场质量检查制度。

（26）八里湾泵站工程设计变更实施细则。

二、南水北调东线八里湾泵站工程建设管理局职责

南水北调东线八里湾泵站工程建设管理局作为南水北调东线山东干线有限责任公司委托山东黄河河务局东平湖管理局项目实施阶段的建设管理责任主体，依据国家有关法律、法规、规定和建设管理委托合同对项目法人负责，对委托项目的质量、进度、投资及安全负直接责任。其在工程建设阶段的主要职责是：

（1）负责项目建设的工程质量、建设进度、资金管理和安全生产工作。

（2）在委托项目的建设管理中实行"三项制度"，即委托项目法人制、招标投标制和建设监理制。

（3）负责通过招标优选施工、监理、重要设备供应单位，与中标单位签订合同并报项目法人备案。

（4）负责向项目法人编报有关委托项目建设的投资计划、建设信息报表、统计报表、项目建设进度、工程质量和合同价款结算动态等资料。

（5）负责完成委托项目的竣工报告、竣工决算的编制，并完成竣工决算审计。

（6）负责组织制订、上报在建工程度汛计划，采取相应的安全度汛措施，保证在建工程安全度汛。

（7）负责组织委托项目的质量评定和工程验收。

（8）负责按照有关法律、法规要求，依照验收规程组织或参与验收工作。

（9）加强和完善内部管理，组织制定各部门的规章制度。

（10）认真接受上级部门的检查、指导与监督，并积极协助工作。

（11）完成上级单位交办的其他任务。

三、南水北调东线八里湾泵站工程建设管理局岗位职责

为规范和加强建管局的管理工作，以提高工程建设管理水平，确保工程质量、进度和投资效益目标实现，全面高效、高质量的完成工程建设任务，特制订本单位工作人员的岗位职责如下：

一、局长岗位职责

负责建管局的全面工作。团结并带领全体职工，正常有序地开展建设管理工作，完成合同所约定的各项建设管理任务并承担相应的建设管理责任，实现工程项目的投资目标、

进度目标、质量目标和安全目标。其主要职责如下：

1. 主持编制建设管理规划，制定各项管理规章、制度，签发建管局内部文件。

2. 确定建管局各部门职责分工及各级管理人员职责权限，协调建管局内部工作。

3. 指导建设管理人员开展工作，负责管理人员的工作考核。根据工程建设需要，调整各专业的管理人员。

4. 协助项目法人和地方政府做好移民迁占及外部环境协调工作。

5. 依据与项目法人的合同约定，对设计合同和监理合同行使管理权，督促、检查设计人、监理人的工作。

6. 组织对工程投资、进度、质量、安全工作的管理，组织工程参建各方及时研究解决工程建设中出现的问题。

7. 负责组织委托项目的质量评定和工程验收。

8. 协助项目法人进行投入运行前的准备工作。

9. 配合有关部门对工程的审计、稽查、评审等工作，负责落实相应的整改意见。

10. 完成上级领导交办的其他任务。

二、副局长岗位职责

全面协助局长开展工作，熟悉和掌握工作情况并及时向局长反映，提出合理化建议和意见，协调部门关系，当好局长的参谋和助手。其主要职责如下：

1. 具体组织编制工程建设年度实施计划及招标投标工作。

2. 负责对工程投资调整、合同变更、工程进度款支付复核等工作的管理，协调解决工程建设中出现的问题。

3. 协助局长建立工程质量管理体系，负责组织建设管理报告的编制。

4. 组织开展科学研究工作。

5. 抓好本单位党的组织活动和思想教育工作，负责宣传和执行党的路线、方针、政策，执行上级党组织的决议。

6. 协助局长做好移民迁占及外部环境协调工作。

7. 具体组织编制资金年度使用计划。

8. 负责对工程进度款支付等工作的管理，协调解决工程建设中出现的资金问题。

9. 协助局长建立安全管理体系，制定创建文明工地的实施办法等。

10. 分管局长指定或交办的其他工作。

11. 按照局长授权，行使局长的部分职责和权力。

三、总工程师岗位职责

协助局长开展工作，全面负责建管局的工程技术工作，协管工程技术处、质量安全处。其主要职责如下：

1. 组织审查监理规划和监理实施细则。

2. 参加监理组织的设计交底、施工图会审、施工组织设计的审查等技术会议，审核设计变更通知单，审查处理监理联络单等技术文件。

3. 监督检查工程进度、质量、安全状况，及时组织研究解决施工中出现的重大技术问题。

4.组织审批承包人提出的新材料、新工艺的施工方案。

5.协助局长组织单位工程验收、竣工验收的初验。

6.组织有关各方制订质量缺陷处理方案。

7.根据局长授权,签发技术方面的文件。

8.具体负责开展科学研究工作。

9.协助局长做好防洪度汛、创建文明工地等工作。

10.协调组织工程档案资料的移交和工程移交工作。

四、总会计师职责

协助局长开展工作,全面负责建管局的财务资产工作,协管财务资产处。其主要职责如下:

1.组织制定基本建设财务管理办法、会计制度和基本建设程序编制建管局财务内控制度。

2.组织监督建设资金的安全与合理使用。

3.对工程资金进行核算,加强资金管理。

4.组织编制工程资金使用计划,严格控制建管费开支。

5.组织编制基建财务报表和竣工财务决算报告,组织拟定经济合同、协议及其他经济文件,加强财务监督。

五、办公室岗位职责

(一)办公室实行主任负责制

1.负责建立健全建管局内部各项规章制度,并组织实施、监督、检查、落实。

2.负责建管局各部门之间的协调工作。

3.负责建管局文书处理、文书立卷及工程档案的收集、整理和归档。

4.负责建管局重要活动(会议、检查、评比)的安排、组织和接待工作。

5.负责建管局往来文件及图纸收发、文档和信息管理,图片、影像资料制作和收集整理,综合性文稿及有关文件的起草及会议记录、会议纪要、简报、宣传、大事记的编写工作。

6.负责建管局专用办公设施及用品的购置、发放、使用与管理,制定车辆管理及安全工作制度,保证工程用车。

7.负责建管局及办公室印信管理及文件编印工作。

8.负责建管局工作人员劳保、补贴的发放及日常考勤工作。

9.负责工程社会治安综合治理及安全生产工作,负责文明工地建设工作。

10.协助项目法人和地方政府做好移民迁占及外部环境协调工作。

11.负责组织工程档案验收,各种文件、资料的归档移交。

12.完成领导交办的其他工作。

(二)驾驶员岗位职责

1.严格遵守《中华人民共和国道路交通法》的有关要求,行车时必须证件齐全,严禁无证驾驶。

2.对车辆及时进行保养、维修、检查和清洁等,保证并保持车辆状态良好。每月至少用半天时间检查、检修,并向主管领导报告结果。

3. 爱护所驾驶的车辆,每日"三检",即出车前、行车中、收车后的检查,发现问题应及时向有关领导汇报,并对车辆维修提出合理化建议。特别注意出车前的检查(如水箱、油量、机油、刹车油、电瓶液、轮胎、外观等),如果发现故障,应立即报告,否则要对由此引发的后果负责。

4. 车辆使用应经建管局车辆负责人批准。车辆设置"车辆行驶记录表",使用前应核对里程表与记录表上前一次用车的记录是否相符,使用后应记载行车里程、时间、地点、用途等。每月月初将"车辆行驶记录表"交建管局车辆负责人稽核。

5. 出车归来,应立即检查存油量,避免出车前临时加油而影响工作。

6. 发现故障时要立即检修。不会检修的,应立即报告有关领导,并提出具体的维修意见(包括维修项目和大致需要的经费等),未经批准,不许私自将车辆送厂维修。

7. 每月的5号前应对车辆进行全面、系统的检查,并填写检查记录,交车辆主管负责人。如发现问题,及时维修。

8. 出车在外需停放车辆时,一定要注意选择停放地点和位置,不能在不准停车的路段或危险地段停车。离开车辆要锁好保险锁,防止被盗。

9. 对自己所驾驶车辆的各种证件的有效性应经常检查,出车时一定保证车辆的证件齐全、有效。

10. 文明开车,不准危险驾车,包括酒后驾车、高速、紧跟、争道、赛车等。

11. 对乘车人要一视同仁,热情、礼貌,注意运用文明语言。车内客人谈话时,除非客人主动问话,不得随便插嘴。

12. 出车执行任务,遇特殊情况不能按时返回的,应及时通知主管领导,并说明原因。

13. 车辆如在公务途中遇不可抗力而发生车祸,应先急救伤患人员,及时向附近警察机关报案或拨打110报警,并即刻与建管局联络协助处理。

14. 未经主管领导批准,不得将车辆交给他人驾驶,严禁将车辆交给无证人员驾驶。

六、工程技术处岗位职责

(一)工程技术处

工程技术处实行处长负责制,具体职责如下:

1. 负责建立健全合同计划管理方面的相关管理办法及各项规章制度。

2. 负责按照基建管理程序,办理工程开工前的有关手续。

3. 负责工程招标投标工作。

4. 负责设计、监理、工程承包等合同的洽谈和签订工作。

5. 根据批准的初步设计和工程投资,编制工程资金使用计划以及调整计划,并严格按照批准的投资计划执行。

6. 负责合同管理,定期或不定期到各施工现场检查工程计划、投资和合同执行情况,监督检查工程进度,掌握进度情况,加强进度控制,编制工程进度计划,提出年度实施计划,审核年度、季度和月工程计划并按月向项目法人报送工程建设信息。

7. 依据工程承包合同及监理工程师认证、质量安全处核定的工程量,核定工程承包商的价款估算单,审核设计变更、索赔工程量和金额,办理工程结算事宜。

8. 负责召开年度生产计划协调会,及时编报计划统计报表,编写计划管理大事记。

9. 参加生产调度协调会和各阶段工程验收及竣工验收,配合财务部门编制年度及竣工决算报表。

10. 开展课题研究工作。

11. 完成领导交办的其他工作。

（二）工程技术处人员

1. 熟悉工程设计图纸、技术要求、合同文件、设计变更等基础资料,掌握工程现场的基本情况。

2. 按照《南水北调工程建设投资统计报表制度》及时编制基本建设月报和季度、年度统计报表,并报上级主管部门。

3. 熟悉签订的各项合同或协议,并按合同及有关规定进行管理。

4. 参与合同或招标文件的起草及有关合同的谈判工作。

5. 参与合同履行并跟踪、检查、指导、监督有关各方认真履行合同,发现问题应及时协调处理并汇报。

6. 参与工程投资的控制,配合有关部门处理合同的变更、补充、撤销或索赔等工作。

7. 配合做好合同结算支付及办理相关手续,协助做好合同资料的整理归档工作。

8. 参与课题研究工作。

9. 完成领导交办的其他工作。

七、财务资产处岗位职责

（一）财务资产处

财务资产处实行处长负责制,具体职责如下:

1. 根据基本建设财务管理办法、会计制度和基本建设程序编制建管局财务内控制度。

2. 催办建设资金及时到位,确保资金的安全与合理使用。

3. 对工程资金进行核算,加强资金管理。

4. 参与拟定经济合同、协议及其他经济文件,加强财务监督。

5. 定期向建管局领导及相关处室通报财务信息。

6. 协助有关处室编制工程资金使用计划,严格控制建管费开支。

7. 编制基建财务报表和竣工财务决算报告。

8. 完成领导交办的其他工作。

（二）出纳员岗位职责

1. 熟悉工程设计图纸、技术要求、合同文件、设计变更等基础资料,掌握工程现场的基本情况。

2. 负责现金管理、银行往来账户管理等工作。

3. 办理现金支付,汇票、支票的支付。

4. 负责工程财务账目管理。

5. 完成领导交办的其他工作。

八、质量安全处岗位职责

（一）质量安全处

质量安全处实行处长负责制,具体职责如下:

1.编制工程管理、进度、质量、安全及文明施工等管理办法并组织实施、监督。

2.负责工程技术方面的管理和现场协调工作,组织召开工程建设期间的施工协调例会,协调工程建设过程中的关系,组织工程技术问题的讨论和研究。

3.在工程施工中从技术管理角度贯彻工程设计图纸,落实建管局对工程技术方面的决定,及时反映工程施工技术方案贯彻落实情况,为决策提供依据。

4.监督、检查工程质量,掌握质量进度情况,加强工程质量控制和工期控制。

5.负责工程设计变更管理工作,参与索赔与反索赔等工作。

6.审查施工图纸,审核月支付报表中的工程量。组织编制上报度汛方案及抢险预案,检查、落实安全度汛措施。配合工程事故的调查、处理。

7.对各参建单位环境保护、水土保持、生态建设、文物保护、劳动卫生、安全生产,以及执行工程技术标准和规范、质量保证体系运行情况等进行监督、检查。

8.参加隐蔽工程、基础工程和重要的单元工程的验收,组织或参与阶段性、单位工程,完工、竣工验收,检查验收资料的准备工作,办理工程移交手续。

9.协助并配合运行准备、移民、征地工作、各种工程质量检查。

10.开展课题研究工作。

11.完成领导交办的其他工作。

(二)质量与安全员岗位职责

1.熟悉工程设计图纸、监理细则、有关工程规范、施工组织设计、合同文件、设计变更等基础资料,掌握工程现场的基本情况。

2.参与图纸会审及现场技术交底。

3.参与工程进度计划审查,及时掌握了解工程施工过程中存在的问题。

4.及时掌握工程施工质量与安全情况。

5.协助办公室做好督促、检查及处理工程建设的安全生产管理工作。

6.负责收集、整理工程施工质量、进度、投资等方面的资料。

7.协助开展移民迁占工作。

8.参与施工技术要求、建设管理信息和汇报材料、验收资料等技术文件的编写。

9.参与课题研究工作。

10.完成领导交办的其他工作。

四、党风廉政建设制度

为做好八里湾泵站建设管理局的党风廉政工作,根据国务院《关于实行党风廉政建设责任制的规定》,结合我局实际,特制定如下规定:

一、认真贯彻执行黄委系统有关党风廉政的规定,带头执行各项制度,狠抓工作落实。

二、每月召开一次领导班子会,研究党风廉政工作,学习贯彻上级有关党风廉政规定,实行一把手负总责、副职分工负责制。

三、实行领导责任追究制,与年终目标考核结合起来,凡出现问题的,主管领导要负责任。

四、具体分管领导抓好廉政建设的日常工作,对出现的问题及时解决。

五、坚持民主集中制的原则，不以权谋私，管好自己，管好部下，管好子女和亲属。

六、班子成员要带头拒礼、拒贿、拒请吃，不请客送礼。

七、班子成员要带头端正作风，经常倾听下级和群众的意见，自觉接受党和社会、群众、舆论的监督，经常开展批评与自我批评。

五、领导班子廉政建设岗位职责

一、按照党中央、国务院《关于实行党风廉政建设责任制的规定》，对本单位党风廉政建设负总责，抓好本单位党风廉政建设责任制工作的落实。

二、贯彻落实党中央、国务院关于党风廉政建设的部署，分析研究本单位党风廉政状况，研究制订党风廉政建设工作计划，与业务工作一起部署，一起落实，一起检查，一起考核。

三、组织本单位党员、干部学习邓小平关于党风廉政建设的理论，学习党风廉政法规，进行党性党风党纪和廉政教育，带头遵守廉洁自律的各项规定。

四、贯彻落实党和国家党风廉政法规制度，结合本单位实际，制定和完善党风廉政法规制度，健全管理和监督机制，标本兼治，综合治理。

五、履行监督职责，对本单位廉政建设情况组织检查考核，对本单位党政领导班子成员和所属单位负责人廉洁从政情况进行监督管理，并管好家属子女和身边工作人员。

廉洁自律规定如下：

1. 不准索取被管理对象、当事人及其亲友钱物。

2. 不准接受可能影响公正执行公务的礼物和宴请。

3. 不准在公务活动中接受礼金和各种有价证券。

4. 不准接受其他单位或者当事人赠送的信用卡、支付凭证以及报销应由个人负担的费用。

5. 不准用公款、公物操办婚丧喜庆事宜和借机敛财。

6. 不准用公款支付配偶、子女或亲友的学习、培训费用。

7. 不准违反规定用公款装修、购买住房。

8. 不准用公款或利用职务之便参加歌厅、舞厅、夜总会等场所的娱乐活动。

9. 不准擅自用公款包租或者占用客房供个人使用。

10. 不准利用职权吃、拿、卡、要以及违反工作程序，泄露工作机密。

11. 不准以个人名义存储公款和违反规定买卖股票或参与走私、贩私、贩毒、投机倒把等活动。

12. 不准违反规定在经济实体中兼职或者兼职取酬、从事有偿中介活动。

13. 不准妨碍涉及配偶、子女、其他亲友及身边工作人员案件的调查处理。

14. 不准对检举揭发人进行打击报复。

15. 不准利用职权敲诈勒索、贪污受贿。

凡违反以上规定或《中华人民共和国公务员法》有关规定的职工必将严肃查处。

六、南水北调东线八里湾泵站工程建设重大质量与安全事故应急预案

1 总则

1.1 目的

为做好南水北调东线八里湾泵站工程建设重大质量与安全事故应急处置工作,有效预防、及时控制和消除工程建设中安全事故的危害,最大限度减少人员伤亡和财产损失,保证南水北调东线八里湾泵站工程建设顺利进行,根据国家和国务院南水北调办公室的有关规定,结合本工程建设实际,制订本应急预案。

1.2 适用范围

1.2.1 本应急预案适用于南水北调东线八里湾泵站建设过程中突然发生且已造成或可能造成重大人员伤亡、重大财产损失,有重大社会影响或涉及公共安全的重大质量与安全事故的应急处置工作。

国家法律、行政法规另有规定的,从其规定。

1.2.2 结合本工程建设的实际,按照质量与安全事故发生的过程、性质和机理,本工程建设重大质量与安全事故主要包括:

重大土石方塌方和结构坍塌安全事故、重大特种设备或施工机械安全事故、重大火灾及环境污染事故、重大道路交通安全事故、重大工程质量安全事故、其他原因造成的本工程建设重大质量与安全事故。

本工程建设中发生的自然灾害(如洪水、地震等)、公共卫生、社会安全等事件,依据国家和地方相应应急预案执行。

1.3 工作原则

1.3.1 以人为本,安全第一。应急处置以保障人民群众的利益和生命财产安全作为出发点和落脚点,最大限度地减少或减轻重大质量与安全事故造成的人员伤亡、财产损失以及社会危害。

1.3.2 在事故现场,南水北调东线八里湾泵站工程建设管理局(以下简称建管局)和施工等参建单位在事故现场应急处置指挥机构的统一指挥下,进行事故处置活动。

1.3.3 建管局和施工等参建单位及时报告事故信息,在上级主管单位的领导下,快速处置信息,做到信息准确、运转高效。

1.3.4 贯彻落实"安全第一,预防为主"的方针,坚持事故应急与预防工作相结合,做好预防、预测、预警和预报、正常情况下的工程建设项目风险评估、应急物资储备、应急队伍建设、应急装备和应急预案演练等工作。

2 应急指挥机构

2.1 建管局应急指挥部(应急管理队伍)

2.1.1 建管局设立工程建设重大质量与安全事故应急指挥部(简称"建管局应急指挥部")组成如下:

指 挥 长:×××

副指挥长:××× ××× ×××

成　　员:××× ××××× ××× ××× ×××

建管局应急指挥部的主要职责为：

(1)拟订工程建设重大质量与安全事故应急预案；

(2)参加工程建设重大质量与安全事故应急处置；

(3)及时了解和掌握工程建设重大质量与安全事故信息,根据事故情况需要,及时向上级主管部门报告事故情况；

(4)配合有关部门进行事故调查、分析、处理及评估工作；

(5)组织事故应急处置相关知识的宣传等工作；

(6)及时完成上级交办的任务。

2.1.2　建管局应急指挥部办公室设在建管局质量安全处,质量安全处负责其日常事务。

2.2　施工单位应急救援组织及职责

2.2.1　承担工程施工的施工单位,应当在工程开工前制订本单位施工质量与安全事故应急预案,建立应急救援组织或者配备应急救援人员,配备必要的应急救援器材、设备,并定期组织演练,明确专人维护救援器材、设备等。

2.2.2　施工单位的施工质量与安全事故应急预案、应急救援组织或配备的应急救援人员和职责应当与建管局制订的应急预案协调一致,并将应急预案报建管局备案。

3　预警和预防机制

3.1　工作准备

建管局认真研究工程建设重大质量与安全事故应急工作,建立应急指挥部,加强质量与安全事故应急有关知识的宣传教育,开展工程项目应急预案以及应急救援器材、设备的监督检查工作,防患于未然。

3.2　预警、预防行动

3.2.1　工程施工单位应当根据建设工程的施工特点和范围,加强对施工现场易发生重大事故的部位、环节进行监控,配备救援器材、设备,并定期组织演练。

3.2.2　对可能导致重大质量与安全事故后果的险情,建管局和施工等知情单位按项目管理权限立即报告上级主管单位和当地人民政府,必要时可越级上报。

3.2.3　建管局接到可能导致工程建设重大质量与安全事故后,及时确定应对方案,通知有关部门、单位采取相应行动预防事故发生,并按预案做好应急准备工作。

4　应急响应

水利工程建设质量与安全事故等级按国家有关规定划分,当发生质量与安全事故后,建管局在相应职责及管理权限内立即启动本级应急预案。

4.1　事故报告

4.1.1　事故报告程序

(1)重大质量与安全事故发生后,事故现场有关人员应当立即报告本单位负责人。建管局、施工等单位立即将事故情况按项目管理权限如实向上级主管单位和当地人民政府报告,最迟不得超过2小时。发生生产安全事故,同时向事故所在地安全监督局报告；发生特种设备发生事故,同时向特种设备安全监督管理部门报告。报告的方式可先采用电话口头报告,随后递交正式书面报告。

（2）特别紧急的情况下,建管局和施工单位可越级上报。

4.1.2　事故报告内容

（1）事故发生后及时报告以下内容:

①发生事故的工程名称、地点、建设规模和工期,事故发生的时间、地点、简要经过、事故类别、人员伤亡及直接经济损失初步估算。

②有关建管局、施工单位、主管部门名称及联系电话。

③事故报告的单位、报告签发人、报告时间和联系电话等。

（2）根据事故处置情况及时续报以下内容:

①有关建管局、设计、施工、监理等工程参建单位名称、资质等级情况,项目负责人的姓名、相关执业情况资格。

②事故原因分析。

③事故发生后采取的应急处置措施及事故控制情况。

④抢险交通道路可使用情况。

⑤其他需要报告的有关事项等。

4.1.3　相关记录

明确专人对组织、协调应急行动的情况做出详细记录。

4.2　指挥协调和紧急处置

4.2.1　发生重大质量与安全事故后,在事故现场参与救援的建管局和施工等单位和人员服从事故现场应急处置指挥机构的指挥,并及时向事故现场应急处置指挥机构汇报有关重要信息。

4.2.2　发生重大质量与安全事故后,建管局和施工等工程参建单位迅速、有效地实施先期处置,防止事故进一步扩大,并全力协助开展事故应急处置工作。

4.2.3　在事故应急处置过程中,建管局和施工等工程参建单位根据工程特点、环境条件、事故类型及特点,为本单位参与应急救援的人员提供必要的安全防护装备。

4.2.4　在事故应急处置过程中,根据事故状态,建管局和施工等工程参建单位协助事故现场应急指挥机构应划定事故现场危险区域范围、设置明细警示标志、防止人畜进入危险区域等工作。

4.2.5　在事故应急处置过程中,注意做好事故现场保护工作,因抢救人员防止事故扩大以及为缩小事故等原因需移动现场物件时,做出明显的标记和书面记录,尽可能拍照或者录像,妥善保管现场的重要物证和痕迹。

5　应急结束

5.1　结束程序

重大质量与安全事故现场应急救援活动结束以及调查评估完成后,按照"谁启动、谁结束"的原则,由有关应急指挥部决定应急结束。

5.2　善后处置

5.2.1　事故发生单位依法认真做好各项善后工作,妥善解决伤亡人员的善后处理,以及受影响人员的生活安排,按规定做好有关损失的补偿工作。

5.2.2　建管局组织有关部门对事故产生的损失逐项核查,编制损失情况报告上报主管部门并抄送有关单位。

5.2.3 建管局组织有关单位共同研究,采取有效措施,修复或处理发生事故的工程项目,尽快恢复工程的正常建设。

5.3 事故调查和经验教训总结

5.3.1 重大质量事故调查执行《南水北调工程建设重特大安全事故应急预案》的有关规定。

5.3.2 重大质量与安全事故现场处置工作结束后,建管局、事故发生单位及工程其他参建单位进行应急救援工作总结,对本单位应急预案的实际应急效能进行评估,对应急预案中存在的问题和不足及时进行完善和修补。

5.3.3 建管局、事故发生单位及工程其他参建单位,从事故中总结经验,吸取教训,采取有效整改措施,确保后续工程安全、保质保量地完成建设。

6 应急保障措施

6.1 通信与信息保障

6.1.1 建管局应急指挥部的通信方式报山东省南水北调干线公司备案,并分送各参建单位。

6.1.2 正常情况下,应急指挥部主要人员保持通信设备 24 小时正常畅通。

6.2 应急救援装备保障

6.2.1 工程现场抢险及物资装备保障

(1)根据可能突发的重大质量与安全事故性质、特征、后果及其应急预案要求,建管局组织工程有关施工单位配备适量应急机械、设备、器材等物资装备,以保障应急救援调用。

(2)重大质量与安全事故发生时,首先充分利用工程现场既有的应急机械、设备、器材。

6.2.2 应急队伍保障

(1)工程设施抢险队伍,由工程施工等参建单位的人员组成,负责事故现场的工程设施抢险和安全保障工作。

(2)应急管理队伍,由建管局应急指挥部的有关人员组成,接受地方人民政府和上级应急指挥部的应急指令。

6.3 技术储备与保障

6.3.1 各参建单位应急指挥部组织有关部门对工程质量与安全事故的预防、预测、预警、预报和应急处置技术进行研究,提高监测、预防、处置及信息处理技术水平,增强技术储备。

6.3.2 水利工程重大质量与安全事故预防、预测、预警、预报和处置技术研究和咨询依托有关专业机构。

6.4 培训和演练

6.4.1 培训

建管局组织工程建设各参建单位人员参加质量与安全事故及应急预案培训及学习,提高安全意识及应急能力。

6.4.2　演练

建管局应急指挥部根据工程具体情况及事故特点,必要时组织工程参建单位进行突发事故应急救援演习,演练结束后,总结经验,完善和改进事故防范措施和应急预案。

6.5　监督检查

建管局应急指挥部对工程各参建单位制订应急预案情况进行监督检查。

7　附则

7.1　奖励与责任追究

对工程建设重大质量与安全事故应急处置工作做出贡献的单位、集体和个人,由有关部门按照有关规定给予表彰和奖励。

7.2　专家咨询队伍

泵站工程根据工程建设实际情况,以多年从事水利工程建设管理工作的质量与安全专家(全部具有高级或以上职称)为主体建立泵站工程应急管理专家咨询组。

7.3　预案发布范围及生效时间

本应急预案发布范围至各参建单位,自发布之日起实施。

七、南水北调东线八里湾泵站工程安全生产管理办法

一　总　则

第一条　为切实贯彻和落实《中华人民共和国安全生产法》和《建设工程安全生产管理条例》及有关规定,遵照"安全第一、预防为主"的方针,确保南水北调东线八里湾泵站工程(简称八里湾泵站工程)建设目标的顺利实现,特制定本办法。

第二条　工程建设安全生产管理工作要贯彻"安全生产、人人有责"的原则,参建单位应当相互协作、密切配合、科学管理,提高安全生产管理水平。

第三条　八里湾泵站工程安全生产管理目标是无重特大安全责任事故发生,力争事故死亡率"零"目标,争创南水北调工程文明工地。

第四条　安全生产工作要认真贯彻执行国家、国调办和项目法人有关安全生产及文明施工方面的政策、法律、法规、标准和规章制度。

第五条　参建单位应当主动接受上级主管部门和安全生产监督管理部门检查、指导和监督。

第六条　工程建设安全生产实行建设单位统一协调管理,监理单位、施工单位、勘察设计单位及其他有关单位各负其责的管理体制。

二　安全生产职责

第七条　为加强八里湾泵站工程安全生产工作,成立八里湾泵站工程安全生产工作领导小组(安全生产委员会),全面负责本工程的安全生产与文明施工管理工作。

八里湾泵站工程安全生产工作领导小组主要职责是开展并指导督促和检查安全生产宣传、教育;督促并指导各参建单位安全技术措施或计划的制订、实施;对事故隐患、危险点和重大危险源提出超前预防的措施意见;组织或参与人身伤亡事故和其他各类重大安全事故调查和处理;建立安全与文明施工管理档案,组织全工地的重大安全与文明施工活动,发布安全生产与文明施工简报,评选安全生产与文明施工先进单位和个人。

第八条　八里湾泵站建管局作为工程的建设管理单位,对工程安全生产负有全面的监督管理责任,其主要职责是:

1. 负责组建安全生产领导小组并开展工作。

2. 监督施工单位和监理单位制定安全生产管理制度,设置安全管理机构,落实安全管理人员。

3. 对参建单位安全生产工作的履行情况进行监督检查。

4. 协调必要的工作关系,创造安全生产条件。

5. 组织安全生产宣传、检查、评比等活动。

6. 协调或组织安全事故的调查处理工作,总结经验教训。

第九条　勘察设计单位职责:

1. 勘察设计单位应当把施工安全贯彻于设计全过程,为施工安全创造条件。

2. 工程勘察设计均必须符合国家、行业有关安全生产方面的规程、规范和规定。

3. 设计单位应根据设计和工程实际进展情况,定期和及时提出工程建设安全生产措施和要求,并对本工程安全生产工作给予技术指导和监督。

4. 参与编制重大工程项目施工安全技术措施。对施工风险较大部位的设计,必须把安全放在首位,充分考虑施工条件和技术措施。

5. 协助做好安全事故的调查。

第十条　监理单位职责:

1. 监理单位应依据工程监理合同,严格按照建设监理安全管理责任书的安全管理责任,尽职尽责加强对本工程的安全监理工作。

2. 按照有关法律、法规和规章制度以及合同文件的有关规定,审查批准施工安全保证体系和安全保证措施,监督检查施工中安全措施的执行情况。

3. 设置监理部的安全生产管理机构,建立安全生产管理制度,落实兼职安全管理人员。

4. 协助或参加安全事故的调查并提出处理建议。

第十一条　施工单位职责:

施工单位要坚持"抓生产必须抓安全"的原则,负责承建项目的施工安全,其职责是:

1. 施工单位应依据工程施工合同,严格按照建设施工安全生产责任书的要求,逐条逐项落实安全生产管理措施,确保本工程建设的安全顺利实施。

2. 认真贯彻执行有关安全生产的法律、法规和规定,建立健全安全管理机构、保证体系、规章制度,落实专职安全管理人员。

3. 制订施工安全技术措施,经监理部审查批准后组织实施。应对影响施工安全的各种危险源提前做出预测,及时提出有效技术防范措施。

4. 组织职工进行安全生产教育和技术培训,杜绝未经安全生产教育培训的人员上岗作业。对安全生产进行定期检查、总结、评比,做到安全、文明施工。

5. 施工中发生事故时,施工单位应当立即采取紧急措施,同时启动预案减少事故损失,并按国家规定及时向有关部门报告,协助做好安全事故的调查处理工作。

第十二条　其他参建单位均应当按照各自承担的工程建设任务履行安全生产职责。

三 安全事故的预防、报告与处理

第十三条　安全生产管理坚持事故应急与预防工作相结合,建管单位应制订《八里湾泵站工程建设重大质量与安全事故应急预案》,施工单位应制订《八里湾泵站工程施工应急救援预案》。

当有重大质量与安全事故发生时,应立即启动相关应急预案,并按照应急预案的要求和工作程序,及时进行相关的事故报告、应急处理和善后工作。

第十四条　工程事故处理应坚持"四不放过"原则,事故原因没有查清不放过、当事人未受到教育不放过、整改措施不落实不放过、责任者未受到处理不放过。切实做好事故的调查、分析和处理工作,以警醒和教育职工,汲取教训,提高认识。

四 奖 惩

第十五条　安全生产工作应做到奖惩严明,实行安全生产与经济奖惩挂钩的原则。对安全生产做出成绩和有突出贡献的参建单位和个人予以奖励,对造成事故的责任单位和责任人给予处罚。

八、南水北调东线八里湾泵站工程建设管理局安全生产责任制度

一 总 则

第一条　为了贯彻执行"安全第一、预防为主"和"抓工程,必须抓安全"的安全生产方针,加强管理,明确八里湾泵站建设管理局各部门及全体职工的安全生产责任,加强工程安全生产管理,确保施工生产的正常进行,特制定本制度。

第二条　本制度适用于八里湾泵站建设管理局各部门和全体职工。

第三条　依据《中华人民共和国安全生产法》和《建筑工程安全生产管理条例》《南水北调工程建设管理的若干意见》有关规定,按照建管局岗位职责,制定各部门和岗位人员安全生产责任制。

二 各级人员安全生产责任制

第四条　建管局局长安全生产职责:

(1)建管局局长是八里湾泵站工程安全生产第一责任人,负责全面领导责任,支持主管安全工作的副局长开展工作。

(2)认真履行安全生产责任书,并对执行情况进行监督。

(3)认真贯彻国家、行业、地方有关安全生产法律、法规和其他要求,健全安全管理部门,充实专职安全生产管理人员。

(4)负责批准、颁布八里湾泵站工程各项安全规章制度,并组织贯彻实施。

(5)领导组织生产责任制的考核工作,并对职工奖惩做出决定。

(6)确定八里湾泵站工程的安全生产目标,保证安全生产所需资金的投入。

(7)主持或委托主管安全生产副局长召开生产安全工作会议,听取汇报,研究改进措施,作出决策,组织实施,督促、检查八里湾泵站工程的安全生产工作,及时排除生产安全事故隐患。

(8)批准八里湾泵站工程建设重大质量与安全事故应急预案。

（9）发生安全生产事故应及时与组织相关部门进行抢救和善后工作，支持、配合事故调查组的工作，按照"四不放过"的要求对责任人做出处理，审核纠正预防措施，并组织实施。

第五条　主管安全生产副局长安全生产职责：

（1）协助局长管理八里湾泵站工程安全生产工作，对主管范围内的安全生产工作负直接领导责任，领导安全生产部门开展工作。

（2）认真贯彻执行有关安全生产法律、法规和其他要求。

（3）监督、检查安全生产责任制度的实施和落实情况。

（4）协助局长做好召开安全会议的准备工作，对决议事项负责组织贯彻实施，并对实施情况进行监督。

（5）主持制定、审核安全生产管理制度，审核重大安全技术措施，并督促落实。

（6）组织各种安全生产检查，发现重大安全隐患，组织有关人员现场研究改进措施，并对实施情况进行监督。

（7）审核八里湾泵站工程建设重大质量与安全事故应急预案。

（8）发生安全生产事故，亲临现场，及时向局长报告，并按规定上报，组织参建单位做好抢救和善后工作，支持、配合事故调查组工作，提出对事故责任者的处理意见。

（9）检查指导下属部门安全生产工作。

第六条　其他负责人安全生产职责：

（1）协助主管副局长管理八里湾泵站工程安全生产工作，对安全生产工作负间接领导责任。

（2）组织督促所管部门的负责人落实安全职责。

（3）配合主管副局长研究解决安全生产工作中存在的问题。

（4）参加所分管部门伤亡事故的调查、处理。

（5）保证从工程建设资金中安排安全生产经费。

第七条　总工程师安全生产职责：

（1）认真贯彻执行相关的安全生产法律、法规和其他要求，协助局长做好安全生产方面的技术领导工作，对八里湾泵站工程安全生产负技术领导责任。

（2）在审核特殊复杂工程项目或专业性较强的工程项目的安全专项技术方案时，应严格审查安全技术措施及其可行性，并提出决定性意见。

（3）领导安全生产技术攻关活动，推广安全生产先进技术的应用。

（4）对八里湾泵站工程适用的新材料、新技术、新机械、新工艺从技术上负责，审核其在适用工程中的安全性，审核相应的安全操作规程，监督重大项目组织安全技术交底。

（5）参加安全事故调查，组织技术力量从技术上分析事故的原因，对原因进行分析、鉴定，并提出整改措施。

第八条　专职安全员安全生产职责：

（1）在建管局领导的领导下，负责对施工现场安全工作的监督和检查。

（2）协助局领导贯彻执行职业健康安全生产法律、法规和其他要求及本工程安全生产规章制度。

（3）负责组织施工现场安全检查，发现安全隐患，制订整改措施，及时解决，并对落实情况进行检查。遇到突发或异常情况，立即停止施工，排除安全隐患后，再进行生产。

（4）监督安全技术措施、各单位安全生产责任制的落实，参加安全检查。

（5）做好施工现场的安全巡视。对各安全防护设施和装置，经常进行检查，发现问题监督整改措施的落实。

（6）做好安全内业资料管理、记录工作，做到及时、真实、规范。

（7）施工现场发生生产安全事故，应做好记录、及时报告、保护现场、抢救伤员、配合调查，并监督纠正与预防措施的落实。

第九条　档案管理员安全职责：

（1）认真学习和执行建设行政主管部门有关安全内业资料的有关规定。

（2）负责安全保证资料的管理，做好资料的收集、整理、审验、归档工作，归档资料及时、准确、完整，确保归档资料达到标准要求。

（3）负责生产安全事故的统计报表和建立事故档案。

三　各部门安全生产职责

第十条　办公室安全职责：

（1）认真执行相关的职业健康安全法律、法规和其他要求及本工程安全生产规章制度，做好施工现场、办公区及生活区生产安全的监督、检查。

（2）组织和参加安全检查，发现隐患监督整改；对重大隐患和异常情况，应指令先行停止作业，制订应急措施，并立即报告主管领导处理。

（3）对劳动防护设施和劳动保护用品的质量和正确使用，进行监督、检查。

（4）负责项目部危险源汇总、分析、评价，针对重大风险制订控制措施和应急救援预案，并对设施情况进行监督。

（5）负责项目部安全保卫和交通、消防安全及综合治理工作，并做好宣传教育和对基层单位及项目部的业务指导。

（6）负责办公区、生活区安全用电、用火、取暖等安全检查指导，发现隐患，制订纠正、预防措施，对实施情况进行检查。

（7）当发生安全事故后，要及时上报并立即启动应急预案，提供资源保证，协助主管部门开展事故调查。

第十一条　财务资产处安全职责：

（1）在组织编制财务成本时，要优先考虑安全生产环保措施项目的款源，正确列支有关劳动保护经费，执行安全生产奖惩制度。

（2）对本工程安全生产工作，提供资金保障，专项管理，监督使用。

（3）负责审核各类事故、事件处理费用，并将其纳入项目部经济活动分析内容。

（4）做好本部门安全保卫工作，存取现金严格遵守财务规定，制订保障人身和财产安全防范措施。

第十二条　工程技术处安全职责：

（1）制订总体进度计划和年度进度计划及技术措施计划时，应有安全技术的内容。

（2）签订施工合同时，应有安全指标和要求。

第十三条 质量安全处安全职责：

（1）认真执行相关的安全生产法律、法规和其他要求及本工程规章制度，负责工程质量、技术工作中的安全生产管理。

（2）组织或参加安全检查，对存在的安全隐患从施工技术方面提出纠正措施。

（3）制定安全生产管理制度，并对执行情况监督检查。

（4）负责项目部危险源汇总、分析、评价，针对重大风险制订控制措施和应急救援预案，并对设施情况进行监督。

（5）负责生产安全事故的统计、报告，建立事故档案。参加事故调查与处理，对纠正与预防措施的落实情况进行监督、检查。

（6）参加施工技术方案的审核，在审核安全技术措施中对有关安全技术问题提出意见，并对实施情况进行检查。

（7）发生生产安全事故应到现场，参加事故调查，本着"四不放过"的要求，针对事故原因制订纠正与预防措施，监督落实。对责任者提出初步处理意见。

四 附 则

第十四条 本规定由建管局负责解释。

第十五条 本规定自发布之日起施行。

九、南水北调东线八里湾泵站工程安全生产事故报告和处理制度

第一章 总 则

第一条 为进一步规范八里湾泵站工程建设管理局的安全生产工作，及时上报重大质量与安全事故情况以采取有效措施，最大限度地减少或减轻重大质量与安全事故造成的人员伤亡及财产损失，制定本制度。

第二条 本制度适用于本工程所有参建单位。

第三条 八里湾泵站工程生产安全事故主要分为一般安全事故、较大安全事故、重大安全事故、特别重大安全事故。事故的具体划分标准从国家有关规定。

第四条 生产安全事故的报告、统计、调查和处理工作必须坚持实事求是、尊重科学的原则。

第二章 事故报告

第五条 生产安全事故发生后，负伤者或者事故现场有关人员应当立即向事故发生所在单位主要领导报告，事故发生单位在事故发生1小时内必须报告建管局质量安全处，情况紧急时可直接向局长报告。报告的方式可先采用电话口头报告，随后递交正式书面报告。

第六条 建管局、施工等单位立即将事故情况按项目管理权限如实向上级主管单位和当地人民政府报告，最迟不得超过2小时。发生生产安全事故，同时向事故所在地安全监督局报告；发生特种设备发生事故，同时向特种设备安全监督管理部门报告。

第七条　发生人身伤亡生产安全事故的单位,工程单位应立即启动《安全生产应急预案》,建管局根据事故性质适时启动《八里湾泵站工程建设重大质量与安全事故应急预案》。

项目经理部首先迅速采取必要措施抢救伤员,采取有效措施,防止事故扩大,减少人员伤亡和财产损失并保护事故现场。因抢救人员,防止事故扩大等原因需要移动事故现场物件的应当做出标志,绘制现场简图并做出书面记录,妥善保存现场重要痕迹、物证。

第八条　事故报告的主要内容:

1.事故发生的时间、地点、单位名称。

2.事故发生的简要经过、伤亡人数和直接经济损失的初步估计。

3.事故发生原因的初步判断。

4.事故发生后采取的措施及事故控制情况。

5.事故报告单位、报告签发人、报告时间和联系电话等。

第九条　根据事故处置情况应及时续报以下内容:

1.有关建管局、设计、施工、监理等工程参建单位名称、资质等级情况,项目负责人的姓名、相关执业情况资格。

2.事故原因分析。

3.事故发生后采取的应急处置措施及事故控制情况。

4.抢险交通道路可使用情况。

5.其他需要报告的有关事项。

第十条　各有关单位应明确专人对组织、协调应急行动的情况做出详细记录。

第三章　事故调查

第十一条　未造成人员死亡生产安全事故由建管局组织成立事故调查小组进行调查。

第十二条　发生多人重伤或人员死亡的生产安全事故由建管局会同上级主管部门、事故发生地的安监部门、公安部门、工会等应参加调查的相关部门组成联合事故调查组进行调查。

第十三条　重大、特别重大生产安全事故由山东省安全主管部门或者国务院有关部门组成事故调查组进行调查。

第十四条　事故调查组的职责:

1.查明事故发生的原因、过程和人员伤亡、经济损失情况;

2.确定事故责任人;

3.写出事故调查报告;

4.提出事故处理意见和防范措施的建议。

第十五条　事故调查组有权向发生事故的单位和有关人员了解有关情况和索取有关资料,任何单位和个人不得拒绝。

第十六条　任何单位和个人不得阻碍和干涉对事故的依法调查工作。

第四章 事故处理

第十七条 事故调查组提出的事故处理意见和防范措施建议,由发生事故的单位按照"四不放过"原则,严肃认真地做好事故处理工作。

第十八条 在伤亡事故发生后隐瞒不报、谎报、故意迟延不报、故意破坏事故现场,或者无正当理由,拒绝接受调查以及拒绝提供有关情况和资料的,由有关部门按照国家有关规定,对有关单位行政负责人和直接责任人员给予行政处分;构成犯罪的,由司法机关依法追究刑事责任。

第十九条 伤亡事故处理工作应当在九十日内结案,特殊情况可以适当延长,伤亡事故处理结案后,应当公开宣布处理结果。

第五章 安全事故档案管理

第二十条 事故处理结案后,事故单位应配合建管局对事故调查处理资料进行收集归案管理,档案资料包括:

1. 事故快报表。

2. 事故调查笔录、事故现场照片、示意图、亡者身份证、死亡证、技术鉴定等资料。

3. 事故调查报告、事故调查处理报告、对事故责任人的处理决定。

4. 有关安全生产监察管理部门对事故处理的批复及其他有关资料。

第六章 附 则

第二十一条 本制度由建管局质量安全处负责解释。

第二十二条 本制度自发布之日起执行。

十、南水北调东线八里湾泵站工程安全生产隐患排查整改制度

为强化对各类安全生产事故隐患(简称事故隐患)的排查整改,有效预防和减少各类安全生产事故发生,确保工程建设的顺利进行,特制定本制度。

一 安全生产隐患定期排查报告制度

第一条 隐患排查采用分单位、分部门的方式,定期进行安全生产隐患排查。

第二条 施工单位按照一般事故隐患、较大事故隐患、重大事故隐患、特别重大事故隐患进行分类管理,建立健全安全生产隐患台账,并逐级上报至建管局。

第三条 施工单位安全生产工作负责人组织本项目部有关人员每半月进行安全隐患排查一次,并将排查情况于每月 15 日、30 日向建管局报告。

二 安全生产隐患限期整改制度

第四条 各参建单位要高度重视,充分认识限期整改安全生产隐患的重要意义,认真做好安全生产隐患的整改工作。

第五条 一般事故隐患,必须立即责令隐患单位整改,隐患单位必须在 5 天之内,将隐患整改情况上报建管局施工质量处复查。

第六条 较大、重大及特大事故隐患,依据事故隐患性质,隐患单位必须按照八里湾泵站工程安全生产领导小组依据事故隐患性质下达的隐患指令在规定时间内限期整改到位,并将隐患整改情况上报领导小组复查,验收合格的,由领导小组签字备案;验收不合格

的继续整改。

第七条 属于上级主管部门或安全监管部门检查中发现、实行挂牌督办并采取局部停产整顿的重大及特大事故隐患,按照上级主管部门或安全监管部门的有关要求进行认真整改,并将整改情况形成书面报告上报。

第八条 隐患的整改要严格做到"四个落实",即落实整改人员,落实整改措施,落实整改时间,落实整改经费。

第九条 建管局将组织有关单位对工程范围内的安全生产隐患的整改情况每季度进行一次检查,召开专题会议并形成会议纪要分发有关单位。

三 安全生产隐患整改责任追究制度

第十条 对未履行事故隐患排查整改监管职责,导致事故发生或损失加重的单位和有关责任人,按《中华人民共和国安全生产法》及有关法律、法规严肃处理。

四 附 则

第十一条 本制度由建管局质量安全处负责解释。

第十二条 本制度自发布之日起执行。

十一、南水北调东线八里湾泵站工程质量管理与验收办法

第一章 总 则

一、为贯彻"质量第一,技术创新,科学管理,争创一流"的方针,加强南水北调东线第一期工程八里湾泵站工程质量管理,保证工程施工质量,使工程质量评定、验收工作标准化、规范化,特制定本办法。

二、本工程质量管理目标是主体工程达到优良标准,无重大质量责任事故。

三、本工程实行"项目法人(建设单位)负责、监理单位控制、施工单位保证和政府监督相结合"的质量管理体制。

四、本工程参建单位包括:建设管理、建设监理、勘察设计、施工单位、设备制造及供应等单位,在本工程项目建设中参加的各参建单位和个人,均必须遵守本办法。

五、制订本办法的主要依据:

1. 国家和国调办、水利部颁发现行的基建工程质量工作方针、政策、法规,现行设计与施工技术、试验、验收规范、规程、条例及质量评定标准。

2. 上级批复该工程项目的初步设计报告。

3. 建管局与各施工单位签订的承包合同。

六、各参建单位要积极推行全面质量管理,采用先进的质量管理模式和管理手段,推广先进的科学技术和新工艺、新技术、新材料,努力创建优质工程,全面提高工程质量。

七、各参建单位要加强质量法制教育,增强质量法制观念,把提高劳动者素质作为提高质量的重要环节;加强对管理人员和职工的质量意识和质量管理知识的教育和培训,建立和完善质量管理的激励机制,积极开展群众性质量管理和合理化建议活动。

第二章 工程质量管理

一、建管局履行对施工全过程的质量检验,督促施工企业认真搞好工程质量管理工

作,努力提高工程质量管理水平。

二、建管局督促监理工程师做好施工过程中各工序、工种、单元工程质量检查签证工作及原材料、设备的质量认证。

三、建管局抽查施工单位施工原始记录、施工日志记录及其他资料。

四、建管局在工程质量检查过程中,发现质量问题,及时通知监理部。

五、监理部组织设计单位向施工单位进行设计交底,解决施工技术问题。

六、监理部审查施工单位编制的施工组织设计、施工方案、施工工艺、各种试验等,检查与督促施工过程中常规质量控制工作。

七、监理部在收到施工单位申请开工报告后,经审查具备开工条件,并向施工单位发布开工令,施工单位方可正式开工。

八、施工单位必须遵守合同规定,严格按批准的设计图纸和技术规范要求认真组织施工,不得擅自变更工程设计和质量标准。

九、施工单位应对所承包的工程质量检查实行"三检制",进行全面的质量管理,确保工程质量,要建立与施工规模相适应的稳定专职质检机构和专职质检员,接受监理工程师常规施工质量检查和控制工作,同时要主动接受建管局质检人员的监督检查。

十、施工单位专职质检机构、专职质检人员和仪器设备的配置有关资料,必须在申请开工前交监理部,经审查确认后备案,作为施工单位开展质检工作和监理部及建管局进行检查的依据。对专职质检机构、人员和设备不合格或不落实的施工单位,监理工程师不予签发开工令。在施工过程中,专职质检人员如有变动,应及时通知监理部。

十一、施工单位完成的工程量经监理工程师核定,总监理工程师批准后,方可作为上报建管局进行工程结算的依据。

十二、施工单位的专职质检机构应及时收集整理施工日记、施工原始记录、施工大事记、施工质量检查记录、材料和设备的试验、鉴定资料、验收签证资料、质量等级评定等有关资料,并按有关规定及时上交监理部。

十三、出现影响施工的技术问题,施工单位应请现场监理工程师研究解决,若监理工程师解决不了,应及时通知总监理工程师,由总监理工程师主持召开由建管局、设计单位和施工单位参加的技术会议共同研究,作出决策后实施。

十四、在施工过程中,如发生质量事故,施工单位应按"三不放过"的原则,调查事故原因,研究处理措施,查明事故责任者,并向监理部递交工程质量事故报告。处理原则按《水利工程质量事故处理暂行规定》办理。

十五、施工单位应对其职工进行安全生产教育,建立健全安全生产管理制度,制定安全生产操作规程,教育职工树立"安全生产,预防为主"的思想,必须建立稳定的安全生产管理机构,各施工班组应配备专职负责安全生产的人员,并制定安全生产守则,经常检查执行情况。

十六、工程项目划分按照南水北调工程山东质量监督站批准的八里湾泵站工程项目划分表执行。单元工程划分可以结合工程施工放样后的实际情况作适当调整,施工单位应将调整后项目划分的具体结果报监理部。

第三章　施工质量评定

一、质量评定的组织与管理

（1）单元工程质量在施工单位自评合格后，应报监理部复核，由监理工程师核定等级并签证认可。

（2）重要隐蔽单元工程及关键部位单元工程质量经施工单位自评合格、监理部抽检后，由建管局（或委托监理）、监理、设计、施工、工程运行管理（施工阶段已经有时）等单位组成联合小组，共同核定其质量等级并填写签证表，报南水北调工程山东质量监督站核备。

（3）分部工程质量，在施工单位自评合格后，由监理部复核，建管局认定。分部工程验收的质量结论由建管局报质量监督站核备。

（4）单位工程完工后，建管局组织监理、设计、施工及工程运行管理等单位组成工程外观质量评定组，现场进行工程外观质量检验评定，并将评定结论报质量监督站核定。参加工程外观质量评定的人员应具有工程师以上技术职称或相应执业资格。评定组人数不少于5人。外观质量评定工作应按照《南水北调工程外观质量评定标准（试行）》（NSBD 11—2008）执行。

（5）单位工程质量，在施工单位自评合格后，由监理部复核，建管局认定。单位工程验收的质量结论由建管局报质量监督站核定。

（6）工程项目质量，在单位工程质量评定合格后，由监理部进行统计并评定工程项目质量等级，经建管局认定后，报质量监督站核定。

（7）质量监督站在工程竣工验收前提交工程质量监督报告，工程质量监督报告应有工程质量是否合格的明确意见。

（8）工程质量事故处理后，应按照处理方案的质量要求，重新进行工程质量检测和评定。

二、单元工程质量评定

（1）合格标准：

单元（工序）工程质量合格标准按《水利水电基本建设工程单元工程质量等级评定标准（试行）》（简称《单元工程评定标准》）规定执行。达不到合格标准时，必须及时处理。处理后的质量等级按下列规定确定：

①全部返工重做的，可重新评定质量等级。

②经加固补强并经设计和监理部鉴定能达到设计要求时，其质量评为合格。

③处理后的工程部分质量指标仍达不到设计要求时，经设计复核，建管局及监理部确认能满足安全和使用功能要求，可不再进行处理；或经加固补强后，改变了外形尺寸或造成工程永久性缺陷的，经建管局、监理及设计单位确认能基本满足设计要求，其质量可定为合格，但应按规定进行质量缺陷备案。

（2）优良标准：

单元工程施工质量优良标准按照《单元工程评定标准》执行。全部返工重做的单元工程，经检验达到优良标准者，可评为优良等级。

（3）监理部或联合小组在核定单元工程质量时，除应检查工程现场外，还应对该单元工程的施工原始记录、质量检验记录等资料进行查验，确认单元工程质量评定表所填写的数据、内容的真实和完整性，必要时可进行抽检。单元工程质量评定表中应明确记载监理部对单元工程质量等级的核定意见。

三、分部工程质量评定

分部工程质量评定标准如下：

（1）合格标准：

①所含单元工程质量全部合格，质量事故及质量缺陷已按要求处理，并经检验合格。

②原材料、中间产品及混凝土（砂浆）试件质量全部合格，金属结构及启闭机制造质量合格，机电产品质量合格。

（2）优良标准：

①所含单元工程质量全部合格，其中有70%以上达到优良等级，重要单元工程和关键部位的单元工程质量优良率达90%以上，且未发生过质量事故。

②中间产品质量全部合格。混凝土（砂浆）试件质量达到优良等级（当试件组数小于30时，试件质量合格），原材料质量、金属结构及启闭机制造质量合格，机电产品质量合格。

四、单位工程质量评定

（1）单位工程质量评定标准

合格标准：

①所含分部工程质量全部合格。

②质量事故已按要求进行处理。

③外观质量得分率达到70%以上。

④单位工程施工质量检验与评定资料基本齐全。

⑤工程施工期及试运行期，单位工程观测资料分析结果符合国家和行业技术标准以及合同约定的标准要求。

优良标准：

①所含分部工程质量全部合格，其中有70%以上达到优良等级，主要分部工程质量全部优良，且施工中未发生过较大质量事故。

②质量事故已按要求进行处理。

③外观质量得分率达到85%以上。

④单位工程施工质量检验与评定资料齐全。

⑤工程施工期及试运行期，单位工程观测资料分析结果符合国家和行业技术标准以及合同约定的标准要求。

（2）单位工程验收的质量结论由建管局报质安分站核定。

五、工程项目质量评定

1.合格标准

（1）单位工程质量全部合格。

（2）工程施工期及试运行期，各单位工程观测资料分析结果均符合国家和行业技术标准以及合同约定的标准要求。

2. 优良标准

（1）单位工程质量全部合格，其中有70%以上单位工程质量达到优良等级，且主要单位工程质量全部优良。

（2）工程施工期及试运行期，各单位工程观测资料分析结果均符合国家和行业技术标准以及合同约定的标准要求。

六、施工质量评定用表

本工程施工质量评定用表应按照《水利水电工程施工质量检验与评定规程》（SL 176—2007）执行。

第四章 工程验收

一、八里湾泵站工程验收工作要严格按照《南水北调工程验收工作导则》（NSBD 10—2007）执行。

二、按照国家有关规定，八里湾泵站工程验收分为分部工程验收、阶段（中间）验收或单位工程验收、设计单元工程完工（竣工）验收三个阶段。

三、验收工作的主要内容：

（1）检查工程是否按批准的设计进行建设。

（2）检查已完工程在设计、施工、设备制造安装等方面的质量，并对验收遗留问题提出处理要求。

（3）检查工程是否具备运行或进行下一阶段建设的条件。

（4）总结工程建设中的经验教训，并对工程做出评价。

（5）及时移交工程，尽早发挥投资效益。

四、当工程具备验收条件时，应及时组织验收。未经验收或验收不合格的工程不得交付使用或进行后续工程的施工。

五、验收工作中发现的问题，其处理原则由验收委员会（工作组）协商解决。主任委员（组长）对争议问题有裁决权，若有1/2以上委员会（工作组）成员不同意裁决意见，应报验收主持单位决定。

六、分部工程验收：

（1）当该分部工程的所有单元工程已经完成且质量全部合格时，则可进行分部工程验收。验收的主要工作是鉴定工程是否达到设计标准，评定工程质量等级，对遗留问题提出处理意见。

（2）分部工程验收的图纸、资料和成果是竣工资料的组成部分，必须按验收标准制备，资料应按照档案管理要求进行整理。

（3）分部工程验收的成果是"分部工程验收鉴定书"，原件不应少于5份，作为竣工资料的组成部分。

（4）分部工程验收由八里湾泵站建管局或监理部主持，会同勘测（需要时）、设计、施工、设备供应（制造）等单位有关专业技术人员组成验收小组进行验收。一般分部工程验收由监理部主持。

七、阶段(中间)验收、单位工程验收：

(1)当工程建设达到一定的关键阶段，或已经完建并可单独形成生产能力或发挥经济效益时，则应进行阶段(中间)验收或单位工程验收。验收的主要工作是检查工程是否按批准的设计完成。检查工程质量、评定质量等级，对工程缺陷提出处理要求。对验收遗留问题提出处理要求。

(2)单位工程验收成果是"单位工程验收鉴定书"，其格式见《南水北调工程验收工作导则》(NSBD 10—2007)，原件不少于5份，作为竣工资料的组成部分。

(3)单位工程验收由建管局主持，会同监理、勘测(需要时)、设计、施工、主要设备供应(制造)、运行管理等单位组成验收领导小组进行验收。

八、设计单元工程完工(竣工)验收

(1)设计单元工程完工(竣工)验收应具备以下条件：

①工程已按批准设计规定的内容全部建成。

②各单位工程能正常运行。

③历次验收发现的问题已基本处理完毕。

④归档资料符合档案资料管理的有关规定。

⑤征地补偿已处理完毕，工程安全保护范围内及工程管理土地征用已经完成。

⑥工程投资已全部到位。

⑦竣工决算已经完成，并通过竣工审计。

(2)设计单元工程完工(竣工)验收由项目主管部门主持，会同有关各方组成竣工验收委员会进行。建管局、设计、施工、监理单位作为被验单位不参加验收委员会。

(3)设计单元工程完工(竣工)验收的主要工作：

①审查建管局"工程建设管理工作报告"，审查设计、施工、监理、质量监督等单位的工作报告。

②检查工程建设和运行情况。

③查看工程声、像文字资料。

④协调处理有关问题。

⑤讨论并通过"竣工验收鉴定书"。

(4)设计单元工程完工(竣工)验收的成果是"设计单元工程完工(竣工)验收鉴定书"，格式见《南水北调工程验收工作导则》(NSBD 10—2007)，设计单元工程完工(竣工)验收通过后，工程交管理单位管理运行。

第五章　附　则

一、本办法由建管局制定并负责解释。

二、未尽工程质量评定表格按国家及行业现行标准的规定执行。

十二、南水北调东线工程八里湾泵站质量管理责任制度

第一章 总 则

第一条 为贯彻"质量第一,技术创新,科学管理,争创一流"的方针,加强南水北调东线八里湾泵站工程质量管理,落实工程建设质量职责,确保八里湾泵站工程质量目标的实现,特制定本制度。

第二条 本制度依据《南水北调工程建设管理的若干意见》(国调委发〔2004〕5号)、《水利工程质量管理规定》(水利部令第7号)等其他有关上级部门规定,以及《南水北调东线八里湾泵站工程质量管理与验收办法》而制定。

第三条 本工程实行"项目法人(建设单位)负责、监理单位控制、施工单位保证和政府监督相结合"的质量管理体制。

第二章 建管单位质量管理职责

第四条 建管单位应根据国家和水利部有关规定依法设立,主动接受上级质量工程监督机构对其质量体系的监督检查,完成对质量体系的建立。

第五条 根据八里湾泵站规模和工程特点,按水利部、国务院南水北调办公室有关规定建立质量管理体系,并依据工程特点建立质量管理机构和制定质量管理制度。

第六条 工程开工初期应明确工程建设质量方针及质量管理目标。

第七条 建管单位在工程开工前,按规定向山东南水北调监督管理站办理工程质量监督手续。在工程施工过程中,主动接受质量监督机构对工程质量的监督检查。

第八条 建管局应监督各参建单位建立各自的质量体系,努力提高工程质量管理水平。

第九条 工程施工过程中建管局或委托监理单位对工程质量进行检查、抽检。工程完工后,及时组织有关部门进行工程质量验收、签证。

第十条 建管局抽查监理单位监理日志、施工单位施工原始记录、施工日志记录及其他资料。

第十一条 建管局在工程质量检查过程中,发现质量问题,及时通知监理部。

第三章 监理单位质量管理职责

第十二条 监理单位根据所承担监理任务向八里湾泵站工程现场派出相应的监理机构,人员配备必须满足工程项目要求。监理工程师上岗必须持有水利部颁发的监理工程师岗位证书,一般监理人员上岗要经过岗前培训。

第十三条 监理单位应根据监理合同参与招标工作,必须从保证工程质量全面履行工程承建合同出发。

第十四条 监理部主持设计单位向施工单位进行设计交底,解决施工技术问题,并签发设计图纸。

第十五条 监理部审查施工单位编制的施工组织设计、施工方案、施工工艺、各种试验等,检查与督促施工过程中常规质量控制工作。

第十六条 监理部在收到施工单位申请开工报告后,经审查是否具备开工条件,并向施工单位发布开工令,施工单位方可正式开工。

第十七条 监理部应指导监督合同中有关工程质量标准、要求的实施;参加工程质量

检查、工程质量事故调查处理和工程验收工作。

第四章 设计单位质量管理职责

第十八条 设计单位应对本单位编制的勘察设计文件的质量负责。

第十九条 设计单位必须建立健全设计质量保证体系,加强设计过程质量控制,健全设计文件的审核、会签批准制度,做好设计文件的技术交底工作。

第二十条 设计文件必须符合下列基本要求:

(一)设计文件应当符合国家、水利行业有关工程建设法规、工程勘测设计技术规程、标准和合同的要求。

(二)设计依据的基本资料应完整、准确、可靠,设计论证充分,计算成果可靠。

(三)设计文件的深度应满足相应设计阶段有关规定的要求,设计质量必须满足工程质量、安全需要并符合设计规范的要求。

第二十一条 设计单位应按合同规定及时提供设计文件及施工图纸,在施工过程中要随时掌握施工现场情况,优化设计,解决有关设计问题。对大中型工程,设计单位应按合同规定在施工现场设立设计代表机构或派驻设计代表。

第二十二条 设计单位应按有关规定在阶段验收、单位工程验收和竣工验收中,对施工质量是否满足设计要求提出评价意见。

第五章 施工单位质量管理职责

第二十三条 施工单位必须按其资质等级和业务范围承揽工程施工任务,接受水利工程质量监督机构对其资质和质量保证体系的监督检查。

第二十四条 施工单位必须遵守合同规定,严格按批准的设计图纸和技术规范要求认真组织施工,不得擅自变更工程设计和质量标准,并对其施工的工程质量负责。

第二十五条 施工单位不得将其承建的水利建设项目的主体工程进行转包和分包。

第二十六条 施工单位应对所承包的工程质量检查实行"三检制",进行全面的质量管理,确保工程质量,要建立与施工规模相适应的稳定专职质检机构和专职质检员,接受监理工程师常规施工质量检查和控制工作,同时要主动接受建管局质检人员的监督检查。

第二十七条 施工单位专职质检机构、专职质检人员和仪器设备的配置有关资料,必须在申请开工前交监理部,经审查确认后备案,作为施工单位开展质检工作和监理部及建管局进行检查的依据。对专职质检机构、人员和设备不合格或不落实的施工单位,监理工程师不予签发开工令。在施工过程中,专职质检人员如有变动,应及时通知监理部。

第二十八条 施工单位完成的工程量经监理工程师核定,总监理工程师批准后,方可作为工程结算的依据。

第二十九条 施工单位的专职质检机构应及时收集整理施工日记、施工原始记录、施工大事记、施工质量检查记录、材料和设备的试验、鉴定资料、验收签证资料、质量等级评定等有关资料,并按有关规定及时上交监理部。

第三十条 出现影响施工的技术问题,施工单位应请现场监理工程师研究解决,若监理工程师解决不了,应及时通知总监理工程师,由总监理工程师主持召开由建管局、设计单位和施工单位参加的技术会议共同研究,作出决策后实施。

第三十一条 在施工过程中,如发生质量事故,施工单位应按"三不放过"的原则,调查事故原因,研究处理措施,查明事故责任者,并向监理部递交工程质量事故报告。

处理原则按《水利工程质量事故处理暂行规定》办理。

第三十二条 工程竣工。质量必须符合国家和水利行业现行的工程标准及设计文件要求,并向项目法人(建设管理局)提交完整的技术档案、试验成果及相关资料。

第六章 附 则

第三十三条 本规定由建管局质量安全处负责解释。

第三十四条 本规定自发布之日起施行。

十三、南水北调东线八里湾泵站工程质量管理检查制度

第一条 为加强对八里湾泵站工程施工质量管理工作,及时发现并纠正各类质量缺陷,有效预防和减少各类质量事故发生,确保工程建设的顺利进行,特制定本制度。

第二条 本规定质量检查包括对八里湾泵站工程各参建单位工程建设质量管理资料、现场施工质量管理或技术措施两方面的检查工作。

第三条 建管局监督并督促八里湾泵站工程各参建单位认真搞好工程质量管理工作,努力提高工程质量管理水平。

第四条 建管局或监理单位在工程质量检查过程中,发现质量问题,及时通知监理、施工单位,限期整改,并由监理及时对整改情况进行复查。

第五条 建管局督促监理工程师做好施工过程中各工序、工种、单元工程质量检查签证工作及原材料、设备的质量认证。

第六条 监理单位履行对施工全过程的质量检验,对重点部位、关键工序进行动态控制,适时采取见证、旁站监理、巡视、平行检验等多种形式,做到对工程施工全过程、全方位的质量和安全监控,从而有效地实现工程项目施工的全面质量控制。

第七条 监理部审查施工单位编制的施工组织设计、施工方案、施工工艺、各种试验等,检查与督促施工过程中常规质量控制工作。

第八条 监理单位应定期检查施工单位施工原始记录、施工日志记录及其他资料。

第九条 施工单位必须遵守合同规定,严格按批准的设计图纸和技术规范要求认真组织施工,不得擅自变更工程设计和质量标准。

第十条 施工单位应对所承包的工程质量检查实行"三检制",进行全面的质量管理,确保工程质量,要建立与施工规模相适应的稳定专职质检保证机构和专职质检员,接受监理工程师常规施工质量检查和控制工作,同时要主动接受建管局质检人员的监督检查。

第十一条 施工单位专职质检保证机构、专职质检人员和仪器设备的配置有关资料,必须在申请开工前交监理部,经审查确认后备案,作为施工单位开展质检工作和监理部及建管局进行检查的依据。对专职质检保证机构、人员和设备不合格或不落实的施工单位,监理工程师不予签发开工令。在施工过程中,专职质检人员如有变动,应及时通知监理部。

第十二条 施工单位的专职质检保证机构应及时收集整理施工日记、施工原始记录、施工大事记、施工质量检查记录、材料和设备的试验、鉴定资料、验收签证资料、质量等级评定等有关资料,并按有关规定及时上交监理部。

第十三条　出现影响施工的技术问题,施工单位应请现场监理工程师研究解决,若监理工程师解决不了,应及时通知总监理工程师,由总监理工程师主持召开由建管局、设计单位和施工单位参加的质量专题会共同研究,作出决策后实施。

第十四条　在施工过程中,如发生质量事故,施工单位应按"三不放过"的原则,调查事故原因,研究处理措施,查明事故责任者,并向监理部递交工程质量事故报告。

第十五条　处理原则按《水利工程质量事故处理暂行规定》办理。

本制度由建管局质量安全处负责解释。

第十六条　本制度自发布之日起执行。

十四、南水北调东线八里湾泵站工程建设管理局质量缺陷处理备案制度

一、为加强质量管理,规范质量管理工作,根据《南水北调工程建设管理若干意见》《水利工程质量事故处理暂行规定》等有关规程、规范,结合南水北调东线八里湾泵站工程(简称"八里湾泵站")实际,制定本制度。

二、质量缺陷是指对工程质量有影响,但小于一般质量事故的质量问题。

三、质量缺陷的界定:工程部位发生质量问题以后,施工单位均应积极主动上报给监理单位,不得隐瞒不报或自行处理。监理单位应根据有关规程、规范的要求,对施工单位上报的质量问题做出是否属于质量缺陷的界定,属于质量事故的应按《水利工程质量事故处理暂行规定》进行处理,属于质量缺陷的应按本制度进行备案。

四、质量缺陷备案的内容包括:质量缺陷产生的具体部位,对缺陷的描述,质量缺陷产生的主要原因,质量缺陷对工程的安全、功能和运用影响分析,质量缺陷处理的具体方案等。

五、质量缺陷的处理:工程建设中发现的所有质量缺陷必须进行处理。质量缺陷的处理应按照下面的程序进行:发现以后能及时进行处理的质量缺陷(如填筑土方的橡皮土等),施工单位按照质量缺陷备案的要求先进行备案,然后上报处理方案,经监理单位审查同意后,施工单位按照审批的处理方案进行处理;对于因特殊原因,不能及时进行处理的质量缺陷(如混凝土裂缝等),施工单位在执行备案程序以后,应对质量缺陷定期进行监测并对监测结果进行整理后上报监理和建管单位,在具备缺陷处理前,施工单位应上报处理方案,监理单位初步审查后报建管单位审批,如有必要,建管单位将会同设计、监理、施工等一起研究处理方案,施工单位按照会审的方案进行处理。

六、质量缺陷处理后的验收:对于现场及时处理后的质量缺陷,由监理单位负责鉴定验收;对于特殊原因推迟处理后的质量缺陷,由建管单位负责组织鉴定验收,形成鉴定结论。

七、质量缺陷备案表由监理单位组织填写,内容必须真实、全面、完整,各工程参建单位代表应在质量缺陷备案表上签字,有不同意见应明确记载。

八、质量缺陷及处理情况应及时报八里湾泵站建管局和项目质量监督机构。

九、质量缺陷备案资料必须按竣工验收的标准制备,作为工程竣工验收备查资料存档,工程项目阶段验收或竣工验收时,八里湾泵站建管局必须向验收委员会汇报并提交历

次质量缺陷的备案资料。

十、混凝土结构质量缺陷的管理按照鲁调水企工字〔2010〕13号文件的规定执行。

十一、质量缺陷备案表格式见附录。

附录　水利水电工程施工质量缺陷备案表格式

编号：

工程施工质量缺陷备案表

质量缺陷所在单位工程：

缺陷类别：

备案日期：　　年　月　日

1.质量缺陷产生的部位(主要说明具体部位、缺陷描述并附示意图和照片资料):

2.质量缺陷产生的主要原因:

3.对工程的安全、功能和运用影响分析:

4.处理的具体方案:

5.保留意见(应说明主要理由):

保留意见人 （签名）
(或保留意见单位及责任人,盖公章,签名)

6.参建单位和主要人员
(1)施工单位: （公章）
质检部门负责人: （签名）
技术负责人: （签名）

(2)设计单位: （公章）
设计代表: （签名）

(3)监理单位: （公章）
监理工程师: （签名）
总监理工程师: （签名）

(4)现场建管单位: （公章）
现场代表: （签名）
技术负责人: （签名）

填表说明:
1.本表由监理单位组织填写。
2.本表应采用钢笔或中性笔,用深蓝色或黑色墨水填写,字迹应规范、工整、清晰。

十五、南水北调东线八里湾泵站工程质量事故报告和处理制度

第一章 总 则

第一条 为进一步规范八里湾泵站建管局的质量管理工作,及时上报重大质量事故情况以采取有效措施,最大限度地减少或减轻重大质量事故造成的人员伤亡及财产损失,特制定本制度。

第二条 本制度适用于本工程所有参建单位。

第三条 八里湾泵站工程质量事故主要分为一般事故、较大事故、重大事故、特别重大事故。事故的具体划分标准执行国家有关规定。

第四条 质量事故的报告、统计、调查和处理工作必须坚持实事求是、尊重科学的原则。

第二章 事故报告

第五条 事故发生后,事故单位要严格保护现场,采取有效措施抢救人员和财产,防止事故扩大。因抢救人员、疏导交通等原因需移动现场物件时,应当做出标志、绘制现场简图并作出书面记录,妥善保管现场重要痕迹、物证,并进行拍照或录像。

第六条 质量事故发生后,事故现场有关人员应当立即向事故发生所在单位主要领导报告,事故发生单位在事故发生1小时内必须报告建管局质量安全处,情况紧急时可直接向局长报告。报告的方式可先采用电话口头报告,随后递交正式书面报告。

第七条 发生(发现)较大、重大和特大质量事故,建管局、施工等单位立即将事故情况按项目管理权限如实向上级主管单位报告,最迟不得超过4小时,48小时内提交书面报告。

第八条 事故报告的主要内容:

一、工程名称、建设规模、建设地点、工期,项目法人、主管部门及负责人电话。

二、事故发生的时间、地点、工程部位以及相应的参建单位名称。

三、事故发生的简要经过、伤亡人数和直接经济损失的初步估计。

四、事故发生原因初步分析。

五、事故发生后采取的措施及事故控制情况。

六、事故报告单位、负责人及联系方式。

第九条 有关单位接到事故报告后,必须采取有效措施,防止事故扩大,并立即按照管理权限向上级部门报告或组织事故调查。

第十条 各有关单位应明确专人对组织、协调应急行动的情况做出详细记录。

第三章 事故调查

第十一条 一般事故由建管局组织设计、施工、监理等单位进行调查,调查结果报项目主管部门核备。

第十二条 较大质量事故由项目主管部门组织调查组进行调查,调查结果报上级主管部门批准并报省级水行政主管部门核备。

第十三条 重大、特别重大质量事故按照《水利工程质量事故处理暂行规定》(水利部令第9号)执行。

第十四条 事故调查组的职责:

一、查明事故发生的原因、过程、财产损失情况和对后续工程的影响。

二、查明事故的责任单位和主要责任者应负的责任。

三、提出工程处理和采取措施的建议。

四、提出对责任单位和责任者的处理建议。

五、提交事故调查报告。

第十五条 事故调查组有权向发生事故的单位和有关人员了解有关情况和索取有关资料,任何单位和个人不得拒绝。

第十六条 任何单位和个人不得阻碍和干涉对事故的依法调查工作。

第四章 事故处理

第十七条 事故调查组提出的事故处理意见和防范措施建议,由发生事故的单位按照"四不放过"原则,严肃认真地做好事故处理工作。

第十八条 在质量事故发生后隐瞒不报、谎报、故意迟延不报、故意破坏事故现场,或者无正当理由,拒绝接受调查以及拒绝提供有关情况和资料的,由有关部门按照国家有关规定,对有关单位行政负责人和直接责任人员给予行政处分;构成犯罪的,由司法机关依法追究刑事责任。

第十九条 事故处理需要进行设计变更的,需原设计单位或有资质的单位提出设计变更方案。需要进行重大设计变更的,必须经原设计审批部门审定后实施。

事故部位处理完成后,必须按照管理权限经过质量评定与验收后,方可投入使用或进入下一阶段施工。

第五章 附 则

第二十条 本制度由建管局质量安全处负责解释。

第二十一条 本制度自发布之日起执行。

十六、南水北调东线八里湾泵站工程专项技术方案审查制度

第一章 总 则

为了加强八里湾泵站工程施工技术管理,规范专项施工方案的编制、审查、论证、审批、实施和监督管理,防止生产安全、质量事故的发生,依据《南水北调工程建设管理的若干意见》(国调委发〔2004〕5号)、《水利工程质量管理规定》(水利部令第7号)、《建设工程安全生产管理条例》,结合本工程实际,制定本办法。

本办法所称专项施工方案,是指工程施工过程中,施工单位在编制施工组织(总)设计的基础上,对施工质量影响较大、技术要求高或危险性较大的分部分项工程,依据有关工程建设标准、规范和规程(简称工程建设标准),单独编制的具有针对性的技术措施文件。

第二章 方案编制和专家论证的范围

施工单位在下列工程施工前,对于存在有施工质量影响较大、技术要求高或危险性较大的分部分项工程,应根据监理工程师要求,编制专项技术施工方案:

(1)土石方开挖工程、基坑支护工程、基坑降水工程、模板工程、起重吊装工程、脚手

架工程、起重机械设备拆装工程、其他监理工程师认为需要编制专项技术方案的工程；

（2）采用新技术、新工艺、新材料，可能影响工程质量安全，已经省级以上建设行政主管部门批准，尚无技术标准的施工等工程。

监理工程师认为该分部分项工程对工程质量或安全影响重大，应责成施工单位组织由工程技术人员组成的专家组对专项技术施工方案进行论证、审查。

第三章　方案的编制与审批

专项施工方案应由施工单位组织编制，编制人员应具有本专业中级以上技术职称。

专项施工方案应根据工程建设标准和勘察设计文件，并结合工程项目和分部分项工程的具体特点进行编制。除工程建设标准有明确规定外，专项施工方案主要应包括工程概况、周边环境、理论计算（包括简图、详图）、施工工序、施工工艺、施工措施、劳动力组织，以及使用的设备、器具与材料等内容。

专项施工方案应由施工单位技术负责人组织施工技术、设备、质量、安全等部门的专业技术人员进行审核。

审核合格，由施工单位技术负责人审批。

工程监理单位应组织本专业监理工程师对施工单位提报的专项施工方案进行审核，审核合格，报监理单位总监理工程师审批、建设单位审定。

专项施工方案的编制、审核、审批等应由本人在专项施工方案审批表上签名并注明技术职称。

第四章　方案的专家论证

专项施工方案审核通过后，施工单位对需经专家论证的专项施工方案应组织专家对方案进行论证审查，或者委托具有相应资格的勘察、设计、科研、大专院校和工程咨询等第三方组织专家进行论证审查。

专项施工方案论证审查专家组不得少于5人。其中，具有本专业或相关专业高级技术职称人员不得少于3人，方案编制单位和论证组织单位的人员不得超过半数。

专家论证审查宜采用会审的方式，与会专家组人员不得少于5人。下列人员应列席论证会：施工单位技术负责人和质量、安全管理机构负责人，方案编制人员，工程项目总监理工程师。

专家组应对专项施工方案的内容是否完整、数学模型、验算依据、计算数据是否准确以及是否符合有关工程建设标准等进行论证审查；形成一致意见后，提出书面论证审查报告。专家组成员本人应在论证审查报告上签字、注明技术职称，并对审查结论负责。

专家组论证审查报告应作为专项施工方案的附件。

施工单位应按照专家组提出的论证审查报告对专项施工方案进行修改完善，经施工单位技术负责人、工程项目总监理工程师和建设单位签字后，方可实施。

专家组认为专项施工方案需做重大修改的，方案编制单位应重新组织专家论证审查。

第五章　方案的实施

施工单位必须严格执行专项施工方案，不得擅自修改经过审批的专项技术施工方案。如因设计、结构等因素发生变化，确需修订的，应重新履行审核、审批程序。

方案实施前，应由方案编制人员或技术负责人向工程项目的施工、技术、安全管理人员和作业人员进行安全技术交底。

施工作业人员应严格按照专项施工方案和安全技术交底进行施工。

在专项施工方案的实施过程中,施工单位或工程项目的施工、技术、安全、设备等有关部门应对专项施工方案的实施情况进行检查,专职质检人员应对方案的实施情况进行现场监督,发现不按照专项施工方案施工的行为要予以制止。

施工单位应建立健全专项技术施工方案实施情况的验收制度。在方案实施过程中,施工单位或工程项目的施工、技术、安全、设备等有关部门应对专项施工方案的实施情况进行验收。验收不合格的,不得进行下一道工序。需经专家论证的分部分项工程的验收,必须由施工单位组织。

工程监理单位对需经专家论证的对工程影响大的分部分项工程,应针对工程特点、周边环境和施工工艺等制订详细具体的监理工作流程、方法和措施,并实施旁站监理。

工程监理单位应加强对方案实施情况的监理;对不按专项施工方案实施的,应及时要求施工单位改正;情况严重的,由总监理工程师签发工程暂停令,并报告建设单位。

第六章 附 则

本办法由建管局质量安全处负责解释。

本办法自发布之日起施行。

十七、南水北调东线八里湾泵站工程质量管理奖惩制度

第一条 为强化工程质量管理,提高八里湾泵站工程参建单位质量意识,激励各参建单位工作积极性,保证工程质量目标顺利完成,制定本制度。

第二条 本制度适用于八里湾泵站工程施工单位的质量奖罚管理。

第三条 八里湾泵站工程质量领导小组负责对各施工单位质量管理的考核及质量奖罚的管理。

第四条 八里湾泵站工程质量领导小组根据工程进展情况,适时开展工程质量检查评比工作,具体考核标准执行《山东省南水北调工程检查评分表》。

八里湾泵站工程质量检查评比包括以下内容:

(1)工程现场质量管理情况。

(2)项目部内部质量保证体系建设情况。

(3)质量管理制度建立、执行情况。

(4)质量责任制落实情况。

(5)专职质检人员配备、素质和质量管理人员持证上岗情况。

(6)现场试验测试条件(含实验室、测试仪器、设备、检测人员等)。

(7)质量资料记录、管理情况。

(8)接受质量监督情况。

(9)执行验收程序情况。

(10)执行工程建设强制性标准情况。

(11)单元工程质量评定情况。

(12)工程实体质量情况(含原材料、中间产品和设备质量检测、检验等)。

（13）工程质量问题的整改和质量事故处理情况。

（14）检查组认为需要检查的其他质量管理情况。

第五条　对在工程施工中采用先进的质量管理模式和手段、推广先进的科学技术和施工工艺、不断提高工程质量、在质量方面做出成绩的施工单位给予奖励。

第六条　对在工程施工中不注重工程质量、质量管理混乱、造成质量事故的施工单位将给予处罚。

第七条　对于质量保证体系高效有序、在质量管理做出成绩的施工单位，将根据成绩大小给予不同的奖励,质量奖励分为:口头表扬、通报表扬、授予质量标兵、颁发荣誉证书。

第八条　对于质量保证体系混乱、乃至出现质量事故的施工单位，将根据造成事故的归类给予不同程度的处罚,其处罚的办法为下列全部或其中之一:口头批评、通报批评、警告、罚款、暂停工程施工。

第九条　本规定由建管局质量安全处负责解释。

本规定自发布之日起施行。

十八、文明工地建设实施办法

第一条　为进一步提高南水北调东线八里湾泵站工程的文明施工建设管理水平,推动文明工地创建活动有序开展,根据《南水北调工程文明工地建设管理规定》(国调办建管〔2006〕36号)的要求,结合本工程实际,制定本实施办法。

第二条　指导思想

以邓小平理论、"三个代表"重要思想和科学发展观为指导,以创建和谐有序、文明健康的施工和生活环境,确保施工质量为目标,按照以人为本、科学管理、法人组织、企业参与的原则,强化建设工程施工现场的文明施工监督管理,促进施工现场管理的科学化、标准化、规范化、制度化,全面提升建设管理水平。

第三条　施工标准

所有施工现场必须按照《文明施工实施细则》(附后)要求,开展相应工作。

第四条　检查监督

领导小组负责安排检查与监督,采取定期或不定期方式对文明工地建设创建活动进行检查,各参建单位应积极配合领导小组的检查。

各参建单位要严格按照国调办建管〔2006〕36号文件中"南水北调工程文明工地评分标准"规定的内容,具体实施文明工地创建工作,领导小组将按照评分标准进行检查。

第五条　实施步骤:针对施工现场的实际进度,结合文明施工实施细则,本着"规范统一、便于考核、操作简便"的原则,文明工地建设创建工作采取按标段、分阶段、突出重点的方式进行。每个标段具体实施步骤如下:

第一阶段:分步创建。

以现场围挡、封闭管理、材料堆放、施工场地、车辆运输为主,其他为辅。

以安全管理、现场住宿、施工场地标牌、生活设施、污染控制、噪声治理为主,其他为辅。

以防火防毒、卫生防疫、安全保卫、现场防火、规章制度、建设手续为主,其他为辅。

第二阶段:对不符合标准的施工现场进行治理,要求全部达标,同时对达标工地全面复查,如有不合格的限期整改。

第三阶段:对文明工地建设创建开展情况进行通报表彰,同时对创建落后的单位和责任人进行通报、处理。

第六条　管理职责

各参建单位要高度重视文明工地创建工作,把此项工作作为本单位的一项重要工作来抓,要按照本办法的要求制定具体的实施细则,成立相应的组织机构,明确专人负责,强化责任、科学组织、严格落实,确保此项工作扎实有效开展。

领导小组成员要分工明确、相互协作,按照各自工作职责加强对施工现场的监督、检查和指导。要抓重点、抓关键、抓典型,对于检查中发现的问题,要及时下达整改通知,相关责任单位应按要求在规定时限内加以整改,并将整改情况以书面形式报送领导小组。

设代组除做好文明工地建设创建活动应做的工作之外,还应优化设计方案,现场提供优质服务,保证文明建设工地持续有效进行。

要把创建工作作为提高管理水平、提升单位形象的一个重要载体,科学组织,强力推进,形成制度,长期坚持。要通过坚持不懈地努力,通过文明工地建设创建工作,全面提高工程质量、安全管理水平。

附则

本办法由八里湾泵站建设管理局负责解释。

十九、文明施工实施细则

第一条　高举邓小平理论伟大旗帜,认真组织学习《中共中央关于加强社会主义精神文明建设若干问题的决议》,坚决贯彻执行党的路线、方针、政策。

第二条　各参建单位成立相应的创建文明工地建设的组织机构,并制定有关创建文明工地建设的规划和办法,并认真实行。

第三条　各参建单位结合工程建设组织广大职工开展爱国主义、集体主义、社会主义教育活动。

第四条　各参建单位积极开展职业道德、职业纪律教育,制订并执行岗位和劳动技能培训计划,不断提高员工的素质和施工水平。

第五条　各参建单位因地制宜地开展各种丰富多彩的群众文体娱乐活动,使职工有良好的精神风貌,营造和谐、文明的施工氛围,并积极通过简报、网络等信息平台及时宣传报道工程建设情况。

第六条　工程建设要符合各项国家的法律、法规,严格按照基建程序办事。

第七条　在工程实施过程中,要密切配合、协调一致,严格按合同管理。工期、质量、验收程序符合建设管理和规范要求。

第八条　本着"建设单位负责、监理单位控制、施工单位保证和政府监督相结合"的原则,严格按照"质量管理与验收办法",建立健全工程质量监督检查体系和质量保障体系。

第九条　各参建单位和监理单位要具备必要的质量检测设备和手段。

第十条　加强档案管理,各种档案资料真实可靠,填写规范、完整。

第十一条　保证工程内在、外观质量符合合同要求,单元工程优良率达到优良工程水平,未发生过重大质量事故。

第十二条　建立健全安全生产责任制,各项目部成立安全生产领导组织,配备专门的安全生产管理人员,制定切实可行的安全保证制度,一级抓一级,层层抓落实。

第十三条　严格做到工地现场道路平整、畅通,排水通畅、现场无严重积水,材料堆放整齐、施工机械停放有序。

第十四条　警示标志设置醒目。工地应悬挂文明施工标牌或文明施工规章制度,危险地段应有醒目的安全警示牌。

第十五条　办公室、宿舍、食堂等公共场所整洁卫生、有条理。

第十六条　加强与地方政府、周边群众的联系,搞好工区内社会治安环境,严禁发生严重打架斗殴事件,无黄、赌、毒等社会丑恶现象。

二十、南水北调东线八里湾泵站工程档案管理规定

第一章　总　则

第一条　为规范南水北调东线八里湾泵站工程(简称工程)档案管理,维护工程档案的完整、准确、系统和安全,充分发挥工程档案在工程建设、管理、运行和利用等方面的作用,根据《中华人民共和国档案法》《中华人民共和国档案法实施办法》《重大建设项目档案验收办法》《南水北调东中线第一期工程档案管理规定》以及国家有关档案工作规范和标准,结合工程建设管理实际,制定本规定。

第二条　南水北调东线八里湾泵站工程档案是指该项工程设计、建设、验收等阶段工程建设与管理工作中形成的、具有保存价值的不同形式的历史记录。

第三条　南水北调东线八里湾泵站工程档案管理应按照统一领导、分级管理的原则,建立、健全工程档案管理体系,确保工程档案的完整、准确、系统、安全和有效利用。

第四条　工程档案管理是工程建设管理的重要组成部分,应纳入工程建设管理程序、工作计划及合同管理,与工程建设管理同步实施。

第五条　工程建设各有关单位应建立工程档案管理工作领导责任制和相关人员岗位责任制,并明确工程档案管理机构,配备必要人员及设施、设备,统筹安排工程档案管理工作所需资金,建立健全工程档案管理的各项规章制度,保证工程档案管理有序进行。

第六条　工程档案管理必须严格执行国家保密法律、法规,确保工程档案实体与信息的安全。

第二章　管理体制

第七条　南水北调东线八里湾泵站工程档案工作领导小组对工程档案管理负责,建立健全工程档案管理规章制度和业务规范,设置工程档案管理机构,配备工程档案管理人员,配置工程档案管理设施。档案管理部门和档案管理员具体负责工程档案的收集、整理、归档工作。建设管理单位档案管理部门负责对其他参建单位(包括设计、施工、监理等单位)的工程档案工作进行管理、监督和检查。

第三章　档案管理

第八条　工程档案管理应与工程建设实施同步进行。签订合同、协议时,应对工程档案的收集、整理、移交提出明确要求和违约责任;检查工程进度与施工质量时,应同时检查工程档案的收集、整理情况;在进行工程验收时,应同时审查、验收工程档案的归档情况。

第九条　工程档案是衡量工程质量管理的重要依据,是工程验收的组成部分。凡未按档案管理要求完成归档任务或工程档案质量不合格的项目,建设管理单位可暂扣工程质保金,并督促责任方完成归档任务,直到满足档案归档要求。

第四章　档案的整理与归档

第十条　工程各参建单位负责对所承建部分文件材料的收集、整理,在合同验收、设计单元工程完工验收前,应完成对有关文件材料的收集、整理、归档工作。归档文件材料须交监理单位审查,并签署鉴定意见。工程档案通过验收后由各参建单位按规定移交给项目建设管理单位,项目建设管理单位将档案移交项目法人,交接双方应认真履行交接手续。

第十一条　工作调动时未交清有关应归档文件材料的人员,不得办理调动手续。任何个人或部门均不得将应归档的文件材料据为己有或拒绝归档。

第十二条　工程档案分类编号方案、归档范围及保管期限参照国务院南水北调办公室有关档案管理规定和《南水北调东线工程八里湾泵站工程建设项目文件材料归档范围与保管期限表》执行。

第十三条　工程档案保管期限定为永久、长期、短期三种,长期为 16~50 年(含 50 年)、短期为 15 年以下。长期保管的档案实际保管期限不得低于工程项目的实际寿命,短期保管的档案在工程全线通水前应予保存。

第十四条　案卷应符合《科学技术档案案卷构成的一般要求》(GB/T 11822—2000)及《国家重大建设项目文件归档要求与档案整理规范》(DA/T 28—2002)的要求。归档图纸应按《技术制图复制图的折叠方法》(GB/T 10609.3—1989)的要求统一折叠。

第十五条　竣工图必须真实反映工程建设的实际。施工单位应做好变更文件材料的收集、整理、归档,按有关规定编制竣工图。竣工图标题栏已标明竣工图的可不加盖竣工图章,但应加盖监理审核章,由施工图编制为竣工图的,编制单位需加盖竣工图章。施工图变更较多,幅面超过 35% 的应重新绘制竣工图。要严格履行审核签字手续,监理单位要审核把关,相关负责人要逐张签名并填写日期,每套竣工图应附编制说明、鉴定意见和目录。

第十六条　各单位应指定专人负责反映工程项目建设过程的图片、照片(包括底片或电子文件)、胶片、录音、录像等声像材料的整理、注释,并附以详细的文字说明。工程建设中的隐蔽工程、重大事件、事故,必须有声像材料。

第十七条　电子文件应与纸质文件同时归档,并符合《电子文件归档与管理规范》(GB/T 18894—2002)。

第十八条　工程档案的收集、归档以设计单元工程为归档单位,必要时可以单位工程为归档单位。

第十九条　归档文件材料的份数由项目法人根据实际情况确定,设计单元项目完工文件一般不得少于3套。设计单元工程完工验收主要报告、结论性文件和竣工图纸报国务院南水北调办1套。

第五章 档案的验收与移交

第二十条 工程档案验收是工程项目竣工验收的重要组成部分。验收机构的组成、验收程序、步骤、方法、内容、形式参照《南水北调东、中线第一期工程档案管理规定》。

第二十一条 工程项目合同验收阶段的有关档案专项验收由项目法人负责组织和主持;项目建设管理单位在接受委托的情况下可参加验收工作。

第二十二条 工程档案正式验收前,在项目法人的组织下工程参建单位和有关人员,应根据本规定和档案工作的相关要求,对工程档案收集、整理、归档情况进行自验。在确认工程档案的内容与质量达到要求后,项目法人向工程档案专项验收组织单位报送工程档案自验报告,提出工程档案验收申请,并填报:南水北调东、中线第一期工程档案验收申请表。

第二十三条 申请工程档案验收应具备下列条件:

(一)工程项目主体工程和辅助设施已全部按照设计建成,能满足设计和生产运行要求;

(二)工程项目试运行考核合格;

(三)完成了项目建设全过程文件材料的收集、整理与归档;

(四)基本完成了工程档案的分类、组卷、编目等整理工作。

第二十四条 工程档案验收以验收组织单位召开验收会的形式进行。验收组全体成员参加会议,工程建设有关单位(设计、施工、监理、管理、质检)的人员列席会议。

第二十五条 工程档案移交应在工程验收之后的15日内提出书面申请,并在申请确认后的1个月内办理完成移交手续。相关单位按照本制度规定工程档案归档内容和要求确定应移交的单位和数量。

第六章 附 则

第二十六条 本规定由八里湾泵站工程建设管理局办公室负责解释。

第二十七条 本规定自公布之日起施行。

二十一、南水北调东线八里湾泵站工程施工图审查管理办法

为规范八里湾泵站工程施工图审查工作,南水北调东线八里湾泵站工程建设管理局(简称建管局)特制定本管理办法。

第一条 施工图审查的依据:

(一)国家有关法律、法规。

(二)水利部有关规章和规范性文件。

(三)国家和水利部有关规程、规范。

(四)工程建设强制性标准。

(五)初步设计批复意见。

第二条 施工图审查的重点内容:

(一)初步设计批复意见的执行情况。

（二）是否满足运营安全和正常运行要求。

（三）工程建设强制性标准的执行情况。

（四）施工图文件编制内容、深度和质量是否达到水利工程规定和有关规范、规程要求。

（五）工程技术措施、施工措施、安全措施、施工组织方案。

（六）防火、节能、环保、水保、消防、抗震等措施。

（七）设计文件的总体性和专业间的衔接。

第三条　施工图审查的程序：

（一）建管局收到勘察设计单位完成的施工图设计文件后、交付施工单位施工前，主持或委托项目监理部组织对施工图设计文件进行审查。

（二）项目监理部负责在收到施工图设计文件后15个工作日内组织完成审查工作。

（三）项目监理部收到施工图后，要及时组织相关专业人员及参建单位人员对施工图进行审查，提出审查意见，提交给建管局。

（四）勘察设计单位按最终审核意见补充勘察、修改设计，并将修改后的设计文件送建管局确认。勘察设计单位对审查意见有异议时，可以提请建管局组织复议。

（五）项目监理部对审核通过的施工图加盖公章下发，审核后的施工图是工程实施、工程量计量和工程验收的依据。

第四条　参建单位或者个人不得擅自修改、变更审核通过的施工图。若需要变更的，按设计变更管理办法办理。

第五条　勘察设计单位对施工图的勘察设计质量负责。建管局委托项目监理部对施工图的审查，不免除勘察设计单位对施工图的质量责任。

二十二、南水北调东线八里湾泵站工程现场质量检查制度

为加强八里湾泵站工程的质量管理，南水北调东线八里湾泵站工程建设管理局(以下简称建管局)特制定此制度。

第一条　建管局对八里湾泵站工程的质量检查，日常以巡检为主，巡检和抽检相结合。

第二条　建管局在工程施工质量检查过程中，主要检查内容如下：

（1）检查施工现场工程建设各方主体的质量行为。检查施工现场建设各方主体及有关人员的资质或资格。抽查勘察、设计、施工、监理单位的质量保证体系和质量责任制落实情况，检查有关质量文件，技术资料是否齐全并符合规定。

（2）抽查建设工程的实物质量。对泵站工程地基基础、主体工程的关键部位进行现场实地抽查，对用于工程的主要建筑材料、构配件的质量进行抽查。

第三条　在工程施工过程中，一旦发生质量事故，施工单位必须按国家有关规定及时上报建管局，建管局或监理单位会同有关部门进行质量事故处理，将处理结果及时报工程质量监督站备案。

第四条　对检查中发现或施工中出现的质量问题，由施工单位负责整改，由建管局或监理单位负责检查落实，并将整改报告报工程质量监督站。

第五条　核查工程检测制度的落实情况,施工单位和监理单位必须委托有相应资质等级的质量检测单位进行质量检测。

第六条　核查见证取样制度的落实情况。施工过程中,实验监理工程师对施工单位的试块、试件及建筑材料进行现场见证取样,双方一同送工程质量检测单位进行质量检测,建管局不定期对见证取样执行情况进行监督检查。

第七条　核查监理单位或施工单位工程内业资料是否与工程现场同步。内业资料是施工过程和质量状况的反映,是工程验收的重要依据,内业资料整理要规范,符合国家和南水北调的相关要求。

二十三、八里湾泵站工程设计变更实施细则

第一条　为加强八里湾泵站工程建设管理,规范设计变更行为,控制工程造价,保证工程质量和合同工期,根据鲁调水企字〔2007〕106号文《工程变更管理规定》(试行)和鲁调水企合字〔2010〕40号文《委托项目工程设计变更管理规定(试行)》等规定,结合八里湾泵站工程特点,制定本实施细则。

第二条　本实施细则适用于南水北调东线第一期工程输水与航运结合工程八里湾泵站工程的设计变更管理。

第三条　本实施细则所指设计变更是指一般设计变更,变更内容主要有:

(1)增加或减少合同中任何一项工作内容。

(2)取消合同中任何一项工作。

(3)追加为完成工程所需要的任何额外工作。

(4)增加或减少合同中关键项目的工程量超过专用合同条款规定的百分比。

重大设计变更仍遵守鲁调水企字〔2007〕106号文和鲁调水企合字〔2010〕40号文的有关规定。

第四条　设计变更一般由承包人提出。监理人、设计单位或发包人提出的设计变更遵守鲁调水企字〔2007〕106号文的规定。

第五条　设计变更程序:

(1)承包人提出设计变更申请。

(2)监理人、现场设代审查并签署意见。

(3)八里湾建管局组织项目部、监理部、现场设代编制设计变更报告。

(4)八里湾建管局将设计变更报告上报山东省南水北调两湖段工程建管局(简称两湖局)审查。

(5)项目法人(南水北调东线山东干线有限责任公司)(简称省干线公司)按有关规定审批。

第六条　征得省干线公司同意后,设计变更一般采取会审形式,由八里湾泵站建管局组织省干线公司有关部门负责人、两湖局负责人或授权人、现场设代、监理部总监或副总监、项目部经理或总工(副总工)参加的会审会议,对设计变更项目的技术可行性、经济合理性等进行论证,形成会议纪要,各有关单位根据会议纪要对已同意变更的项目办理有关手续,最后报省干线公司按有关规定审批后实施。

第七条 承包人提出的设计变更申请报告，主要内容包括：

(1)变更项目名称。

(2)变更的原因及合同条款(或招标文件)依据。

(3)变更的内容及范围。

(4)变更引起工程量的增加或减少。

(5)变更引起的合同价款的增加或减少。

(6)变更引起合同工期的变化(延误或提前)。

(7)变更项目图纸,工程量计算表等与设计变更有关的图表。属于设计单位对施工详图在设计范围内的错漏修改除外。

(8)变更项目如涉及永久工程土方填筑项目、变更土料场的,提供土料场土工试验报告,以验证所取土料是否满足工程填筑技术要求;涉及运距调整的,说明运距的增加或减少,对比合同单价变化差值,同时提供土料场平面布置图。

(9)新增项目附单价分析表或估价依据。

第八条 设计变更单价确定

设计变更工程项目单价的确定,如合同中有规定,执行合同规定。如合同无规定,按以下原则处理：

(1)合同《工程量清单》中有适用于变更项目单价的,采用该项目的单价。

(2)合同《工程量清单》中无适用于变更项目单价的,则在合理范围内参考类似合同项目单价或合价作为变更估价的基础,由监理人与承包人协商确定变更后的单价或合价,列入变更申请报告。

(3)合同《工程量清单》中无类似项目单价或合价可供参考的,由承包人根据投标书中的材料价格编制单价分析表,经监理人同意后,列入设计变更申请报告。

(4)额外工程由承包人根据投标书中的材料价格编制单价分析表,办理设计变更申请手续,经省干线公司审批后,签订补充协议书。

第九条 承包人无特殊情况下,应在项目实施前21天提出设计变更申请报告。

第十条 本细则未作出详细规定的,仍遵守鲁调水企字[2007]106号文和鲁调水企合字[2010]40号文的有关规定。

第十一条 本实施细则自签发之日起执行。

第五节 泵站的设计和批复

2003年中水淮河规划设计研究有限公司(简称淮河设计公司)编制了《南水北调东线第一期工程八里湾泵站工程可行性研究报告》(简称可研报告),2004年4月水利部水利水电规划设计总院(简称水规总院)对该《可研报告》进行了审查。淮河设计公司根据审查意见对《可研报告》进行了修改完善,同年11月,水规总院对修改后的《南水北调东线第一期工程南四湖—东平湖段工程可行性研究报告(修订稿)》(简称《可研报告(修订稿）》)进行了复审,基本同意《可研报告(修订稿)》。2005 年 11 月,中国国际工程咨询公司对《可研报告(修订稿)》进行了评估。

(1)根据 2006 年 9 月国家发展和改革委员会《关于南水北调东线南四湖至东平湖段工程可行性研究报告编制工作的通知》(发改办农经〔2006〕2228 号)精神,由山东省水利勘测设计院牵头开展《南水北调东线第一期工程南四湖—东平湖段输水与航运结合工程可行性研究报告》的编制工作。由于两湖段工程增加了航运功能,致使柳长河末端八里湾泵站的站下水位、河底宽度、河底高程等有关参数发生变化。

(2)2007 年 7 月淮河设计公司又进行了重新修订《南水北调东线第一期工程八里湾泵站工程可行性研究报告(修订稿)》,将成果交由山东省水利勘测设计院汇总、上报水利部水利水电规划设计总院,2007 年 9 月水利水电规划设计总院对《南水北调东线第一期工程南四湖—东平湖段输水与航运结合工程可行性研究报告》进行了审查。2008 年 7 月南水北调东线山东干线有限责任公司组织有关专家对《南水北调东线第一期工程南四湖—东平湖段输水与航运结合工程初步设计报告》进行了初审,并通过初审。

(3)2008 年 11 月,南水北调设计管理中心委托水利部水规总院对《南水北调东线第一期工程八里湾泵站工程初步设计报告(报审稿)》进行了审查。国调办于 2009 年 6 月 1日以国调办投计〔2009〕92 号文对《南水北调东线一期南四湖至东平湖段输水与航运结合工程八里湾泵站工程初步设计报告(技术方案)》进行了批复,2009 年 12 月 28 日以国调办投计〔2009〕249 号文对《南水北调东线一期南四湖至东平湖段输水与航运结合工程八里湾泵站工程初步设计报告(概算)》进行了批复,工程批复总投资 26 577 万元,总工期30 个月。

第六节　泵站工程概况

八里湾泵站为Ⅰ等工程,主要建筑物为 1 级,次要建筑物为 3 级,临时建筑物为 4 级。新筑堤防标准定为 2 级;公路桥设计汽车荷载等级为公路 - Ⅱ级。工程设计洪水标准为30 ~ 1 000 年一遇。相应东平湖新、老湖区设计防洪水位分别为 43.80 m 和 44.80 m。根据《中国地震动参数区划图》(GB 18306—2001),工程场区地震动峰值加速度为 0.1 g,相应地震基本烈度为 7 度,工程按地震烈度 7 度设防。

工程主要建筑物沿水流方向依次有进水引渠、清污机桥、前池、进水池、泵房、出水池、公路桥、出水渠,另有防洪堤和站区平台等。

主泵房顺水流向长 35.5 m,宽 34.7 m,上部为 13.5 m 净跨的排架结构,下部采用 4台机组一块底板、钢筋混凝土块基型整体结构,上下主要有三层,上层为安装(电机)层,以下为联轴层、水泵层。泵站采用肘形进水流道,低驼峰平直管出水流道,快速闸门断流,油压启闭机操作。出口设两道快速闸门,外侧为工作门,内侧为事故、检修、防洪及工作备用门。流道进口设防洪兼检修门槽。

主泵房东、西两侧分别布置副厂房和安装间。

进水引渠总长 255.0 m,标准设计断面为河底高程 31.30 m、底宽 43.0 m、两侧边坡 1:3.5。新柳长河与进水引渠采用平面收缩、纵向变坡的方式过渡。在河、渠交界处,按新河断面延长 35.0 m 后,开始接平面收缩、纵向扩散段,该段长 65.0 m,底宽由 45.0 m 渐变至 43.0 m、底高程由 33.2 m 渐变至 31.3 m,边坡由 1:3 渐变至 1:3.5;该段后接长 155.0 m 的引渠标准段。

清污机桥位于进水渠上,距前池上缘 45.0 m,结构型式采用两侧斜坡式钢筋混凝土平底板箱涵式结构,顺水流向长 11.50 m,共 16 孔,中间段主孔 8 孔,两侧斜坡段 8 孔,单孔净宽 4.55 m。主孔底板顶高程 31.30 m,桥面净宽 7.1 m,桥面高程 39.30 m。中间 8 孔共配置 8 台回转式清污机;两侧斜坡段各 4 孔分别设置拦污栅,人工清污,皮带运输机清运污物。清污机桥面总长 103.0 m。

前池顺水流向长 20.5 m,宽 43.0~32.3 m,两侧为圆弧形直立式翼墙,上接进水引渠,顺水流向采用约 1:5 向下的纵坡与进水池连接,池底高程由 31.3 m 渐变至 27.2 m。进水池顺水流向长 17.0 m,底宽 32.3 m,底高程 27.20 m,两侧为直线形直立式翼墙,上与前池、下与主泵房进水流道底连接。

主泵房后接出水池,出水池长 20.0 m,宽 32.3~37.2 m,池底高程 34.26 m,池底与泵房出水流道出口平顺连接。两侧为直线加圆弧形直立式边墙,钢筋混凝土空箱式结构。

出水池后的出水渠底宽 37.2 m,经过长 40.0 m 一直线段,收缩为底宽 30.0 m 的直线段(收缩段长 15.0 m),该直线段长 50.0 m,渠底高程为 34.26 m。在抛石防冲槽后 5.25 m 处,渠底以 1:35 的坡度上翘,高程由 34.26 m 渐变至 36.46 m,直接东平湖。整个出水渠全长为 182.0 m,两侧边坡均为 1:3.5。

公路桥横跨出水渠,两端接裁弯取直新建南堤段,与泵站主泵房相距 83.0 m。该桥长 100.0 m,共设 5 跨,单跨跨径 20.0 m,桥面净宽 6.5 m。该桥设计采用桥墩排架式预应力空心板简支结构,钢筋混凝土钻孔灌注桩基础。

防洪堤为东平湖老湖区南堤新建裁弯取直段,长约 400 m,设计为均质土堤,梯形断面。其中,泵站段范围长 350 m,堤防原标准为 4 级,考虑到该堤防近期将调整为 2 级,经综合考虑,新建堤防(裁弯取直段)标准定为 2 级,且不低于现状堤防标准,设计堤顶高程 47.30 m,堤顶宽 8.0 m,迎、背水面边坡分别为 1:3 和 1:2;两端长计 50 m 为过渡段。站区平台由土方填筑而成,并与新建堤防相结合。根据工程布置和防洪需要,平台顶高程为 46.10 m,东西向道路中心线距离 282.25 m,南北向 140.75 m。

第七节　泵站的参建单位

项目法人:南水北调东线山东干线有限责任公司

建设管理单位:南水北调东线八里湾泵站工程建设管理局

监督管理单位:山东省南水北调工程建设管理局

质量监督单位:南水北调南四湖至东平湖段工程质量监督项目站

设计单位:中水淮河规划设计研究有限公司

监理单位::山东龙信达咨询监理有限公司

运行管理单位:山东省南水北调南四湖至东平湖段工程建设管理局

施工单位:江苏中天水力设备有限公司(1 标段),负责水泵电机制造;山东黄河东平湖工程局(2 标段),负责土建工程施工及设备安装;山东水总机械工程有限公司(3 标段),负责金属结构制造;正泰电气股份有限公司(4 标段),负责电气设备制造;合肥三立自动化工程有限公司(5 标段),负责计算机监控制造及安装;山东省水利水电建筑工程承包有限公司(6 标段),负责水土保持施工;青岛胶城建筑集团有限公司(7 标段),负责管理设施施工。

第二章　招标投标制

根据国调办批复的招标分标方案,八里湾泵站工程共分监理、主体施工、水泵电机、金属结构等8个标段。

第一节　招标安排

在国调办批复概算后,于2010年1月初与山东水务招标公司签订委托招标协议,开展监理和主体工程的招标投标工作。为确保招标工作的顺利准确开展,每个标段都安排招标代理机构和设计单位组织熟悉相关业务工作的人员认真编制招标文件的商务和技术条款,招标文件初稿形成后,再邀请省南水北调局、省干线公司、两湖局及其他相关单位的专家进行评审。

八里湾泵站工程招标标段:《八里湾泵站枢纽工程监理合同》NSBD/LHD—BLWJL,《八里湾泵站枢纽工程施工合同(标段2)》NSBD/LHD—BLW002,《八里湾泵站金属结构采购合同(标段3)》NSBD/LHD—BLW003,《八里湾泵站电气设备采购合同(标段4)》NS-BD/LHD—BLW004,《八里湾泵站计算机监控采购合同(标段5)》NSBD/LHD—BLW005,《八里湾泵站水土保持施工合同(标段6)》NSBD/LHD—BLW006,《八里湾泵站管理设施施工合同(标段7)》NSBD/LHD—BLW007。

第二节　招标文件范例

一、八里湾泵站监理及枢纽工程施工招标公告

1. 招标内容

南水北调东线第一期工程南四湖—东平湖段输水与航运结合工程八里湾泵站工程初步设计已经国务院南水北调工程建设委员会办公室批复(国调办投计〔2009〕92号、249号),项目法人为南水北调东线山东干线有限责任公司,招标人为南水北调东线八里湾泵站建设管理局,建设资金已经落实,项目已具备招标条件,现进行公开招标。

2. 项目概况与招标范围

南水北调东线第一期工程南四湖—东平湖段输水与航运结合工程位于山东省西南部,上接南四湖的上级湖,下至东平湖,输水线路全长115.24 km,途经济宁市的微山县等7个县(区)和泰安市的东平县。该工程是南水北调东线工程的重要组成部分,一期工程的实施可实现南四湖向东平湖调水100 m^3/s,满足山东半岛、鲁北地区用水、向河北天津应急供水和沿运河经济带经济发展对水运的要求,同时可打通"两湖段"京杭运河水运通道,实现3级航道通航至东平湖的目标。

南水北调东线第一期工程南四湖—东平湖段输水与航运结合工程由相对独立而又联系紧密的南四湖湖内疏浚工程、梁济运河输水航道工程、柳长河输水航道工程、长沟泵站、邓楼泵站、八里湾泵站和引黄灌区灌溉影响处理工程7个单元组成。

八里湾泵站是南水北调东线一期工程的第 13 级抽水泵站,南水北调东线工程黄河以南最后一级泵站,站址位于山东省东平县,距东平湖湖口 384 m,泵站一期设计输水流量 100 m³/s,多年平均提水量 13.33 亿 m³。工程主要建筑物沿水流方向依次有进水引渠、清污机桥、前池、进水池、泵房、出水池、公路桥、出水渠,另有防洪堤和站区平台等。

本次招标内容与标段划分如下所示:

八里湾监理:八里湾泵站枢纽工程建筑安装、管理设施、水土保持建设监理及设备监造等。

八里湾标段2:八里湾泵站枢纽工程主体建筑工程施工,金属结构及机电设备和辅机系统的采购及安装。

3. 投标人资格要求

监理:具有水利水电工程监理甲级资质,并具有同类工程监理经验的独立法人单位。

施工:具有水利水电工程施工总承包一级及其以上资质,并具有同类工程施工经验的独立法人单位。承担施工的项目经理应具有水利水电工程一级注册建造师资格。

4. 招标文件的获取

本次招标采用资格后审方式,有意参加投标者,请于 2010 年 1 月 18 日至 22 日(法定节假日除外)08:30~12:00,13:30~17:00(北京时间,下同),携带法定代表人授权委托书和本人身份证到山东水务招标有限公司(山东省济南市和平路 35 号 202 房间)购买招标文件。

招标文件:监理文件售价 1 000 元,施工文件售价 3 000 元,现金支付,售后不退。

5. 现场查勘

现场查勘时间:2010 年 1 月 22 日 09:30。集合地点:济菏高速东平出口。

6. 发布公告的媒介

本招标公告同时在中国南水北调网、中国政府采购网、中国采购与招标网、山东省采购与招标网、山东省水利工程招标信息网上发布。

7. 联系方式

招标人:南水北调东线八里湾泵站工程建设管理局

联系人:×××

电话:0538 - 6053167

传真:0538 - 6053167

招标代理单位:山东水务招标有限公司

地址:济南市和平路 35 号

网址:www.slzb.com

电子信箱:slzb77@163.com

二、投标人须知

投标人须知前附表

条款号	条款名称	编列内容
1.1.2	招标人名称	南水北调东线八里湾泵站工程建设管理局 联系人:××× 电话:0538-6053167
1.1.3	招标代理机构	名称:山东水务招标有限公司 地址:济南市和平路35号 联系人:倪新美 电话:0531-86952689(传真)、0531-81932877
1.1.4	项目名称	南水北调东线第一期工程南四湖—东平湖输水与航运结合工程八里湾泵站枢纽工程
1.1.5	建设地点	山东省东平县境内与梁山县交界的八里湾闸东侧
1.2.1	资金来源	政府投资、银行贷款、工程基金
1.2.2	出资比例	30%、45%、25%
1.2.3	资金落实情况	已落实
1.3.1	招标范围	八里湾标段2:八里湾泵站枢纽工程主体建筑工程施工,金属结构及机电设备和辅机系统采购及安装
1.3.2	计划工期	计划开工日期:2010年3月1日 计划完工日期:2012年8月31日
1.3.3	质量要求	优良
1.4.1	投标人资质条件、能力和信誉	资质条件:要求具有水利水电工程施工总承包一级(及其以上)资质,并具有同类工程施工经验的独立法人。承担施工的项目经理应具有水利水电一级注册建造师资格。 财务要求:近三年财务状况良好。 业绩要求:具有同类工程施工经验(以合同书为据)。 信誉要求:提供银行资信证明或其他证明材料
1.4.2	是否接受联合体投标	不接受
1.9.1	踏勘现场	2010年1月22日组织踏勘现场,09:30在济菏高速东平出口集合,自备车辆
1.10.1	投标预备会	不召开

条款号	条款名称	编列内容
1.10.2	投标人提出问题的截止时间	2010 年 1 月 24 日 17 时前,需澄清的问题发送电子邮件至 slzb77@163.com
1.10.3	招标人书面澄清的时间	2010 年 1 月 25 日 16 时前
1.11	分包	不允许
1.12	偏离	不允许
2.1	构成招标文件的其他材料	图纸
2.2.1	投标人要求澄清招标文件的截止时间	2010 年 1 月 24 日 17 时前
2.2.2	投标截止时间	2010 年 2 月 9 日 9 时 30 分(08:30~09:30)接收投标文件
2.2.3	投标人确认收到招标文件澄清的时间	2010 年 1 月 25 日 16 时前,到山东水务招标有限公司 206 房间领取澄清文件,或从网站上自行下载,网址:WWW.SLZB.COM,打印后盖单位公章,传真至 0531 - 86952689
3.1.1	构成投标文件的其他材料	投标文件中应附资质证书副本、营业执照副本及项目经理的水利水电一级注册建造师注册证、水行政主管部门颁发的项目经理"项目负责人安全生产考核合格证书"和专职安全生产管理人员的"安全生产考核合格证书"、技术负责人职称证、企业安全生产许可证等有关证件的复印件
3.2.2	调价	招标人不接受仅调整总价的调价函,调价函正本一份,副本四份
3.3.1	投标有效期	56 天
3.4.1	投标保证金	投标保证金的金额:人民币捌拾万元整。 发包人只接受投标人本单位银行账户出具的银行电汇,不接受异地汇票,投标文件内须注明采用的形式,且必须保证在 2010 年 2 月 8 日上午 12:00 前到山东水务招标有限公司账户,并将"电汇凭证"复印件附在投标文件中,在递交投标文件时查验电汇凭证复印件。未按规定提交投标保证金的投标人,其投标文件将被拒绝接受。 开户名:山东水务招标有限公司 开户银行:济南市华夏银行和平路支行 账号:46352000 01 8191 00104728(该账户为转账账户,退还投标保证金时不能提取现金) 联系电话:0531 - 86563866

条款号	条款名称	编列内容
3.5	资格审查资料	资质证书副本、营业执照副本、水利水电一级建造师注册证、水行政主管部门颁发的项目经理的"项目负责人安全生产考核合格证书"（B 证）和专职安全生产管理人员的"安全生产考核合格证书"（C 证）、技术负责人职称证、企业安全生产许可证、同类工程合同，以上证件的原件应单独密封，在投标截止时间前随同投标文件一起递交。开标会结束后由审查人员和监督人员对投标人上述证件的原件进行审验，缺少其中任何一项，其投标文件将按无效标处理。投标人法定代表人或其委托代理人在进行证件查验时应出示本人身份证
3.5.2	近年财务状况的年份要求	3 年
3.5.3	近年完成的同类项目的年份要求	3 年
3.5.5	近年发生的诉讼及仲裁情况的年份要求	3 年
3.6	是否允许递交备选投标方案	不允许
3.7.3	签字或盖章要求	按投标人须知要求，凡要求签字盖章的地方均应签字（名章无效）盖单位公章。工程量清单每页均应签字盖单位公章
3.7.4	投标文件副本份数	四份
3.7.5	装订要求	根据水利部《水利工程建设项目档案管理规定》，所有投标文件均应采用不含金属物方式装订，并顺序编写页码，外形平面尺寸为国际 A4 纸型；投标文件应采用双面印刷，简装本，但不能采用活页装订且不允许换页。中标单位在签订合同前递交投标文件正本两份、副本五份及投标文件正本电子光盘一式三套（PDF 格式文件，CAD 格式图纸）
4.1.2	封套上写明	招标人全称：南水北调东线八里湾泵站建设管理局南水北调东线第一期工程南四湖—东平湖输水与航运结合工程八里湾泵站枢纽工程施工招标八里湾标段 2 投标文件，在 2010 年 2 月 9 日 9 时 30 分前不得开启（盖单位公章）
4.2.2	递交投标文件地点	济南市和平路 35 号山东水务招标有限公司二楼多功能厅
4.2.3	是否退还投标文件	否

条款号	条款名称	编列内容
5.1	开标时间和地点	开标时间:2010年2月9日9时30分 开标地点:山东水务招标有限公司二楼多功能厅
5.2	开标程序	(1)密封情况检查:由公证人员检查; (2)开标顺序:按递交投标文件的逆顺序
6.1.1	评标委员会的组建	评标委员会构成:9人,其中招标人代表3人,专家6人; 评标专家确定方式:在国务院南水北调办公室评标专家库内随机抽取
7.1	是否授权评标委员会确定中标人	否,推荐的中标候选人数:3家
7.2	中标通知	中标结果通知书将在山东水务招标有限公司的网站上发布,投标人自行查阅、打印,并按规定的方式办理投标保证金退还事宜
7.3.1	履约担保	履约担保的形式:银行保函。 履约担保的金额:担保金额为合同价格的10%
8	需要补充的其他内容	
8.1		招标人不保证投标价最低的投标人中标,也没有义务对未中标的投标人作任何解释和说明
8.2		为避免随意拖欠材料款、农民工工资等现象发生,投标人应在投标文件中作出相应承诺,在合同实施过程中如发生拖欠材料款、农民工工资现象,发包人将先行由合同价款中直接扣除所需款项
8.3		中标企业在签订合同前,投标文件中提交的现场项目经理的建造师注册证、技术负责人职称证、专职安全员的安全生产考核合格证等相关证件交由发包人暂为保存,工程结束前1个月返还

三、投标文件格式

(一)投标函及投标函附录、承诺书

1. 投标函

(招标人名称):

我方已仔细研究了　（项目名称）　标段　施工招标文件的全部内容,愿意以人民币(大写)　元(¥　)的投标总报价(保留至百元),工期　日历天,按合同约定实施和完成承包工程,修补工程中的任何缺陷,工程质量达到我方承诺,在投标有效期内不修改、撤销投标文件。

随同本投标函提交投标保证金一份,金额为人民币(大写)　·　元(¥　元)。

如我方中标,我方承诺在收到中标通知书后,在中标通知书规定的期限内与你方签订合同。

随同本投标函递交的投标函附录、承诺书属于合同文件的组成部分。

我方承诺按照招标文件规定向你方递交履约担保。

我方承诺在合同约定的期限内完成并移交全部合同工程。

我方承诺在合同实施期间不拖欠材料款及农民工工资。

我方在此声明,所递交的投标文件及有关资料内容完整、真实和准确。

(其他补充说明)

投标人:(盖单位公章)

法定代表人或其委托代理人:(签字)

地址:

网址:

电话:

传真:

邮政编码:

日期:　　年　月　日

2. 投标函附录

投标函附录略。

3. 承诺书

(招标人名称):

我方承诺在合同实施期间不拖欠第三方合同款(指为实施本合同工程而由我方支付的材料价款和农民工工资,以下简称材料供应商和农民工为第三方)。

在本承诺书有效期内,如我方发生了违背此承诺书的行为,你方可在收到第三方以书面形式提出的赔偿要求和证据且经你方调查属实后,你方可从支付给我方的合同价款中直接扣除相应款项支付给第三方,我方同时承担因此给你方造成的经济损失。

本承诺书有效期自我方与你方签订的合同生效之日起至你方签发工程接收证书之日止。

投标人:(盖单位公章)

法定代表人或其委托代理人:(签字)

地址:

网址:

电话:

传真:

邮政编码:

日期:年　月　日

(二)法定代表人身份证明

投标人名称:

单位性质：

地址：

成立时间：　　年　月　日

经营期限：

姓名：　　　性别：　　　年龄：　　　职务：

(投标人名称)的法定代表人：

投标人：　　　　　　　　(单位盖章)

　　　　　　　　　　　年　月　日

特此证明。

(三)授权委托书

本人(姓名)系　　(申请人名称)　　的法定代表人,现委托　　(姓名)为我方代理人。代理人根据授权,以我方名义签署、澄清、说明、补正、递交、撤回、修改　　(项目名称)施工招标投标文件、签订合同和处理有关事宜,其法律后果由我方承担。

委托期限：

代理人无转委托权

附：法定代表人身份证明

投标人：　　　　　　　　(盖单位公章)

法定代表人：　　　　　　(签字)

身份证号码：

委托代理人：　　　　　　(签字)

身份证号码：

日期：　　年　月　日

(四)投标保证金

附电汇凭证复印件。

法定代表人或其委托代理人：　　(签字)

地址：

邮政编码：

电话：

传真：

日期：　　　　　　　　年　月　日

(五)已标价工程量清单

已标价工程量清单略。

(六)施工组织设计

投标人编制施工组织设计的要求：编制时应采用文字并结合图表形式说明施工方法；拟投入本标段的主要施工设备情况、拟配备本标段的试验和检测仪器设备情况、劳动力计划等；结合工程特点提出切实可行的工程质量、安全生产、文明施工、工程进度、技术组织措施,同时须对关键工序、复杂环节重点提出相应技术措施,如冬雨季施工技术、基础处理、施工期降排水、混凝土温度控制、度汛方案减少噪声、降低环境污染、地下管线及其他地上地下设施的保护加固措施等。

施工组织设计除采用文字表述外可附下列图表,图表及格式要求附后。

附表一　拟投入本标段的主要施工设备表(略);

附表二　拟配备本标段的试验和检测仪器设备表(略);

附表三　劳动力计划表(略);

附表四　计划开、竣工日期和施工进度网络图(略);

附表五　施工总平面图(略);

附表六　临时用地表(略)。

(七)项目管理机构

1.项目管理机构组成表

项目管理机构组成表略。

2.主要人员简历表

"主要人员简历表"中的项目经理应附项目经理证、项目负责人安全生产考核合格证、身份证、职称证、学历证、养老保险复印件,管理过的项目业绩须附合同协议书复印件;技术负责人应附身份证、职称证、学历证、养老保险复印件,管理过的项目业绩须附证明其所任技术职务的企业文件或用户证明;其他主要人员应附职称证(执业证或上岗证书)、养老保险复印件,其中专职安全管理人员还需附专职安全管理人员的安全生产考核合格证。

(八)资格审查资料

1.投标人基本情况表

投标人名称：

注册地址：　　　　　　　　　　　邮政编码：

联系方式：

联系人：　　　　　　　　电话：

传真：

网址：

组织结构：

法定代表人：　　　姓名：　　　技术职称：　　　电话：

技术负责人：　　　姓名：　　　技术职称：　　　电话：

成立时间：　　　　　　　　　　员工总人数：

企业资质等级：　　　　　　　　　项目经理：

营业执照号：　　　　　　　　　高级职称人员：

注册资金：　　　　　　　　　　中级职称人员：

开户银行：　　　　　　　　　　初级职称人员：

账　　号：　　　　　　　　技　　　工：

经营范围：

2.近年财务状况表

近年财务状况表略。

3. 近年完成的同类项目情况表

项目名称 项目所在地

发包人名称 发包人地址

发包人电话

合同价格

开工日期 竣工日期

承担的工作

工程质量

项目经理

技术负责人

总监理工程师及电话
项目描述

4. 正在施工的和新承接的同类项目情况表

项目名称 项目所在地

发包人名称 发包人地址

发包人电话

签约合同价

开工日期 计划竣工日期

承担的工作

工程质量

项目经理
技术负责人

总监理工程师及电话

项目描述

5. 近年发生的诉讼及仲裁情况

近年发生的诉讼及仲裁情况略。

（九）其他材料

其他材料略。

四、开标、评标

（一）招标情况简述

南水北调东线第一期工程南四湖—东平湖输水与航运结合工程八里湾泵站枢纽工程施工招标采用国内公开招标方式,于 2010 年 1 月 13 日在中国南水北调网、中国政府采购网、中国采购与招标网、山东省采购与招标网、山东省水利工程招标信息网上刊登了《南水北调东线第一期工程南四湖—东平湖输水与航运结合工程八里湾泵站枢纽工程监理及施工招标公告》。

施工投标人资格要求:具有水利水电工程施工总承包一级及以上资质,并具有同类工程施工经验的独立法人单位。承担施工的项目经理应具有水利水电工程一级注册建造师资格。

2010 年 1 月 18~22 日在济南市和平路 35 号山东水务招标有限公司发售招标文件,有山东水利工程总公司等 12 家企业购买了招标文件。2010 年 1 月 22 日组织潜在投标人踏勘了现场。

（二）开标过程

2010 年 2 月 9 日 09:30 在山东水务招标有限公司二楼多功能厅公开开标。开标会议由山东水务招标有限公司主持,参加会议的有山东省南水北调工程建设管理局、山东省监察厅驻水利厅监察专员办公室、南水北调东线八里湾泵站工程建设管理局等有关单位的领导。济南市泉城公证处对投标文件的递交情况、招标人标底及投标文件的密封情况及整个开标过程进行了现场公证。

山东水利工程总公司等 7 家投标企业按时递交了投标文件,投标人的委托代理人经身份验证参加了开标会议。

开标按投标文件递交的逆顺序进行,各投标人投标报价略。招标人准备了两个备选标底,报价完毕后由公证人员在现场当众抽取了其中一个作为招标人标底。

开标会议 09:50 结束。会后,监督人、公证人员对各投标人有关证件的原件进行了审查。审查结果详见资格审查报告(略)。

（三）评标过程

2 月 8 日下午至晚间组织评标专家学习了《中华人民共和国招标投标法》、国家七部委《评标委员会和评标办法暂行规定》《工程建设项目施工招标投标办法》、水利部《水利工程建设项目招标投标管理规定》《国务院南水北调办关于进一步规范南水北调工程招标投标活动的意见》等有关法律、法规和本项目招标文件。

评标会议于 2 月 9 日 10:10 在中豪大酒店四楼会议室开始,评标委员会严肃评标纪律,严格按照评标原则、评标办法进行封闭评标。评标委员承诺遵守评标工作纪律、承担评标工作相应职责、与投标人无利害关系。

（1）评标委员会组成:根据国家七部委《评标委员会和评标办法暂行规定》,评委会由9人组成,其中招标人代表3人,技术、经济专家6人。技术、经济专家从国务院南水北调办公室评标专家库中随机抽取。

招标评标委员会人员组成及分组情况如下:

主任委员:×××

商务组:×××、×××、×××

技术组:×××、×××、×××、×××、×××

（2）评委会认真研究了招标文件,熟悉了评标标准和评标方法。

初评阶段,对所有投标文件的响应性、完整性进行了审查。

施工投标人的投标报价得分表略。

（3）终评阶段,评委会本着公正、公平、科学、择优的原则,对进入终评的投标人分组进行了详细审阅和评审,提出了评审意见,评委会成员独立对进入终评阶段的各投标人进行综合赋分,推荐中标候选人。

（4）评标会于2月9日结束。山东省南水北调工程建设管理局、山东省监察厅驻水利厅监察专员办公室派员对开标评标全过程进行了现场监督。

（四）评审意见

见评委意见。

（五）评标结果

按各投标人的综合得分高低排序,中标候选人见下表。

标段	第一中标候选人	第二中标候选人	第三中标候选人
施工2	山东黄河东平湖工程局	山东水利工程总公司	德州黄河建业工程有限责任公司

各投标人综合得分表略,加各投标人信用等级得分的最终得分表略。

（六）评标委员会签字表

评标委员会签字表略。

五、评标原则

（一）评标依据

评标依据为《中华人民共和国招标投标法》、国家七部委《评标委员会和评标办法暂行规定》、《工程建设项目施工招标投标办法》、水利部《水利工程建设项目招标投标管理规定》、《国务院南水北调办关于进一步规范南水北调工程招标投标活动的意见》和本工程招标文件。

（二）评标原则

遵循公平、公正、科学、择优的原则,经综合评审,择优选择中标人,不保证报价最低者中标。

(三)评审内容

(1)初评:首先检查每份投标文件内容是否完整,是否实质上响应招标文件的要求。对实质上响应招标文件要求的投标文件,检查其报价是否有算术错误,若有,则按招标文件的规定进行改正。

(2)终评:会议根据评标原则和评标办法,对被确定为从本质上响应招标文件要求的投标文件进行比较和评价。

六、评标纪律

(1)评标委员会成员名单在中标结果确定前保密。

(2)评标过程必须严格保密。评标委员会成员和与评标活动有关的工作人员不得透露对投标文件的评审和比较、中标候选人的推荐情况以及与评标有关的其他情况。如有发生,将追究其责任。

(3)评委应当客观、公正地履行职责,遵守职业道德,对所提出的评审意见承担个人责任。

(4)评标委员会成员均不代表各自的单位或组织,在评标期间实行封闭管理,不得与任何投标人或者与招标结果有利害关系的人进行私下接触,不得收受投标人、中介人、其他利害关系人的财物或者其他好处。

(5)任何单位和个人不得对招标人、评标委员会成员和有关工作人员施加任何影响和试图获取评标决标信息,不得非法干预、影响评标过程和结果。投标人企图影响评标的任何活动,将导致本企业投标失败。

(6)评标委员会成员有需回避的,应按有关规定主动回避。

七、施工招标评标办法

评标办法前附表

条款号	评审因素	评审标准
1. 评标方法		本次评标采用综合评估法。评标委员会对满足招标文件实质性要求的投标文件,按照本章第 2.2 款规定的评分标准进行打分,所有评委评分的算术平均值再加上国务院南水北调工程建设委员会办公室对评标时投标人信用等级的得分(根据国务院南水北调工程建设委员会办公室《关于进一步加强南水北调工程施工单位信用管理的意见》(国调办建管理办〔2008〕179 号)的规定,信用等级为 A 级的加 2 分,B 级的加 1 分,C 级不加减分,D 级的减 1 分,E 级的减 3 分。F 级投标无效)为投标人的最终得分,按最终得分由高到低顺序推荐中标候选人,或根据招标人授权直接确定中标人,但投标报价低于其成本的除外。综合评分相等时,以投标报价低的优先;投标报价也相等的,由招标人自行确定

续表

条款号	评审因素		评审标准
2.1.1	形式评审标准	投标人名称	与营业执照、资质证书、安全生产许可证一致
		投标函签字盖章	有法定代表人或其委托代理人签字或加盖单位公章
		投标文件格式	符合"投标文件格式"的要求
		报价唯一	只能有一个有效报价
2.1.2	资格评审标准	营业执照	具备有效的营业执照
		安全生产许可证	具备有效的安全生产许可证
		资质等级	符合"投标人须知"第1.4.1项规定
		财务状况	符合"投标人须知"第1.4.1项规定
		类似项目业绩	符合"投标人须知"第1.4.1项规定
		信誉	符合"投标人须知"第1.4.1项规定
		项目经理	符合"投标人须知"第1.4.1项规定
		其他要求	符合"投标人须知"第1.4.1项规定
		联合体投标人	符合"投标人须知"第1.4.2项规定
		有关资格证件原件的审验	资质证书副本、营业执照副本、水利水电一级建造师注册证、水行政主管部门颁发的项目经理的"项目负责人安全生产考核合格证书"(B证)和专职安全生产管理人员的"安全生产考核合格证书"(C证)、技术负责人职称证、企业安全生产许可证、同类工程合同,以上证件的原件应单独密封,在投标截止时间前随同投标文件一起递交。开标会结束后由审查人员和监督人员对投标人上述证件的原件进行审验,缺少其任何一项,其投标文件将按无效标处理。投标人法定代表人或其委托代理人在进行证件查验时应出示本人身份证
2.1.3	响应性评审标准	投标内容	符合"投标人须知"第1.3.1项规定
		工期	符合"投标人须知"第1.3.2项规定
		工程质量	符合"投标人须知"第1.3.3项规定
		投标有效期	符合"投标人须知"第3.3.1项规定
		投标保证金	符合"投标人须知"第3.4.1项规定
		权利义务	符合"合同条款及格式"规定
		已标价工程量清单	符合"工程量清单"给出的范围及数量
		技术标准和要求	符合"技术标准和要求"规定

条款号	评审因素	评审标准
2.1.4	无效投标文件	发生有下列情况之一的,将作无效投标文件处理	1. 投标文件密封不符合招标文件要求的或逾期送达的; 2. 投标人法定代表人或委托代理人未参加开标会议的; 3. 未按招标文件规定加盖单位公章和法定代表人(或其委托代理人)的签字(名章无效)的; 4. 未按招标文件要求编写或字迹模糊导致无法确认关键技术方案、关键工期、关键工程质量保证措施、投标价格的; 5. 未按招标文件规定缴纳投标保证金的; 6. 投标人递交两份或多份内容不同的投标文件,或在一份投标文件中对同一招标项目报有两个或多个报价,且未声明哪个有效的; 7. 超出招标文件规定,违反国家有关规定的或投标人提供虚假资料的; 8. 投标文件中不符合招标文件中规定的其他实质性要求的

条款号	条款内容	编列内容
2.2.1	分值构成(总分100分)	施工组织设计:38 分 项目管理机构:6 分 投标报价:50 分 其他评分因素:6 分
2.2.2	评标基准价计算方法	评标基准价 = 招标人标底×70% + 投标人标底×30% 在招标人标底92%(含92%)~105%(含105%)范围内的有效投标报价进行算术平均,以此均值作为投标人标底。在上述范围内无有效投标报价时,以招标人标底为评标基准价。 计算报价得分时,投标报价与评标基准价的差与评标基准价的比值均保留两位小数
2.2.3	投标报价的偏差率计算公式	偏差率 = 100% ×(投标人报价 − 评标基准价)/评标基准价 计算报价得分时,所有的比值计算均保留两位小数

条款号	评分因素		分值	评分标准
2.2.4 (1)	施工组织设计评分标准(38分)	内容的完整性	2	招标文件组成齐全,内容按要求填写,得 2 分;每发现一处不完备在 2 分的基础上扣 0.5 分
		施工方案与技术措施	20	对控制工期和技术难度大的关键工序理解深刻,主体工程施工方案合理、先进的,得 12 分;降排水方案合理、先进的,得 3 分;度汛措施合理的,得 5 分。 有不完善的,酌情少得分

条款号	评分因素		分值	评分标准
2.2.4 (1)	施工组织设计评分标准 (38分)	质量管理体系与措施	3	工程施工质量保证措施科学合理,测量、监控等质量保证措施得当且切实可行,有具体的标准和检测方法(施工规范有具体要求的符合规范要求。施工规范无具体要求而投标人提出的企业标准较先进的)表述清晰者得3分,次之酌情少得分
		安全管理体系与措施	2	安全管理机构健全、保证体系与措施合理、得当,得2分,有缺陷酌情不得分,没有相关内容不得分
		环境保护管理体系与措施	2	文明施工和环境保护机构健全、措施合理、得当,得2分;有缺陷少得分,没有相关内容不得分
		水土保持施工方案与措施	2	水土保持施工方案与措施合理、得当,得2分;有缺陷少得分,没有相关内容不得分
		工程进度计划与措施	4	总工期满足要求得2分;各分项工程工期合理(网络图合理)得1分;施工均衡的得1分。不满足总工期要求的不得分
		资源配备计划	3	施工设备选型和配套合理、保证性高,得2分
				质量监控设备齐全、满足工程检验需要,得1分
2.2.4 (2)	项目管理机构评分标准 (6分)	项目经理任职资格与业绩	2	具有3项以上同类工程项目施工管理经验,得2分;否则酌情少得分,无同类施工类似经验不得分
		技术负责人任职资格与业绩	2	高级及以上职称得1分;不满足不得分。
				具有3项以上同类工程项目施工管理经验,得1分;否则酌情减分,无同类施工类似经验不得分
		其他主要人员	2	管理人员和技术工人的经验和素质高者得2分
2.2.4 (3)	投标报价评分标准 (50分)	投标报价	45	投标报价与评标基准价一致的,得基本分35分; 在评标基准价以上,每提高一个百分点,在35分基础上减3分; 在评标基准价以下0~-5%(含-5%)之间,每减少一个百分点,在35分基础上加2分,最高得45分; 在评标基准价-5%以下,每减少一个百分点,在40分的基础上减2分; 不足1%,内插,该项最低得分10分
		单价合理性	5	主要单价表符合常规计算办法,计算出的单价合理得4分。发生超出常规单价的不均衡报价少得分
				单项费用与总费用相吻合得1分,有不相吻合的情况酌情少得分

条款号	评分因素	分值	评分标准
2.2.4（4）	其他因素评分标准（6分）	投标人财务状况、信誉、业绩	5	提供了符合招标文件要求的全部财务报表，并且所有反映财务状况的资料数据可靠、无相互矛盾，财务状况良好得2分；财务报表组成不全，财务状况一般酌情少得分；未提供财务报表，数据有矛盾，财务状况差的不得分
				获厅级、流域级以上工程质量奖的每一项得0.5分，累计最高得2分
				同时具有省工商局重合同守信用证书、省级银行（工商、建设、农业、中国）AAA信用等级证书得1分，次之酌情少得分
		投标文件的编制水平	1	投标文件外观良好，外形尺寸、页码编排、装订符合招标文件要求，无算术错误、错别字，得1分；否则酌情少得分

第三章　建设监理制

第一节　监理依据和组织

一、监理主要依据

（一）国家和地方有关建设法律、法规

（1）《中华人民共和国合同法》。

（2）《中华人民共和国建筑法》。

（3）《中华人民共和国招标投标法》。

（4）《建设工程质量管理条例》。

（5）《水利工程建设项目施工监理规范》（SL 288—2003）。

（6）《国务院特大安全事故行政责任追究的规定》。

（7）当地有关工程建设方针、政策、法规和规定。

（二）有关合同文件、设计文件与图纸、施工措施方案、技术说明及资料

（1）监理合同文件。

（2）工程建设合同文件。

（3）工程建设勘察设计图纸、文件。

（4）《工程建设标准强制性条文（水利工程部分）》。

（5）《南水北调东线第一期工程南四湖—东平湖输水与航运结合工程八里湾泵站枢纽工程监理招标文件》。

（6）《南水北调东线第一期工程南四湖—东平湖输水与航运结合工程八里湾泵站枢纽工程监理大纲》。

（7）经过监理机构批准的施工组织设计及技术措施（作业指导书）。

（8）由生产厂家提供的有关材料、构配件和工程设备的使用技术说明。

（9）工程设备的安装、调试、检验等技术资料。

（10）经批准的变更设计文件。

（11）建设过程中发包人发出的其他文件和指示。

（三）有关现行规程、规范和规定

（1）《水利工程建设项目施工监理规范》（SL 288—2003）。

（2）《水利水电工程施工质量检验与评定规程》（SL 176—2007）。

（3）《水利水电建设工程验收规程》（SL 223—2008）。

（4）《泵站施工规范》（SL 234—1999）。

（5）《水闸施工规范》（SL 27—1991）。

(6)《堤防工程施工质量评定与验收规程》(试行)(SL 239—1999)。

(7)《堤防工程施工规范》(SL 260—1998)。

(8)《水利水电工程施工测量规范》(DL/T 5173—2003)。

(9)《水工混凝土施工规范》(DL/T 5144—2001)。

(10)《水工混凝土外加剂技术规程》(DL/T 5100—1999)。

(11)《水工混凝土试验规程》(SL 352—2006)。

(12)《土工试验规程》(SL 237—1999)。

(13)《水工金属结构防腐蚀规范》(SL 105—2007)。

(14)《水工建筑物岩石基础开挖工程施工技术规范》(SL 47—1994)。

(15)《水利水电工程混凝土防渗墙施工技术规范》(SL 174—1996)。

(16)《水利水电工程钢闸门制造安装及验收规范》(GB/T 14173—2008)。

(17)《水利水电工程启闭机制造、安装及验收规范》(SL 381—2007)。

(18)《建筑地基基础工程施工质量验收规范》(GB 50202—2002)。

(19)《砌体工程施工质量验收规范》(GB 50204—2002)。

(20)《水工建筑物地下开挖工程施工技术规范》(SL 378—2007)。

(21)《火灾自动报警系统施工及验收规范》(GB 50166—1992)。

(22)《混凝土结构工程施工及验收规范》(GB 50204—1992)。

(23)《混凝土质量控制标准》(GB 50164—1992)。

(24)《建筑装饰工程施工及验收规范》(JGJ 73—1991)。

(25)《建筑地面工程施工质量验收规范》(GB 50209—2002)。

(26)《屋面工程质量验收规范》(GB 50207—2002)。

(27)《预制混凝土构件质量检验评定标准》(GBJ 321—1990)。

(28)《灌注桩基础技术规程》(YSJ 212—1992 YBJ 42—1992)。

(29)《基桩高应变动力检测规程》(JGJ 106—97)。

(30)《基桩低应变动力检测规程》(JGJ/T 93—1995)。

(31)《建筑地基处理技术规范》(JGJ 79—1991)。

(32)《起重设备安装工程施工及验收规范》(GB 50278—1998)。

(33)《电气装置安装工程质量检验及评定规程》(DL/T 5161.1—2002)。

(34)《电气装置安装工程起重机电气装置施工及验收规范》(GB 50256—1996)。

(35)《电气装置安装工程电力变压器、油浸电抗器、互感器施工及验收规范》(GBJ 148—1990)。

(36)《电气装置安装工程电气设备交接试验标准》(GB 50150—2006)。

(37)《电气装置安装工程接地装置施工及验收规范》(GB 50169—2006)。

(38)《电气装置安装工程电缆线路施工及验收规范》(GB 50168—2006)。

(39)其他有关规程、规范。

二、监理组织

山东龙信达咨询监理有限公司于 2010 年 4 月 1 日与南水北调东线八里湾泵站工程

建设管理局签订项目监理合同,4月2日成立山东龙信达咨询监理有限公司南水北调东线八里湾泵站枢纽工程项目监理部,任命总监理工程师,负责监理部全面工作,任命副总监理工程师。监理工程师8人,计划高峰时期投入人员16人。

根据监理工作的内容和现场的实际情况,采用直线——职能型监理组织模式(见图1-3-1),它既有权力集中、权责分明、决策效率高的优点,又兼有处理专业化问题能力强的优点。驻现场监理机构,监理部下设综合办公室和现场技术部两个职能科室,各职能科室在分管副总监理工程师的领导下开展工作,并对总监理工程师负责,按照分工对下属各分组进行督导,并及时向总监理工程师反馈信息,将施工活动中关联过程有机结合起来统一控制。现场技术部负责质量控制、进度控制与监理协调,以及与其相关的测量试验、土建、金属结构、机电安装、施工安全、环境保护、水土保持等,将从各项工程开工准备到其竣工验收的实施全过程进行监控。综合办公室负责造价控制、合同商务管理和工程信息管理。各科室均制定了完善的规章制度,责任分明,便于组织协调和统一指挥,有力地保证了监理技能的高效发挥。

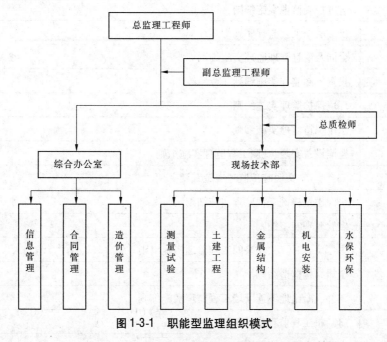

图1-3-1 职能型监理组织模式

第二节 监理范围和内容

一、监理范围

南水北调东线第一期工程南四湖—东平湖输水与航运结合工程八里湾泵站枢纽工程监理范围:八里湾泵站枢纽工程建筑安装、管理设施、水土保持建设、施工期环境保护监理及设备监造等。

二、监理内容

监理工程主要内容是工程的质量控制、进度控制、投资控制、合同管理、信息管理、协调工作和安全生产管理,以及工程设备的制造、调试、工程的进度和质量进行监督、复验、办理验收和签证等。监理共编制了监理部依据、监理合同,及时编制了监理规划,并报送业主进行了审批;根据招标投标文件、设计图纸,结合本工程特点制定了24个监理实施细则(见表1-3-1),在工程实施过程中监理部对监理实施细则进行了不断补充和完善。

表1-3-1 监理实施细则

序号	细则名称
1	原材料及中间产品质量控制监理实施细则
2	工程测量监理实施细则
3	土方填筑工程监理实施细则
4	进度控制监理实施细则
5	土方明挖工程监理实施细则
6	合同及信息管理监理实施细则
7	投资控制监理实施细则
8	环境保护监理实施细则
9	水土保持监理实施细则
10	监测设备安装、观测工程监理实施细则
11	安全生产、文明施工监理实施细则
12	水泥土搅拌桩工程监理实施细则
13	实验监理实施细则
14	主厂房、副厂房、安装间工程监理实施细则
15	金属结构监造细则
16	钢筋混凝土地下连续墙工程监理实施细则
17	CFG桩工程监理实施细则
18	主泵房底板工程监理实施细则
19	主泵房进水流道层工程监理实施细则
20	主泵房出水流道层工程监理实施细则
21	清污机桥工程监理实施细则
22	公路桥工程监理实施细则
23	水泵、电机及其附属设备采购监理实施细则
24	水泵、电机及设备安装监理实施细则

(一)质量控制

1.质量控制原则

(1)建立和健全质量控制体系,并在监理工作过程中不断改进和完善。

(2)监督承包人建立和健全质量保证体系,并监督其贯彻执行。

(3)按照有关工程建设标准和强制性条文及施工合同约定,对所有施工质量活动及质量活动相关的人员、材料、工程设备和施工设备、承包人和施工环境进行监督和控制,按照事前审批、事中监督和事后检验等监理工作环节控制工程质量。

2.质量控制目标

以现行施工及验收规范、工程质量等级评定标准为依据,确保南水北调东线一期工程南四湖—东平湖输水与航运结合工程八里湾泵站枢纽工程达到建设施工合同规定的质量目标。

3.质量控制内容

审查承包人的质量保证体系和控制措施,核实质量管理文件。依据施工承包合同文件、设计文件、技术规范与质量检验标准,对施工前准备工作进行检查,对施工工序、工艺与资源投入进行监督、抽查。依据有关规定,进行工程项目划分,由发包人报质量监督部门批准后实施。对单元工程、分部工程、单位工程质量按照国家有关规定进行检查、签证和评价。协助发包人调查处理工程质量事故。

4.质量控制制度

1)原材料、构配件和工程设备的检验制度

(1)对于工程中使用的材料、构配件,监理机构监督承包人按有关规定和施工合同约定进行检验,并应查验材质证明和产品合格证。

(2)对于承包人采购的工程设备,监理机构将参加工程设备的交货验收;对于发包人提供的工程设备,监理机构将会同承包人参加交货验收。

(3)材料、构配件和工程设备未经检验,不得使用;经检验不合格的材料、构配件和工程设备,督促承包人及时运离工地或做出相应处理。

(4)监理机构如对进场材料、构配件和工程设备的质量有异议,可指示承包人进行重新检验、检测。

(5)监理机构发现承包人未按有关规定和施工合同约定对材料、构配件和工程设备进行检验,将及时指示承包人补做检验;若承包人未按监理机构的指示进行补验,监理机构可按施工合同约定自行或委托其他有资质的检验机构进行检验,承包人应为此提供一切方便并承担相应费用。

(6)监理机构在工程质量控制过程中发现承包人使用了不合格的材料、构配件和工程设备时,将指示承包人立即整改。

2)施工设备的检验制度

(1)监理机构督促承包人按照施工合同约定保证施工设备按计划及时进场,并对进场的施工设备进行评定和认可。禁止不符合要求的设备投入使用,并应要求承包人及时撤换。在施工过程中,监理机构应督促承包人对施工设备及时进行补充、维修、维护,满足施工需要。

（2）旧施工设备进入工地前，承包人应提供该设备的使用和检修记录，以及具有设备鉴定资格的机构出具的检修合格证，经监理机构认可，方可进场。

（3）监理机构若发现承包人使用的施工设备影响施工质量和进度，应及时要求承包人增加或撤换。

3）工程质量检验制度

承包人每完成一道工序或一个单元工程，都应经过自检，合格后方可报监理机构进行复核检验。上道工序或上一单元工程未经复核检验或复核检验不合格，不得进行下道工序或下一单元工程施工。

5. 质量控制措施

1）建立质量控制体系

为确保本工程质量达到预定的控制目标，监理机构将首先从组织措施上加以落实，使质量控制的责任落实到人，做到层层有控制，处处有人管。

（1）督促承包人建立完善、有效的质量保证体系，该体系的组织机构、人员、职责明确、落实。

（2）监理机构对质量实行监理员、专业监理工程师和总监理工程师三级把关制度。监理员在施工现场不断巡视和检查，发现问题随时报告和记录；专业监理工程师随时对现场进行抽查，并在有关质量方面的报验单上签字；总监理工程师同样随时对现场进行巡查。

2）组织现场质量分析会议

现场施工质量状况的分析和统计将在一定的时间内通过由监理机构主持召开的质量分析会议上公布，质量分析会议可单独召开，也可与监理例会合并召开。会议的目的就是对影响质量的原因和因素提出解决办法，督促承包人对工程质量进一步改进，使整个工程的施工质量处在承包人、监理机构的有效控制之下，确保施工质量达到预定的目标。

3）加强对计量仪器、设备和人员资质的控制

（1）对施工现场使用的仪器、设备，如经纬仪、水准仪、全站仪、天平、环刀、烘箱、搅拌机、磅秤、压力表（计）等，监理机构督促承包人在使用前进行基准状态的检查，监理机构人员进行核查。同时，必须提交仪器、设备的检定证书和使用记录，确保这些仪器、设备是在有效的完好的状态下使用。

（2）对从事计量仪器、设备的使用人员和特殊专业工种人员如试验员、电工、碾压机器操作员等，要求承包人提交人员的培训证书或上岗证，并提交本岗位的工作简历。监理机构人员将了解、核查专业人员的基本素质和业务能力。

4）从组织措施上加强监控力度

（1）选派水工结构、机电、金属结构等方面有丰富经验和专业知识的高级工程师作为专业监理工程师，重点把好图纸审查关和施工技术关。

（2）设置专职试验、检验人员，注重检验工作，重点放在各种原材料质量检测、混凝土及砂浆强度检测、土方压实度检测、各部位安装控制线复核、焊缝探伤、埋件安装精度及金属结构防腐检测等。

（3）配备旁站监理机构人员，做到施工现场全天候有人跟踪，及时监督检查和处理施

工中发生的种种问题。

(4)完善监理人员的质量责任制度,认真落实本大纲中所提出的各项监理制度和控制措施。

(5)建立有效的协调机制,经常与发包人沟通情况,使发包人及时掌握施工信息,并适时发出正确的指示和指令。

5)从技术措施上加强监控力度

(1)加强对设计单位所提供的设计图纸的审查,尽量避免错、漏的产生,了解设计意图,熟悉设计内容,从设计角度把握施工资源的合理配置。

(2)认真审查施工组织设计和施工技术方案,特别是对施工时间短、技术难度大的单元、分部工程,要根据设计内容和要求,督促承包人制订出详细、合理、可靠的方案,必需时邀请部分专家和设计人共同进行审查和论证。

(3)尽可能采用已经成熟、有效的施工新工艺、新技术和新材料以及高效能的施工机械,使工程施工既满足工程进度要求,也使工程质量更加得到保障。

(4)严格事前、事中、事后的质量控制,特别是加强质量数据的统计、分析和检查,利用微机进行辅助管理。

(5)对关键工序设置质量控制点,并对质量控制点实行监理旁站和加强检查、测试。

6. 质量控制要点

1)测量控制及放线

建筑物的定位、轴线、水准点、层高及垂直度、沉降观测等。

2)监理试验检测

监理采用跟踪检测、平行检测方法对承包人的检验结果进行复核。平行检测的检测数量,混凝土试样不少于承包人检测数量的3%,重要部位每种强度等级的混凝土最少取样1组;土方试样不少于承包人检测数量的5%;重要部位至少取样3组;跟踪检测的检测数量,混凝土试样不应少于承包人检测数量的7%,土方试样不应少于承包人检测数量的10%。

7. 监理工作基本程序

(1)签订监理合同,明确监理范围、内容和责权。

(2)依据监理合同,组建现场监理机构,选派总监理工程师、监理工程师、监理员和其他工作人员。

(3)熟悉工程建设有关法律、法规、规章以及技术标准,熟悉工程设计文件、施工合同文件和监理合同文件。

(4)编制项目监理规划。

(5)进行监理工作交底。

(6)编制各专业、各项目监理实施细则。

(7)实施施工监理工作。

(8)督促承包人及时整理、归档各类资料。

(9)参加验收工作,签发工程移交证书和工程保修责任终止证书。

(10)结清监理费用。

(11)向发包人提交有关档案资料、监理工作总结报告。

(12)向发包人移交其所提供的文件资料和设施设备。

8.监理工作主要方法和主要制度

1)主要工作方法

(1)现场记录。监理机构认真、完整记录每日施工现场的人员、设备和材料、天气、施工环境以及施工中出现的各种情况。

(2)发布文件。监理机构采用通知、指示、批复、签认等文件形式进行施工全过程的控制和管理。

(3)旁站监理。监理机构按照监理合同约定,在施工现场对工程项目的重要部位和关键工序的施工,实施连续性的全过程检查、监督与管理。

(4)巡视检验。监理机构对所监理的工程项目进行的定期或不定期的检查、监督和管理。

(5)跟踪检测。在承包人进行试样检测前,监理机构对其检测人员、仪器设备以及拟订的检测程序和方法进行审核;在承包人对试样进行检测时,实施全过程的监督,确认其程序、方法的有效性以及检测结果的可信性,并对该结果确认。

(6)平行检测。监理机构在承包人对试样自行检测的同时,独立抽样进行的检测,核验承包人的检测结果。

(7)协调。监理机构对参加工程建设各方之间的关系以及工程施工过程中出现的问题和争议进行的调解。

2)主要工作制度

(1)技术文件审核、审批制度。根据施工合同约定由双方提交的施工图纸以及由承包人提交的施工组织设计、施工措施计划、施工进度计划、开工申请等文件均应通过监理机构核查、审核或审批,方可实施。

(2)原材料、构配件和工程设备检验制度。进场的原材料、构配件和工程设备应有出厂合格证明和技术说明书,经承包人自检合格后,方可报监理机构检验。不合格材料、构配件和工程设备应按监理指示在规定时限内运离工地或进行相应的处理。

(3)工程质量检验制度。承包人每完成一道工序或一个单元工程,都应经过自检,合格后方可报监理机构进行复核检验。上道工序或上一单元工程未经复核检验或复核检验不合格,不得进行下一道工序或下一单元工程施工。

(4)工程计量付款签证制度。所有申请付款的工程量均应进行计量并经监理机构确认。未经监理机构签证的付款申请,发包人不应支付。

(5)会议制度。监理机构应建立会议制度,包括第一次工地会议、监理例会和监理专题会议。会议由总监理工程师或由其授权的监理工程师主持,工程建设有关各方应派员参加。

(6)施工现场紧急情况报告制度。监理机构应针对施工现场可能出现的紧急情况编制处理程序、处理措施等文件。当发生紧急情况时,应立即向发包人报告,并指示承包人立即采取有效紧急措施进行处理。

(7)工作报告制度。监理机构应及时向发包人提交监理月报或监理专题报告;在工程验收时,提交监理工作报告;在监理工作结束后,提交监理工作总结报告。

(8)工程验收制度。在承包人提交验收申请后,监理机构应对其是否具备验收条件进行审核,并根据有关水利工程验收规程或合同约定,参与、组织或协助发包人组织工程验收。

(二)工程进度控制

1.进度控制的原则

满足工程建设需要,以合同为依据,动态科学地安排和实施进度控制工作。

2.进度控制的目标

按照发包人的工期要求,根据施工情况采取有力的控制手段和措施,始终抓住关键线路上的关键工序、关键部位和施工难点,合理调配资源,加强各合同项目的施工协调,促使各合同工期按计划进行,促使工期总目标按期或提前实现。

3.进度控制的内容

按发包人要求,编制工程控制性进度计划,提出工程控制性进度目标,并以此审查批准承包人提出的施工进度计划,检查其实施情况。督促承包人采取切实措施实现合同工期要求。当实施进度与计划进度发生较大偏差时,及时向发包人提出调整控制性进度计划的建议和意见并在发包人批准后完成其调整。

4.进度控制的措施及工作程序

1)进度控制措施

(1)技术措施。

采用先进科学的施工工艺,缩短工艺时间,减少技术间歇期,实行平行流水和立体交叉作业,对于关键部位如土方开挖工程、泵室段混凝土工程、金属结构、机电安装等影响工程工期较大的项目,组织专家进行技术论证,在保证工程质量的前提下加快施工进度。

(2)组织措施。

必须要合理组织,增加作业队伍,增加工作人数,增加工作班次,形成流水作业。对于关键部分的施工,在不增加造价的前提下,选择专业施工队伍进行突击,压缩关键工序的作业时间,以确保工程总工期不突破。

(3)合同及经济措施。

强化承包人的合同意识,将工程进度关键节点与经济合同紧密结合,工程进度款支付遵循进度、质量签证程序,并督促承包人采取如提高计件单价、提高奖金水平等方法。

(4)其他配套措施。

监理机构根据工程进展的需要,加强对外联络,改善外部配合条件及劳动条件,实施强有力的调度,为工程的顺利实施创造良好的周边环境。

(5)总进度拖延后的补救措施。

调整相应的施工计划及材料、资金供应计划等,在新的条件下组织新的协调和平衡。

①根据工程总进度控制计划的要求,指令承包人重新调整施工进度计划,并监督其按调整后的计划组织实施。

②按调整后的施工组织计划,督促承包人按调整后的计划组织各种资源进场。

③加强合同管理,强化承包人的合同意识,督促承包人履行合同责任。

④加强监理协调工作,合理组织所有承包人进行紧密的配合与交叉作业,抢回被拖延的工期。

2)进度控制的工作程序

对工程进度目标的监控,实行分级管理办法。监理机构通过对工程总进度控制计划的跟踪监控,审查承包人提交的施工总进度计划、月度施工作业计划及周作业计划,按逐级分解跟踪对比检查的方法,实现对工程总进度的全面监控。

(三)工程投资控制

1.投资控制的原则

(1)所有申请付款的工程量均应进行计量,并经监理机构确认。未经监理机构签证的付款申请,发包人不应支付。

(2)监理机构按施工合同约定的程序和调整方法,审核单价、合价的调整。当发包人与承包人对价格调整协商不一致时,监理机构可暂定调整价格。价格调整金额随工程价款月支付一同支付。

2.投资控制的目标

在施工监理过程中,通过监理人员的努力,积极与发包人配合,加强协调,积极推广使用新工艺、新技术、新材料,定期地进行投资实际值与投资计划值的比较,通过实际支出额与投资控制目标值之间的偏差,分析产生的原因,并采取有效的措施加以控制,以确保达到降低工程造价的目的。工程总投资不超过概算,单项工程投资控制在施工承包合同的造价内,各单项工程根据施工承包合同进行控制。

3.投资控制的内容

协助发包人编制投资控制目标和分年投资计划。审查承包人递交的资金流计划,审核承包人完成的工程量和价款,签署付款意见,对合同变更或增加项目提出意见后,报发包人。受理索赔申请,进行索赔调查和谈判,提出处理意见报发包人。

4.投资控制的措施

1)投资控制措施

(1)投资事前控制。

投资事前控制的目的是进行工程投资风险预测,并采取相应的防范性对策,尽量减少承包人提出索赔的可能。

(2)投资事中控制。

①按合同规定,及时答复承包人提出的问题及配合要求。

②施工中主动搞好有关方面的协调与配合。

③严格按照招标投标文件及施工合同有关规定办理经济签证。

④按合同规定,及时对已完工程进行验收。

⑤检查、监督承包人执行合同情况,使其全面履约。

⑥定期向发包人报告工程投资动态情况。

⑦定期、不定期地进行工程费用分析,提出控制工程费用突破的方案和措施。

(3)投资事后控制。

①审核承包人提交的工程结算书。

②公正处理承包人提出的索赔。

2）工程计量方法与程序

（1）可支付的工程量应同时符合以下条件：

①经监理机构签认，并符合施工合同约定或发包人同意的工程变更项目的工程量以及计日工。

②经质量检验合格的工程量。

③承包人实际完成的并按施工合同有关计量规定计量的工程量。

（2）在监理机构签发的施工图纸（包括设计变更通知）所确定的建筑物设计轮廓线和施工合同文件约定扣除或增加计量的范围内，按有关规定及施工合同文件约定的计量方法和计量单位进行计量。

（3）工程计量应符合以下程序：

①工程项目开工前，监理机构监督承包人按有关规定或施工合同约定完成原始地面地形的测绘以及计量起始位置地形图的测绘，并审核测绘成果。

②工程计量前，监理机构审查承包人计量人员的资格和计量仪器设备的精度及率定情况，审定计量的程序和方法。

③在接到承包人计量申请后，监理机构审查计量项目、范围、方式，审核承包人提交的计量所需的资料、工程计量已具备的条件，若发现问题，或不具备计量条件，应督促承包人进行修改和调整，直至符合计量条件要求，方可同意进行计量。

④监理机构会同承包人共同进行工程计量；或监督承包人的计量过程，确认计量结果；或依据施工合同约定进行抽样复核。

⑤在付款申请签认前，监理机构对支付工程量汇总成果进行审查。

⑥若监理机构发现计量有误，可重新进行审核、计量，进行必要的修正与调整。

⑦当承包人完成了每个计价项目的全部工程量后，监理机构要求承包人与其共同对每个项目的历次计量报表进行汇总和总体量测，核实该项目的最终计量工程量。

3）完工支付应符合的规定

（1）监理机构及时审核承包人在收到工程移交证书后提交的完工付款申请及支持性资料，签发完工付款证书，报发包人批准。

（2）审核包括以下内容：

①到移交证书上注明的完工日期止，承包人按施工合同约定累计完成的工程金额。

②承包人认为还应得到的其他金额。

③发包人认为还应支付或扣除的其他金额。

4）最终支付应符合的规定

（1）监理机构及时审核承包人在收到保修责任终止证书后提交的最终付款申请及结算清单，签发最终付款证书，报发包人批准。

（2）审核包括以下内容：

①承包人按施工合同约定和经监理机构批准已完成的全部工程金额。

②承包人认为还应得到的其他金额。

③发包人认为还应支付或扣除的其他金额。

5）施工合同解除后的支付应符合的规定

（1）因承包人违约造成施工合同解除的支付。监理机构就合同解除前承包人应得到但未支付的下列工程付款和费用签发付款证书，但应扣除根据施工合同约定应由承包人承担的违约费用：

①已实施的永久工程合同金额。

②工程量清单中列有的、已实施的临时工程合同金额和计日工金额。

③为合同项目施工合理采购、制备的材料、构配件、工程设备的费用。

④承包人依据有关规定、约定应得到的其他费用。

（2）因发包人违约造成施工合同解除的支付。监理机构就合同解除前承包人所应得到但未支付的下列工程价款和费用签发付款证书：

①已实施的永久工程合同金额。

②工程量清单中列有的、已实施的临时工程合同金额和计日工金额。

③为合同项目施工合理采购、制备的材料、构配件、工程设备的费用。

④承包人退场费用。

⑤由于解除施工合同给承包人造成的直接损失。

⑥承包人依据有关规定、约定应得到的其他费用。

（3）因不可抗力致使施工合同解除的支付。监理机构根据施工合同约定，就承包人应得到但未支付的下列工程付款和费用签发付款证书：

①已实施的永久工程合同金额。

②工程量清单中列有的、已实施的临时工程合同金额和计日工金额。

③为合同项目施工合理采购、制备的材料、构配件、工程设备的费用。

④承包人依据有关规定、约定应得到的其他费用。

（4）上述付款证书均应报发包人批准。

（5）监理机构按施工合同约定，协助发包人及时办理施工合同解除后的工程接收工作。

6）价格调整

监理机构按施工合同约定的程序和调整方法，审核单价、合价的调整。当发包人与承包人对价格调整协商不一致时，监理机构可暂定调整价格。价格调整金额随工程价款月支付一同支付。

（四）工程安全控制

1. 施工安全控制任务

建设工程安全生产，监理机构的任务主要是贯彻落实安全生产方针政策，督促承包人严格按照有关建筑施工安全生产法规、标准及强制性条文组织施工，消除施工中的冒险性、盲目性和随意性，落实各项安全技术措施，有效地杜绝各类不安全隐患，杜绝、控制和减少各类伤亡事故，实现安全生产。

2. 施工安全监督措施

（1）监督承包人按照国家有关法律、法规、工程建设强制性标准和已经通过审查批准的专项安全施工方案组织施工。

（2）对施工现场安全生产情况进行巡视检查,检查承包人各项安全措施的具体落实情况。对易发生事故的重点部位和环节实施旁站监理。

（3）发现存在事故隐患的,应当要求承包人立即进行整改;情况严重的,由总监理工程师下达暂时停工令并报告发包人;承包人拒不整改的应及时向工程所在地建设行政主管部门(安全监督机构)报告。

（4）督促承包人进行安全自查工作,参加施工现场的安全生产检查;不定期抽查现场持证上岗情况。

（5）发生重大安全事故或突发性事件时,应当立即下达暂时停工令,并督促承包人立即向当地建设行政主管部门(安全监督机构)和有关部门报告,并积极配合有关部门、单位做好应急救援和现场保护工作;协助有关部门对事故进行调查分析;督促承包人按照"四不放过"原则对事故进行调查处理。

（五）合同管理（监理）

1. 变更监理工作方法

监理变更程序图见图1-3-2。

2. 违约事件的处理程序和监理工作方法

1）承包人违约

（1）在及时进行查证和认定事实的基础上,对违约事件的后果做出判断。

（2）及时向承包人发出书面警告,限其在收到书面警告后的规定时限内予以弥补和纠正。

（3）承包人在收到书面警告的规定时限内仍不采取有效措施纠正其违约行为或继续违约,严重影响工程质量、进度,甚至危及工程安全时,监理机构应令其停工整改,并要求承包人在规定时限内提交整改报告。

（4）承包人继续严重违约时,监理机构及时向发包人报告,说明承包人违约情况及其可能造成的影响。

（5）当发包人向承包人发出解除合同通知后,监理机构应协助发包人按照合同约定派员进驻现场接收工程,处理解除合同后的有关合同事宜。

2）发包人违约

（1）由于发包人违约,致使工程施工无法正常进行,在收到承包人书面要求后,监理机构应及时与发包人协商,解决违约行为,赔偿承包人的损失,并促使承包人尽快恢复正常施工。

（2）在承包人提出解除施工合同要求后,监理机构应协助发包人尽快进行调查、认证和澄清工作,并在此基础上,按有关规定和施工合同约定处理解除施工合同后的有关合同事宜。

3. 索赔的处理程序和监理工作方法

1）索赔管理应符合的规定

（1）监理机构受理承包人和发包人提的合同索赔,但不接受未按施工合同约定的索赔程序和期限提出的索赔要求。

（2）监理机构在收到承包人的索赔意向通知后,核查承包人的当时记录,指示承包人

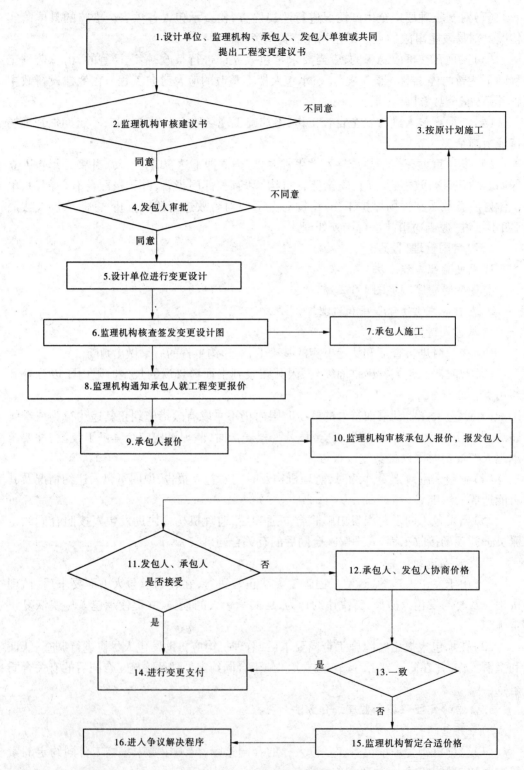

图 1-3-2 监理变更程序图

做好延续记录,并要求承包人提供进一步的支持性资料。

(3)监理机构在收到承包人的索赔申请报告或最终索赔申请报告后,进行以下工作:

①依据施工合同约定,对索赔的合理性进行分析和评价。

②对索赔支持性资料的真实性逐一进行分析和审核。

③对索赔的计算依据、计算方法、计算过程、计算结果及其合理性逐项进行审查。

④对于由施工合同双方共同责任造成的经济损失或工期延误,应通过协商一致,公平合理地确定双方分担的比例。

⑤必要时要求承包人再提供进一步的支持性资料。

(4)监理机构在施工合同约定的时间内做出对索赔申请报告的处理决定,报送发包人并抄送承包人。若合同双方或其中任一方不接受监理机构的处理决定,则按争议解决的有关约定或诉讼程序进行解决。

(5)监理机构在承包人提交了完工付款申请后,不再接受承包人提出的工程移交证书颁发前所发生的任何索赔事项;在承包人提交了最终付款申请后,不再接受承包人提出的任何索赔事项。

2)索赔处理程序和监理工作方法

索赔处理监理工作程序图见图1-3-3。

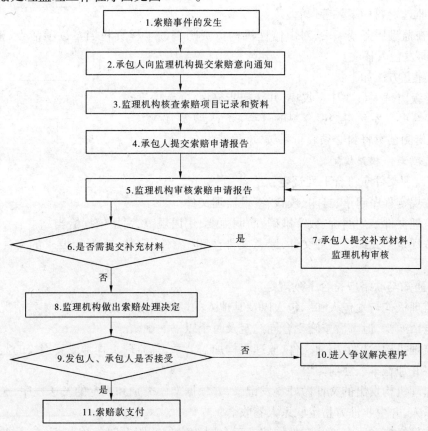

图1-3-3　索赔处理监理工作程序图

(六)信息管理

1. 信息管理程序、制度及人员岗位职责

1)信息管理程序

在现场监理机构设置综合办公室,负责整理归档并按文件内容进行监理机构内部的传阅审批工作。

文件的传递应符合下列规定:

(1)除施工合同另有约定外,文件应按下列程序传递:

①承包人向发包人报送的文件均报送监理机构,经监理机构审核后转报发包人。

②发包人关于工程施工中与承包人有关事宜的决定,均通过监理机构通知承包人。

(2)所有来往的文件,除书面文件外还宜同时发送电子文档。

(3)不符合文件报送程序规定的文件,均视为无效文件。

2)信息管理制度

(1)监理机构督促承包人按有关规定和施工合同约定做好工程资料档案的管理工作。

(2)监理机构按有关规定及监理合同约定,做好监理资料档案的管理工作。凡要求立卷归档的资料,按照规定及时归档。

(3)监理资料档案妥善保管。

(4)在监理服务期满后,对由监理机构负责归档的工程资料档案逐项清点、整编、登记造册,向发包人移交。

(5)建立方法如下:

①各级监理人员要注意收集,并作初步整理,妥善保管。

②综合办公室负责档案资料的分类、登记、收发、保管。

(6)借阅档案资料必须履行手续,不得遗失、改换。

2. 监理文件相关规定

(1)监理文件应符合下列规定:

①按规定程序起草、打印、校核、签发监理文件。

②监理文件表述明确、数字准确、简明扼要、用语规范、引用依据恰当。

③按规定格式编写监理文件,紧急文件注明"急件"字样,有保密要求的文件注明密级。

(2)通知与联络应符合下列规定:

①监理机构与发包人和承包人以及其他人的联络以书面文件为准。特殊情况下可先口头或电话通知,但事后按施工合同约定及时予以书面确认。

②监理机构发出的书面文件,监理机构加盖公章,总监理工程师或其授权的监理工程师应签字并加盖本人注册印鉴。

③监理机构发出的文件做好签发记录,并根据文件类别和规定的发送程序,送达对方指定联系人,并由收件方指定联系人签收。

④监理机构对所有来往文件均按施工合同约定的期限及时发出和答复,不得扣压或拖延,也不得拒收。

⑤监理机构收到政府有关管理部门和发包人、承包人的文件,均应按规定程序办理签收、送阅、收回和归档等手续。

⑥在监理合同约定期限内,发包人应就监理书面提交并要求其做出决定的事宜予以书面答复;超过期限,监理机构未收到发包人的书面答复,则视为发包人同意。

⑦对于承包人提出要求确认的事宜,监理机构在约定时间内做出书面答复,逾期未答复,则视为监理机构认可。

(3)监理日志、报告与会议纪要应符合下列规定:

①监理人员及时、认真地按照规定格式与内容填写好监理日志。总监理工程师定期检查。

②监理机构在每月的固定时间,向发包人、监理单位报送监理月报。

③监理机构根据工程进展情况和现场施工情况,向发包人、监理单位报送监理专题报告。

④监理机构按照有关规定,在各类工程验收时,提交相应的验收监理工作报告。

⑤在监理服务期满后,监理机构向发包人、监理单位提交项目监理工作总结报告。

⑥监理机构对各类监理会议安排专人负责做好记录和会议纪要的编写工作。会议纪要应分发与会各方,但不作为实施的依据。监理机构及与会各方根据会议决定的各项事宜,另行发布监理指示或履行相应文件程序。

(4)档案资料管理应符合下列规定:

①监理机构督促承包人按有关规定和施工合同约定做好工程资料档案的管理工作。

②监理机构按有关规定及监理合同约定,做好监理资料档案的管理工作。凡要求立卷归档的资料,按照规定及时归档。

③监理资料档案妥善保管。

④在监理服务期满后,对由监理机构负责归档的工程资料档案逐项清点、整编、登记造册,向发包人移交。

第四章 合同管理

第一节 基本概况

八里湾泵站工程共签订各类合同协议 12 份,参建单位 10 家,其中监理合同 2 份,监理及工程施工采购委托代理合同 2 份,泵站工程主体施工合同 1 份,水土保持施工合同 1 份,输变电工程合同 1 份,金属结构采购合同 1 份,电气设备采购合同 1 份,计算机监控系统采购合同 1 份,泵站管理设施施工合同 1 份,临时补偿协议 1 份,详见表 1-4-1。

表 1-4-1 八里湾泵站工程建设管理局合同情况统计

序号	合同编号	合同名称	合同文本提供单位	合同签订单位	合同签订日期(年-月-日)
1	NSBD/LHD—BLWJL	八里湾泵站枢纽工程监理合同	山东水务招标有限公司	山东龙信达咨询监理有限公司	2010-04-01
2	NSBD/LHD—BLW002	八里湾泵站枢纽工程施工合同(标段2)	山东水务招标有限公司	山东黄河东平湖工程局	2010-03-29
3	NSBD/LHD—BLW003	八里湾泵站金属结构采购合同(标段3)	山东水务招标有限公司	山东水总机械工程有限公司	2010-07-29
4	NSBD/LHD—BLW004	八里湾泵站电气设备采购合同(标段4)	山东水务招标有限公司	正泰电气股份有限公司	2011-01-11
5	NSBD/LHD—BLW005	八里湾泵站计算机监控采购合同(标段5)	山东水务招标有限公司	合肥三立自动化工程有限公司	2011-08-31
6	NSBD/LHD—BLW006	八里湾泵站水土保持施工合同(标段6)	山东水务招标有限公司	山东省水利水电建筑工程承包有限公司	2011-09-02
7	NSBD/LHD—BLWSBD	八里湾泵站输变电工程合同	南四湖至东平湖段建设管理局	东平普惠电力工程有限公司	2010-06-22
8		八里湾泵站输变电工程监理合同	聊城电力工程监理有限公司	聊城电力工程监理有限公司	2010-06-22
9		八里湾泵站工程监理招标代理合同	山东水务招标有限公司	山东水务招标有限公司	2010-01-04
10		八里湾泵站工程施工招标代理合同	山东水务招标有限公司	山东水务招标有限公司	2010-01-04
11		八里湾泵站管理设施施工合同(标段7)	山东水务招标有限公司	青岛胶城建筑集团公司	2012-06-20
12		八里湾泵站临时交通道路补偿协议书	两方协商	东平湖管理局东平管理局	2010-08-21

第二节　合同样本

一、合同协议书

南水北调东线八里湾泵站工程建设管理局(简称"发包人")为实施南水北调东线第一期工程南四湖—东平湖输水与航运结合工程八里湾泵站枢纽工程施工合同,已接受山东黄河东平湖工程局(简称"承包人")对该项目标段 2 施工的投标。发包人和承包人共同达成如下协议:

1. 本协议书与下列文件一起构成合同文件:

(1)中标通知书;

(2)投标函及投标函附录;

(3)专用合同条款;

(4)通用合同条款;

(5)技术标准和要求;

(6)图纸;

(7)已标价工程量清单;

(8)其他合同文件。

2. 上述文件互相补充和解释,如有不明确或不一致之处,以合同约定次序在先者为准。

3. 签约合同价:人民币(大写)玖仟玖佰柒拾伍万陆仟陆佰元(￥99 756 600)。

4. 承包人项目经理:刘仍金。

5. 工程质量符合标准:优良。

6. 承包人承诺按合同约定承担工程的实施、完成及缺陷修复。

7. 发包人承诺按合同约定的条件、时间和方式向承包人支付合同价款。

8. 承包人应按照监理人指示开工,工期为 913 日历天。

9. 本协议书一式 8 份,合同双方各执 4 份。

10. 合同未尽事宜,双方另行签订补充协议。补充协议是合同的组成部分。

发包人:	承包人:
法定代表人或其委托代理人:	法定代表人或其委托代理人:
年　月　日	年　月　日

二、合同条款及格式

(一)通用合同条款

通用合同条款略。

(二)专用合同条款

专用合同条款中的各条款是补充和修改通用合同条款中条款号相同的条款或当需要时增加新的条款,两者应对照阅读,一旦出现矛盾或不一致,则以专用合同条款为准,通用合同条款中未补充和修改的部分仍有效。

1 一般约定

1.1 词语定义

1.1.1 合同

1.1.1.1 合同文件(或称合同):指合同协议书、中标通知书、投标函及投标函附录、承诺书、专用合同条款、通用合同条款、技术标准和要求、图纸、已标价工程量清单,以及其他合同文件。

1.1.2 合同当事人和人员

1.1.2.2 发包人:南水北调东线八里湾泵站建设管理局。

1.1.3 工程和设备

1.1.3.4 单位工程:由发包人委托监理人,根据本合同工程内容按《水利水电工程施工质量评定规程》及有关规定,进行工程质量评定项目划分并报本工程质量监督部门认定的单位工程。

1.1.4 日期

1.1.4.5 缺陷责任期:本合同缺陷责任期为1年。

1.6 图纸和承包人文件

1.6.1 图纸的提供

用于本合同工程项目施工的图纸,应在该项目工程施工前7天提供给承包人。监理人应向承包人提供3份各类施工图纸(包括设计修改图)。承包人可根据施工需要向监理人提出增加图纸的份数,并为此支付费用。监理人发出的图纸均应盖有现场监理机构的公章,无监理人盖章图纸,均为无效图纸。

承包人在收到监理人按上述提供的图纸和文件后,应进行详细阅读和检查,若发现错误或表达不清楚,应在收到图纸和文件后的7~14天内书面通知监理人。若监理人确认需要做出修改或补充,亦应在接件后7~14天内将修改和补充后的图纸和文件提供给承包人。

1.6.2 承包人提供的文件

1.6.2.1 图纸和文件的提交计划

承包人应在签署协议后7天内将承包人项目经理签署的承包人图纸和文件的提交计划,报送监理人审批,监理人应在收到该提交计划后14天内批复承包人。

提交计划应说明图纸文件名称和提交时间,图纸和文件提交计划的项目应包括(但不限于)按本合同规定由承包人负责的施工图纸和本技术条款各章规定应由承包人负责的施工图纸和文件。

承包人提供给监理人所有图纸、文件、影像资料等费用,均应包括在承包人的各项目报价中。

1.6.2.2 施工总进度计划

(1)承包人应在收到开工通知后的7天内,按本合同第10.1款的规定,编制本工程施工总进度计划报送监理人审批。监理人应在签收后7~14天内批复承包人。经监理人批准的施工总进度计划是控制本合同工程进度的依据。

（2）承包人编制的施工总进度应满足本合同关于工程开工日期及全部工程、单位工程和分部工程完工日期的规定。

1.6.2.3 施工总布置设计

（1）承包人应在收到开工通知后的 7 天内，将本合同工程的施工总布置设计文件报送监理人审批。监理人应在签收后 7～14 天内批复承包人。

（2）承包人提交的施工总布置设计文件，应包括施工总平面布置图、主要剖面图和设计说明书，上述设计文件应详细表述全部临时设施的平面位置和占地范围，其占地范围不得超过发包人规定的界限。

（3）承包人应按本合同规定做好防洪安全和环境保护规划，采取必要的措施，保护临时设施周围环境。

1.6.2.4 临时设施设计

（1）承包人应按施工总进度计划的安排，在临时设施开始施工前 7 天，将临时设施的设计文件报送监理人审批。监理人应在每项设计文件签收后 7～14 天内批复承包人。

（2）承包人提交的临时设施设计应包括临时设计的平面布置图、主要剖面图和设计说明书。上述各项设计应详细表述以下内容：

①场内交通工程的设计标准、运输量和运输强度，场内施工交通工程的规划布置及定线以及道路、停车场等的布置图。

②施工用电负荷、输电线路、配电所和功率补偿装置以及应急备用电源等的布置图。

③施工供水系统、各施工区和生活区的用水量、施工供水布置图。

④各施工作业区和生活区的照明设计标准，以及照明线路和照明设施的布置图。

⑤施工通信和功能设计。

⑥各附属加工厂的设计功能，及其各加工厂的布置图、工程量和设备配置一览表。

⑦各种仓库（包括油料等特殊材料仓库）和堆料场的储存容量选择及其布置图。

⑧各项临时房屋建筑和公用设施的设计标准及其布置图。

⑨大型施工机械设备停放场。

1.6.2.5 施工方法和措施

（1）承包人应在收到开工通知后的 7 天内，按本合同规定的内容提交主要工程的施工方法和措施。

（2）监理人认为有必要时，承包人应在规定的期限内，按监理人指示，提交分部工程的施工方法和措施，报送监理人审批。单位工程施工方法和措施的内容包括施工布置、施工工艺、施工程序、主要施工材料、设备和劳动力、质量检验和安全保护措施、施工进度计划等。

1.6.3 图纸的修改

图纸需要修改和补充的，应由监理人取得发包人同意后，在该工程或工程相应部位施工前的 7～14 天内签发图纸修改图给承包人，承包人应按修改后的图纸施工。其中，涉及变更的应按本合同《通用合同条款》第 15 条的规定办理，对不属于变更范畴的设计修改，承包人不得要求增加额外付款。

1.8 转让

未经发包人批准,不允许全部或部分转移合同义务。

2 发包人义务

2.3 提供施工用地

发包人负责办理工地范围内的征地。

工程计划工期内的临时用地按国家批复标准及数量由发包人提供,但因承包人原因导致工期拖延需增加延期补偿的临时用地,其费用由承包人承担。

3 监理人

3.1 监理人的职责和权力

3.1.1 监理人受发包人委托,享有合同约定的权力。但监理人在行使下列权力前,必须得到发包人的批准:

(1)批准工程的分包;

(2)按第11条规定,确定延长完工期限;

(3)按第15条规定,当变更引起的合同价格增加大于1万元时作出变更决定。

尽管有以上规定,但当监理人认为出现了危及生命、工程或毗邻财产等安全的紧急事件时,在不免除合同规定的承包人责任的情况下,监理人可以指示承包人实施为消除或减少这种危险所必须进行的工作,即使没有发包人的事先批准,承包人也应立即遵照执行。监理人应按第15条的规定增加相应的费用,并通知承包人。

4 承包人

4.1 承包人的一般义务

4.1.3 完成各项承包工作

承包人应按合同约定以及监理人根据第3.4款作出的指示,实施、完成全部工程,并修补工程中的任何缺陷。承包人应提供为完成合同工作所需的劳务、材料、施工设备、工程设备和其他物品,并按合同约定负责临时设施的设计、建造、运行、维护、管理和拆除。

承包人承担工程设备运到工地后的到货验收、保管、倒运及安装工作。

4.1.7 避免施工对公共利益和他人利益的损害(补充如下内容):

因承包人责任造成下述问题,由承包人承担相关费用,如噪声污染、粉尘污染、爆破影响、地下水位降低影响、用水影响、灌排影响、弃土弃渣影响、阻断交通影响、种植养殖影响等一系列施工影响问题。

4.1.8 为他人提供方便

(1)承包人应按监理人的指示为他人在施工场地或附近实施与工程有关的其他各项工作提供可能的条件。除合同另有约定外,提供条件的内容和可能发生的费用,在监理人的协调下另行签订协议。若达不成协议,则由监理人作出决定,有关各方遵照执行。

(2)由于工程建设总布置或临时需要,发包人和监理人有权指定本承包人为其他承包人提供以下方便,承包人不得推诿和延误。承包人执行上述发包人和监理人的指示发生的费用摊入相应项目内,发包人不另行支付。

①场内交通道路的使用;

②施工控制网的使用;

③施工材料的临时性(7天内)调剂借用；

④储存仓库的临时性(7天内)借用；

⑤为进入本合同现场的发包人、监理人提供用电；

⑥为进入本合同现场的其他承包人提供用电方便,费用由承包人与用电方协商解决；

⑦发包人和监理人认为需要提供的其他方便。

4.1.10　其他义务

(1)承包人不得从为发包人或监理人服务的人员中雇用人员为其服务。

(2)防汛:

①在合同工程施工期和缺陷责任期,承包人有义务采取措施防御洪水,保证工程的安全,必须服从抗洪抢险的命令和统一调度指挥。

②由于承包人施工需要设置在河道内的所有设施,在汛前必须完全拆除,不能对防汛造成任何影响。

(3)对工程施工质量负终身责任。

承包人对合同工程的施工质量负终身责任,承包人的法定代表人是工程施工质量的终身责任人。

(4)承包人与地方及其他施工方的协调。

承包人应负责与当地搞好施工协调,争取地方积极配合。

承包人应自行了解当地政府规定的各种收费项目并计入投标报价。

承包人在施工现场采取施工作业,除应按国家有关法律、法规采取安全措施外,还应提前与当地政府和周围群众进行沟通协商,采取措施防止影响周围群众正常的生产生活,由此带来的系列问题由承包人自行解决。

(5)施工测量。

工程开工前,承包人应按照设计边坡进行开挖断面测量,测绘出详细的地形图,由监理工程师签认后作为计量结算的依据。

(6)文明工地建设。

文明工地建设按照国务院南水北调办印发的《南水北调工程文明工地建设管理规定》(国调办建管〔2006〕36号)和山东省南水北调工程建设管理局的有关规定执行。若达不到要求,扣除文明施工有关费用并作适当处罚。

(7)边界及界桩管理。

根据《山东省南水北调工程永久界桩埋设及管理暂行办法》,承包人应负责施工期间的边界及界桩管理工作。从发包人交付用地开始,直到标段完工验收期间,要保证边界清晰准确,界桩完好无缺、位置精确。施工过程中,出现界桩挪动、损坏、丢失的,由承包人负责委托工程勘界单位埋设,相关费用及造成的损失由管理界桩的承包人承担。

标段验收前,由山东省南水北调局地籍主管部门组织现场建管机构,工程管理单位、勘界单位及承包人对边界及界桩管护工作进行验收和移交,边界及边界桩未验收者,承包人不得撤离工地。

(8)承包人在投标文件中对发包人提交的不拖欠材料款及农民工工资的承诺在其承诺书有效期内一直有效。如承包人发生了违背其承诺的行为,且经发包人调查属实的,发包人在收到材料供应商或农民工以书面形式提出的赔偿要求后,可从合同价款中扣除相应款项,承包人应同时承担因此给发包人造成的经济损失。

(9)承包人应承担临时用地的表层土(耕作层)的剥离、集中堆放、看管和对弃土(泥、渣)的处理等任务。同时,应按照批准的复垦设计(由发包人提供)配合有关工作。

4.3 分包

4.3.2 未经发包人同意,承包人不得将工程的其他部分或工作分包给第三人。

4.4 联合体

删去本款全文。

4.5 承包人项目经理

补充下述条款:

4.5.5 开工后项目经理和技术负责人每月至少应在工地工作 21 日,其离开工地应经发包人和监理工程师同意,其他主要人员应确保工程施工期间 90% 的时间在工地现场工作。每月每人在工地的时间少于上述规定的时间一天,发包人扣当月结算款的 0.5‰ 作为违约金。

项目经理和技术负责人、专职安全生产人员的资格证件在签订合同时交由发包人,待本标段工程完工前一个月再返还。

4.5.6 投标文件中拟定的项目经理和技术负责人一经发包人确认,将不得更换,必须按计划准时进场。确有特殊原因需更换时,应经发包人同意,更换项目经理或技术负责人,每人次扣违约金 50 000 元;更换其他主要人员,每人次扣违约金 10 000 元。

4.5.7 如发包人认为现场项目经理或技术负责人不能胜任本工作,发包人有权提出更换,承包人应积极配合,提供新的合适人选,及时进场。

5 材料和工程设备

5.1 承包人提供的材料和工程设备

5.1.2 承包人应将其提供的各项材料和工程设备的供货人及品种、规格、数量和供货时间等报送监理人审批,并向监理人提交一份供货协议副本。承包人应向监理人提交其负责提供的材料和工程设备的质量证明文件,并满足合同约定的质量标准。对采购的重要的金属结构、机电设备,产品须执行国家强制的许可证制度,并经发包人、监理人的同意。

5.2 发包人提供的材料和工程设备

5.2.1 发包人提供的设备由承包人负责保管、场内运输、安装,设备采购承包人负责卸车并指导安装,具体见表1~表3。

表1 发包人提供的水机设备

序号	项目编码	项目名称及工作内容	单位	数量	单价 (元)	合计 (元)
12. 1		主水泵及附属设备安装				
12. 1. 1	500201003001	主水泵	台	4		
12. 1. 2	500201004001	油压装置等附属设备	台	4		

续表1

序号	项目编码	项目名称及工作内容	单位	数量	单价(元)	合计(元)
12.3		水力机械辅助设备安装				
12.3.1	500201013001	五声道超声波流量计 UR－1000	套	4		
12.3.2	500201013002	轴向位移保护表 TM202(含传感器及配件)	套	4		
12.3.3	500201013003	主轴摆度保护表 TM301(含传感器及配件)	套	4		
12.3.4	500201013004	机组振动保护表 TM101(含传感器及配件)	套	4		
12.3.5	500201013005	传感器导线	m	4 000		

表2　发包人提供的金属结构设备

序号	项目编码	项目名称及工作内容	单位	数量	单价(元)	合计(元)
13		金属结构设备安装工程				
13.1		进水渠清污设备				
13.1.1	500202009001	回转式清污机 4.55 m×7.7 m	台	8		
13.1.2	500202006001	进水渠斜坡段拦污栅 Q235	扇	8		
13.1.3	500202007001	进水渠清污机(拦污栅)埋件 Q235	孔	16		
13.1.4	500202009002	电动葫芦 SGCD1－2×100 kN	套	1		
13.1.5	500202009003	电动葫芦轨道及柱 Q235	榀	1		
13.1.6	500202009004	皮带输送机 800 mm 宽	台	1		
13.1.7	500202009005	集污箱 0.8 m×1.5 m×1.5 m	只	2		
13.2		进口防洪兼检修闸门及启闭设备				
13.2.1	500202005001	进口防洪兼检修闸门 7.1 m×5.7 m	套	4		
13.2.2	500202007002	进口防洪兼检修门埋件 Q345	套	4		
13.2.3	500202006002	进口拦污栅(与防洪闸门共槽)7.1 m×5.0 m	孔	4		
13.2.4	500202009006	进口防洪兼检修闸门启闭机 SGMD1－2×160 kN－20 m	台	1		
13.2.5	500202009007	自动抓脱梁(机械式)	套	1		
13.2.6	500202009008	启闭机框架(门式框架)	榀	1		
13.3		出口防洪兼事故检修闸门及启闭设备				
13.3.1	500202005002	出口防洪兼事故检修闸门 7.1 m×4.0 m	扇	4		
13.3.2	500202007003	出口防洪兼事故检修闸门埋件 Q345	孔	4		

续表2

序号	项目编码	项目名称及工作内容	单位	数量	单价（元）	合计（元）
13.3.3	500202009009	出口防洪兼事故检修闸门配重铸铁	扇	4		
13.3.4	500202002001	出口防洪兼事故检修闸门启闭机 液压启闭机（QPKY-2×200 kN）	套	4		
13.4		出口快速闸门与启闭设备				
13.4.1	500202005003	出口快速闸门7.1 m×4.0 m	扇	4		
13.4.2	500202007004	出口快速闸门埋件Q345	孔	4		
13.4.3	500202009010	出口快速闸门配重铸铁	扇	4		
13.4.4	500202002002	出口快速闸门液压启闭机（QPKY-2×200 kN）	套	4		
13.5	500202009011	通气管 φ203×10	根	40		
13.6	500202009012	汽车吊30 t	台	1		

表3 发包人提供的电气设备

序号	项目编码	项目名称及工作内容	单位	数量	单价（元）	合计（元）
14.1		泵站主电动机设备安装				
14.1.1	500201007001	10 kV同步电动机TL2800-48/3250	台	4		
14.1.2	500201007002	10 kV电动机中性点设备	套	4		
14.2		励磁系统设备安装				
14.2.1	500201008001	励磁变压器柜	台	4		
14.2.2	500201008002	微机型可控硅励磁屏	台	4		
14.4		厂用电系统设备安装				
14.4.1	500201016001	站用变压器 SCB11-500/10/0.4 kV	台	2		
14.4.2	500201016002	10 kV高压开关柜KYN28B型	台	11		
14.4.3	500201016003	0.4 kV低压开关柜MNS型	台	11		
14.4.4	500201016004	动力控制柜MNS型	台	8		
14.4.5	500201016005	动力配电箱XL-21	个	10		
14.4.6	500201016006	户外照明配电箱XL-21	个	2		
14.9		主变压器设备安装				
14.9.1	500201021001	主变压器（S10-16000/110/10.5）	台	2		
14.9.2	500201021002	主变压器中性点设备	套	2		

序号	项目编码	项目名称及工作内容	单位	数量	单价(元)	合计(元)
14.9.4	500201021004	主变设备端子箱	只	2		
14.10		高压电气设备安装				
14.10.1	500201022001	110 kV 电源进线间隔 GIS 设备	套	1		
14.10.2	500201022002	110 kV 主变压器进线间隔 GIS 设备	套	2		
14.10.3	500201022003	110 kV PT 避雷器间隔 GIS 设备	套	1		
14.10.4	500201022004	GIS 控制屏	套	4		
14.12		控制、保护、测量及信号系统设备安装				
14.12.1	500201024001	机组测温控制屏 GK 型	台	4		
14.12.2	500201024002	电能计量屏 GK 型	台	1		
14.12.3	500201024003	电力负荷控制屏 GK 型	台	1		
14.12.4	500201024004	110 kV 进线测量保护屏 GK 型	台	1		
14.12.5	500201024005	主变压器测量保护屏 GK 型	台	2		
14.12.6	500201024006	110 kV 设备控制屏 GK 型	台	1		
14.12.7	500201024007	公用设备控制屏 GK 型	台	1		
14.12.8	500201024008	主机组通风保护控制屏 GK 型	台	1		
14.12.9	500201024009	主机组附属设备控制箱	面	8		
14.12.10	500201024010	技术供水系统控制屏 GK 型	台	1		
14.12.11	500201024011	渗漏检修排水系统控制屏 GK 型	台	1		
14.12.12	500201024012	油系统控制屏 GK 型	台	2		
14.12.13	500201024013	压缩空气系统控制屏 GK 型	台	1		
14.12.14	500201024014	水力监测设备屏 GK 型	台	1		
14.12.15	500201024015	主厂房采暖通风系统保护控制屏 GK 型	台	1		
14.12.16	500201024016	GIS 室通风系统控制屏 GK 型	台	1		
14.12.17	500201024017	站用变室通风系统控制屏 GK 型	台	1		
14.12.18	500201024018	闸门液压站控制保护屏 GK 型	台	4		
14.12.19	500201024019	清污机控制屏 GK 型	台	9		
14.12.20	500201024020	消防系统控制屏 GK 型	台	1		
14.14		直流系统设备安装				
14.14.1	500201026001	220 V 直流蓄电池屏	台	1		
14.14.2	500201026002	220 V 直流充电装置屏	台	1		

续表3

序号	项目编码	项目名称及工作内容	单位	数量	单价（元）	合计（元）
14.14.3	500201026003	220 V 直流馈电屏	台	1		
14.14.4	500201026004	48 V 直流电源屏	台	1		
14.17.4	500201031004	SF$_6$ 气体浓度探测仪	套	2		

6 施工设备和临时设施

6.1 承包人提供的施工设备和临时设施

6.1.2 承包人应自行承担修建临时设施的费用,除发包人提供的工程及施工临时占地外,其他临时占地费用由承包人承担并摊入单价。

8 测量放线

8.1 施工控制网

8.1.1 发包人应在工程开工7天前,通过监理人向承包人提供测量基准点、基准线和水准点及其书面资料。承包人应根据国家测绘基准、测绘系统和工程测量技术规范,按上述基准点(线)以及合同工程精度要求,测设施工控制网,并在工程开工3天前,将施工控制网资料报送监理人审批。

9 施工安全、治安保卫和环境保护

9.3 治安保卫

9.3.1 根据山东省南水北调局与省公安厅《转发南水北调办公室、公安部关于做好南水北调安全保卫和建设环境工作的通知》精神,由现场建管机构根据工程实际情况确定各承包人应承担的治安保卫费用额度,现场建管机构负责协调有关部门配备协警人员、解决办公场所,费用由承包人承担。

9.6 水土保持(补充)

9.6.1 承包人在施工过程中,应遵循有关水土保持的法律规定,履行合同约定的水土保持任务,并对违反法律和合同约定的义务负责。

9.6.2 承包人应按合同约定水土保持工作和任务,编制水土保持实施方案和计划,报送监理人审批。

9.6.3 承包人应按照批准的水土保持实施方案和实施计划,根据水土保持设计,有序的堆放弃土,并做好弃土堆的排水设施。

10 进度计划

10.1 合同进度计划

承包人在工程开始前的3天向监理人报送进度计划,其内容和要求包括:

(1)按合同计划要求,列出计划完成工程数量及其施工面貌、材料用量和劳动力安排。

(2)列出施工所需的机具、设备、材料的数量和需要采购的计划。

(3)提出发包人提供施工图纸的计划要求。

(4)列出施工的各工程项目的试验检验和验收计划,并说明工程试验和验收应完成的各项准备工作。

11　开工和竣工

11.3　发包人的工期延误

由于发包人的原因造成工期延误的,发包人将只给予延长工期。

11.4　异常恶劣的气候条件

属于不可抗力的超标准洪水,并导致连续3天以上无法正常施工,发包人同意延长工期。

11.5　承包人的工期延误

逾期竣工违约金的计算方法:逾期完工每超过10天,扣合同价格的0.5%,但最终的累计总金额不超过合同价格的5%。

承包人未能按合同进度计划及时完成合同约定的工作,已造成或预期造成工期延误时,发包人为如期完成工程内容可:①扣除进度延误违约金(计算方法同逾期竣工违约金);②指定其他人完成本标段的部分合同内容,相关费用由承包人承担并不免除其逾期竣工违约金;③按通用合同条款第22.1.3条的规定,发出解除合同通知。

13　工程质量

13.1　工程质量要求

13.1.1　若承包人最终工程验收质量未达到投标函中承诺的质量目标,将扣除工程款的1%。

15　变更

15.4　变更的估价原则

15.4.3　已标价工程量清单中无适用或类似子目的单价,则由发包人与监理人和承包人按合同工程量清单及其单价分析表中已确认的人工、材料、机械台班价格及取费费率确定新的单价或合价。若原报价中无明确的可参考的消耗量水平,则按照中华人民共和国现行水利定额和取费标准(中华人民共和国水利部水总〔2002〕116号文)及相关行业定额编制新的单价,在此新的单价基础上乘以系数0.90后的单价为结算单价,但应采用投标工程量清单及其单价分析表中已确认的人工、材料价格。

16　价格调整

16.1　物价波动引起的价格调整

在合同执行期间,由承包人自行采购的材料、设备不考虑调价。

16.2　法律变化引起的价格调整

只对税费产生的价格变化做调整,人工工资变化及机械台班费不做调整。

(1)若在投标截止日前28天之后,国家规定的三税(营业税、城市维护建设税和教育费附加税)税率有变动,致使施工中的费用发生增减,则应按这些增减金额调整合同价格(按规定计入施工管理费内的税金不调整)。若对具体调整额的计算有不同意见,由监理人与发包人同承包人协商解决。

(2)上述税费调整的执行日期按国家通知执行之日算起。价款的计算应由承包人进行,并递交书面文件报送监理人审核,并同时将副本报送发包人。

16.3 合同价格增减超过15%

完工结算时,若出现由于第15条规定进行的全部变更工作引起合同价格增减的金额,以及实际工程量与本合同《工程量清单》中估算工程量的差值引起合同价格增减的金额(不包括暂列金额和第16.1、16.2条规定的价格调整)的总和超过合同价格(不包括暂列金额)的15%,在除按第15款确定的变更工作的增减金额外,若还需对合同价格进行调整,其调整金额由监理人与发包人和承包人协商确定。若协商后未达成一致意见,则应由监理人在进一步调查工程实际情况后提出调整意见,征得发包人同意后将调整结果通知承包人。上述调整金额仅考虑变更引起的增减总金额以及实际工程量与本合同《工程量清单》中估算工程量的差值引起的增减总金额之和超过合同价格(不包括暂列金额)的15%以外的部分。

17 计量与支付

17.2 预付款

17.2.1 预付款

工程预付款总金额为合同价格(不含暂列金额)的20%,第一次支付金额为该预付款总额的40%,第二次支付(承包人人员、设备进场后)该预付款总额的60%。

17.2.2 预付款保函

工程预付款在合同签订后21日内,由承包人向发包人提交经发包人认可的工程预付款保函后拨付。

17.2.3 预付款的扣回与还清

工程预付款由发包人从月进度付款中扣回,累计完成合同金额20%后起扣,至累计完成合同金额的60%止全部扣回,中间根据月进度付款按比例扣回工程预付款。全部工程预付款扣回后14日内退还工程预付款保函。

17.3 工程进度付款

17.3.1 付款周期

付款按月支付。

17.3.2 进度付款申请单

承包人应在每个付款周期末,按监理人批准的格式向监理人提交一式6份进度付款申请单,并附相应的支持性证明文件。

17.4 质量保证金

17.4.1 本合同质量保证金为合同价的10%。发包人从每月的结算款中扣10%作为质量保证金,当累计达到合同额的10%时停止。

17.4.2 在工程签发移交证书28天内支付保证金总额的50%,在全部工程缺陷责任期满后14天内支付剩余部分。

17.4.3 若保修期满时尚需承包人完成剩余工作,则监理人有权在付款证书中扣留与剩余工作所需金额相应的质量保证金余额。

17.5 竣工结算

17.5.1 竣工付款申请单

竣工付款申请单一式6份。

17.6 最终结清

17.6.1 最终结清申请单

最终结清申请单一式6份。

18 竣工验收

18.6 试运行

18.6.1 承包人应进行工程及工程设备试运行,负责提供试运行所需的人员、器材和必要的条件,并承担全部试运行费用。

18.9 （补充）

工程竣工资料移交执行《南水北调东中线第一期工程档案管理规定》。

19 缺陷责任与保修责任

19.7 保修责任

保修期自实际竣工日期起计算。在全部工程竣工验收前,已经发包人提前验收的单位工程,其保修期的起算日期相应提前。

(1)保修期内,承包人应负责未移交的工程和工程设备的全部日常维护和缺陷修复工作。

(2)发包人在保修期内使用工程和工程设备过程中,发现新的缺陷和损坏或原修复的缺陷部位或部件又遭损坏,则承包人应按监理人的指示负责修复,直至经监理人检验合格。监理人应会同发包人和承包人共同进行查验,若经查验确属由于承包人施工中隐存的或其他由于承包人责任造成的缺陷或损坏,应由承包人承担修复费用;若经查验确属发包人使用不当或其他由于发包人责任造成的缺陷或损坏,则应由发包人承担修复费用。

20 保险

20.1 工程保险

发包人负责投保建安工程一切险和第三者责任险。

承包人负责投保施工设备险及施工人员意外伤害险。

20.6 对各项保险的一般要求

20.6.1 保险凭证

承包人应在合同签订后的30日内向发包人提交各项保险生效的证据和保险单副本,保险单内容必须与合同条款约定的条件保持一致。

20.6.5 未按约定投保的补救

(1)由于负有投保义务的一方当事人未按合同约定办理保险,或未能使保险持续有效的,另一方当事人可代为办理,所需费用由对方当事人承担。

(2)由于负有投保义务的一方当事人未按合同约定办理某项保险,导致受益人未能得到保险人的赔偿,原应从该项保险得到的保险金应由负有投保义务的一方当事人支付。

(3)如承包人逾期不投保,发包人将按照应缴纳保费的3~5倍进行罚款并有权解除合同。

22 违约

22.1 承包人违约

22.1.1 承包人违约的情形

增加：

(8)承包人单方更换项目经理、技术负责人、专职安全生产管理人员等主要项目管理人员。

(9)承包人未按合同条款的有关要求投保。

22.1.2 对承包人违约的处理

(4)承包人发生第22.1.1(9)目约定的违约情况时,发包人将进行处罚。

24 争议的解决

24.1 争议的解决方式

发包人和承包人在履行合同中发生争议的,可以友好协商解决或者向合同签订地点的人民法院提起诉讼。

第五章　质量评定和验收

第一节　质量评定

根据《水利水电工程施工质量检验与评定规程》(SL 176—2007)和水利部颁《水利水电工程质量评定表》为依据对已完单元工程进行了质量评定。单元工程在各工序施工过程中,项目部质检人员分别对各工序进行评定,并报监理核定。对于重要隐蔽及关键部位单元工程,由监理组织联合验收,共同核定质量等级,同时填写重要隐蔽单元工程质量等级签证表或关键部位单元工程质量等级签证表。分部工程由建管局委托监理部主持,各参建单位的代表组成验收工作组进行验收,形成分部工程验收签证。单位工程由建管局主持,各方参建单位组成验收工作组进行验收,形成单位工程验收鉴定书。

一、泵站工程施工质量评定

泵站工程合同 2 标段共 29 个分部工程,其中 24 个分部工程达到优良等级,副厂房土建工程、安装间土建工程、主泵房房屋建筑工程、副厂房房屋建筑工程、安装间房屋建筑工程 5 个分部工程执行建筑工程质量评定标准,工程质量合格,优良率 100.0%。进行了安全评估验收,水下阶段验收、通水验收、完工技术性验收。

本合同标段共 3 个单位工程,泵站段工程,管理区、新筑堤防及公路桥工程已通过单位工程验收,达到优良等级,单位、分部工程评定情况统计详见表 1-5-1。

表 1-5-1　单位、分部工程评定情况统计

序号	单位工程名称	分部工程名称	质量等级
1		地基防渗	优良
2		地基加固	优良
3		进水渠	优良
4		出水渠	优良
5	泵站段工程	清污机桥	优良
6		前池	优良
7		进水池	优良
8		出水池	优良
9		主泵房土建	优良
10		主泵房房建	合格

序号	单位工程名称	分部工程名称	质量等级
11		副厂房土建	合格
12		副厂房房建	合格
13		安装间土建	合格
14		安装间房建	合格
15		金属结构与启闭机安装	优良
16	泵站段	辅助设备安装	优良
17	工程	拦污设备安装	优良
18		1#水泵机组安装	优良
19		2#水泵机组安装	优良
20		3#水泵机组安装	优良
21		4#水泵机组安装	优良
22		电气设备安装	优良
23	管理区、新筑堤防及	管理区	优良
24	公路桥工程	新筑堤防	优良
25		公路桥	优良
26		四分干渠桥涵	优良
27	对外交通道路工程	排涝渠桥梁	优良
28		道路工程	优良
29		排涝沟涵	优良

二、管理设施质量评定

管理设施合同工程质量评定参照房屋建筑质量评定标准进行评定,共 1 个单位工程,质量等级合格,共 7 个分部工程,质量等级均为合格,单元工程共 65 个单元,全部合格,详见表 1-5-2。

三、计算机控制系统质量评定

计算机控制系统合同工程划分 3 个分部工程,共 16 个单元工程,主要项目共检 150 项,合格 150 项,合格率为 100%;设备出厂共检 485 项,合格 485 项,合格率为 100%。检查项目和检测项目符合设计及施工规范要求;施工中未发生过任何质量事故,原材料质量合格,检查项目达到质量标准,分部工程质量等级为合格,见表 1-5-3。

表 1-5-2　管理设施合同工程质量评定

单位工程名称	分部工程名称	单元工程名称	质量等级
南水北调第一期工程南四湖—东平湖输水与航运结合工程八里湾泵站管理区工程（NSBDBLW－007）	地基与基础分部（NSBDBLW－007－F1）	管理设施管桩工程分项	合格
		机修车间管桩工程分项	合格
		管理设施土方工程分项	合格
		机修车间土方工程分项	合格
		管理设施模板工程分项	合格
		机修车间模板工程分项	合格
		管理设施钢筋工程分项	合格
		机修车间钢筋工程分项	合格
		机修车间混凝土工程分项	合格
		管理设施混凝土工程分项	合格
	主体结构工程分部（NSBDBLW－007－F2）	管理设施模板安装工程分项	合格
		机修车间模板安装工程分项	合格
		机修车间钢筋工程分项	合格
		管理设施钢筋工程分项	合格
		管理设施混凝土工程分项	合格
		机修车间混凝土工程分项	合格
		管理设施砖砌体工程分项	合格
		机修车间砖砌体工程分项	合格
	装饰装修工程分部（NSBDBLW－007－F3）	管理设施地面工程分项	合格
		机修车间地面工程分项	合格
		管理设施饰面砖工程分项	合格
		机修车间饰面砖工程分项	合格
		管理设施抹灰工程分项	合格
		机修车间抹灰工程分项	合格
		管理设施门窗安装工程分项	合格
		机修车间门窗安装工程分项	合格
		管理设施涂饰工程分项	合格
		机修车间涂饰工程分项	合格
		管理设施细部工程分项	合格
		机修车间细部工程分项	合格

单位工程名称	分部工程名称	单元工程名称	质量等级
南水北调第一期工程南四湖—东平湖输水与航运结合工程八里湾泵站管理区工程（NSBDBLW-007）	屋面分部（NSBDBLW-007-F4）	管理设施屋面找平层工程分项	合格
		机修车间屋面找平层工程分项	合格
		管理设施卷材防水工程分项	合格
		机修车间卷材防水工程分项	合格
		管理设施屋面保温层工程分项	合格
		机修车间屋面保温层工程分项	合格
		管理设施细部构造工程分项	合格
		机修车间细部构造工程分项	合格
	建筑给排水及采暖工程分部（NSBDBLW-007-F5）	给水管道及配件安装	合格
		排水管道及配件安装	合格
		卫生器具安装工程分项	合格
		室内采暖管道及配件安装工程分项	合格
		消防系统安装	合格
	建筑电气工程分部（NSBDBLW-007-F6）	管理设施成套配电柜（照明配电箱）安装分项	合格
		机修车间成套配电柜（照明配电箱）安装分项	合格
		管理设施电线导管和线槽敷设工程分项	合格
		机修车间电线导管和线槽敷设工程分项	合格
		管理设施普通灯具安装工程	合格
		机修车间普通灯具安装工程	合格
		管理设施开关、插座安装工程分项	合格
		机修车间开关、插座安装工程分项	合格
		管理设施建筑物通电试运行工程分项	合格
		机修车间建筑物通电试运行工程分项	合格
		管理设施接地装置安装分项	合格
		机修车间接地装置安装分项	合格
		管理设施避雷引下线安装工程分项	合格
		机修车间避雷引下线安装工程分项	合格
		管理设施建筑物等电位连接分项	合格
		机修车间建筑物等电位连接分项	合格
		管理设施接闪器安装分项	

单位工程名称	分部工程名称	单元工程名称	质量等级
南水北调第一期工程南四湖—东平湖输水与航运结合工程八里湾泵站管理区工程（NSBDBLW-007）	附属工程（NSBDBLW-007-F7）	大门分项	合格
		围墙分项	合格
		食堂分项	合格
		沥青路面分项	合格
		广场砖铺设分项	合格

表 1-5-3 计算机控制系统质量评定

分部工程名称	单元工程名称	单元工程质量等级
计算机监控系统设备采购加工制造	1#机组控制柜	合格
	2#机组控制柜	合格
	3#机组控制柜	合格
	4#机组控制柜	合格
	110 kV 公用柜	合格
	10 kV 公用柜	合格
	技术供水控制柜	合格
	渗漏排水控制柜	合格
	110 kV 进线及 PT 保护柜	合格
	1#主变保护柜	合格
	2#主变保护柜	合格
	计量柜	合格
盘柜接线安装调试（NSBDBLW5-1-1）	1#机组控制柜	合格
	2#机组控制柜	合格
	3#机组控制柜	合格
	4#机组控制柜	合格
	10 kV 公用控制柜	合格
	110 kV 公用柜	合格
	PT 及进线保护柜	合格
	1#主变保护柜	合格
	2#主变保护柜	合格
	计量柜	合格
	技术供水控制柜	合格
	渗漏排水控制柜	合格
敷线安装（NSBDBLW5-1-2）	控制电缆安装	合格
	信号电缆安装	合格
中控系统安装（NSBDBLW5-1-3）	视频安装	合格
	监控安装	合格

四、水土保持项目质量评定

水土保持合同工程划分 2 个分部工程,共 10 个单元工程,全部合格,其中 8 个单元工程优良,优良率 80%,分部工程全部合格,主要分部工程优良,优良率 50%,单位工程评定为优良,见表 1-5-4。

表 1-5-4 水土保持项目质量评定

单位工程名称	分部工程名称	单元工程名称	单元工程质量等级
泵站水土保持工程 (NSBD/LHD – BLW006)	土方及开挖工程 (NSBD/LHD – BLW006 – F1)	坡脚排水沟土方开挖 (NSBD/LHD – BLW006 – F1 – D1)	合格
		坡脚排水沟土方开挖 (NSBD/LHD – BLW006 – F1 – D2)	合格
	植物防护工程 (NSBD/LHD – BLW006 – F2)	草皮种植 (NSBD/LHD – BLW006 – F2 – D1)	优良
		草皮种植 (NSBD/LHD – BLW006 – F2 – D2)	优良
		草皮种植 (NSBD/LHD – BLW006 – F2 – D3)	优良
		草皮种植 (NSBD/LHD – BLW006 – F2 – D4)	优良
		乔灌木种植 (NSBD/LHD – BLW006 – F2 – D5)	优良
		乔灌木种植 (NSBD/LHD – BLW006 – F2 – D6)	优良
		乔灌木种植 (NSBD/LHD – BLW006 – F2 – D7)	优良
		乔灌木种植 (NSBD/LHD – BLW006 – F2 – D8)	优良

第二节 验 收

一、水下阶段验收

八里湾泵站枢纽工程水下阶段验收鉴定书如下:

前　言

2013 年 4 月 22 日，南水北调东线八里湾泵站工程建设管理局在八里湾泵站主持召开了八里湾泵站枢纽工程水下工程阶段验收会议。参加验收会议的单位有山东省南水北调工程建设管理局、南水北调东线山东干线有限责任公司、山东省南水北调南四湖至东平湖段工程建设管理局、南水北调南四湖至东平湖段工程质量监督项目站、中水淮河规划设计研究有限公司、山东龙信达咨询监理有限公司、山东黄河东平湖工程局、山东水总机械工程有限公司、江苏航天水力设备有限公司等单位。会议组成了水下工程验收委员会（名单附后），验收委员会成员经查看工程现场、听取相关单位汇报、查阅工程资料，形成验收意见如下。

一、工程简介

（一）工程名称及位置

工程名称及位置略。

（二）阶段工程形象面貌及主要技术经济指标

阶段工程形象面貌及主要技术经济指标略。

（三）设计和施工简要情况（略）

设计和施工简要情况略。

二、阶段验收的项目、范围和内容

（一）验收项目

八里湾泵站工程水下工程。

（二）验收范围

范围涉及八里湾泵站工程 9 个分部工程。

（三）验收内容

（1）地基防渗工程（NSBDBLW - D1 - F1）；

（2）进水渠工程（NSBDBLW - D1 - F3）；

（3）清污机桥工程（NSBDBLW - D1 - F5）；

（4）前池工程（NSBDBLW - D1 - F6）；

（5）进水池工程（NSBDBLW - D1 - F7）；

（6）主泵房土建工程（NSBDBLW - D1 - F9）；

（7）出水池工程（NSBDBLW - D1 - F8）；

（8）出水渠工程（NSBDBLW - D1 - F4）；

（9）公路桥工程（NSBDBLW - D2 - F3）。

三、与在建和续建工程的关系

验收的水下工程与其他在建和续建工程相对较独立。

四、工程质量情况

本次水下工程阶段验收涉及的 9 个分部工程，已全部通过分部工程验收，共 235 个单元工程（验收 228 个），全部合格；其中优良 208 个，优良率 91.2%；重要隐蔽及关键部位单元工程 51 个单元，优良 51 个，优良率 100%。

五、工程阶段验收后度汛方案及超标准洪水预防措施

工程阶段验收后,度汛方案及超标准洪水预防措施执行南水北调东线八里湾泵站工程建设管理局2013年印发的《南水北调东线一期南四湖—东平湖输水与航运结合工程八里湾泵站工程运用及度汛方案》。

六、对工程建设和工程管理的意见及建议

(1)进一步加快剩余工程建设;

(2)加强工程质量管理,注重工程各类观测,狠抓安全生产,防止发生安全事故。

七、存在问题及处理要求

(1)前池分部工程,挡土墙顶方钢栏杆尚未安装;

(2)进水池分部工程,挡土墙顶方钢栏杆尚未安装;

(3)公路桥分部工程,铺装层沥青混凝土尚未施工,栏杆未全部完成;

(4)出水渠分部工程,模袋混凝土、拦船索预制地锚未施工;

(5)前池、进水池部分排水孔有淤堵、淤泥杂物现象;

(6)主泵房底板和进水池底板之间橡胶止水带有一处冒水现象;

(7)降水井尚未处理。

要求第(1)、(2)、(3)、(5)、(6)、(7)项于4月30日前全部完成;要求第(4)项于5月10日前完成。

以上工程完工后由八里湾泵站工程建管局组织进行验收。

八、结论

验收委员会通过查看现场、听取相关参建单位汇报、查阅工程档案资料,并经充分讨论,认为本次验收的水下工程已按批准的设计要求完成施工任务,工程质量满足设计及规范要求,档案资料基本齐全,整理较规范。工程施工过程中未发生质量事故和安全事故。同意通过水下工程阶段验收。

二、机组试运行验收

八里湾泵站枢纽工程机组试运行验收鉴定书如下:

前 言

2013年5月18~20日,山东省南水北调工程建设管理局在八里湾泵站主持召开了泵站机组试运行验收会议,南水北调东线山东干线有限责任公司、南水北调工程山东质量监督站、山东省南水北调南四湖至东平湖段工程建设管理局、南水北调东线八里湾泵站工程建设管理局、中水淮河规划设计研究有限公司、山东龙信达咨询监理有限责任公司、山东黄河东平湖工程局、江苏航天水力设备有限公司、正泰电气股份有限公司、合肥三立自动化工程有限公司、山东水总机械工程有限公司等单位的代表及特邀专家参加了会议。会议组成了机组试运行验收委员会(见签字表),验收委员会通过检查工程现场和机组试运行情况、听取各参建单位汇报、审查机组试运行工作报告、查阅相关资料,形成验收意见如下。

一、工程简介

（一）工程名称及位置

工程名称及位置略。

（二）机组试运行阶段工程形象面貌及主要技术经济指标

机组试运行阶段工程形象面貌及主要技术经济指标略。

（三）设计和施工简要情况（略）

设计和施工简要情况略。

二、机组试运行验收的项目、范围和内容

按照国务院南水北调办公室《南水北调工程验收工作导则》（NSBD 10—2007）、水利部《泵站安装及验收规范》（SL 317—2004）的有关规定，泵站机组试运行验收涉及的主要工程项目内容为：主机组、电气设备及辅助设备的安装、调试；计算机监控系统的安装、调试；清污机的安装、调试；液压启闭机的安装、调试；进出水闸启闭机、电气设备的安装、调试；水工建筑物工程。

此次验收涉及 3 个单位工程（29 个分部工程、已验收 26 个）：

泵站单位工程：主泵房、清污机桥、前池及进水池、出水池工程，主、副厂房建筑工程，金属结构电气设备及辅助设备安装工程，1# ~ 4# 主机组设备安装工程，泵站电气设备安装工程，液压启闭机工程，输电线路工程，110 kV 变电站电气安装工程，自动化安装工程等，共计 22 个分部工程，全部通过分部工程验收。

管理区、新筑堤防及公路桥单位工程：管理区工程、新筑堤防、公路桥等，共计 3 个分部工程，已验收 2 个分部工程。

对外交通单位工程：道路工程、排涝工程、灌溉渠桥涵、四分干渠桥涵等，共计 4 个分部工程，已验收 2 个分部工程。

三、机组启动试运行情况

（一）组织情况

南水北调东线八里湾泵站工程建设管理局和相关参建单位组成了试运行工作组，负责试运行工作的统一指挥、集中调度、问题处理等工作，下设土建工程、机电设备、供电保障、设备保障、档案资料、综合等六个专业组，成立了由施工安装单位为主的机组试运行小组，具体实施机组设备的启动运行和检修工作。

（二）试运行情况

根据国务院南水北调办《南水北调工程验收工作导则》（NSBD 10—2007）和水利部《泵站安装及验收规范》（SL 317—2004）的相关规定，结合实际情况，经专家组同意泵站机组联合试运行时间为 6 h。

试运行时段 2013 年 4 月 18 日 9 点 10 分至 4 月 20 日 10 点 33 分，4 台机组分别连续运行时间为：1 号机运行 22 小时 57 分钟、2 号机运行 23 小时 3 分钟、3 号机运行 23 小时 58 分钟、4 号机运行 23 小时 2 分钟，其中 3 台机组联合运行时间为 6 小时，详见下表。

机组试运行开停机时间表

机组	开机时间 (年-月-日 T 时:分)	停机时间 (年-月-日 T 时:分)	运行时长
3#	2013-04-18T09:10	2013-04-18T13:08	3 小时 58 分
	2013-04-18T13:36	2013-04-19T00:03	10 小时 27 分
	2013-04-19T00:28	2013-04-19T10:01	9 小时 33 分
1#	2013-04-18T16:00	2013-04-18T20:33	4 小时 33 分
	2013-04-18T21:09	2013-04-19T07:05	9 小时 56 分
	2013-04-19T07:35	2013-04-19T16:03	8 小时 28 分
4#	2013-04-19T10:10	2013-04-19T17:06	6 小时 56 分
	2013-04-19T18:07	2013-04-19T23:20	5 小时 13 分
	2013-04-19T23:37	2013-04-20T10:30	10 小时 53 分
2#	2013-04-19T10:33	2013-04-19T18:13	7 小时 40 分
	2013-04-19T18:38	2013-04-19T23:40	5 小时 2 分
	2013-04-20T00:12	2013-04-20T10:33	10 小时 21 分

(三)试运行结论

1. 主机组

(1)主机组运行平稳,水泵电机振动值均在标准要求范围内;电机定子及电机轴承等温度正常,符合技术规范要求。

(2)电机运行时电流、电压等各项数据正常。

2. 辅机系统

冷却风机、技术供水等运转正常。

3. 计算机监控系统

计算机监控系统运行正常。

4. 闸门、启闭机

闸门、启闭机启闭灵活,联动运行正常。

5. 电气设备

电气设备运行正常。

6. 清污机系统

清污机开启灵活、运转正常。

7. 土建部分

与机组启动运行有关的泵站、引水渠及引水闸、出水渠及出水闸、节制闸、110 kV 变电站等土建工程正常,满足运行条件。

四、与在建和续建工程的关系

与在建和续建工程的关系为无。

五、工程质量情况本次机组试运行验收范围内已完成的 436 个单元工程,按照《水利水电工程施工质量检验与评定规程》(SL 176—2007),经施工单位自检,监理单位复核,质量全部合格,其中优良 403 个,优良率 92.4%。重要隐蔽及关键单元 70 个,全部优良。

六、工程机组试运行验收后度汛方案及超标准洪水预防措施

工程机组试运行验收后,将根据工程设计运用与调度方案进行调度运行。汛期按照八里湾泵站工程建设管理局 2013 年工程年度度汛方案及超标准洪水预案执行。

七、对工程建设和工程管理的意见

工程通过机组试运行验收后,建设单位应会同监理、施工单位抓紧完成后续运行管理及交接工作。

管理单位应加强工程管理,建立健全工程管理各项规章制度和安全操作规程,确保工程安全运行和效益的发挥。

八、存在的问题及处理要求

(1)主泵房房屋建筑工程、副厂房房屋建筑工程、安装间房屋建筑工程、新筑堤防四个分部工程未全部完成,要求于 2013 年 5 月 26 日前全部完成。

(2)辅助设备安装分部工程中通风管道和主副厂房风机未完成,要求于 2013 年 5 月 31 日前完成。

(3)电气设备安装分部工程中照明系统未完,要求于 2013 年 5 月 31 日前完成。

(4)自动化设备安装,要求于 2013 年 6 月 20 日前完成。

九、验收结论

验收工作组查看了工程现场试运行情况,听取了工程建设、设计、监理、施工等单位工作汇报,查阅了工程档案资料,审查了试运行工作报告和试运行验收技术性初步验收报告,听取了各专业组验收意见,经过充分讨论,形成如下验收结论:

八里湾泵站枢纽工程的主机组设备、电气设备、闸门启闭机、计算机监控系统、辅机设备安装及水工建筑物施工等已按批准的设计内容基本完成,试运行期间各设备运行正常,主要设备的制造、安装质量及主要技术参数满足设计要求,符合有关规范、规程,过水建筑物运行正常,工程档案资料基本齐全,同意通过试运行验收。

三、合同项目完成验收

南水北调东线一期工程南四湖至东平湖段输水与航运结合工程八里湾泵站工程合同项目完成验收鉴定书如下:

前　言

2013 年 10 月 31 日,受南水北调东线山东干线有限责任公司委托,南水北调东线八里湾泵站工程建设管理局在泰安市东平县主持召开了南水北调东线一期工程南四湖至东平湖段输水与航运结合工程八里湾泵站工程合同项目完成验收会议,南水北调东线山东干线有限责任公司、山东省南水北调南四湖至东平湖段工程建设管理局、中水淮河规划设计研究有限公司、山东龙信达咨询监理有限公司、山东黄河东平湖工程局、正泰电气股份有限公司、江苏航天水力设备有限公司、山东水总机械工程有限公司、合肥三立自动化工程有限公司、山东省南水北调工程建设管理局、南水北调南四湖至东平湖段工程质量监督

项目站、东平湖管理局东平管理局等单位的代表参加了会议。

会议成立了南水北调东线一期工程南四湖至东平湖段输水与航运结合工程八里湾泵站工程合同项目完成验收工作组(名单附后),工作组通过听取报告、查看工程现场,查阅工程档案资料,经充分讨论,形成验收意见如下。

一、八里湾泵站工程合同项目概况

(一)工程名称及位置

工程名称:南水北调东线一期工程南四湖至东平湖段输水与航运结合工程八里湾泵站工程(以下简称八里湾泵站工程)。

工程位置:位于山东省东平县境内的东平湖新湖滞洪区。

(二)工程主要建设内容

国务院南水北调办于 2009 年 6 月 1 日以国调办设计〔2009〕92 号文件对南水北调东线一期工程八里湾泵站工程初步设计报告(技术方案)进行了批复,于 2009 年 12 月 28 日以国调办设计〔2009〕249 号文件对南水北调东线一期工程八里湾泵站工程初步设计报告(概算)进行了批复,批复工程总投资 26 577 万元,总工期 30 个月。

八里湾泵站工程为Ⅰ等工程,主要建筑物泵站、前池、进出水池等为 1 级。次要建筑物清污机桥、进出水渠、站区内挡墙、非防汛范围内翼墙等为 3 级,临时工程为 4 级,新筑堤防为 2 级。

设计输水流量 100 m³/s,设计水位站上 40.80 m,站下 36.12 m,设计净扬程 4.78 m。设计选用 4 台(三用一备)3150ZLQ33.4 - 4.78 型立式液压全调节轴流泵,单机流量 33.4 m³/s,配套 4 台立式电动机,单机功率为 2 800 kW,泵站总装机容量 11 200 kW。防洪标准为 30 ~ 1 000 年一遇。地震动参数:工程区地震动峰值加速度为 0.10g,地震基本烈度 7 度,工程设防烈度为 7 度。

主要建设内容包括引水渠、清污机桥、前池、进水池、泵房、出水池、公路桥、出水渠、防洪堤和站区平台等。

设计主要工程量为土石方开挖 30.6 万 m³,土方填筑 48.66 万 m³,砌石 1.42 万 m³,混凝土及钢筋混凝土 5.06 万 m³,水泥土搅拌桩 5.29 万 m³,金属结构制安 647 t。

(三)工程建设管理体制

根据工程建设需要,南水北调东线山东干线有限责任公司委托山东黄河河务局东平湖管理局负责八里湾泵站工程建设管理工作,东平湖管理局组建了八里湾泵站工程建设管理局,具体负责泵站工程的建设与管理工作。

主要参建单位及质量监督机构为:

项目法人:南水北调东线山东干线有限责任公司

建设管理单位:南水北调东线八里湾泵站工程建设管理局

设计单位:中水淮河规划设计研究有限公司

监理单位:山东龙信达咨询监理有限公司

施工单位:山东黄河东平湖工程局

主要设备供应(制造)单位:江苏航天水力设备有限公司

山东水总机械工程有限公司

正泰电气股份有限公司

合肥三立自动化工程有限公司

质量监督单位:南水北调工程山东质量监督站

(四)工程施工过程

八里湾泵站枢纽工程 2010 年 9 月 16 日开工,各分部工程施工进度简况如下:

(1)地基防渗工程:2010 年 11 月 18 日至 2011 年 1 月 29 日;

(2)地基加固工程:2010 年 11 月 26 日至 2013 年 4 月 23 日;

(3)进水渠工程:2011 年 4 月 15 日至 2013 年 4 月 16 日;

(4)清污机桥工程:2011 年 4 月 3 日至 2012 年 8 月 29 日;

(5)拦污设备及安装:2011 年 6 月 20 日至 2012 年 9 月 20 日;

(6)进水池工程:2010 年 4 月 20 日至 2012 年 8 月 16 日;

(7)前池工程:2011 年 5 月 1 日至 2013 年 2 月 4 日;

(8)主泵房土建工程:2011 年 11 月 1 日至 2012 年 11 月 16 日;

(9)金属结构及设备安装:2012 年 10 月 16 日至 2013 年 5 月 9 日;

(10)出水池工程:2011 年 6 月 10 日至 2013 年 3 月 21 日;

(11)出水渠工程:2012 年 11 月 10 日至 2013 年 4 月 20 日;

(12)副厂房土建工程:2012 年 1 月 1 日至 2013 年 4 月 28 日;

(13)安装间土建工程:2011 年 12 月 24 日至 2012 年 12 月 19 日;

(14)1# 机组安装工程:2012 年 10 月 15 日至 2013 年 5 月 9 日;

(15)2# 机组安装工程:2012 年 10 月 15 日至 2013 年 5 月 10 日;

(16)3# 机组安装工程:2012 年 10 月 15 日至 2013 年 5 月 12 日;

(17)4# 机组安装工程:2012 年 10 月 15 日至 2013 年 5 月 11 日;

(18)辅助设备安装:2012 年 12 月 15 日至 2013 年 5 月 18 日;

(19)电气设备安装工程:2013 年 3 月 10 日至 2013 年 5 月 18 日;

(20)主泵房房屋建筑:2013 年 4 月 25 日至 2013 年 7 月 22 日;

(21)安装间房屋建筑:2013 年 8 月 25 日至 2013 年 7 月 22 日;

(22)副厂房房屋建筑:2013 年 10 月 5 日至 2013 年 9 月 23 日;

(23)管理区工程:2010 年 11 月 18 日至 2011 年 1 月 29 日;

(24)新筑堤防工程:2010 年 11 月 26 日至 2013 年 4 月 23 日;

(25)公路桥工程:2011 年 4 月 15 日至 2013 年 4 月 16 日;

(26)排涝渠桥梁:2010 年 11 月 16 日至 2012 年 12 月 26 日;

(27)四分干桥涵:2010 年 11 月 16 日至 2012 年 12 月 26 日。

(五)工程完成情况和主要工程量

八里湾泵站工程(2 标)共计 3 个单位工程,29 个分部工程,已完成 27 个分部工程。水泵电机、金属结构、电气等主要设备及工程已经全部完成。剩余对外交通单位工程中的道路工程、排涝沟涵工程两个分部工程未完。

实际完成主要工程量:土方开挖 41.05 万 m³,土方填筑 57.49 万 m³,水泥土换填 0.92 万 m³,混凝土浇筑 4.52 万 m³,混凝土灌注桩 4 797.8 m,水泥粉煤灰碎石桩

13 992.40 m,水泥土搅拌桩 35 482.9 m³,钢筋制安 3 967.04 t。主机泵设备安装 4 台套,液压启闭机安装 8 台套,自动清污设备安装 8 台套,主变压器安装 2 台套,站用变电器安装 2 台,GIS 设备安装 3 台套,高低压配电柜(屏)安装 22 块。

二、八里湾泵站工程合同设计和施工(制造)情况

(一)设计情况

八里湾泵站工程由中水淮河规划设计研究有限公司设计,设计单位根据水利部 2003 年南水北调工程前期工作会议纪要精神,先后完成了八里湾泵站工程的可研报告、初步设计。

(二)工程施工情况

工程主要建筑物引水渠、清污机桥、前池、进水池、泵房、出水池、公路桥、出水渠、防洪堤已经全部完成;主要设备清污机、水泵电机、金属结构、电气设备、输变电已经全部完成。

施工中共发现质量缺陷 37 处,其中Ⅰ类质量缺陷 23 处,Ⅱ类质量缺陷 14 处。针对质量缺陷全部进行了整改、处理措施,并进行质量缺陷备案。

三、历次验收情况

(1)2013 年 4 月 22 日,南水北调东线八里湾泵站工程建设管理局主持进行了水下部分阶段验收。

(2)2013 年 5 月 20 日,山东省南水北调工程建设管理局主持进行了机组试运行验收。

(3)2013 年 6 月 13～15 日,山东省南水北调工程建设管理局主持进行了设计单元通水验收。

(4)2013 年 10 月 9 日,对合同内的泵站段和管理区新筑堤防及公路桥两个单位工程进行了验收。

四、八里湾泵站工程合同项目工程质量鉴定

(一)工程初期运行情况

工程建成后至今,先后经 2013 年 5 月 20 日、6 月 15～27 日、10 月 23 日至今 3 次运行,4 台机组均运行正常,各项指标均符合设计和规范要求,主机组、辅机、电气设备、保护等系统均能正常投入运行。根据目前观测的资料分析,主体结构土压力、孔隙水压力、水平位移、沉降等都在正常范围内,工程现状安全可靠。

(二)分部工程质量评定

1. 原材料检测

施工单位原材料:水泥进场共 31 660.3 t,袋装水泥取样送检 117 组、散装水泥取样送检 77 组;粉煤灰进场 3 782.7 t,取样送检 33 组;砂子进场 57 545.8 t,检测 117 次;石子进场 80 617.5 t,检测 173 次;钢筋进场 4 566.1 t,检测原材 329 组;土工布进场 1 个批次、检测 1 次,外加剂进场 346 t,检测 20 次;止水检测 1 组、闭孔泡沫板检测 1 组,检测频率及检测结果均符合规范和有关技术条款的要求。

监理单位对以上原材料进行了跟踪检测,并按规定进行了平行检测。

2. 质量评定

按照《水利水电工程施工质量检验与评定规程》(SL 176—2007)及有关单元工程质

量评定标准,经施工单位自评,监理单位复核,建管单位认定,并报质量监督站备案。截至2013年10月31日,已评定27个分部工程,共553个单元工程,全部合格,其中:按水利标准评定单元工程514个,优良473个,优良率92.0%;重要隐蔽单元工程82个,全部优良。

(三)合同项目工程质量评定

按照《水利水电工程施工质量检验与评定规程》(SL 176—2007)、国务院南水北调办有关规定,结合分部、单位工程质量评定情况,本合同项目工程质量等级评定为优良。

五、与在建和续建工程的关系

此次验收的合同项目是独立的设计单元工程,与在建、续建工程没有相互影响关系。

六、合同执行及结算情况

工程施工过程中,严格履行合同管理和约定,保证了工程质量、进度和投资目标。

价款结算均采取按合同单价审核支付的方式,由施工单位按照实际完成进度编报《工程价款月支付申请书》,经监理单位审查、建设单位复审,按照审核后的支付金额逐级报至项目法人签批,再由银行直接支付到施工单位。

本工程合同价款9 975.66万元,实际支付工程款10 462.94万元。

七、存在问题及处理要求

(1)1#机组运行时,噪声达到95 dB(A),噪声偏高,已超过《泵站设计规范》(GB 50265—2010)中"泵房电动机层值班地点允许噪声标准不得大于85 dB(A)"的要求。建管单位已经制订了请有资质的第三方进行检测的方案,应尽快查清原因,采取措施。

(2)设备标识不齐全,主要设备未明确责任人,安全警示不完善。部分金属结构存有生锈现象,应加强设备管理和维护。

(3)站上西侧翼墙1区与2区分缝处、西落地挡墙与安装间分缝处存在水平相对位移。建议设置位移观测点,进行观测。待位移稳定后,分析原因,确定处理措施。

(4)对外交通单位工程中的道路工程、排涝沟涵工程两个分部工程未完。待船闸施工基本完成后及时完成施工任务。

(5)出水渠分部工程中拦船索未完成部分,要求于2013年11月15日前完成。

(6)飘板工程未施工,施工设计方案正在变更中,待方案批复后及时施工。

(7)新筑堤防分部工程中的现浇混凝土护坡、护脚、格梗、镇脚、压顶未完,要求于2013年11月20日前完成。

(8)管理区分部工程中的东、西落地挡墙墙后填土以及站区平台包边土方填筑有少量未完,要求于2013年11月20日前完成。

(9)管理区分部工程中的站区平台护坡混凝土框格、预制排水沟、混凝土踏步未完,要求于2013年11月30日前完成。

(10)站下翼墙栏杆质量标准低于设计标准,要求施工单位于2013年11月20日前完成返工处理。

以上问题处理完成后,由建管单位按规定组织验收。

八、验收结论

工程已按照批准的设计内容基本完成,尾工已安排,工期相对合理;施工过程中地基防渗采用了新技术、新工艺,取得了良好效果;施工质量符合规程规范和设计要求;各方认真执行了合同约定,工程结算符合有关规定,工程建设投资可控;工程档案基本齐全,整理较规范;工程、设备试运行正常,同意通过合同项目完成验收。

九、建议

无

四、技术性初步验收评价意见

(一)工程形象面貌

1.土建及金属结构部分

按批复的设计,泵站主副厂房、前池、进水池、清污机桥、进水渠、出水渠、公路桥、管理设施等工程的土建及金属结构部分均已基本完成。

2.机电部分

八里湾泵站的机组及附属设备、泵站辅助设备及电气设备安装、调试等已按批复的设计内容完成。

3.其他

八里湾泵站工程未完工程已提出完成计划。工程消防、水土保持、环境保护、工程档案、征迁安置等专项验收已提出完成计划。

工程总体形象面貌良好,维护管理基本正常。

(二)工程质量评价

1.总体评价

1)质量管理体系

参建单位建立健全了质量管理体系,工程质量处于受控状态。

2)安全监测资料成果分析与结论

八里湾泵站工程泵站主厂房等建筑物安全监测设计主要有沉降、位移、水位等监测项目。监测成果显示,各项监测值均在正常范围之内。

3)施工项目划分和质量评定

项目划分经过南水北调南四湖至东平湖段工程质量监督项目站确认,符合有关规定要求。经施工单位自评、监理单位复核、建管单位认定、质量监督项目站备案,已完成的工程施工质量评定程序和标准满足有关行业质量评定标准。

4)质量缺陷处理与备案

工程质量缺陷已按有关规定进行处理,并入档、备案。处理后,不影响工程使用寿命和安全运行。

5)施工技术文件收集与整理

在工程建设过程中,工程文档的收集、整理、立卷基本符合有关规定。

6)历次工程验收和安全评估

历次工程验收符合有关程序和规定,均通过验收。八里湾泵站工程已完成安全评估工作,总体评估认为工程具备完工验收条件。

7)验收遗留问题的处理

历次验收遗留问题大部分已由参建单位落实处理。尚未完成的已有处理计划。

2. 土建与金属结构部分

原材料及中间产品、工程实体质量经施工单位自检、监理单位平行检测、建管单位抽检、监督部门巡检,检测结果满足相关规范和设计要求。

3. 机电部分

设备制造、出厂验收、设备交货、安装调试符合有关规范和规定。机组运行期间,机组各主要参数正常,辅助设备、排水系统、技术供水系统、电气测量、监视、控制和保护,以及启闭机与主机联运、清污机等设备运行正常。

4. 安全监测部分

工程安全监测项目设计基本能满足工程监测需要,测点布设基本合理,设备选型合适。主要监测项目监测资料规律性较好,监测数据基本可信,能够反映工程结构状态。

(三)其他项目评价

(1)八里湾泵站工程位于山东省东平湖新湖滞洪区内,泰安市东平县八里湾村东北。设计洪水标准100年一遇、校核洪水标准300年一遇,对应东平湖新、老湖区30~1 000年一遇防洪水位分别为43.8 m、44.8 m,满足防洪要求;工程规划科学,总体布局合理,不存在影响工程安全运行的设计问题。

(2)工程建设征地补偿及移民安置批复概算总投资2 035万元。此项工作实行山东省南水北调建设管理局与泰安市人民政府签订协议管理的模式。在市、县各级政府的大力支持下,较好解决了八里湾泵站工程建设征地补偿及移民安置工作有关问题,工程施工用地分阶段提供,基本满足了工程建设需要。临时占地已交付地方政府,永久占地已获国土资源部批复,土地权属清晰,界桩保存基本完好。

(3)泵站主、副厂房消防设备已安装完成,已报请东平县消防大队进行专项验收。

(4)泵站环境保护工程批复初设概算投资250万元。施工期废水、废气处理、噪声防护、人群健康保护及固体废弃物等处置措施合理有效。施工期间环境监测委托山东水文水环境科技有限公司进行,并已进行了多次检测。

(5)泵站水土流失防治区总面积40.07 hm²。批复初设概算投资111万元。山东干线公司已委托山东省水文水资源勘测局进行施工期水土保持监测,2011年8月签订了技术合同。目前水土保持工程尚未完工。

(6)批复工程概算总投资26 577万元,其中工程部分20 747万元,移民环境部分2 396万元,输变电工程3 082万元,建设期贷款利息352万元。施工过程中,加强了造价及投资的控制管理,投资基本可控。

(7)泵站工程档案资料基本齐全,正在整理归档。

五、技术性初步验收发现的主要问题及建议

(一)土建及金属结构部分

(1)主厂房屋顶飘板和观景台装饰板未完成;对外交通道路、管理区及管理设施等尚未全部完成。建设单位已有计划安排,应按计划抓紧实施。

(2)清污机电源线路尚未接通,应尽快完成。

(3)建议对现有水位、沉降、位移、渗透压力、扬压力和土压力的观测设施建立长期观

测制度,及时整理分析观测资料,完善监测成果报告,为泵站安全运行提供依据。

(二)机电部分

(1)机组噪声偏大问题由八里湾泵站建管局组织尽快处理。

(2)电梯尚未安装,应抓紧完成。

(3)自动化系统界面应进一步完善,机电设备运行中出现的开关不灵、仪表指示不准等问题应抓紧解决。

(4)设备标识不齐全,主要设备未明确责任人,安全警示不完善。部分金属结构外表和螺栓生锈,应尽快处理。

(5)应加强设备的管理和维护。

(三)综合部分

(1)水土保持工程尚未完成,应按计划抓紧实施。

(2)征迁安置、工程消防、环境保护、水土保持、工程档案等专项验收尚未进行,应按计划完成验收。

六、技术性初步验收结论

(1)八里湾泵站工程已基本完成了批复的设计建设内容,并经通水运行检验,实现了将邓楼泵站来水调入东平湖的目标。未完工程已有建设计划。

(2)八里湾泵站工程验收项目的设计、施工、制造和安装质量符合国家和行业有关技术标准的规定;对于施工和安装过程中出现的质量缺陷,已经处理,处理后工程质量满足设计要求,不影响工程使用寿命和安全运行;已处理的验收遗留问题验收合格,尚未处理的验收遗留问题已有实施计划;投资可控;工程档案基本齐全。

(3)主体工程施工期各项安全监测值均在正常范围内。工程已进入运行维护期,投入运行的各建筑物及设备工作状态正常,可满足运行要求。

综上所述,技术性初步验收专家组认为八里湾泵站工程已具备通水条件,同意通过设计单元工程完工验收技术性初步验收。

第二篇 泵站深基坑工程降水及止水帷幕关键技术研究

第一章 绪 论

第一节 研究的背景与意义

随着我国经济的持续发展和社会需求的不断增大,临近湖泊、江河的深基坑工程逐步增多,这类深基坑工程和湖泊、江河水力联系密切,地下水十分丰富,渗流场十分复杂。地下水是引起基坑破坏的重要因素之一,若不采取有效的地下降水措施,容易导致因坑底水压力过高而使得地下水涌入基坑或地下水通过基坑边壁大量渗入坑内的现象,当渗透力大到足以破坏土构架并引起土颗粒涌动时就会发生诸如管涌、流砂,严重时会导致基坑塌方、邻近地层掏空下陷等事故,不仅直接决定着深基坑能否顺利完工,而且显著影响基坑外围的建筑物尤其是湖泊、江河堤防的稳固与否,也就是关系着堤防保护范围内的成千上万居民的生命财产安全。据不完全统计,由于水的问题而引发的工程事故约占22%。

深基坑开挖工程中,地下水的渗流将使基坑周围形成较大的降水漏斗。随着开挖的不断进行,地下水自由面不断下降,从而使坑外土体的有效应力增加,发生不均匀固结沉降。尤其当基坑临近江湖时,将直接威胁到大坝的安全。

当基坑底部标高在地下水位面以下时,必须阻断地下水向基坑内渗流。为了保证施工的顺利进行,目前工程中所应用的基坑防渗与降排水方案大体可分为三类:第一类为单纯的强降水,即把基坑地下水位强行降至开挖面以下。第二类为全方位截渗,即采用高压喷射灌浆法或水泥土搅拌桩法等工程措施建立止水帷幕,将内外水力联系全面切断。第三类为基坑降水与防渗相结合的方法。

根据止水帷幕的不同作用,可将其分为水平止水帷幕和竖向止水帷幕。水平止水帷幕是以高压旋喷法等方法在基坑底部以下一定深度处形成的水泥土隔渗底板,以其自重、桩板间摩擦力和水平帷幕与基坑底部间厚度的土体自重来平衡地下水的浮力,防止基坑底部隆起。竖向止水帷幕根据是否进入相对不透水层,可将其分为落底式竖向止水帷幕和悬挂式竖向止水帷幕两大结构类型。落底式竖向止水帷幕深入到相对不透水层一定深度,利用相对不透水层渗透系数小的特点,可有效切断基坑内外的水力联系,因此止水效果比较好。而当基坑底面以下透水层深度较厚,无法做成落底式竖向止水帷幕时,可采用悬挂式竖向止水帷幕,起到阻隔上层潜水和帷幕深度范围内的承压水水平方向渗流,延长水流的渗流路径的作用,对于减少基坑涌水量和控制基坑外水位下降都具有较明显的效果。悬挂式竖向止水帷幕还可与水平止水帷幕结合,形成基坑周围和底部的全面隔渗。

止水帷幕的存在,将使基坑涌水量大大减少,从而减少了降排水设备的工时。但止水帷幕的存在也引起了帷幕内外侧水头差的出现,随着降排水工程的不断进行,水头差不断加大,从而引起帷幕内力与变形的不断增加,威胁到止水帷幕的稳定性。另一方面,随着水头差的不断加大,使得基坑外的地下水绕过围护结构下端向坑内渗流,当水的渗流力大于土的浮重度时,土颗粒就会随水向上喷涌。开始时土中细颗粒通过间隙被带走而产生管涌,随着渗流通道不断变大,土颗粒对水流的阻力减小,渗流力不断增大,从而使大量砂粒随水流涌出而形成流砂,危及基坑和周围建筑物的安全。

随着我国大量临河(湖)工程的不断增多,由于水的问题带来的工程问题越发显得尖锐。轻则造成基坑管涌流砂,使得工程无法顺利进行,重则造成基坑失稳,危及江湖大坝和周围建筑物的安全,后果不堪设想。因此,对于临近江湖基坑工程中止水帷幕的稳定性及其设计参数的合理选取问题,基坑渗流稳定性以及止水帷幕对渗流的影响,基坑降排水对周围环境的影响的研究就越发显得迫切和必要。

本书依托南水北调东线工程八里湾泵站基坑工程,开展对临河(湖)基坑止水帷幕稳定性、止水帷幕设计参数如何合理选取以及止水帷幕对基坑渗流的影响的研究。

第二节　国内外研究现状

一、土体渗流研究现状

由于土体本身具有连续的孔隙,如果存在水位差的作用,水就会透过土体孔隙而产生孔隙内的流动,这就是土体的渗流。1856 年,法国工程师达西(Darcy)对砂土的渗透性进行了研究,发现水在土中的渗透速度与水位差成正比,而与渗径长度成反比,这就是著名的达西渗透定律。从而开始了对地下水运动的定量化认识。

1886 年,J. Dupuit 根据 Darcy 渗透定律研究了地下水一维稳定运动和水井的二维稳定运动规律。1901 年 P. Forchheimer 等又研究了更为复杂的地下水渗流问题,从而奠定了地下水稳定渗流理论的基础。稳定渗流理论没有考虑时间变量,只能描述一定条件下地下水所能达到的一种暂时的平衡状态,而对反映随时间不断变化的地下水实际运动状态无能为力。这一阶段的主要标志是 C. 列宾逊、M. 麦斯盖特等利用一般的有关连续介质力学的概念建立起来的以研究水井渗流问题为特征的古典水动力学渗流理论。

1904 年,J. Boussinesq 提出了地下水非稳定流的偏微分方程式,从而开始了各种严格定量的水动力学方法的研究。随后,1928 年 O. E. Meinzer 研究了地下水运动的非稳定性以及承压水层的贮水性质;1935 年 C. V. Theis 在此基础上提出了地下水在承压水井的非稳定流公式。1940 年 Jacob 参照热传导理论建立了地下水渗流运动的基本微分方程。1946 年 N. H. 斯特里热夫首次定性地阐述了液体在可压缩地层中渗流理论的物理基础,并描述了地应力作用下地下水流动的基本特性,以及岩土介质孔隙度和渗透率的降低、岩土骨架不可逆的基本性质,由此逐步建立起完整的弹性渗流理论(1957)和弹塑性渗流理论(1959)。Boulton N. S. ,Hantush M. S. ,Neuman S. P. (1969,1972,1975)等进行了不同条件下地下水非稳定渗流运动的理论研究,并各自推导出各种条件下地下水非稳定渗流运动的解析公式。总之,这一阶段主要是从宏观研究入手,用连续介质力学方法对均质液体的各种渗流问题进行了研究。这些方法包括分离变量法、积分变换法、保角映射法、Green 函数法、镜像法以及 Boltzmann 变换等。

到了 20 世纪 50 年代,随着计算机技术的不断发展,以计算机为基础的数值模拟技术在分析地下水问题方面得以广泛地应用。数值解法早期多采用有限差分法,1965 年,Zienkiewicz 将有限元法引入地下水渗流领域,Sandhu 和 Wison(1969)提出了地下水渗流运动方程的广义变分原理,为有限元求解渗流问题奠定了坚实的数学物理基础。Neuman S. P. 等进一步完善了有限元法求解的过程。

我国土体渗流研究起步较晚,开始于 20 世纪 70 年代,30 多年来已有了长足的发展。南京大学地球科学系用 Galekrni 有限元法,建立了裂隙—岩溶泉的柳林泉平面二维区域地下水渗流模型,描述山西柳林泉域的地下水渗流,模拟效果良好,据此预报了柳林电厂水源地投入使用后对区域地下水流场的影响。

四川大学高速水力学国家重点实验室运用 IGW 对沙湾水电站左岸坝肩"地窗式"防渗方案进行了渗流量、渗流场及渗透坡降的计算;根据计算结果,对"地窗式"防渗方案进行了优化计算,首次提出了满足本工程防渗要求的阶梯型"地窗式"防渗体体型。

黄春峨根据稳定渗流理论,考虑基坑工程中常见的复杂边界条件,建立了复杂边界条件下稳定渗流场的计算模型。在边界条件的处理中,提出以沟代井模拟大井径渗水井、同点异号法模拟小井径抽水井及无厚度阻水结构的计算模型。建立了有限元法与条分法结合计算渗流作用下基坑稳定性的计算模型,为渗流作用下的基坑稳定分析开辟了一条新的途径。

许胜、王媛采用有限元法分析了基坑渗流对周边环境的影响。结果表明,基坑渗流对桩后地面沉降影响较大,桩后沉降明显增加,沉降范围也明显增大。对基坑渗流现象是不容忽视的。

俞洪良等采用有限单元法分析了基坑渗流场分布特性,比较了不同水力条件下渗流作用对基坑土体渗透稳定性的影响,探讨了工程中可能出现的不利因素,特别是防渗体破坏情况对基坑安全造成的危害性。本书的工作也表明,利用数值方法分析基坑渗流场分布特性,对于深基坑工程的安全性评价和工程施工都具有重要的指导意义。

陶明星、刘建民根据渗流场与温度场具有相同控制方程的特点,用 ANSYS 软件的温度场模拟基坑工程的渗流场,用有限元法对基坑开挖不同工况下的渗流场进行数值模拟计算。分析了地下防渗墙嵌固深度对基坑渗流量和渗透力的影响,用渗流量和渗透力随基坑开挖深度的变化情况,讨论了基坑工程的渗流特性和抗渗透稳定性。

二、止水帷幕稳定性研究现状

深基坑止水帷幕属于临时性工程,但其承受水头较大,受力变形较显著,造价高,施工难度较大。为了保证帷幕的正常工作,深基坑止水帷幕要满足承载力极限状态和正常使用极限状态的要求,即帷幕既要具有足够的抗压强度、刚度和容许渗透坡降,又要能够满足防渗功能要求。

1998 年,钱午、苏景中对深基坑工程中的侧向止水帷幕和底部止水帷幕等水工构筑物,从隔渗性能、强度和稳定性等技术要求出发,列举了帷幕体的设计方法和各项技术指标,提出了止水帷幕的特殊技术措施。

杨波等根据承载能力分析、安全使用分析和工程造价以及施工条件等综合性分析提出合理确定挡水帷幕的主要参数(成墙厚度、抗压强度、容许坡降以及弹性模量等)的方法,提出了防渗帷幕宜柔不宜刚的新观点,还指出防渗帷幕重点部位重点处理来优化工程。

土东等介绍了深搅止水帷幕在超大基坑开挖和止水中的应用及相应的辅助措施,对其方案选择、设计方法和施工中的具体情况进行了叙述,同时作出了技术经济分析比较。

刘爱娟为了对止水帷幕做出优化分析,提出按照控制基坑外某一点地下水位降落值的约束条件,以总造价最小作为目标函数,通过模型模拟的方法,把已经列出的方案进行分析修改,并最终确定优化方案的方法。

三、止水帷幕对深基坑渗流场的影响研究现状

王国光等用有限元法对设置止水结构物的基坑渗流场进行计算,并描绘出此时的基坑渗流场特点,分析了止水结构物的作用机制及其特性对止水效果的影响。

任红涛从渗流理论的发展过程出发,在讨论稳定渗流基本方程以及渗流连续性方程与定解条件的基础上,建立了非稳定渗流问题的有限元计算式。运用 GEO – SLOPE 软件中的 SEEP/W 模块对一设置止水帷幕的基坑开挖过程不同工况的渗流场进行数值模拟。

吴世兴对悬挂式竖向止水帷幕的止水效果进行渗流分析,采用不同工况进行有限元模拟,得出在深厚砂层(或其他强透水层)中,需采用"深井降水 + 悬挂式止水 + 回灌"的降水方案,以维持基坑外的地下水位,减少其影响范围。

丁洲祥等分析了止水帷幕不同打设深度,以及两种封闭式止水帷幕发生漏水意外时对渗流场的影响,得出漏水部位周围土体的渗流等势线较为密集,渗流速度较大,容易诱发扩大破坏。

杨秀竹等建立了二维渗流方程的有限元表达式,比较了防渗帷幕建造前、后渗流速度和出溢处水力坡降的变化情况。计算表明,除帷幕底部小范围内渗流速度有所上升外,其他地区的渗流速度及下游出溢处的水力梯度均显著降低。

综上所述,工程界对于基坑渗流、止水帷幕以及两者的相互影响已经有了比较深入的研究,但对于临河(湖)深基坑的研究相对较少。

第三节　主要研究内容及拟解决的关键问题

一、主要研究内容

依托南水北调东线八里湾泵站枢纽深基坑工程,采用理论分析、数值模拟与现场试验

相结合的手段,对临河(湖)深基坑工程降水及止水帷幕关键技术展开研究,主要研究内容包括:

(1)止水帷幕对渗流场影响的分析。

结合实际工程,在有限单元法理论的基础上,分析基坑渗流场的特性,研究止水帷幕的深度与基坑周边水头降深的相互关系,定量评价止水帷幕对降水效果的影响,揭示基坑渗流规律。

(2)深基坑降水和止水方案的选择。

在分析八里湾泵站枢纽场地水文地质和工程地质条件的基础上,结合渗流理论选择经济合理的降水和截水方案。

(3)止水帷幕的结构选型、参数确定和设计及施工优化。

结合八里湾泵站枢纽水文地质和工程地质条件,通过土力学基本理论分析,并针对各影响因素进行多工况比较计算,然后对比现行相关规程、规范,提出保证降水帷幕发挥作用的施工参数。

(4)深基坑降水、喷射防渗帷幕施工技术研究。

通过对不同结构形式的止水帷幕进行分析,提出竖向防渗帷幕最佳结构型式、施工技术参数、施工工艺、质量检验方法。

(5)通过现场监测与监控,检验止水帷幕的止水效果和设计参数的合理性。

二、拟解决的关键问题

(1)结合临河(湖)深基坑与临近江湖实际的水力联系,确定止水帷幕对基坑渗流场影响程度及范围的规律。

(2)结合现场水文地质和工程地质条件,确定合理的施工设计技术参数。

第四节　研究的技术路线

通过查阅国内外大量文献,在了解国内外止水帷幕和渗流计算的基础上,结合现场工程的实际特点,按如下的思路进行研究:

(1)查阅国内外文献,了解国内外止水帷幕和渗流计算研究的现状和存在的不足,在总结已有研究成果的同时,将本论文的研究建立在最新动态、最新进展的基础上。

(2)根据实际工程及其实测相关数据,建立相应的有限元模型,模拟分析不同帷幕插入深度以及不同帷幕与基坑间距工况下帷幕对基坑渗流场的影响,提出合理布置止水帷幕的建议。

(3)考虑承载力极限状态和正常使用极限状态对临河(湖)深基坑止水帷幕的适用性,即帷幕既要满足强度、刚度和稳定性的要求,又要满足防渗止水的功能性要求。

(4)结合实际基坑工程,利用有限元分析软件模拟不同开挖深度、不同降水深度以及不同帷幕材料参数工况下帷幕的应力应变特性,为合理选取帷幕形式和参数提供理论依据。

(5)根据基坑工程实践效果,检验以上研究成果。

第五节　研究的可行性分析

一、资料支持

南水北调东线八里湾泵站枢纽深基坑工程的实测资料为本项目研究提供了研究基础数据;已有基坑止水帷幕和渗流方面的研究成果,为本课题的研究提供了经验。

二、理论知识

本课题主要涉及水力学、结构力学、土力学、基坑工程等方面的理论,以及基坑止水帷幕与渗流计算相关的有限元知识。以有限元分析软件 Midas、Plaxis 等为计算工具,对基坑止水帷幕和渗流场进行模拟。现有的专业知识及软件的操作能力,可以完成本课题理论分析和数据处理方面的工作。

三、工程实例检验

以南水北调东线八里湾泵站基坑工程相关资料为依托,可以代表性地反映临河(湖)深基坑工程的特点,该工程的实践效果可以检验本项目的研究成果。

第二章　八里湾泵站枢纽工程基本情况

第一节　工程概况

一、工程简介

八里湾泵站工程为南水北调东线第一期工程南四湖—东平湖段输水与航运结合工程的组成部分,位于山东省东平县境内的东平湖新湖滞洪区,是南水北调东线工程的第十三级泵站,也是黄河以南输水干线最后一级泵站,见图2-2-1。

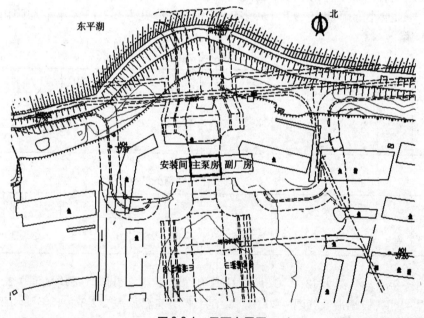

图 2-2-1　平面布置图

第一期工程新建八里湾一站,设计调水流量为100 m³/s,设计水位站上40.90 m(85国家高程基准,下同),站下36.12 m,设计净扬程4.78 m,平均净扬程4.15 m。工程主要有泵站(装机流量133.6 m³/s)、公路桥和新建堤防及站区平台等。工程主要任务是抽引前一级邓楼站的来水入东平湖向北调水100 m³/s,并适当结合东平湖新湖区的排涝。

站址紧邻东平湖老湖区南堤的新湖区内,距原柳长河入东平湖口384.0 m。泵站中心线方位为正北偏西4°,泵站采用堤身式及正向进、出水布置,主要建筑物由泵房(包括副厂房、安装间)、清污机桥、进出水池、进出水渠、公路桥、堤防与站区平台等组成。

主泵房地基采用水泥粉煤灰碎石桩处理,并采用钢筋混凝土地连墙三面围封截渗。

防洪堤为东平湖老湖区南堤新建截弯取直段,长约400 m,设计为均质土堤,梯形断面。堤防标准为2级,设计堤顶高程47.30 m,堤顶宽8.0 m,迎、背水面边坡坡度分别为1:3和1:2;迎水面堤脚高程42.30 m处为一平台,背水面堤脚高程45.10~46.10 m处为站区平台;采用水泥土搅拌桩加固堤基。防洪堤北侧采用干砌石护坡,南侧草皮护坡。

站区(管理区)平台由土方填筑而成,并与新建堤防相结合。平台顶高程为46.10 m,东西向道路中心线距离275.0 m,南北向140.5 m。平台边坡堤基及管理区建筑物地基采用水泥土搅拌桩处理,站区平台边坡采用混凝土框格草皮护坡。

新建对外交通道路长1.5 km,混凝土路面宽7 m。同时,新建跨四分干渠桥涵和灌溉渠桥涵均为钻孔灌注桩基础,桩径0.8 m,排架式钢筋混凝土空心板简支结构。跨四分干渠桥涵为3跨,单跨8.0 m,桥面总长24.0 m;桥面净跨7.0 m。跨灌溉渠桥涵为2跨,单跨9.0 m,桥面总长18.0 m;桥面净宽7.0 m。

二、水文、气象

本地区属暖温带季风大陆性半湿润气候,多年平均降雨量为642.9 mm,最大降雨量为1 324 mm,最小降雨量为199 mm,多年平均降雨量见表2-2-1,多年平均降雨天数见表2-2-2。

表2-2-1　多年平均降雨量

月	1	2	3	4	5	6	7	8	9	10	11	12	合计
平均降雨量(mm)	7.3	8.2	17.1	36.6	36.4	73.8	196	137	64.1	35.1	20.8	8.5	642.9

表2-2-2　多年平均降雨天数

月	1	2	3	4	5	6	7	8	9	10	11	12	合计
平均降雨天数	2.6	3	4.5	6.3	5.1	7.3	14.0	9.6	6.4	5.1	5.0	3.1	72.0

区内多年平均气温为13.2 ℃,最高月平均气温27 ℃,最低月平均气温-2 ℃,极端最高气温41 ℃,极端最低气温-20 ℃,多年月平均气温见表2-2-3。多年平均无霜期约为230 d,水面蒸发1 310 mm,日照2 552 h。

表2-2-3　多年月平均气温统计

月	1	2	3	4	5	6	7	8	9	10	11	12
平均气温(℃)	-1.5	1.4	8.2	17.0	24.2	29.6	29.7	29.2	23.0	16	7.3	0.4

区内春季多东南风,冬季多北风、西北风,多年平均风速2.9 m/s,历年最大风速24 m/s,主强风向为东南风向,次强风向为东北偏北风向,多年平均累积大于等于8级风日数为9 d。

根据黄河勘测规划设计有限公司编制的《黄河流域(片)防洪规划》,小浪底建成后,东平湖湖区使用频率为30~1 000年一遇,新湖区主要作为黄河的滞洪区,相应滞洪水位为43.80 m;老湖区除作为黄河分洪的滞洪区外,还承担着汶河流域洪水的滞洪任务,老湖区最高设计滞洪水位为44.80 m。

在工程施工期内,湖内10年一遇水位最高为40.71 m(10月),最低为39.63 m(5月)。同时,根据黄河水利委员会的有关文件规定,东平湖老湖区汛限水位41.29 m,工程施工期设计水位采用41.29 m。

三、工程地质和水文地质条件

(一)工程地质

工程区地处山东丘陵与华北平原的接触地带,由于地壳差异升降运动及黄河泛滥的影响,在山前积水成湖(东平湖)。

站址位于八里湾排涝站的东侧,东平湖老湖区南堤南侧、紧邻南堤的新湖区内。站址处除东平湖大堤、沟、渠堤防稍有起伏外,地形较为平坦。东平湖老湖区南堤堤顶高程为47.19 m左右,宽6~10 m,堤南侧地面高程一般为37.8~40.8 m,站址附近地面高程为36.35~37.40 m,因地势低洼,常年积水,一般为0.5~1.5 m,且芦苇和水草密布。勘探期间,东平湖老湖区湖水水位为41.00~43.52 m。

工程场区底层自上而下共揭露11层。底层岩性分层叙述如下:

第①层:中粉质壤土夹粉土(Q_4^{al}),夹轻粉质壤土和砂,黄色,湿,松散或软塑至可塑状态。主要分布在经人工改造的地表和堤防附近。其分布高程为层顶37.63~42.98 m,层底35.95~40.18 m。

第②层:淤泥质壤土和淤泥(Q_4),灰、灰黑色,夹黑色,夹细砂和粉土层,呈流塑到软塑状,饱和,含有植物根、腐殖质和贝壳,局部含有碎砖块。该层土具有含水量高、压缩性高、强度低、不易排水等特点,在站址区普遍分布。该层层底高程为31.53~37.48 m,厚2~5 m。

第③层:黏土(Q_4),黄色、灰色或黄灰色,呈软可塑状态,局部为流塑,饱和,夹淤泥质黏土和中粉质壤土、砂和粉土层,局部有碎石块。属高压缩性、低强度土。该土层局部缺失,层底高程为25.95~35.28 m,厚2.3~5.0 m。

第④层:轻粉质壤土和中粉质壤土(Q_4),黄、灰黄、灰或灰黑色,局部夹砂和粉土薄层,呈软至可塑状态,土质不均匀,含贝壳、小石块和少量铁锰结核、砂礓。其分布高程为层顶28.25~35.28 m,厚0.4~2.9 m。

第⑤层:重粉质壤土(Q_3),黄、灰黄、灰白色,呈软可塑状态,局部呈软塑状态,含铁锰结核和砂礓,局部夹有中粗砂和粉土透镜体。该层分布高程为层顶25.95~32.88 m,层底22.60~29.10 m,层厚约3.0 m。

第⑥层:轻粉质壤土和粉土(Q_3),夹细砂层和砂壤土薄层,局部为互层,灰、灰黄色,呈软松散状态,在场区内分布不连续,常为透镜体状。层底约有1.0 m为砂和轻粉质壤土互层,呈松散至软塑状态。该层分布高程为层顶25.88~39.10 m,层底23.18~27.0 m,厚约为2 m。

第⑦层:淤泥质壤土和黏土(Q_3),灰、灰黑色,呈软塑状态,夹少量细砂层,含壁较厚的贝壳片。该层土具有含水量高、压塑性高、强度低、承载能力低等特点。主要分布在泵站轴线以西,分布范围较广,泵站轴线以东很少见,分布高程为层顶 24.58 ~ 28.50 m,层底 18.80 ~ 26.10 m,厚 2 ~ 5 m。

第⑧层分为 2 个亚层:

第⑧-1层:细砂(Q_3),灰、黄、灰黄色,本层上部约 1.5 m 为松散至稍密状态,且夹有 10 ~ 15 cm 的黏土或中粉质壤土或灰黑色软泥,其中在 ZK6 孔高程约 24.0 m 夹中粉质壤土透镜体,厚约 0.75 m,标贯击数为 3.2 击;以下呈中密状态,局部具有弱胶结(在钻进过程中,速度明显变慢),且含有砂礓和砂礓结核层。该砂层均夹有少量粉质壤土、黏土薄层,自上而下砂粒变粗,渐变密实。其分布高程为层顶 18.80 ~ 26.95 m,层底 9.50 ~ 17.0 m,厚 10 ~ 14 m,其颗粒组成为:砂粒 94.2%,粉粒 4.8%,黏粒 1.0%,不均匀系数为 2.5,曲率系数为 1.0。

第⑧-2层:中砂或粗砂含砾石(Q_3),黄色,局部含大块砂礓和砾石,呈稍密至中密状态分布不连续,在该层顶部均夹有厚度不均的黏土或中粉质壤土层,厚 10 ~ 80 cm。局部分布,分布高程为层顶 10.80 ~ 17.0 m,层底 9.40 ~ 12.46 m,其颗粒组成为:砂粒 96.5%,粉粒 2.0%,黏粒 1.5%,不均匀系数为 4.9,曲率系数为 1.1。

第⑨层:重粉质壤土(Q_3),黄、灰黄、灰色,呈硬塑状态,含铁锰结核,局部夹有弱胶结含砾石砂礓层。该层分布广泛、稳定,厚度大,为巨厚层,是该区良好的持力层,分布高程为层顶 9.40 ~ 14.46 m,层底 -5.80 ~ 3.25 m,厚 9 ~ 15 m。

第⑩层:中粗砂夹砾石(Q_3),灰、灰白、灰绿色,紧密状态,含砂礓、砾石和少量块石。分布高程为层顶 -5.60 ~ 3.25 m,层底 -3.66 ~ 3.35 m,厚约 2 m。

第⑪层:灰黄色中粉质壤土(Q_3),呈硬质坚硬状态,分布高程为层顶 -3.66 m,层底至 -22.36 m 未揭穿。

(二)水文地质

在地面以下 60 m 勘探深度范围,地下水类型为松散岩类孔隙水,据地层岩性和含水层水力特征可划分出 3 层含水层,其中第 1、2 含水层为潜水,第 3 含水层为承压水(见表 2-2-4),分层叙述如下:

第 1 含水层由第①层中粉质壤土和第②层淤泥及淤泥质壤土夹砂(在壤土夹砂处均含有水)组成,含水类型为潜水,主要由沟、渠和大气降水补给。

第 2 含水层为第④层轻粉质壤土和中粉质壤土层,夹粉土和细砂层,夹层的透水性为中等,在粉土和细砂层较少处,孔隙和裂隙发育,呈弱透水性,主要由沟、渠补给,由于本区沟、渠、塘较多,其深度局部已达该层,故该层的含水类型也为潜水。

第 3 含水层由第⑥、⑧-1、⑧-2 层粉土、细砂、中砂层砾石组成,中等透水性,含水类型为承压水。

第 4 含水层为第⑩层中粗砂,强透水层,该含水层埋藏较深,且上部隔水层较厚。

在各隔水层中,局部夹有砂和砂壤土透镜体或薄层的含水层,但层较薄,其含水量不大,设计时需考虑其含水层对边坡稳定的影响,另外第④层轻粉质壤土、中粉质壤土和第⑥层轻粉质壤土局部(很少)邻接,使得第④层潜水和第⑥层承压水局部有水力联系。

表 2-2-4　站址区水文地质参数建议

地层编号	岩性	透水性	渗透系数(cm/s)		含水层性质	水位(m)	承压水头高度(m)	含水层和隔水层编号
			垂直	水平				
①	中粉质壤土	弱透水	1.35×10^{-5}	5.68×10^{-5}	潜水	37.6		第1含水层
②	淤泥及淤泥质壤土	弱透水	4.58×10^{-4}	4.88×10^{-6}				
③	黏土	微透水	8.32×10^{-7}	1.58×10^{-6}				第1隔水层
④	轻粉质黏土	弱透水	4.04×10^{-5}	1.22×10^{-5}	潜水			第2含水层
⑤	重粉质黏土	极微透水	1.11×10^{-5}	1.38×10^{-5}				
⑥	轻粉质壤土	弱透水	2.82×10^{-6}	2.43×10^{-5}				第2隔水层
⑦	淤泥及淤泥质壤土	弱透水	3.62×10^{-7}	1.26×10^{-7}				
⑧	细、中砂含砾石	中等透水	3.55×10^{-3}		承压水	38.4~39.1	13.3~14.5	第3含水层
⑨	重粉质壤土	微透水	2.63×10^{-5}	7.62×10^{-5}				第3隔水层

　　站址区地势较周围地势低洼,四周地表水均向站址区排泄,形成积水沼泽。场区内潜水主要接受沟、渠和大气降水补给,通过地面蒸发排泄。在勘探期间(7、8 月,正值主汛期),东平湖水位为 40.0~43.52 m。潜水水位至地表(37.60 m)。承压水水位为 38.4~39.1 m,承压水水头高度为 13.3~15.2 m,超出地表约为 1.2 m。第3层承压水层与东平湖湖水有一定的水力联系。另外,承压水与潜水互相影响不明显,两含水层间地下水无密切水力联系。

　　砂层承压含水层水的流向为由北向南流,南北向水力梯度约为 0.003。

第二节 施工导流

一、施工导流建筑物设计标准

本工程为Ⅰ等工程,其主要建筑物为1级,次要建筑物为3级,施工导流建筑物标准为4级,施工期洪水采用10~20年一遇标准。

二、施工围堰

本工程位于东平湖新湖区,紧邻老湖区南堤,东平湖老湖区汛限水位41.29 m,利用现有的南堤作为施工围堰,足以抵御设计频率全年施工期间东平湖洪水。泵房、清污机桥、公路桥、新筑堤防均可在堤内常年施工,待堤内的主泵房、堤防基本完成后,选择非汛期(10月至次年5月)施工出水渠。另外,根据现行的调度方案,现东平湖新湖区滞洪使用频率为30~1 000年一遇,故工程施工期间不考虑因新湖区滞洪而构筑施工防洪围堰。为防止施工期间新湖区的涝水影响,施工初期先结合管理区的填筑,在基坑开挖线以外15 m填筑到39.0 m高程,管理区范围以外部位填筑子堤以挡附近地区及夏季雨水的影响,子堤顶高程39.0 m,顶宽8 m,边坡1∶3。

第三节 施工减排水工程

一、现场勘查情况

站址区地势较周围地势低洼,四周地表水均向站址区排泄,形成积水沼泽。场区内潜水主要接受沟、渠和大气降水补给,通过地面蒸发排泄。因地势低洼,常年积水,一般在0.5~1.5 m,且芦苇和水草密布。场区外鱼塘、树木较多,沟、渠相互连接有水力联系;站址紧邻东平湖老湖区二级湖堤的新湖区内,距柳长河入东平湖口384.0 m,距八里湾排涝扬水站300余m且与八里湾泄洪闸相通。为方便基坑围封和开挖,避开汛期和雨季进行泵站基坑开挖,减少前期抽排基坑内积水,计划利用围封围堰(采用水中进占的施工方法),将Ⅰ期基坑开挖一分为二进行围封(距离公路桥轴线31 m和152.5 m)和站区平台水泥搅拌桩完成,穿插进行抽排进水渠基坑内积水和降水井,待汛期过后,再沿进水渠导堤部位进行清基填筑,全面展开基坑开挖工作。

二、基坑初期排水

八里湾泵站施工时,初期需排基坑内少量明积水,经现场勘查和初步计算,初期排水量约$160 \times 300 \times 1.5 = 72\ 000$万$m^3$,采用7台IS100-80-125($Q = 100\ m^3/h$, $H = 20\ m$, $N = 11\ kW$)型离心泵抽排,直接排入东平湖(老湖区),共720个台时。

三、经常性基坑明排水

工程基坑面积约 49 500 m²，按 5 年一遇日降雨量 110 mm，降雨积水 5 445 m³/d，施工弃水按 550 m³/d。在基坑周边坡脚开挖排水沟，并设相应的集水井，按 24 h 排完计算选用 3 台 IS100-80-125($Q = 100$ m³/h，$H = 20$ m，$N = 11$ kW，1 台备用)和 2 台 IS80-50-250($Q = 25$ m³/h，$H = 20$ m，$N = 3$ kW)型离心泵排入八里湾排涝扬水站或东平湖(老湖区)。

四、施工期间降水

根据地质勘查报告，本工程场区地层中第④层轻粉质壤土层为主要潜水含水层，地下水水位为 37.6~38.0 m，涝水期还有所抬高，渗透系数为 4.04~1.22×10⁻⁴ cm/s。第⑧层的细砂含水量属承压含水层，为本场区的主要含水层，承压地下水水位为 38.4~38.9 m，承压水水头为 13.3~14.2 m，渗透系数为 3.55×10⁻³ cm/s，该层承压水与东平湖老湖区水源有一定水力联系。泵房基坑底部开挖最深处高程为 23.54 m，已揭穿第④层和第⑧层两个含水层，清污机桥、公路桥、进出水渠的基坑底部开挖较浅，但其上部土层的盖重不足以平衡承压水对其底部产生的压力，基坑在开挖过程中可能会产生顶托破坏；另外，工程需干地施工，因此只需采取深井降水措施降低地下水水位，以疏干基坑，保证基坑的安全。因此，只需采取深井降水措施降低基坑围封范围内的土壤饱和水。

(一)截渗墙围封降水方案

泵站施工分两期进行施工。Ⅰ期进行泵房、清污机桥的施工，期间进行公路桥、进出水渠施工，Ⅱ期利用一个非汛期进行出水渠的施工。泵站基坑开挖属于大型深基坑开挖，基坑安全等级为一级。本工程场区地层中第④层轻粉质壤土层为主要潜水含水层，地下水水位为 37.6~38.0 m，第⑧层细砂厚 12.97~13.7 m，层底高程 10.03~10.30 m，属承压含水层。为场区主要含水层，具有强透水性、承压性，第⑧层砂层与东平湖水贯通性良好，因此泵房段考虑采用截渗墙围封基坑，从而完全截断透水层。泵房施工时段较长，基坑开挖较深(建基面较低)，基坑围封结构地面高程 18~37.5 m 范围采用 300 mm 厚水泥土搅拌桩地下连续墙，高程 9~18 m 范围采用高压定喷墙。进出水渠由于施工时段较短，基坑较浅(建基面较高)，所以不考虑打截渗墙，截渗墙围封范围：沿着主泵房基坑开挖边线外 4 m 处布置截渗墙。

根据地质资料分析，得出截渗墙平均深度为 28.5 m(穿过砂层进入第⑨层 1.0 m)，截渗墙周长为 545 m。泵房基坑围封范围内采用深井降水，泵房围封范围内基坑总渗流量(基坑具有不漏水的板状围堰时)按下式计算：

$$Q = KSUq \tag{2-2-1}$$

式中：Q 为基坑总渗水量，m³/d；K 为渗透系数，m/d；S 为地下水面至基坑底面距离，m；U 为围堰周长，m；q 为单位渗水量，m³/d。

经计算　　　　$Q = 0.2 \times 1.337 \times 15.36 \times 545 = 2\ 238.46$ (m³/d)

单井出水量按下式计算：

$$q = 65\pi dl K^{1/3} \tag{2-2-2}$$

式中:q 为管井出水能力,m^3/d;d 为过滤器外径,m,取 0.25;l 为过滤器淹没段长度,m,取 3;K 为渗透系数,m/d,取 3.07。

经计算,$q = 222.59\ m^3/d$。

降水井数确定:

$$n = 1.1Q/q = 1.1 \times 2\ 238.46/222.59 = 11.06(取 12 眼)$$

结合实际基坑围封范围内共布置 14 口井。选用泵型为 200QJ32 - 52/4,功率为 7.5 kW 的深井泵,抽水台时 100 800(14 口井 × 12 个月 × 30 天 × 20 小时);I期基坑由潜水泵抽出的水通过离心泵抽排至八里湾排涝扬水站或东平湖(老湖区,采用 2 台 IS100 - 80 - 125($Q = 100\ m^3/h$, $H = 20\ m$, $N = 11\ kW$)型离心泵抽排,共 14 400 个台时)。

(二)I期进水渠降水井布置

I期深井降水基坑涌水量计算:

按均值含水层潜水完整井基坑涌水量计算公式

$$Q = 1.366K\frac{(2H - S)S}{\lg(1 + R/r_0)} \tag{2-2-3}$$

式中:Q 为基坑排水量,m^3/d;K 为渗透系数,m^3/d,取 1.05;H 为含水层厚度,m,取 9.74(取地下水位至深井的深度:$37 - 26 = 11(m)$);S 为基坑水位降深,m,$37 - 28.3 = 8.7$(m);R 为大井影响半径,m,$R = 2S(KH)^{1/2} = 2 \times 8.7 \times (1.05 \times 11)^{1/2} = 59.13(m)$;$r_0$ 为大井引用半径,m,$r_0 = 0.29(a + b) = 0.29 \times (227.5 + 88.5) = 91.64(m)$,$a$、$b$ 分别为基坑长度及宽度,m。

$$\begin{aligned}Q &= 1.366 \times 1.05 \times \frac{(2 \times 11 - 8.7) \times 8.7}{\lg(1 + 59.13/91.64)} \\ &= 767.53(m^3/d)\end{aligned}$$

单井出水量按下式计算:

$$q = 19.6\pi dlK^{1/2} \tag{2-2-4}$$

式中:q 为管井出水能力,m^3/d;d 为过滤器外径,m,取 0.25;l 为过滤器淹没段长度,m,取 3;K 为渗透系数,m/d,取 1.05。

经计算,结果为 $47.32\ m^3/d$。

降水井数确定:

$$n = 1.1Q/q = 1.1 \times 767.53/47.32 = 17.84(取 18 眼)$$

井间距:

$$a = L/(n - 1) = 632/(18 - 1) = 37.2(m)$$

式中:L 为降水井所围周长,m,取 632;n 为降水井数量。

考虑到地下层为不均质土层,有相对隔水层,影响渗透效果,为确保基坑土体水体的疏干,结合附近工程的工作经验,其中降水井间距在进水渠段取 30 m 为宜,共布置深井 20 口,井径 0.7 m,平均井深 10 m,井沿进水渠中心线布置。采用潜水泵抽水,出水渠基坑选用泵型为 150QJ20 - 24/4,功率 3 kW,抽水台时 72 000(20 口井 × 6 个月 × 30 天 × 20 小时)。I期进水渠基坑由潜水泵抽出的水通过离心泵抽排至八里湾排涝扬水站或东平湖(老湖区,采用 1 台 IS100 - 80 - 125($Q = 100\ m^3/h$, $H = 20\ m$, $N = 11\ kW$)型离心泵抽排,共 3 600 个台时)。

(三)Ⅱ期出水渠降水井布置

Ⅱ期深井降水基坑涌水量计算:

按均值含水层潜水完整井基坑涌水量计算公式,即按式(2-2-3)计算。

$$式中 \qquad S = 37 - 30.76 = 6.24(m)$$
$$R = 2S(KH)^{1/2} = 42.41(m)$$
$$r_0 = 0.29(a + b) = 55.3(m)$$
$$Q = 1.366 \times 1.05 \times \frac{(2 \times 11 - 6.24) \times 6.24}{\lg(1 + 42.41/55.3)}$$
$$= 570.57(m^3/d)$$

单井出水量按式(2-2-4)计算,经计算,结果为 47.32 m^3/d。

降水井数确定:

$$n = 1.1Q/q = 1.1 \times 570.57/47.32 = 13.26(取 14 眼)$$

井间距:

$$a = L/(n - 1) = 294/(14 - 1) = 22.62(m)$$

式中:L 为降水井所围周长,m,取 294;n 为降水井数量。

考虑到地下层为不均质土层,有相对隔水层,影响渗透效果,为确保基坑土体水体的疏干,结合附近工程的工作经验,同时考虑下游临东平湖,水量丰富,因此降水井在出水渠适当加密间距取 20 m 为宜,共布置深井 14 口,井径 0.7 m,平均井深 10 m,深井沿出水渠中心线布置。采用潜水泵抽水,出水渠基坑选用泵型为 150QJ20 - 24/4,功率 3 kW,抽水台时 50 400(14 口井 ×6 个月 ×30 天 ×20 小时)。Ⅱ期基坑由潜水泵抽出的水直接排入东平湖。

(四)降水井施工

1. 降水井施工工艺

降水井施工工艺:施工准备→放线定位→成孔→下管填料→洗井→安装潜水泵→抽水→水位观测。

1)施工准备

施工前确定成孔施工过程中泥浆排放地点以及抽水过程中抽排水地点;准备好所需要物料及施工机械;有关人员到岗,并由技术人员、安全人员组织有关施工人员做好技术与安全交底,安排专人做好有关质检与记录工作。

2)放线定位

根据甲方提供的基础轴线位置,由放线人员放置降水井轴线位置,定出井孔位置,并会同甲方复验合格方可进行下步施工。

3)成孔

管井井孔采用正循环钻机成孔。钻至设计深度后用清水稀释泥浆 3 ~ 5 min。成孔要垂直,孔深满足设计要求。成孔时应防止泥浆外流出泥浆池,泥浆通过自渗、风干后随土方一起挖除。

4)下管填料

成孔达到要求后,井孔放入井管,井管下好后,填干净滤料至孔口。

下管前要检查井管的质量和数量,下管时要慢慢上下提升,严禁强行下管。在下管的过程中随时检查井管能否自由转动,有无阻力,发现有阻力要及时查明原因并进行处理。井管下到设计深度后要将井管固定在孔的中间,不能偏斜,以保证填料厚度均一。井管口要高出地面 0.30~0.50 m,井口装有安全保护盖。

填料前应检查滤料的质量,达到料净、无杂质混入,严禁不合格滤料向井内填充。填料时填料数量是否相符,发现异常要查明原因,及时处理。

5)洗井

洗井是管井工程中的关键过程,要重点控制洗井质量。洗井过程由技术员派专人负责随时检查洗井效果。

洗井时采用空压机,由静水位起往下洗井,5 m 以下采用分段憋洗的方法,使水从井管和滤料中溢出,要求达到水清砂净。

6)安装潜水泵抽水、排水

洗井完成后安装潜水泵立即抽水。抽水开始后,无特殊情况严禁停泵,抽出的水必须经管道排到指定地点。降水维护期间注意对降水井的看管和保护。排水时,抽出的水汇集到沉淀池,经沉淀后再排入排水管道内。

7)水位观测

抽水过程中,要注意对观测孔内变化进行观测记录,发现反常,应进行处理。

2. 施工质量保证措施

(1)降水井井身应圆正、竖直。

(2)井身直径应达到或大于设计直径。

(3)实际井深与设计井深偏差应小于 50 cm。

(4)顶角的偏斜不得超过 25 cm。

(5)下置井管时应直立于井中心,其偏斜小于 1%。

(6)安装后,应及时沿井管四周均匀连续填入滤料,当发现填入量、深度与计算有较大出入时,应找到原因,加以排除。

(7)井管安装时,滤管的边连接处应采用 60~100 目纱网包裹紧,并且采用四道竹片绑扎牢。

(8)降水井填滤料封闭外围后,及时用压缩空气洗井,洗井效果的检查,要满足抽出水的含砂率接近 1/50 000(体积比)的要求。

(9)洗井结束后,应进行抽水试验。

(10)集水总管布置要整齐美观,设置沉淀池,保证排出的水质达到设计要求。

(五)降水监测和维护

利用基坑的地下水位观测孔进行降水观测,降水初期每天观测 1~2 次,直至降水水位达到要求。

对观测记录及时进行整理,绘制关系曲线,分析水位下降趋势,预测地下水下降到设计深度的时间,并合理调整抽水井数。

在整个降水期间,必须保证降水井点和抽水设备完好,对抽水设备进行定期检查和维修,发现问题及时处理,确保基坑施工安全进行。

在降水初期,坑内降水井兼作水位观测井,当坑内水位降至基底后方可开挖,在开挖过程中要保护好坑内降水井。土方开挖至基底后,可提出水泵,用级配砂石回填并捣实。

第三章 临河(湖)深基坑降水方案渗流分析及优化设计

为确保东平湖大堤安全,本章根据八里湾泵站基坑的工程地质、水文地质、周边环境、地下管线、基坑设计深度等基础资料,开展降水方案对周边环境影响的分析及优化设计研究:

(1)根据设计规范和经验,初步提出几种止水帷幕、降水井设计方案及相应参数。

(2)针对不同设计方案,对不同止水帷幕深度、止水帷幕漏水情形,开展三维基坑开挖过程的三维地下水渗流数值模拟研究。

(3)对不同方案下计算得到地下水水位变化趋势进行分析,评估降水效果,给出较优的基坑降水设计方案,确保东平湖堤坝的安全。

第一节 三维渗流有限元分析理论

一、渗流分析方法简介

地下水在多孔介质中运动,由于多孔介质中孔隙、裂隙的大小、形状都很复杂,地下水质点在其中运动毫无规律,有些地方甚至不连续,所以研究地下水就不能像研究地表水一样直接考查水质点的运动,而只能用统计方法,忽略个别质点的运动,来研究具有平均性质的运动规律。

所谓统计方法,就是用和真实水流属于同一流体的、充满整个含水层(包括全部的孔隙或裂隙空间和土或岩石颗粒所占据的空间)的假想水流来代替仅仅在孔隙或裂隙中运动的真实水流,并通过对这一假想水流的研究来达到了解真实水流平均渗透规律的目的。这种假想水流应具有下列性质:

(1)它通过任意断面的流量与真实水流通过同一断面的流量相等。

(2)它在某断面上的压力或水头应等于真实水流的压力或水头。

(3)它在任意土体或岩体体积内所受到的阻力应等于真实水流所受到的阻力。

满足上述条件的假想水流称为渗透水流,一般简称渗流。它的基本表征量有两个,即流速及水头,都是空间坐标(x,y,z)和时间t的函数。

在自然因素和人为因素的影响下,渗流的运动要素总是随着空间和时间发生变化的,按运动要素随时间的变化,渗流可分为稳定流和非稳定流;按运动要素与空间坐标的关系,又把渗流分为一维运动、二维运动、三维运动;按运动要素在空间的表现形式,又可将渗流分为单向流、平面流和空间流。

目前,渗流分析有理论求解、物理模拟和数值模拟三种方法。

(一)理论计算自由面

该方法通过对工程作适当概化,采用相应微分方程求解,它只能适应于均质的、简单的工程,而对于有土工膜、排水褥垫、子坝等复杂边界条件的渗流场,在计算理论未取得突破性进展前,该方法使用受到很大限制。

(二)电模拟法—试验模型模拟法

电模拟法是基于电场和渗流场符合同一形式的控制方程而进行求解的。电模拟法目前主要采用两种模型,即导电液模型和电网络模型。导电液模型为连续介质模型,它便于模拟急变渗流区问题,但无法模拟非均质各向异性渗透介质,也不适应复杂的地质和边界条件。为了模拟更加复杂的渗流场,逐步发展了电网络模型方法。电网络模型方法的基本原理是基于网络电路问题的解和渗流场的数值解符合同一形式的差分方程或变分方程。由于该方法吸收了有限元的优点,在模拟曲线边界和各向异性渗透性方面得到一定改进,目前在求解大型复杂渗流场中应用较多。

用于研究渗流场的试验模型很多,如砂槽模型、黏滞流模型、电网络模型和导电液模型(电模拟试验)等,其中导电液模型在实际应用中比较广泛。由于该模型保持了原型介质具有的连续性,并能精确地模拟原型的复杂边界和内部结构,因而是求解大型渗流场的有效工具,但不足之处在于制作模型的工作量大、费用高且费时费力。

(三)数值模拟—有限元数值分析

解析法是指利用有关数学手段直接求解基本微分方程的方法。通过解析解得到关于水头在所研究区域内分布的函数表达式,它既满足基本方程,又满足给定的边界条件。一般地说,解析解虽然是精确的,但其实用性很差,这是因为目前为止所见到的解析解是针对各向同性均质渗透介质和简单边界条件而建立的。

目前,用于渗流场的数值模拟方法中,应用最广的当属有限元法。有限元法的计算主要是求解渗流场内的水头函数,确定渗流场内的自由面和渗流量等渗流参数。有限元法首先把渗流微分方程和边界条件按变分原理转变为一个泛函求极值的问题,再把连续体或研究域离散成有限个单元体,然后形成代数方程组,在计算机上求解。

二、渗流的连续性方程

渗流的连续性方程可从质量守恒原理出发来建立。在充满液体的渗流区域内取一无限小的平行六面体如图 2-3-1 所示,来研究其水流的平衡关系。设六面体的各边长度为 Δx、Δy、Δz,且和相应的坐标轴平行。沿坐标轴方向的渗透速度分量和液体的密度分别用 v_x、v_y、v_z 和 ρ 来表示。

在 Δt 时间内,流入六面体左边界面 $abcd$ 的液体质量为

$$\rho Q_x \Delta t = \rho v_x \Delta y \Delta z \Delta t \tag{2-3-1}$$

式中:Q_x 表示沿二轴方向进入六面体的流量。而从六面体右边界 $a'b'c'd'$ 流出的液体质量为

$$\left[\rho Q_x + \frac{\partial(\rho Q_x)}{\partial x}\Delta x\right]\Delta t \tag{2-3-2}$$

所以,沿 x 轴方向流入和流出六面体的液体质量差为

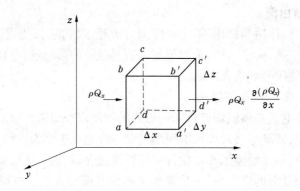

图 2-3-1 渗流区域中的微元体

$$\rho v_x \Delta y \Delta z \Delta t - \left[\rho v_x \Delta y \Delta z \Delta t + \frac{\partial(\rho v_x)}{\partial x} \Delta x \Delta y \Delta z \Delta t \right] = - \frac{\partial(\rho v_x)}{\partial x} \Delta x \Delta y \Delta z \Delta t \qquad (2\text{-}3\text{-}3)$$

同理,可分别写出沿 y 轴和 z 轴方向流入和流出六面体的液体质量差分别为

$$- \frac{\partial(\rho v_y)}{\partial y} \Delta x \Delta y \Delta z \Delta t, \quad - \frac{\partial(\rho v_z)}{\partial z} \Delta x \Delta y \Delta z \Delta t \qquad (2\text{-}3\text{-}4)$$

因此,在 Δt 时间内,流入和流出平行六面体的总的质量差为

$$- \left[\frac{\partial(\rho v_x)}{\partial x} + \frac{\partial(\rho v_y)}{\partial y} + \frac{\partial(\rho v_z)}{\partial z} \right] \Delta x \Delta y \Delta z \Delta t \qquad (2\text{-}3\text{-}5)$$

平行六面体内液体质量的变化,是流入和流出平行六面体的液体质量差造成的。根据质量守恒定律,两者在数值上应相等,从而有:

$$- \left[\frac{\partial(\rho v_x)}{\partial x} + \frac{\partial(\rho v_y)}{\partial y} + \frac{\partial(\rho v_z)}{\partial z} \right] \Delta x \Delta y \Delta z \Delta t = \frac{\partial}{\partial t}(\rho n \Delta x \Delta y \Delta z) \qquad (2\text{-}3\text{-}6)$$

式(2-3-6)被称为渗流的连续性方程。

若把渗水假定为不可压缩的均质液体,其密度 ρ 为常数,同时设流入和流出平行六面体的液体总质量差为零,则有:

$$\frac{\partial v_x}{\partial x} + \frac{\partial v_y}{\partial y} + \frac{\partial v_z}{\partial z} = 0 \qquad (2\text{-}3\text{-}7)$$

式(2-3-7)为稳定渗流情况的连续方程。它表明,在稳定渗流情况下,同一时间内流入和流出的水量是相等的。

式(2-3-6)中的右端项计算比较困难,具体计算应用时,为了简化计算往往作一些假设:只有垂直向可压缩的情形。

下面仅考虑垂直方向上的压缩来研究式(2-3-6)右端项的实质。当含水层的侧向受到限制时,可假设 Δx、Δy 为常量,于是只有水的密度 ρ、孔隙度 n 和单元体高度 Δz 三个量随压力而变化,式右端可以改写成:

$$\frac{\partial}{\partial t}\left[\rho n \Delta x \Delta y \Delta z \right] = \left[n\rho \frac{\partial(\Delta z)}{\partial t} + \rho \Delta z \frac{\partial n}{\partial t} + n \Delta z \frac{\partial \rho}{\partial t} \right] \Delta x \Delta y \qquad (2\text{-}3\text{-}8)$$

式(2-3-8)右端三项分别代表单元体骨架颗粒和孔隙体积以及流体的密度的改变速率,前两项可表示为颗粒之间的有效应力,第三项可表示为流体压力;也就是说,有效应力

σ 作用于单元体,孔隙水压力 P 压缩水体。

现在分别确定式(2-3-8)右边括号中的 $\frac{\partial(\Delta z)}{\partial t}$、$\frac{\partial n}{\partial t}$ 和 $\frac{\partial \rho}{\partial t}$ 的表达式。

(一) $\frac{\partial(\Delta z)}{\partial t}$ 的表示方法

含水层的垂直应变可表示为

$$\frac{\mathrm{d}(\Delta z)}{\Delta z} = -\frac{\mathrm{d}\sigma_z}{E_s} \tag{2-3-9}$$

式中:σ_z 为含水层骨架上的垂直应力;E_s 为含水层垂直方向的压缩模量。

若定义含水层的垂向压缩系数 α 为

$$\alpha = \frac{1}{E_s} \tag{2-3-10}$$

则式(2-3-9)可变为

$$\mathrm{d}(\Delta z) = -\alpha(\Delta z)\mathrm{d}\sigma_z \tag{2-3-11}$$

于是有

$$\frac{\partial(\Delta z)}{\partial t} = -\alpha(\Delta z)\frac{\partial \sigma_z}{\partial t} \tag{2-3-12}$$

(二) $\frac{\partial n}{\partial t}$ 的表达式

在所研究的单元体中,由于固体的压缩性比水的压缩性要小得多,所以单元体中固体颗粒体积可以认为是不变的。所以它的全微分为零,即

$$\Delta V_s = (1-n)\Delta x \Delta y \Delta z \tag{2-3-13}$$

$$\mathrm{d}(\Delta V_s) = \mathrm{d}[(1-n)\Delta x \Delta y \Delta z] = 0 \tag{2-3-14}$$

或

$$[\Delta z \mathrm{d}(1-n) + (1-n)\mathrm{d}(\Delta z)]\Delta x \Delta y = 0 \tag{2-3-15}$$

因为 $\Delta x \Delta y \neq 0$,故

$$\Delta z \mathrm{d}(1-n) + (1-n)\mathrm{d}(\Delta z) = 0 \tag{2-3-16}$$

于是

$$\mathrm{d}n = \frac{1-n}{\Delta z}\mathrm{d}(\Delta z) \tag{2-3-17}$$

所以

$$\frac{\partial n}{\partial t} = \frac{1-n}{\Delta z}\mathrm{d}(\Delta z) \tag{2-3-18}$$

将式(2-3-9)、式(2-3-10)代入式(2-3-18)得到

$$\frac{\partial n}{\partial t} = -(1-n)\alpha\frac{\partial \sigma_z}{\partial t} \tag{2-3-19}$$

(三) $\frac{\partial \rho}{\partial t}$ 的表达式

定义液体的压缩系数 β 为体积压缩模量的倒数,即

$$\beta = \frac{1}{E_w} \tag{2-3-20}$$

从体积压缩模量的定义可知：

$$\beta = \frac{\dfrac{\mathrm{d}(\Delta V_w)}{\Delta V_w}}{\mathrm{d}\rho} \tag{2-3-21}$$

式中：ΔV_w 为微单元体中水所占的体积；ρ 为孔隙水压力。

根据质量守恒定律，有：

$$\rho(\Delta V_w) = 常数 \tag{2-3-22}$$

因此，$\mathrm{d}(\rho\Delta V_w) = 0$，于是有：

$$\rho\mathrm{d}(\Delta V_w) + (\Delta V_w)\mathrm{d}\rho = 0 \tag{2-3-23}$$

将 β 的表达式代入式(2-3-23)得：

$$-\rho(\Delta V_w)\beta\mathrm{d}p + (\Delta V_w)\mathrm{d}\rho = 0 \tag{2-3-24}$$

所以

$$\frac{\partial \rho}{\partial t} = \rho\beta \frac{\partial p}{\partial t} \tag{2-3-25}$$

对于所研究的情况，下式成立：

$$\mathrm{d}\sigma_z = -\mathrm{d}p \tag{2-3-26}$$

将式(2-3-12)、式(2-3-19)、式(2-3-25)代入式(2-3-8)得到：

$$\frac{\partial}{\partial t}(\rho n\Delta x\Delta y\Delta z) = \left[-\rho n\alpha(\Delta z)\frac{\partial \sigma_z}{\partial t} - \rho(\Delta z)(1-n)\alpha\frac{\partial \sigma_z}{\partial t} + n(\Delta z)\rho\beta\frac{\partial p}{\partial t}\right]\Delta x\Delta y$$

$$\frac{\partial}{\partial t}(\rho n\Delta x\Delta y\Delta z) = \left[n\rho\alpha + \rho(1-n)\alpha + n\rho\beta\right]\Delta x\Delta y\Delta z\frac{\partial p}{\partial t} = (\rho\alpha + \rho n\beta)\Delta x\Delta y\Delta z\frac{\partial p}{\partial t} \tag{2-3-27}$$

于是，将上式代入式(2-3-6)得连续方程为

$$-\left[\frac{\partial(\rho v_x)}{\partial x} + \frac{\partial(\rho v_y)}{\partial y} + \frac{\partial(\rho v_z)}{\partial z}\right] = \rho(\alpha + n\beta)\frac{\partial p}{\partial t} \tag{2-3-28}$$

因为水头 $H = \dfrac{p}{\rho g} + z$，于是：

$$\frac{\partial p}{\partial t} = \rho g\frac{\partial H}{\partial t} + \frac{p}{\rho}\frac{\partial p}{\partial t} \tag{2-3-29}$$

代入上式得到

$$\rho\beta\frac{\partial p}{\partial t} = \rho g\frac{\partial H}{\partial t} + \frac{p}{\rho}\frac{\partial \rho}{\partial t} \tag{2-3-30}$$

因为水的压缩系数很小，所以 βp 项很小，$\dfrac{1}{1-\beta p} \approx 1$，所以

$$\frac{\partial p}{\partial t} \approx \rho g\frac{\partial H}{\partial t} \tag{2-3-31}$$

将式(2-3-31)代入式(2-3-28)得出：

$$-\rho\left(\frac{\partial v_x}{\partial x} + \frac{\partial v_y}{\partial y} + \frac{\partial v_z}{\partial z}\right) - \left(v_x\frac{\partial \rho}{\partial x} + v_y\frac{\partial \rho}{\partial y} + v_z\frac{\partial \rho}{\partial z}\right) = \rho^2 g(\alpha + n\beta)\frac{\partial H}{\partial t} \tag{2-3-32}$$

式(2-3-32)中，左端第二括弧项比第一括弧项要小很多，可以忽略不计，于是得到：

$$- \left(\frac{\partial v_x}{\partial x} + \frac{\partial v_y}{\partial y} + \frac{\partial v_z}{\partial z} \right) = \rho g (\alpha + n\beta) \frac{\partial H}{\partial t} \tag{2-3-33}$$

式(2-3-33)为雅可布(1950年)给出的渗流连续性方程。

三、渗流的基本微分方程

根据达西定律，x、y、z方向的渗流速度可表示为

$$v_x = - K_x \frac{\partial H}{\partial x}, v_y = - K_y \frac{\partial H}{\partial y}, v_z = - K_z \frac{\partial H}{\partial z} \tag{2-3-34}$$

将式(2-3-34)代入式(2-3-33)，并令 $S_s = \rho g (\alpha + n\beta)$ 得到：

$$\frac{\partial}{\partial x} \left(K_x \frac{\partial H}{\partial x} \right) + \frac{\partial}{\partial y} \left(K_y \frac{\partial H}{\partial y} \right) + \frac{\partial}{\partial z} \left(K_z \frac{\partial H}{\partial z} \right) = S_s \frac{\partial H}{\partial t} \tag{2-3-35}$$

当各向渗透性为常数时，就变为：

$$K_x \frac{\partial^2 H}{\partial x^2} + K_y \frac{\partial^2 H}{\partial y^2} + K_z \frac{\partial^2 H}{\partial z^2} = S_s \frac{\partial H}{\partial t} \tag{2-3-36}$$

当水和土不可压缩，即 $S_s = 0$ 时，式(2-3-35)和式(2-3-36)就变为

$$\frac{\partial}{\partial x} \left(K_x \frac{\partial H}{\partial x} \right) + \frac{\partial}{\partial y} \left(K_y \frac{\partial H}{\partial y} \right) + \frac{\partial}{\partial z} \left(K_z \frac{\partial H}{\partial z} \right) = 0$$

$$\frac{\partial^2 H}{\partial x^2} + \frac{\partial^2 H}{\partial y^2} + \frac{\partial^2 H}{\partial z^2} = 0 \tag{2-3-37}$$

式(2-3-37)就是稳定渗流的基本微分方程，当各向渗透性为常数时，式(2-3-35)就变成式(2-3-36)，式(2-3-37)为著名的拉普拉斯(Laplace)方程。上式只包含有一个未知数，结合边界就有定解。虽然该式是稳定渗流的微分方程，但对于不可压缩介质和流体的非稳定流，也可以进行瞬时稳定场的计算。

对于平面渗流场，其渗流基本微分方程为

$$\frac{\partial}{\partial x} \left(K_x \frac{\partial H}{\partial x} \right) + \frac{\partial}{\partial z} \left(K_z \frac{\partial H}{\partial z} \right) = S_s \frac{\partial H}{\partial t} \tag{2-3-38}$$

当各向渗透性为常数时，就变为

$$K_x \frac{\partial^2 H}{\partial x^2} + K_z \frac{\partial^2 H}{\partial z^2} = S_s \frac{\partial H}{\partial t} \tag{2-3-39}$$

当水和土为不可压缩，即 $S_s = 0$ 时，式(2-3-39)就变为各向异性二维稳定渗流基本微分方程：

$$K_x \frac{\partial^2 H}{\partial x^2} + K_z \frac{\partial^2 H}{\partial z^2} = 0 \tag{2-3-40}$$

对于具有恒定降雨入渗或蒸发量 w 的平面稳定渗流场，其基本微分方程可写作：

$$K_x \frac{\partial^2 H}{\partial x^2} + K_z \frac{\partial^2 H}{\partial z^2} + w = 0 \tag{2-3-41}$$

对于各向同性渗流场，即当 $K_x = K_z = K$ 时，式(2-3-41)变为

$$\frac{\partial^2 H}{\partial x^2} + \frac{\partial^2 H}{\partial z^2} = - \frac{w}{K} \tag{2-3-42}$$

式(2-3-42)即为著名的泊松(Poisson)方程。

四、基本微分方程的定解条件

以上介绍了渗流的基本微分方程,在这里将研究这些微分方程的定解条件。

对于稳定流,基本微分方程的定解条件仅为边界条件,此时的定解问题常称为边值问题。若所研究渗流区域边界上的水头值是已知的,则这种边界条件可表示为

$$H(x,y,z) = f(x,y,z)\big|_{(x,y,z)\in\Gamma_1} \tag{2-3-43}$$

式中:Γ_1 为渗流区的边界,$f(x,y,z)$ 为已知函数,x,y,z 位于边界 Γ_1 上。这种边界条件通常称为第一类边界条件,或称为 Dirichlet 条件。

若所研究渗流区域边界上的水头值是未知的,而边界单位面积上流入(流出时为负值)的流量 q 是已知的,则其相应边界条件可表示为

$$K\frac{\partial H}{\partial n}\big|_{\Gamma_2} = q(x,y,z) \tag{2-3-44}$$

式中:Γ_2 为具有给定流入流量的边界段;n 为 Γ_2 的外法线方向。

对于二维各向异性渗流情况,式(2-3-44)变为

$$K_x\frac{\partial H}{\partial x}\cos(n,x) + K_y\frac{\partial H}{\partial y}\cos(n,y) - q = 0 \tag{2-3-45}$$

在隔水边界上,$q=0$,故式(2-3-45)变为

$$\frac{\partial H}{\partial n} = 0 \tag{2-3-46}$$

式(2-3-46)所表示的边界条件,一般称为第二类边界条件,或称 Neumann 条件。

对于非稳定渗流,其定解条件包括边界条件和初始条件。

水头边界:
$$H(x,y,z,t)\big|_{\Gamma_1} = f(x,y,z,t) \quad t>0 \tag{2-3-47}$$

流量边界:
$$K\frac{\partial H}{\partial n}\big|_{\Gamma_2} = q(x,y,z,t) \quad t>0 \tag{2-3-48}$$

在隔水边界上:
$$\frac{\partial H}{\partial n} = 0 \tag{2-3-49}$$

初始条件:
$$H(x,y,z,t)\big|_{t=0} = H_0(x,y,z) \tag{2-3-50}$$

式中:H_0 为已知函数。

五、渗流基本微分方程的有限元解法

考虑土和水的压缩性,符合达西定律的三向非均质各向异性土体非稳定渗流问题的微分方程的定解问题为

$$\begin{cases} \dfrac{\partial}{\partial x}\left(K_x\dfrac{\partial H}{\partial x}\right) + \dfrac{\partial}{\partial y}\left(K_y\dfrac{\partial H}{\partial y}\right) + \dfrac{\partial}{\partial z}\left(K_z\dfrac{\partial H}{\partial z}\right) + w = 0 & \text{在 } \Omega \text{ 内} \\[2mm] H(x,y,z,0) = H_0(x,y,z) & \text{初始条件} \\[2mm] H\big|_{\Gamma_1} = H_1(x,y,z,t) & \text{水头边界} \\[2mm] K_x\dfrac{\partial H}{\partial x}\cos(n,x) + K_y\dfrac{\partial H}{\partial y}\cos(n,y) + K_z\dfrac{\partial H}{\partial z}\cos(n,z) = q & \text{在 } \Gamma_2 \text{ 上},t \geqslant 0 \text{ 流量边界} \end{cases}$$

$$\tag{2-3-51}$$

式中:K_x、K_y、K_z 为当坐标轴方向与渗透主轴方向一致时,x、y、z 方向上的渗透系数;Ω 为渗流区域,即 Γ_1 和 Γ_2 所围成的研究区域;Γ_1 为水头分布规律已知水头值的边界,H_1 为边界水头,一般称为第一类边界;Γ_2 为流量情况已知的边界;q 为单位时间边界法向流量(流入为正,流出为负);$\cos(n,x)$、$\cos(n,y)$、$\cos(n,z)$ 为边界面外法线方向的方向余弦,一般称为第二类边界;H_0 为初始时刻的水头值,称为初始条件;w 为入渗或者蒸发水量。

在求解时,必须在边界节点处规定水头值或者流量值。在边界节点规定水头为第一类边界条件,而规定通过边界的流量称为第二类边界条件。正的结点流量表示节点处有入渗,负的结点流量表示该节点处有出渗。当通过边界的流量为零时,表示为不透水边界。

对任意几何形状的渗流域,直接求解方程组的解析解的困难在于难以找到一个全域的精确函数。在有限单元里,这个困难可以通过定义分片插值的水头函数来得到解决。在本书三维渗流计算中,采用 20 节点等参数六面体单元来进行计算区域的离散,未知函数为节点水头值。20 节点等参数单元是一种曲面六面体单元,它由八个角点和 12 条棱的中点组成。它的表面可以是二次曲面,棱可以是空间二次曲线。这种单元更适应于某些曲面的渗流边界和土层分界面,而且单元内部的水头差值函数也是二次变化的,解的精度较高,适宜于渗流场水头急剧变化的区域和曲面边界。

根据变分原理,式的解可以化为求以下泛函的极小值问题。

$$I(H) = \iiint_{\Omega} \left\{ \frac{1}{2} \left[K_x \left(\frac{\partial H}{\partial x} \right)^2 + K_y \left(\frac{\partial H}{\partial y} \right)^2 + K_z \left(\frac{\partial H}{\partial z} \right)^2 \right] - 2wH \right\} dxdydz - \iint_{\Gamma_2} qH d\Gamma$$

$$(2\text{-}3\text{-}52)$$

渗流场剖分成若干单元后,渗流场就分解为各个单元之和,Γ_2 边界则分解成为一些特定的曲面(面元)之和。于是泛函式相应地分解为各个单元泛函之和,即

$$I(H) = \sum_{e=1}^{m} \iiint_{e} \left\{ \frac{1}{2} \left[K_x \left(\frac{\partial H}{\partial x} \right)^2 + K_y \left(\frac{\partial H}{\partial y} \right)^2 + K_z \left(\frac{\partial H}{\partial z} \right)^2 \right] - 2wH \right\} dxdydz - \sum_{j=1}^{k} \iint_{\Gamma_2} qH d\Gamma$$

$$(2\text{-}3\text{-}53)$$

为了方便计算,以 $I_i^e(H)$ 表示 e 上的泛函,即

$$I_i^e(H) = \iiint_{e} \left\{ \frac{1}{2} \left[K_x \left(\frac{\partial H}{\partial x} \right)^2 + K_y \left(\frac{\partial H}{\partial y} \right)^2 + K_z \left(\frac{\partial H}{\partial z} \right)^2 \right] - 2wH \right\} dxdydz - \sum_{j=1}^{k} \iint_{\Gamma_2} qH d\Gamma$$

$$(2\text{-}3\text{-}54)$$

下面将建立相应标准单元的基函数,对于 20 节点的标准单元,统一形式的基函数公式为

$$\left. \begin{aligned} N_i(\xi,\eta,\zeta) &= \frac{1}{8}(1+\xi_0)(1+\eta_0)(1+\zeta_0)M_i & (i=1,2,\cdots,8) \\ N_i(\xi,\eta,\zeta) &= \frac{a_i}{4}(1-\xi^2)(1+\eta_0)(1+\zeta_0) & (i=9,10,11,12) \\ N_i(\xi,\eta,\zeta) &= \frac{a_i}{4}(1+\xi_0)(1-\eta^2)(1+\zeta_0) & (i=13,14,15,16) \\ N_i(\xi,\eta,\zeta) &= \frac{a_i}{4}(1+\xi_0)(1+\eta_0)(1-\zeta^2) & (i=17,18,19,20) \end{aligned} \right\}$$

$$(2\text{-}3\text{-}55)$$

其中 M_i、a_i 分别为

$$
\left.\begin{aligned}
M_1 &= 1 + a_9(\xi_0 - 1) + a_{13}(\eta_0 - 1) + a_{17}(\zeta_0 - 1) \\
M_2 &= 1 + a_9(\xi_0 - 1) + a_{15}(\eta_0 - 1) + a_{18}(\zeta_0 - 1) \\
M_3 &= 1 + a_{10}(\xi_0 - 1) + a_{13}(\eta_0 - 1) + a_{19}(\zeta_0 - 1) \\
M_4 &= 1 + a_{10}(\xi_0 - 1) + a_{15}(\eta_0 - 1) + a_{20}(\zeta_0 - 1) \\
M_5 &= 1 + a_{11}(\xi_0 - 1) + a_{14}(\eta_0 - 1) + a_{17}(\zeta_0 - 1) \\
M_6 &= 1 + a_{11}(\xi_0 - 1) + a_{16}(\eta_0 - 1) + a_{18}(\zeta_0 - 1) \\
M_7 &= 1 + a_{12}(\xi_0 - 1) + a_{14}(\eta_0 - 1) + a_{19}(\zeta_0 - 1) \\
M_8 &= 1 + a_{12}(\xi_0 - 1) + a_{16}(\eta_0 - 1) + a_{20}(\zeta_0 - 1)
\end{aligned}\right\}
\tag{2-3-56}
$$

$$
a_i = \begin{cases} 1 & \text{对应棱的中间有节点} \\ 0 & \text{对应棱的中点无节点} \end{cases} \quad (i = 9, 10, \cdots, 20)
$$

定义整体单元和局部单元的坐标变换为

$$
\left.\begin{aligned}
x &= \sum_{i=1}^{20} N_i(\xi, \eta, \zeta) x_i \\
y &= \sum_{i=1}^{20} N_i(\xi, \eta, \zeta) y_i \\
z &= \sum_{i=1}^{20} N_i(\xi, \eta, \zeta) z_i
\end{aligned}\right\}
\tag{2-3-57}
$$

单元 e_i 的水头插值函数可表示为

$$
H_{e_i} = \sum_{i=1}^{20} N_i(\xi, \eta, \zeta) H_i^e
\tag{2-3-58}
$$

式中:H_i^e 为实际单元的节点 k_i 上的水头值。

因此,在单元 e_i 中可用 H_{e_i} 来代替未知函数 H,于是:

$$
I_i^e(H) = I_i^e(H_{e_i}) = \iiint_\Omega \left\{ \frac{1}{2} \left[K_x \left(\frac{\partial H_{e_i}}{\partial x} \right)^2 + K_y \left(\frac{\partial H_{e_i}}{\partial y} \right)^2 + K_z \left(\frac{\partial H_{e_i}}{\partial z} \right)^2 \right] - 2wH \right\} \mathrm{d}x\mathrm{d}y\mathrm{d}z - \sum_{j=1}^{k} \iint_{\Gamma_{2j}} qH_{e_i} \mathrm{d}\Gamma
\tag{2-3-59}
$$

其他单元可依此类推。

下面求每一个单元 e_i 泛函的最小值,根据式(2-3-59)有:

$$
\frac{\partial I_{e_i}(H)}{\partial H_i} = \iiint_\Omega \left[K_x \frac{\partial H}{\partial x} \frac{\partial}{\partial H_i}\left(\frac{\partial H}{\partial x} \right) + K_y \frac{\partial H}{\partial y} \frac{\partial}{\partial H_i}\left(\frac{\partial H}{\partial y} \right) + K_z \frac{\partial H}{\partial z} \frac{\partial}{\partial H_i}\left(\frac{\partial H}{\partial z} \right) - w \frac{\partial H}{\partial H_i} \right] \mathrm{d}x\mathrm{d}y\mathrm{d}z - \iint_{\Gamma_{2i}} q \frac{\partial H}{\partial H_i} \mathrm{d}\Gamma
\tag{2-3-60}
$$

为了书写方便,在式(2-3-60)中已将 H_{e_i} 的下标略去而改用 H 表示,以后也是这样。

由式可知:

$$
\frac{\partial H}{\partial x} = \left[\frac{\partial N_1}{\partial x}, \frac{\partial N_2}{\partial x}, \cdots, \frac{\partial N_{20}}{\partial x} \right] \left[H_1^e, H_2^e, \cdots, H_{20}^e \right]^{\mathrm{T}} = \sum_{i=1}^{20} H_i \frac{\partial N_i}{\partial x}
\tag{2-3-61}
$$

所以,$\dfrac{\partial}{\partial H_i}\left(\dfrac{\partial H}{\partial x} \right) = \dfrac{\partial N_i}{\partial x}$。同理有:

$$\frac{\partial}{\partial H_i}\left(\frac{\partial H}{\partial y}\right) = \frac{\partial N_i}{\partial y}, \frac{\partial}{\partial H_i}\left(\frac{\partial H}{\partial z}\right) = \frac{\partial N_i}{\partial z}, \frac{\partial H}{\partial H_i} = N_i \qquad (2\text{-}3\text{-}62)$$

于是式(2-3-60)可写为

$$\frac{\partial I_i^e(H)}{\partial H_i} = \iiint_{\Omega}\left[K_x\frac{\partial N_i}{\partial x}\sum_{i=1}^{20}\frac{\partial N_i}{\partial x}H_i + K_y\frac{\partial N_i}{\partial y}\sum_{i=1}^{20}\frac{\partial N_i}{\partial y}H_i + K_z\frac{\partial N_i}{\partial z}\sum_{i=1}^{20}\frac{\partial N_i}{\partial z}H_i - wN_i\right]\mathrm{d}x\mathrm{d}y\mathrm{d}z - \iint_{\Gamma_{2i}}qN_i\mathrm{d}\Gamma$$

$$(2\text{-}3\text{-}63)$$

将式(2-3-63)写成矩阵形式,则得:

$$\left[\frac{\partial I_i^e}{\partial H_1}, \frac{\partial I_i^e}{\partial H_2}, \cdots, \frac{\partial I_i^e}{\partial H_{20}}\right]^{\mathrm{T}} = \begin{bmatrix} h_{1,1}^e & h_{1,2}^e & \cdots & h_{1,20}^e \\ h_{2,1}^e & h_{2,2}^e & \cdots & h_{2,20}^e \\ \vdots & \vdots & & \vdots \\ h_{20,1}^e & h_{20,2}^e & \cdots & h_{20,20}^e \end{bmatrix}\begin{bmatrix} H_1^e \\ H_2^e \\ \vdots \\ H_{20}^e \end{bmatrix} + \begin{bmatrix} f_1^e \\ f_2^e \\ \vdots \\ f_{20}^e \end{bmatrix} \qquad (2\text{-}3\text{-}64)$$

即

$$\left[\frac{\partial I_i^e}{\partial H_1}\right] = \left[h^e\right]\left[H_i^e\right] + \left[f^e\right] \qquad (2\text{-}3\text{-}65)$$

上式中:

$$h_{i,j}^e = \iiint_{\Omega_i}\left[B_i\right]^{\mathrm{T}}\left[M\right]\left[B_j\right]\mathrm{d}x\mathrm{d}y\mathrm{d}z$$

$$f_i^e = -\iiint_{\Omega_i}wN_i\mathrm{d}x\mathrm{d}y\mathrm{d}z - \iint_{\Gamma_{2i}}qN_i\mathrm{d}\Gamma$$

式中:$\left[B_i\right]^{\mathrm{T}} = \left[\dfrac{\partial N_i}{\partial x}, \dfrac{\partial N_i}{\partial y}, \dfrac{\partial N_i}{\partial z}\right], \left[M\right] = \begin{bmatrix} k_x & 0 & 0 \\ 0 & k_y & 0 \\ 0 & 0 & k_z \end{bmatrix}$。

以上各微分和积分都是在实际单元上对整体坐标进行的,可以利用复合函数的微分法则和积分变量替换,变换为在基本单元上对局部坐标系进行微分和积分。

由复合函数微分法则可得:

$$\left.\begin{aligned} \frac{\partial N_i}{\partial \xi} &= \frac{\partial N_i}{\partial x}\frac{\partial x}{\partial \xi} + \frac{\partial N_i}{\partial y}\frac{\partial y}{\partial \xi} + \frac{\partial N_i}{\partial z}\frac{\partial z}{\partial \xi} \\ \frac{\partial N_i}{\partial \eta} &= \frac{\partial N_i}{\partial x}\frac{\partial x}{\partial \eta} + \frac{\partial N_i}{\partial y}\frac{\partial y}{\partial \eta} + \frac{\partial N_i}{\partial z}\frac{\partial z}{\partial \eta} \\ \frac{\partial N_i}{\partial \zeta} &= \frac{\partial N_i}{\partial x}\frac{\partial x}{\partial \zeta} + \frac{\partial N_i}{\partial y}\frac{\partial y}{\partial \zeta} + \frac{\partial N_i}{\partial z}\frac{\partial z}{\partial \zeta} \end{aligned}\right\} \qquad (2\text{-}3\text{-}66)$$

用矩阵形式可以表示为

$$\left[\frac{\partial N_i}{\partial \xi}, \frac{\partial N_i}{\partial \eta}, \frac{\partial N_i}{\partial \zeta}\right]^{\mathrm{T}} = J\left[\frac{\partial N_i}{\partial x}, \frac{\partial N_i}{\partial y}, \frac{\partial N_i}{\partial z}\right]^{\mathrm{T}} \qquad (2\text{-}3\text{-}67)$$

其中,J 为雅可比矩阵,即

$$J = \begin{bmatrix} \dfrac{\partial x}{\xi} & \dfrac{\partial y}{\xi} & \dfrac{\partial z}{\xi} \\[3mm] \dfrac{\partial x}{\eta} & \dfrac{\partial y}{\eta} & \dfrac{\partial z}{\eta} \\[3mm] \dfrac{\partial x}{\zeta} & \dfrac{\partial y}{\zeta} & \dfrac{\partial z}{\zeta} \end{bmatrix} \tag{2-3-68}$$

$$J = \begin{bmatrix} \displaystyle\sum_{i=1}^{20}\dfrac{\partial N_i}{\partial \xi}x_i & \displaystyle\sum_{i=1}^{20}\dfrac{\partial N_i}{\partial \xi}y_i & \displaystyle\sum_{i=1}^{20}\dfrac{\partial N_i}{\partial \xi}z_i \\[4mm] \displaystyle\sum_{i=1}^{20}\dfrac{\partial N_i}{\partial \eta}x_i & \displaystyle\sum_{i=1}^{20}\dfrac{\partial N_i}{\partial \eta}y_i & \displaystyle\sum_{i=1}^{20}\dfrac{\partial N_i}{\partial \eta}z_i \\[4mm] \displaystyle\sum_{i=1}^{20}\dfrac{\partial N_i}{\partial \zeta}x_i & \displaystyle\sum_{i=1}^{20}\dfrac{\partial N_i}{\partial \zeta}y_i & \displaystyle\sum_{i=1}^{20}\dfrac{\partial N_i}{\partial \zeta}z_i \end{bmatrix} = \begin{bmatrix} \dfrac{\partial N_1}{\partial \xi} & \dfrac{\partial N_2}{\partial \xi} & \cdots & \dfrac{\partial N_{20}}{\partial \xi} \\[3mm] \dfrac{\partial N_1}{\partial \eta} & \dfrac{\partial N_2}{\partial \eta} & \cdots & \dfrac{\partial N_{20}}{\partial \eta} \\[3mm] \dfrac{\partial N_1}{\partial \zeta} & \dfrac{\partial N_2}{\partial \zeta} & \cdots & \dfrac{\partial N_{20}}{\partial \zeta} \end{bmatrix} \begin{bmatrix} x_1 & y_1 & z_1 \\ x_2 & y_2 & z_2 \\ \vdots & \vdots & \vdots \\ x_{20} & y_{20} & z_{20} \end{bmatrix}$$

从而得到:

$$\left[\frac{\partial N_i}{\partial x}, \frac{\partial N_i}{\partial y}, \frac{\partial N_i}{\partial z} \right]^{\mathrm{T}} = J^{-1} \left[\frac{\partial N_i}{\partial \xi}, \frac{\partial N_i}{\partial \eta}, \frac{\partial N_i}{\partial \zeta} \right]^{\mathrm{T}} \tag{2-3-69}$$

其中, J^{-1} 为 J 的逆矩阵。

经坐标变换,对体积积分有 $\mathrm{d}x\mathrm{d}y\mathrm{d}z = |J|\mathrm{d}\xi\mathrm{d}\eta\mathrm{d}\zeta$,其中 $|J|$ 是雅可比矩阵 J 的行列式值。

$$\left. \begin{aligned} h_{i,j}^{e} &= \int_{-1}^{1}\int_{-1}^{1}\int_{-1}^{1} [B_i']^{\mathrm{T}}[J^{-1}]^{\mathrm{T}}[M][J^{-1}][B_j'] |J|\mathrm{d}\xi\mathrm{d}\eta\mathrm{d}\zeta \\[2mm] f_i^{e} &= \int_{-1}^{1}\int_{-1}^{1}\int_{-1}^{1} wN_i |J|\mathrm{d}\xi\mathrm{d}\eta\mathrm{d}\zeta - \iint_{\Gamma_{2_i}} qN_i\mathrm{d}\Gamma \end{aligned} \right\} \tag{2-3-70}$$

式中: $[B_i] = \left[\dfrac{\partial N_i}{\partial \xi}, \dfrac{\partial N_i}{\partial \eta}, \dfrac{\partial N_i}{\partial \zeta} \right]$,其余符号意义同前。

令 $h(\xi,\eta,\zeta) = \{B_i'\}^{\mathrm{T}}[J^{-1}]^{\mathrm{T}}[M][J^{-1}][B_j'] |J|$,为了简便,仅研究 $q=0$ 的情况,并令 $f(\xi,\eta,\zeta) = wN_i |J|$,则

$$\left. \begin{aligned} h_{i,j}^{e} &= \int_{-1}^{1}\int_{-1}^{1}\int_{-1}^{1} h(\xi,\eta,\zeta)\mathrm{d}\xi\mathrm{d}\eta\mathrm{d}\zeta \\[2mm] f_i^{e} &= \int_{-1}^{1}\int_{-1}^{1}\int_{-1}^{1} f(\xi,\eta,\zeta)\mathrm{d}\xi\mathrm{d}\eta\mathrm{d}\zeta \end{aligned} \right\} \tag{2-3-71}$$

由于积分公式和式中被积函数均比较复杂,故采用高斯积分公式把式(2-3-70)和式(2-3-71)化为下列形式:

$$\left. \begin{aligned} h_{i,j}^{e} &= \sum_{l=1}^{N}\sum_{m=1}^{N}\sum_{k=1}^{N} H_l H_m H_k h(\xi_l,\eta_m,\zeta_k) \\[2mm] f_i^{e} &= \sum_{l=1}^{N}\sum_{m=1}^{N}\sum_{k=1}^{N} H_l H_m H_k f(\xi_l,\eta_m,\zeta_k) \end{aligned} \right. \tag{2-3-72}$$

式中: $h(\xi_l,\eta_m,\zeta_k)$ 、 $f(\xi_l,\eta_m,\zeta_k)$ 为被积函数 $h(\xi,\eta,\zeta)$ 和 $f(\xi,\eta,\zeta)$ 在积分点(高斯点) ξ_l 、 η_m 、 ζ_k 的函数值; H_l 、 H_m 、 H_k 为三个方向相应的加权系数; N 为每个方向取的积分点数,对

于 $N=2,3,4$ 的积分点和加权系数的值如表2-3-1所示。

表2-3-1 积分点的坐标值及加权系数

N	积分点的坐标值	加权系数
2	±0.577 350 269 190	1.0
3	±0.774 596 669 241	0.555 555 555 556
	0	0.888 888 888 889
4	±0.861 136 311 594	0.347 854 845 137
	±0.339 981 043 585	0.652 145 154 863

上面仅仅研究了某一单元 e_i 的泛函 $I_i^e(H)$ 对该单元的 20 个节点处的水头 H_i^e 的导数。还要对共有节点 i 的所有单元组成的集合 D_i 内的每一个单元逐个计算,然后累加起来,则有

$$\sum_{j=1}^{m_i} \frac{\partial}{\partial H_i} I_i^e(H) = 0 \qquad i = 1, 2, \cdots, n \tag{2-3-73}$$

对于渗流区域内的所有节点都用类似的方法来建立方程式。对于 n 个未知节点可建立 n 个方程式,用矩阵表示为

$$[\bar{K}][\hat{H}] + [f] = 0 \tag{2-3-74}$$

其中:$[\hat{H}] = [H_1, H_2, \cdots, H_n, H_{n-1}, \cdots, H_N]^T$;

$$[f] = \left[\sum_{j=1}^{m_1} f_1^e, \sum_{j=1}^{m_2} f_2^e, \cdots, \sum_{j=1}^{m_n} f_n^e, \sum_{j=1}^{m_{n+1}} f_{n+1}^e, \sum_{j=1}^{m_N} f_N^e \right]^T$$

式中 $[\bar{K}]$ 中的元素 K_{ij} 与矩阵 $[h^e]$ 有下列关系:

在进行累加之前,首先要把单元节点水头的列矩阵改写为总体节点水头的列矩阵,即

$$[H^e] = [H_1^e, H_2^e, \cdots, H_{20}^e,]^T \quad 改为 \quad [\hat{H}] = \{H_1, \cdots, H_n, H_{n-1}, \cdots, H_N\}^T$$

同时,用补充的办法把 $[h^e]$ 与 $[f^e]$ 分别升阶到 $N \times N$ 阶 $N \times 1$ 阶以后,再逐项累加。

由于在第一类边界 Γ_1 上的水头 H_{n+1}, H_{n+2}, H_N 是已知的。因此,在 $[\bar{K}][\hat{H}]$ 有一部分是已知的,把它们和 $[f]$ 合并起来,移到等式右边,并用 $[F]$ 表示,等式左端的方程系数用矩阵 $[\bar{K}]$ 表示,则有

$$[k][H] = [F] \tag{2-3-75}$$

式中:$[H]$ 为未知节点的水头值构成的列向量,即

$$[H] = [H_1, H_2, \cdots, H_n]^T$$

$[k]$ 为由 $H_1, H_2, \cdots, H_n$ 前的系数构成的矩阵,称为总渗透矩阵,它是一个 n 阶的对称、正定的稀疏矩阵。$[F]$ 是 n 个元素组成的列向量,代表已知项,即

$$[F] = [F_1, F_2, \cdots, F_n]^T$$

所以式(2-3-75)是关于$H_1, H_2, \cdots, H_n$的线性代数方程组。求解次方程组就可以直接得到以节点水头值表示的近似的稳定渗流场。

由以上分析可见,用有限元法求解渗流问题归结为求解线性代数方程组的问题。求解的方法通常有两大类:一类是迭代法,如高斯一赛德尔迭代法、超松弛迭代法。另一类是直接法,如高斯消去法、改进平方根法等。由于渗透矩阵对称、正定,而且具有高度的稀疏性,因此其渗透矩阵的存储采用变带宽的一半存储方式;即每行(每列)只存储第一个非零元素到对角线元素为止的元素个数,依次按一维数组存储,这样可以大大节省存储量,提高解计算题规模的能力,这些内容可以参阅有关专著,这里不再赘述。

第二节　结论与建议

根据现场注水试验报告、八里湾泵站基坑初步设计报告,开展基坑降水渗流数值模拟研究,得出如下结论:

(1)止水帷幕深大于 26.5 m 时,止水帷幕对近场地下水水位控制显著。开挖到基坑底 30 天后,止水帷幕深分别为 0 m、20.5 m、26.5 m、30 m,在基坑外最大水位降深分别为 14.47 m、6.75 m、2.68 m、1.29 m。

(2)由于延长垂直方向渗径作用,止水帷幕深度对远场地下水水位控制明显,影响范围为 81 ~ 190 m。

(3)各种方案下在渗流 7 天之后基坑周边地下水水位降深和影响范围变化不大;开挖到基坑底后 30 天基本稳定。

(4)止水帷幕深 20.5 m、26.5 m、30 m(含一层降水井和两层降水井)四种方案,由于止水帷幕延长垂直方向渗径,降水漏斗曲线在基坑两边不连续、发生突变。

(5)计算模型中假定地表下 26.5 m 为第 9 层重粉质壤土隔水层,止水帷幕深 26.5 m、30 m 时,完全封堵了基坑与周边的水力联系,止水效果最好。

根据以上研究结果发现,当止水帷幕深度大于 26.5 m(将止水帷幕与第 9 层重粉质壤土连接),能取得明显的截水效果,对周边环境影响效果较小,考虑到实际地层的起伏差异性,建议止水帷幕深入第 9 层重粉质壤土一定长度保证连接,即选用止水帷幕深度大于 26.5 m 的方案,只设第一层 30 m 深降水井时,能够满足对基坑坑底水位的控制,保证施工的顺利进行,但考虑实际地层的起伏差性和降水井在使用过程中被淤死失效等不利情况,建议可以在设置第一层 30 m 深降水井的前提下,根据实际井水效果的情况,局部补充第二层降水井,这样能够取得较好的经济性,并满足基坑工程施工的要求,达到优化设计的目的。

第四章 临河(湖)深基坑止水帷幕性质研究及设计优化

第一节 工程中存在的问题

深基坑开挖工程中,地下水的渗流将使基坑周围形成较大的降水漏斗。随着开挖的不断进行,地下水自由面不断下降,从而使坑外土体的有效应力增加,发生不均匀固结沉降。尤其当基坑临近江、湖时,将直接威胁到大坝的安全。

当基坑底部标高在地下水位面以下时,必须阻断地下水向基坑内的渗流。为了保证施工的顺利进行,目前工程中所应用的基坑防渗与降排水方案大体可分为三类:第一类为单纯的强降水,即把基坑地下水位强行降至开挖面以下。第二类为全方位截渗,即采用高压喷射灌浆法或水泥土搅拌桩法等工程措施建立止水帷幕,将内外水力联系全面切断。第三类为基坑降水与防渗相结合的方法。

由于止水帷幕的存在,基坑涌水量大大减少,从而减少了降排水设备的工时。但止水帷幕的存在也引起了帷幕内外侧水头差的出现,随着降排水工程的不断进行,水头差不断加大,从而引起帷幕内力与变形的不断增加,威胁到止水帷幕的稳定性。另一方面,随着水头差的不断加大,使得基坑外的地下水绕过围护结构下端向坑内渗流,当水的渗流力大于土的浮重度时,土颗粒就会随水向上喷涌。开始时土中细颗粒通过间隙被带走而产生管涌,随着渗流通道不断变大,土颗粒对水流的阻力减小,渗流力不断增大,从而使大量砂粒随水流涌出而形成流砂,危及基坑和周围建筑的安全。

止水帷幕的主要作用是止水和控制渗流,使结构和地基避免发生渗透破坏;有时还可起到改善结构受力条件的作用,同时减小降水施工对周围环境的影响。

临河(湖)深基坑止水帷幕承受水头大,受力和变形均比一般止水帷幕大,且造价高,施工难度大。不少技术问题都处于探索阶段,目前大多根据常规止水帷幕经验确定,因此存在一系列问题。现行的规范几乎没有专门针对止水帷幕的规定,而相关相近领域里也没有详细和定量要求,仅规定几个指标,更没有针对临河(湖)深基坑止水帷幕的具体规定。设计目标参数实际变幅较大,施工目标参数对施工工具有决定作用;如何确定合理的目标参数,保证止水帷幕的正常工作,又不会无意义(有时甚至是不科学)地增加施工难度和工程造价至关重要。

因此,下面一系列问题就值得我们研究和思索了:依据常规止水帷幕经验确定临近河(湖)深基坑帷幕参数是否合理? 如何科学地提出止水帷幕设计目标参数? 本书结合南水北调八里湾泵站基坑工程水文地质和工程地质条件,通过土力学基本理论分析,并针对各影响因素进行多工况比较计算,然后对比现行相关规程规范,提出保证降水帷幕发挥作用的施工参数。

第二节　非线性有限元分析

一、Plaxis 岩土工程有限元软件简介

Plaxis 程序是荷兰开发的岩土工程有限元软件,包括 Plaxis 动力模块、PlaxFlow 地下水渗流模块、Plaxis 三维隧道软件、Plaxis 三维基础软件(可以计算现行的所有大型桩筏基础)。Plaxis 可分析岩土工程学中 2D 和 3D 的变形、稳定性,以及地下水渗流等。岩土工程应用需要十分先进的构造模型来模拟土壤的非线性和时间依赖行为。另外,因为土壤是多状态物质,需要专门的程序来处理土壤中流体静力学和非流体静力学气孔压力,这些问题现在都可以用 Plaxis 来分析和处理了。

Plaxis 程序应用性非常强,能够模拟复杂的工程地质条件,尤其适合于变形和稳定分析。Plaxis 程序能够模拟下列元素:①土体;②墙、板、梁结构;③各种元素和土体的接触面;④锚杆;⑤土工织物;⑥隧道;⑦桩基础。

Plaxis 程序能够分析的计算类型有:①变形;②固结;③分级加载;④稳定分析;⑤渗流计算,并且还能考虑低频动荷载的影响。

Plaxis 程序功能强大,应用范围广,用户界面友好,易学易用,用户只须提供与研究对象有关的几何参数和力学参数就可以进行计算;方便直观,所有操作都是针对图形,输入输出简单;自动生成优化的有限元网格,重要部位网格可以细分,以提高计算精度;计算功能强大,计算过程中动态显示提示信息。

二、建立模型进行有限元分析

(一)标准工况与无帷幕工况对比分析

1. 建模说明

南水北调八里湾泵站基坑形状为矩形,我们可以选取基坑中间横断面作为研究对象,进行二维有限元分析。鉴于基坑的对称性,分析时只取右面一半进行有限元分析,采用平面应变模型。基坑开挖模型示意图如图 2-4-1 所示。

止水帷幕距基坑边沿 4 m,距地下连续墙 43.5 m。止水帷幕底部标高为 8 m,且深入第⑥层相对不透水层约 4 m;地下连续墙底部标高为 10 m。基坑止水帷幕内侧降深 15 m。

由于工程地质条件复杂,地层分布厚度不均匀。为了方便有限元模型的建立,进行适当的简化处理是允许的。假定地质分层均匀,且每层厚度保持不变。地层土体采用 Mohr – Coulomb 弹塑性本构模型,采用 6 节点三角形单元模拟。

基坑工程埋深较浅,一般不考虑构造地应力的影响,初始地应力只考虑土体自重应力场。

岩土勘察报告中土体力学参数没有提供变形模量 E_0 和泊松比 μ 值。变形模量可由压缩模量换算得到,即

$$E_0 = \beta E_s \tag{2-4-1}$$

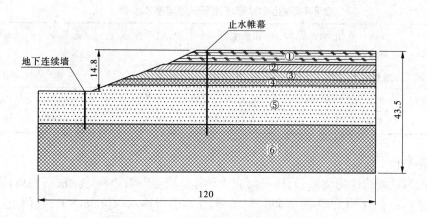

图 2-4-1 基坑开挖模型示意图 （单位:m）

$$\beta = (1 + \mu)(1 - 2\mu)/(1 - \mu) \tag{2-4-2}$$

式中:E_0 为变形模量,MPa;E_s 为压缩模量,MPa;μ 为泊松比。

上述理论关系与实测值不相符,实测的变形模量往往会大于相应的压缩模量,甚至达到数倍。究其原因,除由于地基土并不是理想弹性体,其成层性、孔隙率和含水等因素对弹性性质有显著影响外,在室内试验中不可避免地存在土样扰动的问题,破坏了土的天然结构,使得测得的压缩模量偏小。根据统计资料,E_0 值可能是 βE_s 值的几倍,一般来说,土愈坚硬则倍数愈大,而软土的 E_0 值与 βE_s 比较接近。通常取 $E_0 = \lambda E_s$,λ 取 2.5~3.5。本书 λ 取 3,得到计算用变形模量,如表 2-4-1 所示。

表 2-4-1 土层参数

土层编号	土层	厚度 (m)	天然重度 γ_{unsat} (kN/m³)	饱和重度 γ_{sat} (kN/m³)	c (kPa)	φ (°)	E_{s1-2} (MPa)	E_0 (MPa)	ν
①	淤泥质壤土	4.8	10.780	16.562	13.2	10.7	2.51	7.53	0.31
②	黏土	2.7	12.936	18.032	24.8	24.7	4.56	13.68	0.33
③	轻粉质黏土	2.9	10.486	15.386	20.8	19.5	3.37	10.11	0.32
④	重粉质壤土	1.8	15.190	19.404	28.1	22.6	6.07	18.21	0.30
⑤	中细砂	14.1	18.326	20.972	0	30.8	38.97	116.91	0.28
⑥	重粉质壤土	17.2	11.662	19.698	48.6	23.5	4.61	13.83	0.30

止水帷幕和地下连续墙采用板来模拟,在二维有限元模型里板由梁单元(线单元)构成,应用 6 节点土单元时,每个梁单元用 3 个节点定义。梁单元所依据的是 Mindlin 梁理论。该理论可计算梁在剪切和弯矩共同作用下所产生的挠度。另外,梁单元的长度可以在轴向力的作用下发生变化。在达到允许最大弯矩或最大轴向力的情况下,弹性梁单元可以转变成塑性的。其基本参数见表 2-4-2。

表 2-4-2　止水帷幕与地下连续墙基本参数

项目	E_0 （MPa）	抗弯刚度 EI （kN·m²/m）	轴向刚度 EA （kN/m）	有效厚度 d （m）	重度 ω （kN/m³）	泊松比 μ
地下连续墙	28 000	1.493×10^5	1.120×10^7	0.40	23.0	0.20
水泥土搅拌桩	80	70.987	1.76×10^4	0.22	19.813	0.30
高喷墙	2 500	1.67×10^3	5.0×10^5	0.20	21.952	0.28

2. 边界条件

假定沿基坑周边走向无限长,按平面应变计算。模型左右边界施加法向约束,底部边界施加固定约束;土层①②③潜水水位 37.6 m,土层⑤承压水水位 38.8 m,其他土层可从相邻土层线性插值。边界条件如图 2-4-2 所示。

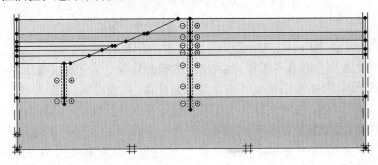

图 2-4-2　边界条件

3. 网格划分

网格划分采用 6 节点的三角形单元。在可能出现强烈的应力集中或大变形梯度的区域,采用更精确(细密)的有限元网格来模拟,而几何图形的其余部分可能并不需要同等细密的网格,因此全局疏密度采用中等,并对止水帷幕和地下连续墙进行局部加密,共划分为 605 个三角形单元(见图 2-4-3)。网格的生成是基于稳定的三角分割程序,形成的是"非结构化"网格。这些网格看上去可能较混乱,但是这种网格的数值计算一般优于规则(结构化)网格。尽管界面单元厚度为零,网格里还是给界面画了一定的厚度,来表示土单元和界面之间的连接。

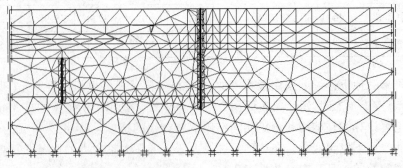

图 2-4-3　网格划分

4. 基坑变形分析

基坑开挖前,先将地下水降至目标水位,然后分三步进行开挖。对有无帷幕两种工况进行对比分析,降水至目标水位工序位移矢量图、分步开挖各工序位移矢量图和最终总位移矢量图如图2-4-4～图2-4-13所示。

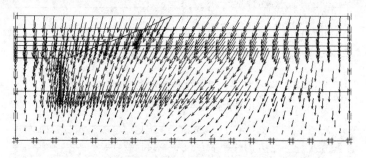

图2-4-4 降水至目标水位工序位移矢量图(无帷幕)

(最大位移 53.71×10^{-3} m)

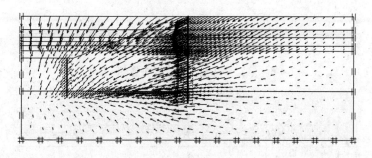

图2-4-5 降水至目标水位工序位移矢量图(有帷幕)

(最大位移 38.05×10^{-3} m)

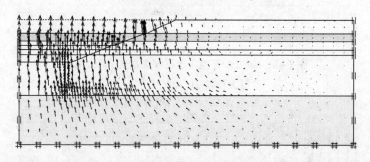

图2-4-6 第一步开挖工序位移矢量图(无帷幕)

(最大位移 50.18×10^{-3} m)

通过以上有限元模拟可以发现,在基坑降水阶段(见图2-4-4、图2-4-5),由于止水帷幕的存在,帷幕外侧水位降低较少,从而在很大程度上减少了基坑外侧的地面沉降量,大大减轻了对基坑周边环境的影响。

在基坑开挖阶段(见图2-4-6～图2-4-11),有无止水帷幕对基坑的变形没有太大影响,基坑总的变形趋势是坑顶下沉,坑底向上隆起。从基坑的总位移量来看,两种工况对

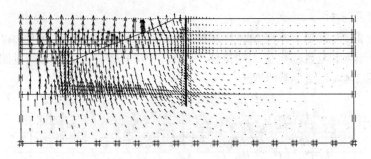

图 2-4-7　第一步开挖工序位移矢量图（有帷幕）

（最大位移 48.57×10^{-3} m）

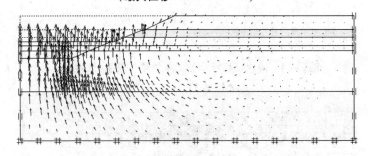

图 2-4-8　第二步开挖工序位移矢量图（无帷幕）

（最大位移 31.9×10^{-3} m）

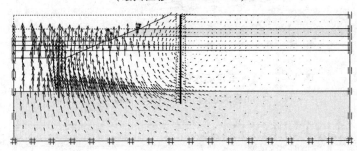

图 2-4-9　第二步开挖工序位移矢量图（有帷幕）

（最大位移 31.10×10^{-3} m）

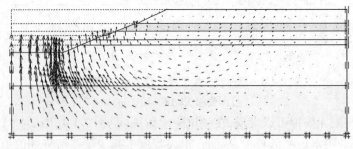

图 2-4-10　第三步开挖工序位移矢量图（无帷幕）

（最大位移 42.81×10^{-3} m）

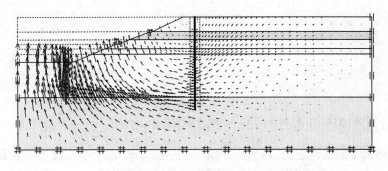

图 2-4-11　第三步开挖工序位移矢量图(有帷幕)

(最大位移 43.25×10^{-3} m)

比分析(见图 2-4-12、图 2-4-13),帷幕的存在使得坑顶沉降大大减少,但由于外侧水头较大,坑底面隆起变形较大;而无帷幕基坑坑底变形相对较小,但坑顶沉降量较大,会对基坑周围建筑产生不利的影响。

综上所述,止水帷幕的存在,改善了基坑在降水阶段的受力条件,但由于帷幕自身刚度较低,在基坑开挖阶段挡土作用不明显。对于临河(湖)深基坑,止水帷幕的存在将大大减小水的因素对河湖大坝的影响。

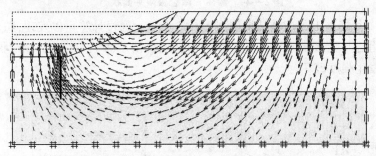

图 2-4-12　基坑开挖总位移矢量图(无帷幕)

(最大位移 52.64×10^{-3} m)

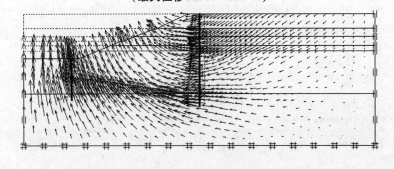

图 2-4-13　基坑开挖总位移矢量图(有帷幕)

(最大位移 57.52×10^{-3} m)

5. 帷幕受力与变形分析

根据摩尔－库仑破坏准则可知,抗剪强度的表达式为

$$\tau_f = \sigma\tan\varphi + c \tag{2-4-3}$$

$$\sigma = \frac{\sigma_1 + \sigma_3}{2} + \frac{\sigma_1 - \sigma_3}{2}\cos2\theta_f \tag{2-4-4}$$

$$\tau = \frac{\sigma_1 - \sigma_3}{2}\sin2\theta_f \tag{2-4-5}$$

式中:θ_f 为破坏角,即滑动面与大主应力面的夹角,$\theta_f = 45° + \dfrac{\varphi}{2}$;$\tau$ 为滑动面上的剪应力,kPa;σ 为滑动面上的法向应力,kPa;σ_1 为最大主应力;σ_3 为最小主应力。摩尔 - 库仑极限平衡状态如图 2-4-14 所示。

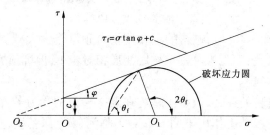

图 2-4-14　摩尔 - 库仑极限平衡状态

当 $\tau < \tau_f$ 时,标准工况计算结果如图 2-4-15 所示。通过计算可以发现,防渗帷幕的正应力和剪应力之间能够满足摩尔 - 库仑破坏准则,即滑动面上的剪应力小于抗剪强度,防渗帷幕不会发生强度破坏。

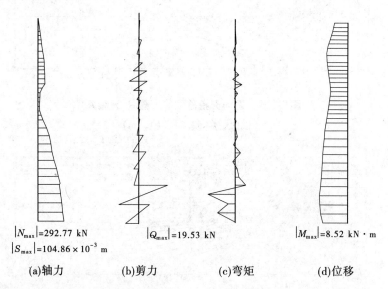

$|N_{max}| = 292.77 \text{ kN}$
$|S_{max}| = 104.86 \times 10^{-3} \text{ m}$

(a)轴力　　　　(b)剪力　　　　(c)弯矩　　　　(d)位移

$|Q_{max}| = 19.53 \text{ kN}$　　　　$|M_{max}| = 8.52 \text{ kN·m}$

图 2-4-15　标准工况内力与位移

(二)影响因素分析

影响止水帷幕受力与变形的因素比较复杂,既包括内因如帷幕自身的弹性模量、有效厚度等,又包括外因如帷幕内侧水位降深、土层性质、基坑开挖深度和坡度等。本节拟从以下因素对帷幕受力变形进行分析。

1. 弹性模量

当止水帷幕采用不同的弹性模量时,单位长度帷幕内力计算结果如表 2-4-3 所示。由内力计算结果可以明显发现,随着帷幕弹性模量的不断增加,帷幕所受轴力、剪力和弯矩都明显变大。也就是说,帷幕弹性模量越大,帷幕受力就越不利。

表 2-4-3　不同弹性模量帷幕内力计算结果

E(MPa)	$|N_{max}|$(kN)	$|Q_{max}|$(kN)	$|M_{max}|$(kN·m)
20	40.19	2.03	0.65
50	75.48	4.24	1.41
100	113.51	7.07	2.47
200	161.46	11.07	4.13
500	231.88	18.3	7.18
1 000	282.08	25.01	10.30
3 000	341.09	37.43	17.31
6 000	363.88	48.11	24.54

2. 有效厚度

由图 2-4-16 ~ 图 2-4-18 不同厚度帷幕内力计算结果可以发现,由于帷幕有效厚度的增加,帷幕刚度增加,从而使帷幕内力增大。但是厚度增加所引起的内力增长没有因此所带来的帷幕截面的抗力大,也就是说,帷幕厚度越大越安全。但考虑到帷幕的经济性,建议帷幕有效厚度取 200 ~ 300 mm。

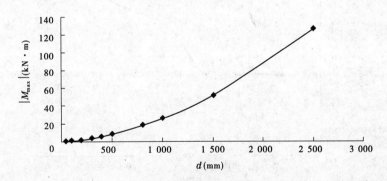

图 2-4-16　不同有效厚度帷幕弯矩计算结果

3. 帷幕内侧降水深度

止水帷幕内侧降水会产生水头差,帷幕两侧主动土压力和被动土压力随帷幕内侧降水深度的增加而变大。对止水帷幕内侧不同降水深度进行有限元分析,如图 2-4-19 ~ 图 2-4-20所示,从帷幕内力和位移图可以发现,随着降水深度的增加,帷幕内力和位移都不断增加。

当帷幕内侧降水深度达到 12 m 以后,帷幕内力和位移都骤然变大,这是由于到达了

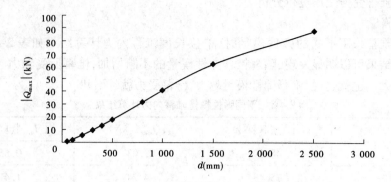

图2-4-17　不同有效厚度帷幕剪力计算结果

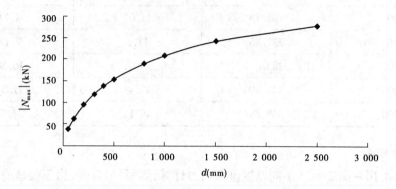

图2-4-18　不同有效厚度帷幕轴力计算结果

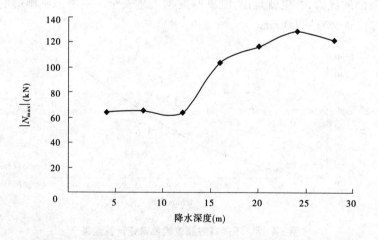

图2-4-19　不同降水深度帷幕最大轴力

承压层。承压水的存在使得帷幕内侧土体受到上托力作用,开始降水时,帷幕内侧土体有一定沉降;而当降至一定水位时,帷幕内侧土体反而有向上的位移,这也是帷幕轴力在开始时有所减小的原因。当水位降至承压层时,使得承压层压力骤降,承压水对上侧土体的上托力丧失,从而导致土体和帷幕变形骤然增大,使得帷幕内力也骤增。

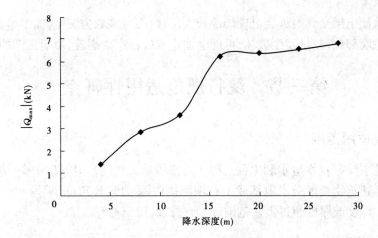

图 2-4-20　不同降水深度帷幕最大剪力

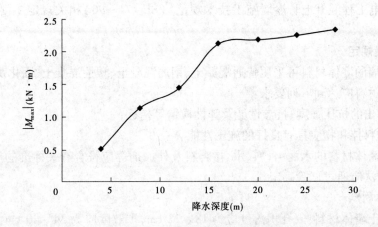

图 2-4-21　不同降水深度帷幕最大弯矩

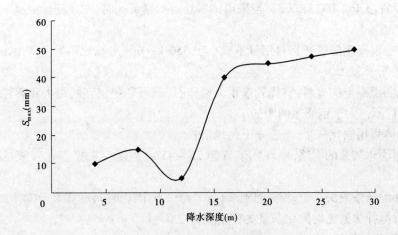

图 2-4-22　不同降水深度帷幕最大位移

4.土层性质

通常在软硬土层交界附近会出现局部较大位移,而且多数为突变,曲率半径很小。这些部位属于危险部位,较易发生破坏,可能会使止水帷幕产生裂缝,影响正常的防渗功能。

第三节　现行规范适用性研究

一、规范适用范围

相关规范主要有:《水电水利工程混凝土防渗墙施工规范》(DL/T 5199—2004):本规范适用于水工建筑物松散透水地基或土石坝坝体内深度小于 70 m,墙厚 60~100 cm 防渗墙的施工。深度或厚度超过上述范围,应通过试验做出补充规定。

二、规范相关规定

《水利水电工程混凝土防渗墙施工技术规范》(SL 174—96)相关规定主要有以下几点。

(一)一般规定

(1)防渗墙的墙体材料可采用普通混凝土、钢筋混凝土、塑性混凝土、固化灰浆等。

(2)墙体材料应达到下列要求:

①设计提出的抗压强度、抗渗性能及弹性模量等指标;

②墙体材料拌和物应具有良好的施工性能。

(3)配制墙体材料的水泥、骨料、水、掺合料及外加剂等应符合有关标准的规定,其配合比及配制方法应通过试验确定。

(二)墙体材料

(1)混凝土墙体材料:入孔坍落度应为 18~22 cm,扩散度应为 34~40 cm,坍落度保持 15 cm 以上的时间应不小于 1 h;初凝时间应不小于 6 h,终凝时间不宜大于 24 h;混凝土的密度不宜小于 2 100 kg/m³。当采用钻凿法施工接头孔时,一期槽段混凝土早期强度不宜过高。

(2)普通混凝土的胶凝材料用量不宜小于 350 kg/m³;水胶比不宜大于 0.65,水泥强度等级不宜低于 32.5。

(3)配制混凝土的骨料,宜优先选用天然卵石,砾石和中、粗砂;最大骨料粒径应不大于 40 mm,且不得大于钢筋净间距的 1/4。

(4)墙体采用固化灰浆,需遵守下列规定:

①配制固化灰浆的泥浆,漏斗黏度宜为 25~45 s,密度应根据固化灰浆的配合比控制;

②新拌混合浆液失去流动性的时间不宜小于 5 h,固化时间不宜大于 24 h;

③原位搅拌法施工时固化灰浆的密度宜为 1.3~1.5 g/cm³。

(三)适应性研究

可以看出,现行规范仅只有少数对止水帷幕有规定,且只给出了原则性的规定,还比较粗略,不能满足工程实际的需要。

第四节　临河(湖)深基坑止水帷幕理论分析及设计优化

止水帷幕承载能力极限状态即指保证不会发生结构性破坏,也就是止水帷幕应具有足够的抗压强度、刚度和容许渗透坡降;正常使用极限状态即止水帷幕能够完成其相应功能,起到止水作用。现行岩土工程规范大多数针对两类极限状态:承载能力极限状态和正常使用极限状态。这种规定同样适用于止水帷幕这种临时性工程。

临河(湖)深基坑止水帷幕往往水头很大,降水深度也很大。根据计算分析可以看出:根据摩尔－库仑破坏准则,柔性止水帷幕能够满足强度要求,也可以满足正常使用要求(防渗功能);由于抗压强度不大,与槽孔土层侧压力较为接近,帷幕较能适应墙基的变形而不开裂。但是,为防止帷幕遭受渗透水流的冲刷,帷幕的抗压强度也不低于0.2 MPa。相反,止水帷幕弹性模量越大,其所受的轴力、剪力和弯矩都会增大,即帷幕受力趋于不合理,对防渗帷幕结构性不利。

刚性止水帷幕造价高,工期长,工艺复杂,弹性模量高且接缝处不好处理;而柔性止水帷幕弹性模量低、防渗性能好、工期短、施工简单方便,造价低廉且易于拆除等。

帷幕有效厚度对内力的影响,主要体现在厚度的增加使帷幕刚度增大,从而使帷幕轴力、剪力和弯矩随有效厚度的增大呈正相关关系;而帷幕内侧降水深度和基坑边坡坡度对帷幕受力的影响是显而易见的,帷幕内侧水位降深和坡度的增加,都会使土体内力和位移增大,从而促使帷幕内力变大。当有承压水存在,在降水至承压层时,基坑和止水帷幕内力和变形都会骤变,应引起足够的重视。

根据以上计算分析,可以得出以下结论:

(1)临河(湖)深基坑止水帷幕宜柔不宜刚,建议弹性模量不大于100 MPa。柔性止水帷幕根据摩尔－库仑破坏准则,水头差越大(降水深度越深)和基坑坡度越大,剪应力越大,相应正应力也越大,能够保证不破坏;相反,弹性模量越大,根据弹性地基梁模型,易发生较大的弯曲变形,可能引起强度破坏,即使不破坏,也可能因为结构变形而产生裂缝,从而降低甚至丧失防渗功能;或使结构容许坡降降低,自身发生渗透破坏。

(2)重点保证关键部位的控制参数。因为柔性防渗帷幕参数变化幅度大,难以精确控制,如果为了整个防渗帷幕都达到较高要求,施工工艺复杂,造价高,工期长。相反,结合具体地层条件、实际工程控制水头来确定变形最大的部位和坡降最大的部位,重点处理这些部位,有的放矢,既保证工程预期效果,又优化工程,节省造价,简化施工。这应该是较有针对性的措施。

第五节　结论与建议

根据本章的对比计算和影响因素分析,得出以下结论:

(1)应该逐步完善止水帷幕规范制定,不仅成墙厚度、抗压强度、容许坡降等因素影响较大,而且弹性模量对止水帷幕起制约作用。

(2)根据止水帷幕的承载能力、安全使用分析和工程造价以及施工等多方面分析,临河(湖)深基坑止水帷幕宜采用柔性止水帷幕,不宜采用刚性的。弹性模量不宜大于100 MPa,抗压强度宜为0.2~3 MPa。

(3)帷幕有效厚度的增加,使得帷幕刚度增加,从而使帷幕内力增大。但是,厚度增加所引起的内力增长没有因此所带来的帷幕截面的抗力大,也就是说,帷幕厚度越大越安全。但考虑到帷幕的经济性,建议帷幕有效厚度取200~300 mm。

(4)对于不同施工工艺的止水帷幕接头处要进行重点局部处理,对接头薄弱部位宜采取旋喷等措施进行加强。

(5)设计中可考虑通过工艺等措施重点控制局部参数:降水深度附近区域、地层突变处等。既保证工程质量,又节省工程造价。

第五章 止水帷幕施工工艺

第一节 水泥土搅拌桩施工工艺

一、概述

水泥土搅拌法是用于加固饱和黏性土地基的一种新方法。它是利用水泥材料作为固化剂,通过特制的搅拌机械,在地基深处就地将软土和固化剂(浆液)强制搅拌,由固化剂和软土间所产生的一系列物理—化学反应,使软土硬结成具有整体性、水稳定性和一定强度的水泥加固土,从而提高地基强度和增大变形模量。

水泥土搅拌法加固软土技术,其独特的优点如下:

(1)深层搅拌法由于将固化剂和原地基软土就地搅拌混合,因而最大限度地利用了原土。

(2)搅拌时较少使地基侧向挤出,所以对周围原有建筑物的影响较小。

(3)按照不同地基土的性质及工程设计要求,合理选择固化剂及其配方,设计比较灵活。

(4)施工时无振动、无噪声、无污染,可在市区内和密集建筑群中进行施工。

(5)土体加固后重度基本不变,对软弱下卧层不致产生附加沉降。

(6)与钢筋混凝土桩基相比,节省了大量的钢材,并降低了造价。

(7)根据上部结构的需要,可灵活地采用柱状、壁状、格栅状和块状等加固型式。

水泥土搅拌桩可用于增加软土地基的承载能力,减少沉降量,提高边坡的稳定性,主要适用于以下情况:

(1)作为建筑物或构筑物的地基、厂房内具有地面荷载的地坪、高填方路堤下基层等。

(2)进行大面积地基加固,以防止码头岸壁的滑动,以及防止深基坑开挖时坍塌、坑底隆起和减少软土中地下构筑物的沉降。

(3)对深基坑开挖中的桩侧背后的软土加固,作为地下防渗墙,以阻止地下渗透水流。

二、勘察要求

除一般常规勘察要求外,对下述各点应予以特别重视。

(一)填土层的组成

填土层的组成,特别是大块物质(石块和树根等)的尺寸和含量。含大块石对搅拌法施工速度有很大的影响,所以必须清除大块石等再予施工。

（二）土的含水量

当水泥土配方相同时,其强度随土样的天然含水量的降低而增大。试验表明,当土的含水量在 50% ~85% 范围内变化时,含水量每降低 10% ,水泥土强度可提高 30% 。

（三）有机质含量

有机质含量较高会阻碍水泥水化反应,影响水泥土的强度增长。故对有机质含量较高的明、暗浜填土及冲填土应予慎重考虑。对生活垃圾的填土,不应采用深层搅拌法加固。

（四）土质分析

可溶盐含量及总烧失量等。

（五）水质分析

地下水的酸碱度(pH)值及硫酸盐含量。

三、水泥土的室内配合比试验

为了经济、合理地确定深层搅拌法加固地基土的技术方案,确定与地基土加固相适应的水泥品种、强度等级和水泥掺入比,应预先进行水泥土室内配比试验。目的在于探索用水泥加固各种成因软土的适宜性,了解加固水泥的品种、掺入量、水灰比、最佳外掺剂对水泥土强度的影响,求得龄期与强度的关系,从而为设计计算和施工工艺提供可靠的参数。

（一）试验设备和规程

当前还是利用现有土工试验仪器及砂浆混凝土试验仪器,按照土工或砂浆混凝土的试验规程进行试验。

（二）土样

土料应是工程现场所要加固的土,一般可使用风干土样或原状土样。

（三）水泥掺入比

可根据要求选用 7% 、10% 、12% 、14% 、15% 、18% 和 20% 等。

（四）外掺剂

为改善水泥土的性能和提高强度,可用木质素磺酸钙、石膏、三乙醇胺、氯化钠、氯化钙和硫酸钠等外掺剂。结合工业废料处理,还可掺入不同比例的粉煤灰。

四、水泥土的物理、力学性质

（一）水泥土的物理性质

1. 含水量

水泥土的含水量略低于原土样的含水量,水泥土的含水量比原土样的含水量减少 0.5% ~7.0% ,且随着水泥掺入比的增加而减小。

2. 重度

由于拌入软土中的水泥浆的重度与软土的重度相近,所以水泥土的重度与天然软土的重度相差不大,仅比天然软土的重度增加 0.5% ~3.0% 。

3. 相对密度

由于水泥的相对密度(即比重)为 3.1 ,比一般软土的相对密度大 2.65 ~2.75 ,故水泥土的相对密度比天然软土的相对密度稍大,增加 0.7% ~ 2.5% 。

4.渗透系数

水泥土的渗透系数随水泥掺入比的增大和养护龄期的增长而减小,一般可达 10^{-5} ~ 10^{-8} cm/s 数量级。水泥加固淤泥质黏土能减小原天然土层的水平向渗透系数,而对垂直向渗透性的改善,效果不显著。水泥土减小了天然软土的水平向渗透性,这对深基坑施工是有利的,可利用它作为防渗帷幕。

(二)水泥土的力学性质

1.无侧限抗压强度及其影响因素

水泥土的无侧限抗压强度一般为 300 ~ 4 000 kPa,即比天然软土大几十倍至数百倍。影响水泥土的无侧限抗压强度的因素有水泥掺入比、水泥强度等级、龄期、含水量、有机质含量、外掺剂、养护条件及土性等。

1)水泥掺入比对强度的影响

水泥土的强度随着水泥掺入比的增加而增大,当掺入比小于 5% 时,由于水泥土的反应过弱,水泥土固化程度低,强度离散性也较大,故在水泥土搅拌法的实际施工中,选用的水泥掺入比必须大于 7% 。

2)龄期对强度的影响

水泥土的强度随着龄期的增长而提高,一般在龄期超过 28 d 后仍有明显增长,得到在其他条件相同时,不同龄期的水泥土的无侧限抗压强度间关系大致呈线性关系。

当龄期超过 3 个月后,水泥土的强度增长才减缓。同样,水泥和土的硬凝反应约需 3 个月才能充分完成。因此,水泥土选用 3 个月龄期强度作为水泥土的标准强度较为适宜。

3)水泥强度等级对强度的影响

水泥土的强度随水泥强度等级的提高而增加,水泥强度等级提高 100 号,水泥土的强度 f_{cu} 增大 50% ~90% 。如要求达到相同的强度,水泥强度等级提高 100 号,可降低水泥掺入比 2% ~3% 。

4)土样含水量对强度的影响

水泥土的无侧限抗压强度 f_{cu} 随着土样含水量的降低而增大。一般情况下,土样含水量每降低 10% ,则强度可增加 10% ~50% 。

5)土样中有机质含量对强度的影响

有机质含量少的水泥土强度比有机质含量高的水泥土强度大得多。由于有机质使土体具有较大的水溶性和塑性、较大的膨胀性和低渗透性,并使土具有酸性,这些因素都阻碍水泥水化反应的进行。因此,有机质含量高的软土,单纯用水泥加固,其效果是较差的。

6)外掺剂对强度的影响

不同的外掺剂对水泥土强度有着不同的影响。如木质素磺酸钙对水泥土强度的增长影响不大,主要起减水作用。石膏、三乙醇胺对水泥土强度有增强作用,而其增强效果对不同土样和不同水泥掺入比又有所不同,所以选择合适的外掺剂,可提高水泥土强度和节约水泥的用量。

一般早强剂可选用三乙醇胺、氯化钙、碳酸钠或水玻璃等材料,其掺入量宜分别取水泥重量的 0.05% 、0.2% 、0.5% 和 2% ;减水剂可选用木质素磺酸钙,其掺入量宜取水泥重量的 0.2%;石膏兼有缓凝和早强的双重作用,其掺入量宜取水泥重量的 2%。

掺加粉煤灰的水泥土,其强度一般都比不掺粉煤灰的有所增长。不同水泥掺入比的水泥土,当掺入与水泥等量的粉煤灰后,强度均比不掺粉煤灰的提高 10%,故在加固软土时掺入粉煤灰,不仅可消耗工业废料,还可稍微提高水泥土的强度。

7)养护方法

养护方法对水泥土的强度影响主要表现在养护环境的湿度和温度。国内外试验资料都说明,养护方法对短龄期水泥土强度的影响很大,随着时间的增长,不同养护方法下的水泥土无侧限抗压强度趋于一致,说明养护方法对水泥土后期强度的影响较小。

2. 抗拉强度

水泥土的抗拉强度 σ_t 随无侧限抗压强度 f_{cu} 的增长而提高。当水泥土的抗压强度 $f_{cu} = 0.5 \sim 4.0$ MPa 时,其抗拉强度 $\sigma_t = 0.05 \sim 0.70$ MPa,即 $\sigma_t = (0.06 \sim 0.30) f_{cu}$。

3. 抗剪强度

水泥土的抗剪强度随抗压强度的增加而提高。当 $f_{cu} = 0.3 \sim 4.0$ MPa 时,其黏聚力 $c = 0.1 \sim 1.0$ MPa,一般为 f_{cu} 的 20% ~ 30%,其内摩擦角变化在 20° ~ 30°。

4. 变形模量

当垂直应力达 50% 无侧限抗压强度时,水泥土的应力与应变的比值称为水泥土的变形模量 E_{50}。当 $f_{cu} = 0.1 \sim 3.5$ MPa 时,其变形模量 $E_{50} = 10 \sim 550$ MPa,即 $E_{50} = (80 \sim 150) f_{cu}$。

5. 压缩系数和压缩模量

水泥土的压缩系数为 $(2.0 \sim 3.5) \times 10^{-5}$ MPa^{-1},其相应的压缩模量 $E_0 = (60 \sim 100)$ MPa。

(三)水泥土的抗冻性能

水泥土试件在自然负温下进行抗冻试验表明,其外观无显著变化,仅少数试块表面出现裂缝,并有局部微膨胀或出现片状剥落及边角脱落,但深度及面积均不大,可见自然冰冻不会造成水泥土深部的结构破坏。

水泥土试块经长期冰冻后的强度与冰冻前的强度相比,几乎没有增长。但恢复正温后其强度能继续提高,冻后正常养护 90 d 的强度与标准强度非常接近,抗冻系数达 0.9 以上。

在自然温度不低于 -15 ℃ 的条件下,冰冻对水泥土结构损害甚微。在负温时,由于水泥与黏土间的反应减弱,水泥土强度增长缓慢,正温后随着水泥水化等反应的继续深入,水泥土的强度可接近标准强度。因此,只要地温不低于 -10 ℃,就可以进行水泥土搅拌法的冬季施工。

五、施工方法

(一)施工机械设备

国内目前的搅拌机有中心管喷浆方式和叶片喷浆方式。后者是使水泥浆从叶片上若干个小孔喷出,使水泥浆与土体能较均匀地混合,对大直径叶片和连续搅拌是合适的,但因喷浆孔小,易被浆液堵塞,它只能使用纯水泥浆而不能采用其他固化剂,且加工制造较为复杂。中心管输浆方式中,水泥浆是从两根搅拌轴间的另一中心管输出,当叶片直径在1 m以下时,并不影响搅拌均匀度,而且它可适用多种固化剂。除纯水泥浆外,还可用水泥砂浆,甚至掺入工业废料等粗粒固化剂。

施工工艺:深层搅拌法的施工工艺流程如下。

1. 定位

起重机(或塔架)悬吊搅拌机到达指定桩位,对中。当地面起伏不平时,应使起吊设备保持水平。

2. 预搅下沉

待搅拌头的冷却水循环正常后,启动搅拌机电机,放松起重机钢丝绳,使搅拌机沿导向架搅拌切土下沉,下沉的速度可由电机的电流监测表控制。工作电流不应大于70 A。如果下沉速度太慢,可从输浆系统补给清水以利钻进。

3. 制备水泥浆

待搅拌头下沉到一定深度时,即开始按设计确定的配合比拌制水泥浆,待压浆前将水泥浆倒入集料斗中。

4. 提升喷浆搅拌

搅拌头下沉到达设计深度后,开启灰浆泵将水泥浆压入地基中,边喷浆边旋转,同时严格按照设计确定的提升速度提升搅拌头。

5. 重复上、下搅拌

搅拌头提升至设计加固深度的顶面标高时,集料斗中水泥浆应正好排空。为使软土和水泥浆搅拌均匀,可再次将搅拌头边旋转边沉入土中,至设计加固深度后,再将搅拌头提升出地面。

6. 清洗

向集料斗中注入适量清水,开启灰浆泵,清洗全部管路中残存的水泥浆,直至基本干净,并将黏附在搅拌头上的软土清洗干净。

7. 移位

重复上述步骤1~6,再进行下一根桩的施工。

由于搅拌桩顶部与上部结构的基础或承台接触部分受力较大,因此通常还可对桩顶1.0~1.5 m范围内再增加一次输浆,以提高其强度。

(二)施工注意事项

(1)施工现场应予平整,必须清除地上和地下一切障碍物。明洪、暗塘及场地低洼时,应抽水和清淤,分层夯实回填黏性土料,不得回填杂填土或生活垃圾。开机前必须调试,检查桩机运转和输料管畅通情况。

(2)根据实际施工经验,搅拌桩在施工到顶端0.3~0.5 m范围时,因上覆土压力较小,搅拌质量较差。因此,其场地整平标高应比设计确定的基底标高再高出0.3~0.5 m,桩制作时施工到整平标高,待开挖基坑时,再将上部0.3~0.5 m的桩身质量较差的桩段挖去。而对于基础埋深较大时,取下限;反之,则取上限。

(3)搅拌桩的垂直度偏差不得超过1%,桩位布置偏差不得大于50 mm,桩径偏差不得大于4%。

(4)施工前应确定搅拌机械的灰浆泵输浆量、灰浆经输浆管到达搅拌头喷浆口的时间和起吊设备提升速度等施工参数;并根据设计要求通过成桩试验,确定搅拌桩的配比等各项参数和施工工艺。宜用流量泵控制输浆速度,使注浆泵出口压力保持在0.4~0.6 MPa,并应使搅拌提升速度与输浆速度同步。

(5)制备好的浆液不得离析,泵送必须连续。拌制浆液的罐数、固化剂和外掺剂的用量以及泵送浆液的时间等应有专人记录。

(6)为保证桩端施工质量,当浆液达到出浆口后,应喷浆座底30 s,使浆液完全到达桩端。特别是设计中考虑桩端承载力时,该点尤为重要。

(7)预搅下沉时不宜冲水,当遇到较硬土层下沉太慢时,方可适量冲水,但应考虑冲水成桩对桩身强度的影响。

(8)可通过复喷的方法达到桩身强度为变参数的目的。搅拌次数以1次喷浆2次搅拌或2次喷浆4次搅拌为宜,且最后1次提升搅拌宜采用慢速提升。当喷浆口到达桩顶标高时,宜停止提升,搅拌数秒,以保证桩头的均匀密实。

(9)施工时因故停浆,宜将搅拌头下沉至停浆点以下0.5 m,待恢复供浆时再喷浆提升。若停机超过3 h,为防止浆液硬结堵管,宜先拆卸输浆管路,妥为清洗。

(10)壁状加固时,桩与桩的搭接时间不应大于24 h,如因特殊原因超过上述时间,应对最后一根桩先进行空钻留出榫头,以待下一批桩搭接;如间歇时间太长(如停电等),与第二根无法搭接,应在设计单位和建设单位认可后,采取局部补桩或注浆措施。

(11)搅拌头喷浆提升的速度和次数必须符合施工工艺的要求,应有专人记录搅拌头每次下沉深度和提升的时间。深度记录误差不得大于100 mm,时间记录误差不得大于5 s。

(12)根据现场实践表明,当搅拌桩作为承重桩进行基坑开挖时,桩顶和桩身已有一定的强度,若用机械开挖基坑,往往容易碰撞损坏桩顶,因此基底标高以上0.3 m宜采用人工开挖,以保护桩头质量。这点对保证处理效果尤为重要,应引起足够的重视。

每一个搅拌桩施工现场,由于土质有差异、水泥的品种和强度等级不同,因而搅拌加固质量有较大的差别。所以在搅拌桩正式施工前,均应按施工组织设计确定的搅拌施工工艺制作数根试桩,养护一定时间后进行开挖观察,最后确定施工配比等各项参数和施工工艺。

在上海地区经常会发生由于施工机械导致水泥土搅拌桩产生质量问题的事故,如形成的水泥土极不均匀、水泥与土无混合、水泥富集在桩周而桩中无水泥等,因此正式施工前,应通过施打试桩,检验桩机的各项参数指标。

根据施工经验总结认为,控制水泥土搅拌桩施工质量的主要指标为水泥用量、提升速度、喷浆(或喷粉)的均匀性和连续性及施工机械的性能。

施工中常见的问题和处理方法见表2-5-1。

表 2-5-1　施工中常见问题和处理方法

常见问题	发生原因	处理方法
预搅下沉困难。电流值高,电机跳闸	①电压偏低; ②土质硬,阻力太大; ③遇大石块、树根等障碍物	①调高电压; ②适量冲水或浆液下沉; ③挖除障碍物
搅拌头下不到预定深度,但电流不高	土质黏性大,搅拌机自重不够	增加搅拌机自重或开动加压装置
喷浆未到设计桩顶面(或底部桩端)标高,集料斗浆液已排空	①投料不准确; ②灰浆泵磨损漏浆; ③灰浆泵输浆量偏大	①重新标定投料量; ②检修灰浆泵; ③重新标定灰浆泵输浆量
喷浆到设计位置集料斗中剩浆液过多	①拌浆加水过量; ②输浆管路部分阻塞	①重新标定拌浆用水量; ②清洗输浆管路
抽浆管堵塞爆裂	①输浆管内有水泥结块; ②喷浆口球阀间隙太小	①拆洗输浆管; ②使喷浆口球阀间隙适当
搅拌钻头和混合土同步旋转	①灰浆浓度过大; ②搅拌叶片角度不适宜	①重新标定浆液水灰比; ②调整叶片角度或更换钻头

六、质量检验

(一)施工期质量检验

在施工期,每根桩均应有一份完整的质量检验单,施工人员和监理人员签名后作为施工档案。质量检验主要有下列 9 项。

(1)桩位。通常定位偏差不应超出 50 mm,施工前在桩中心插桩位标,施工后将桩位标复原,以便验收。

(2)桩顶、桩底高程均不应低于设计值。桩底一般应超过 100～200 mm,桩顶应超过 0.5 m。

(3)桩身垂直度。每根桩施工时均应用水准尺或其他方法检查导向架和搅拌轴的垂直度,间接测定桩身垂直度。通常垂直度误差不应超过 1%。当设计对垂直度有严格要求时,应按设计标准检验。

(4)桩身水泥掺量。按设计要求检查每根桩的水泥用量。通常考虑到按整包水泥计量的方便,允许每根桩的水泥用量在 ±25 kg(半包水泥)范围内调整。

(5)水泥强度等级、水泥品种按设计要求选用。对无质保书或有质保书的小水泥厂的产品,应先做试块强度试验,试验合格后方可使用。对有质保书(非乡办企业)的水泥产品,可在搅拌施工时,进行抽查试验。

(6)搅拌头上提喷浆的速度。一般均在上提时喷浆,提升速度不超过 0.5 m/min。通常采用二次喷浆,当第二次喷浆时,不允许出现搅拌头未到桩顶而浆液已拌完的现象,有剩余时可在桩身上部作再次喷浆。

（7）浆液水灰比通常为 0.4 ~ 0.5，不宜超过 0.5。浆液拌和时应按水灰比定量加水。

（8）水泥浆液搅拌均匀性。应注意贮浆桶内浆液的均匀性和连续性，喷浆搅拌时不允许出现输浆管道堵塞或爆裂的现象。

（9）对基坑开挖工程中的侧向围护桩，相邻桩体要搭接施工，施工应连续，其施工间歇时间不宜超过 8 ~ 10 h。

（二）竣工后质量检验

1. 标准贯入试验或轻便动力触探试验

用标准贯入试验方法可通过贯入阻抗，估算土的物理力学指标，检验不同龄期的桩体强度变化和均匀性。所需设备简单，操作方便。用锤击数估算桩体强度需积累足够的工程资料，在目前尚无规范可作为依据时，可借鉴同类工程，或采用 Terzaghii 和 Peck 的经验公式，即

$$f_{cu} = \frac{1}{80} N_{63.5} \tag{2-5-1}$$

式中：f_{cu} 为桩体无侧限抗压强度，MPa；$N_{63.5}$ 为标准贯入试验的贯入击数。

轻便动力触探试验：根据现有的轻便触探击数 N_{10} 与水泥土强度对比关系分析，当桩身 1 d 龄期的击数 N_{10} 已大于 15 击时，或者 7 d 龄期的击数 N_{10} 已大于原天然地基击数 N_{10} 的一倍以上，则桩身强度已能达到设计要求。当每贯入 100 mm，其击数大于 30 击时即应停止贯入，继续贯入则桩头可能发生开裂或损坏，影响桩头质量。

同时，可用轻便触探器中附带的勺钻，在水泥土桩桩身钻孔，取出水泥土桩芯，观察其颜色是否一致；是否存在水泥浆富集的结核或未被搅拌均匀的土团。

轻便动力触探应作为施工单位施工中的一种自检手段，以检验施工工艺和施工参数的正确性。

2. 静力触探试验

静力触探可连续检查桩体长度内的强度变化。用比贯入阻力 p_s 估算桩体强度需有足够的工程试验资料，在目前积累资料尚不够的情况下，可借鉴同类工程经验或用下式估算桩体无侧限抗压强度：

$$f_{cu} = \frac{1}{10} p_s \tag{2-5-2}$$

搅拌桩制桩后用静力触探测试桩身强度沿深度的分布图，并与原始地基的静力触探曲线相比较，可得桩身强度的增长幅度；并能测得断浆、少浆的位置和桩长。整根桩的质量情况将暴露无遗。

静力触探可以严格检验桩身质量和加固深度，是检查桩身质量的有效方法之一。但在理论上和实践上尚须进行大量的工作，用以积累经验。同时，在测试设备上还须进一步改进和完善，以保证该法检验的可行性。

3. 取芯检验

用钻孔方法连续取水泥土搅拌桩桩芯，可直观地检验桩体强度和搅拌的均匀性。取芯通常用 $\phi 106$ 岩芯管，取出后可当场检查桩芯的连续性、均匀性和硬度，并用锯、刀切割

成试块做无侧限抗压强度试验。但由于桩的不均匀性,在取样过程中水泥土很易产生破碎,取出的试件做强度试验很难保证其真实性。使用本方法取桩芯时,应有良好的取芯设备和技术,确保桩芯的完整性和原状强度。进行无侧限强度试验时,可视取样时对桩芯的损坏程度,将设计强度指标乘以 0.7~0.9 的折减系数。

4. 截取桩段做抗压强度试验

在桩体上部不同深度现场挖取 50 cm 桩段,上下截面用水泥砂浆整平,装入压力架后用千斤顶加压,即可测得桩身抗压强度及桩身变形模量。

这是值得推荐的检测方法,它可避免桩横断面方向强度不均匀的影响;测试数据直接可靠;可积累室内强度与现场强度之间关系的经验;试验设备简单易行。但该法的缺点是挖桩深度不能过大,一般为 1~2 m。

5. 静载荷试验

对承受垂直荷重的水泥土搅拌桩,静载荷试验是最可靠的质量检验方法。

对于单桩复合地基载荷试验,载荷板的大小应根据设计置换率来确定,即载荷板面积应为一根桩所承担的处理面积,否则应予修正。试验标高应与基础底面设计标高相同。对单桩静载荷试验,在板顶上要做一个桩帽,以便受力均匀。

载荷试验应在 28 d 龄期后进行,检验点数每个场地不得少于 3 点。若试验值不符合设计要求,应增加检验点的数量;若用于桩基工程,其检验数量应不少于第一次的检验量。

6. 小应变动测检验

当搅拌桩达到龄期 28 d 后,宜采用小应变动测方法随机抽查不少于 10% 的桩数进行桩身质量检验,以确定是否出现断桩、蜂窝状结构及夹泥等搅拌不均匀缺陷。

7. 开挖检验

可根据工程设计要求,选取一定数量的桩体进行开挖,检查加固柱体的外观质量、搭接质量和整体性等。

8. 沉降观测

建筑物竣工后,尚应进行沉降、侧向位移等观测。这是最为直观的检验加固效果的理想方法。

对作为侧向围护的水泥土搅拌桩,开挖时主要检验以下项目:

(1)墙面渗漏水情况。

(2)桩墙的垂直和平整度情况。

(3)桩体的裂缝、缺损和漏桩情况。

(4)桩体强度和均匀性。

(5)桩顶和路面顶板的连接情况。

(6)桩顶水平位移量。

(7)坑底渗漏情况。

(8)坑底隆起情况。

对于水泥土搅拌桩的检测,由于试验设备等因素的限制,只能限于浅层。对于深层强度与变形、施工桩长及深度方向水泥土的均匀性等的检测,目前尚没有更好的方法,有待于今后进一步研究解决。

第二节　高压喷射注浆法施工工艺

一、概述

高压喷射注浆(Jet Grouting)法简称为高喷法或旋喷法。高压喷射注浆法是在有百余年历史的注浆法的基础上发展引入高压水射流技术,所产生的一种新型注浆法。它具有加固体强度高、加固质量均匀、加固体形状可控的特点,已成为被国内工程界普遍接受的、多用、高效的地基处理方法。

高压旋喷注浆法适用于处理淤泥、淤泥质黏土、黏性土、粉土、黄土、砂土、人工填土和碎石土等地基,当土中含有较多的大颗粒块石、坚硬黏性土、大量植物根茎或有过多的有机质时,应根据现场试验结果确定其适用程度。

高压喷射注浆法可用于既有建筑和新建建筑的地基处理,也可用于截水、防渗、抗液化和土锚固定等。高压喷射注浆法的加固体可用作挡土结构、基坑底部加固、护坡结构、隧道棚拱、抗渗帷幕、桩基础、地下水库结构、竖井斜井等地下围护和基础。高压喷射注浆法的应用领域广泛,铁道、煤炭、采矿、冶金、水利、市政建设等部门都有旋喷法的应用市场。

高压喷射注浆是指先利用钻机把带有喷嘴的注浆管,钻入土层的预定位置,然后将浆液或水以高压流的形式从喷嘴里射出,冲击破坏土体,高压流切割搅碎的土层,呈颗粒状分散,一部分被浆液和水带出钻孔,另一部分则与浆液搅拌混合,随着浆液的凝固,组成具有一定强度和抗渗能力的固结体。固结体的形状取决于喷射流的方向。当喷射流以360°回转,且喷射流由下而上地提升时,固结体的截面形状为圆形,称为旋喷;而当喷射流的方向固定不变时,固结体的形状如板状或壁状,称为定喷。当喷射流在一定的角度范围内来回摆动时,就会形成扇形或楔形的固结体,称为摆喷。定喷和摆喷两种方法通常用于建造帷幕状抗渗固结体,而旋喷形成的圆柱状固结体,多用作垂直承载桩或加固复合地基。

由于高压喷射流的压力衰减很快,即使喷射压力很高也不能达到高效率地破坏土体的目的。然而,当在高压喷射流外部喷射高速、高压气流后,有效喷射距离则明显增加。因此,根据不同工程的使用要求,高压喷射注浆一般有如下几种形式:

(1)单管喷射流——利用钻机等设备,把安装在注浆管底部侧面的特殊喷嘴,置入土层预定的深度,用高压泥浆泵以大于 25 MPa 的压力,把浆液从喷嘴射出,破坏土体,并使浆液和土搅拌混合口喷浆管不断旋转提升,在土中形成柱状固结体。

(2)双重管喷射流——在高压浆液喷射流和外部环绕压缩空气喷射流,复合式高压喷射,可使破坏土体的能量增大,固结体直径增加。

(3)三重管喷射流——由高压水和外部环绕的压缩空气、一定压力的浆液组成喷射流,破坏土体的能量较上两者都大。

二、高喷加固机制

(一)高压喷射破坏土体

高压喷射破坏土体的机制可以主要归纳为以下几类:

(1)流动压——高压喷射流冲击土体时,由于能量高度集中地作用于一个很小的区域,这个区域内的土体结构受到很大的压力作用,当这些外力超过土的临界破坏压力时,土体便发生破坏。

(2)喷射流的脉动负荷——当喷射流不停地脉冲式冲击土体时,土粒表面受到脉动负荷的影响,逐渐积累起残余变形,使土粒失去平衡而发生破坏。

(3)水块的冲击力——由于喷射流继续锤击土体产生冲击力,促进破坏的进一步发展。

(4)空穴现象——当土体没有被射出孔洞时,喷射流冲击土体以冲击面的大气压为基础,产生压力变动,在压力差大的部位产生空洞,呈现出类似空穴的现象,在冲击面上的土体被气泡的破坏力所腐蚀,使冲击而破坏。此外,空穴中由于喷射流的激流激烈紊流,也会把较软的土体淘空,造成空穴破坏,使更多的土粒发生破坏。

(5)水楔效应——当喷射流充满土层时,由于喷射流的反作用力,产生水楔,楔入土体裂隙或薄弱部分,这时喷射流的动压变为静压,使土体发生剥落,裂隙加宽。

(6)挤压力——喷射流在终期区域能量衰减很大,不能直接破坏土体,但能对有效射程的边界土产生挤压力,对四周土有压密作用,并使部分浆液进入土粒之间的空隙里,使固结体与四周土紧密相依,不产生脱离现象。

(7)气流搅动——空气流具有将已被水或浆液的高压喷射流破坏了的土体,从土的表面迅速吹散的作用,使喷射流的作用得以保持,能量消耗得以减少,因面增大了高压喷射流的破坏能力。

(二)水泥与土的固化机制

高压喷射所采用的硬化剂主要是水泥,并增添防治沉淀或加速凝固的外加剂。旋喷固结体是一种特殊的水泥—土网络结构,水泥土的水化反应要比纯水泥浆复杂得多。

由于水泥土是一种空间不均匀材料,在高压旋喷搅拌过程中,水泥和土被混合在一起,土颗粒间被水泥浆所填满。水泥水化后在土颗粒的周围形成了各种水化物的结晶。它们不断地生长,特别是钙矾石的针状结晶,很快地生长交织在一起,形成空间的网络结构,土体被分隔包围在这些水泥的骨架中,随着土体不断地被挤密,自由水也不断减少、消失,形成了一种特殊的水泥土骨架结构。

水泥的各种成分所生成的胶质膜逐渐发展连接为胶质体,即表现为水泥的初凝状态。随着水化过程的不断发展,凝胶体吸收水分并不断扩大,产生结晶体。结晶体与胶质体相互包围渗透,并达到一种稳定状态,这就是硬化的开始。水泥的水化过程是一个长久的过程,水化作用不断地深入到水泥的微粒中,直到水分完全被吸收,胶质凝固结晶充满。在这个过程中,固结体的强度将不断提高。

固结体抗冻和抗干湿循环,一般在 $-20\ ℃$ 条件下,凝固后的固结体是稳定的,因此在冻结温度不低于 $-20\ ℃$ 条件下,固结体可用于永久性工程。

三、加固土性状

(一)直径

旋喷加固体的直径与土的种类和密实程度有着密切的关系,表 2-5-2 为旋喷加固体直径的经验值。

表 2-5-2　旋喷加固体直径的经验值

土质		单管(m)	双重管(m)	三重管(m)
砂性土	$N < 10$	1.2 ±0.2	1.6 ±0.3	2.2 ±0.3
	$10 \leqslant N < 20$	0.8 ±0.2	1.2 ±0.3	1.8 ±0.3
	$20 \leqslant N < 30$	0.6 ±0.2	0.8 ±0.3	1.2 ±0.3
黏性土	$N < 10$	1.0 ±0.2	1.4 ±0.3	2.0 ±0.3
	$10 \leqslant N < 20$	0.8 ±0.2	1.2 ±0.3	1.6 ±0.3
	$20 \leqslant N < 30$	0.6 ±0.2	0.8 ±0.3	1.2 ±0.3
砾石	$20 \leqslant N < 30$	0.6 ±0.3	1.0 ±0.3	0.2 ±0.3

(二)固结体形状

在均质土中旋喷的圆柱体比较匀称。在非均质土或裂隙土中,圆柱体的表面可能长出翼片。由于旋喷的脉动和提升速度不均匀,固结体外表很粗糙。三重管旋喷的固结体受气流影响,在黏土中外表格外粗糙。固结体的形状可以通过喷射参数来加以控制。在深度大的土中如果不采取其他的措施,旋喷固结体可能出现上粗下细的形状。

(三)固结体的密度

固结体内部的土粒少并含有一定量的气泡,所以固结体的重量较轻,和原状土的密度接近。黏性土固结体比原状土轻约10%;但砂类土固结体也可能比原状土重10%左右。

(四)固结体强度

固结体强度的大小取决于土体的性质和旋喷的材料。软黏土的固结体强度大于砂类土的固结体强度。旋喷固结体的强度在横断面上,中心较低,外侧较高。与土交界的边缘处有一圈坚硬的外壳。

固结体的抗拉强度一般是抗压强度的 1/5 ~ 1/10。固结体强度是不均匀的,不均匀性主要来自三个方面:结石体内土的干重量和水泥重量之比称为土灰比。①旋喷桩体不同部位的结石体内的土灰比不同,一般桩的顶部 1 ~ 3 m 的范围内土灰比较大,可达 2 ~ 3,向下土灰比趋于稳定,为 0.5 ~ 0.8。②从桩中心到桩边缘,土灰比的值也是由大变小;施工方法、土层内的含水量均可影响到总水灰比值。③水泥浆液的泌水沉降对水灰比影响很大,泌水会使桩顶部的水灰比大大高于桩下部;在冬季施工时,还可能存在因环境温度影响导致桩顶部的区域的温度较低,造成桩身强度的不均匀。

(五)旋喷浆液的凝结时间

影响制品浆液凝结时间的主要因素有水泥品种、环境温度、水灰比及外加剂。不同种类水泥的凝结时间差别很大,它和水泥的化学组成有关,如高铝水泥和硫铝酸盐水泥是速凝性的,而矿渣硅酸盐水泥比一般的硅酸盐水泥凝结要慢,不同厂家生产的水泥凝结时间相差也很大。

(六)透气透水性

固结体的透气透水性差,其渗透系数可达 $10^{-6} \sim 10^{-7}$ cm/s。

四、地质勘察

旋喷法加固方案设计前需进行以下调查准备工作。

(一)工程地质勘探和土质调查

工程地质勘探和土质调查包括所在区域的工程地质概况,基岩形态、埋深和物理力学性质,各土层层面状态,土的种类和颗粒组成,化学成分、有机质和腐殖酸含量、天然含水量,液限、塑限、c 值、φ 值、N 值、抗压强度、裂隙通道和洞穴情况等。资料中要附有各钻孔的柱状图和地质剖面图。钻孔间距按一般建筑物详细勘查时的要求进行,但当水平方向变化较大时,宜适当加密孔距。用旋喷体作端承桩时,应注意持力层顶面的起伏变化情况。用作摩擦桩时,应注意土层的不均匀性,有无软弱夹层。作端承桩时应钻至持力层下 $2 \sim 3$ m。如在此范围内有软弱下卧层,应予钻穿,并达到厚度不小于 3 m 的密实土层。如需计算沉降,应至少钻至压缩层下限。作摩擦桩时,钻孔不应小于设计深度。

(二)水文地质情况

水文地质情况包括地下水位高程,各层土的渗透系数,近地沟、暗河的分布和连通情况,地下水特性,硫酸根和其他腐蚀性物质的含量,地下水的流量和流向等。

(三)环境调查

环境调查包括地形地貌,施工场地的空间大小和地下结构、地下管线、地下障碍物的情况;材料和机具的运输道路,排污条件和周围重要的结构物、保护性结构物、民居等的情况。

(四)室内试验和现场试验

为了解喷射注浆后固结体可能具有的强度,决定浆液合理的配合比,必须取现场的各层土样,按不同的含水量和浆液配合比进行室内配方试验,优选出最合理的浆液配方。

对规模较大及较重要的工程,设计完成后,要在现场进行成桩试验,查明旋喷固结体的强度和直径,验证设计的可靠性和安全度。

五、施工方法

(一)施工工艺

高压喷射注浆在施工前必须做好以下准备工作:

(1)熟悉旋喷设计图纸及有关资料、要求,并编写施工组织设计。

(2)复查施工现场的地下埋设物,做好危险标志,定出桩位和标高。根据施工平面图的要求开挖施工槽、排水沟、集水坑和泥浆沉淀池。检查进场设备完好情况。

(3)正式施工前必须试喷,通过试喷检查桩位、核对地质资料,确定正式施工的技术参数。

国内旋喷工艺施工参数参见表 2-5-3。

表 2-5-3　国内旋喷工艺施工参数

高压喷射种类			单管法	双重管法	三重管法
适用土类			砂土、黏性土、黄土、杂填土、砾石		
浆液材料和配方			以水泥为主料,加入不同的外掺剂,常用水灰比为1:1		
高压喷射施工参数	水	压力(MPa)	—	—	20
		流量(L/min)	—	—	80～120
		喷嘴孔径(mm)	—	—	$\phi 2 \sim 3$
	空气	压力(MPa)	—	0.7	0.7
		流量(L/min)	—	1～2	1～2
		喷嘴个数	—	1～2	1～2
	浆液	压力(MPa)	20	20	1～3
		流量(L/min)	80～120	80～120	100～150
		喷嘴孔径(mm)喷嘴个数	$\phi 2 \sim 3$(两个)	$\phi 2 \sim 3$(一两个)	$\phi 10$(两个)～$\phi 14$(一个)
	旋喷管外径(mm)		$\phi 42,\phi 45$	$\phi 42,\phi 50,\phi 75$	$\phi 75,\phi 90$
	提升速度(cm/min)		20～25	10～20	10～20
	旋转速度(r/min)		10～20	10～20	10～20

高压喷射注浆的施工工艺流程见图 2-5-1,无论是单管还是双重管或三重管施工,操作的流程都大致相同。

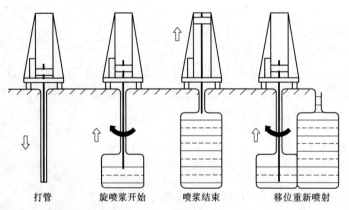

打管　　　旋喷浆开始　　　喷浆结束　　　移位重新喷射

图 2-5-1　高压喷射注浆的施工工艺流程

1. 钻机就位

根据设计的平面坐标位置进行钻机就位,要求将钻头对准孔位中心,同时钻机平面应放置平稳、水平,钻杆角度和设计要求的角度之间偏差应不大于1%～1.5%。

2. 钻孔

在预定的旋喷桩位钻孔,以便旋喷杆可以放置到设计要求的地层中。钻孔的设备,可以用普通的地质钻机或旋喷钻机。

3. 插管

当采用旋喷注浆管进行钻孔作业时,钻孔和插管二道工序可合二为一,钻孔达到设计深度时即可开始旋喷;而采用其他钻机钻孔时,应拔出钻杆,再插入旋喷管。在插管过程中,为防止泥沙堵塞喷嘴,可以用较小的压力边下管边射水。

4. 喷射和复喷

自下而上地进行旋喷作业,旋喷头部边旋转或在一定的角度范围内来回摆动边上升,此时旋喷作业系统的各项工艺参数都必须严格按照预先设定的要求加以控制,并随时做好关于旋喷时间、用浆量、冒浆情况、压力变化等的记录。

根据设计的桩径或喷射范围的要求,还可以采用复喷的方法扩大加固范围,在第一次喷射完成后,重新将旋喷管插入设计要求复喷位置,进行第二次喷射。

5. 冲洗

旋喷管被提到设计标高顶部时,该孔的喷射即告完成,将卸下的旋喷管逐节拆下,进行冲洗,以防浆液在管内凝结堵塞。一次下沉的旋喷管可以不必拆卸,直接在喷浆的管路中泵送清水,即可达到清洗的目的。

6. 移动设备

钻机移动到下一孔位。

(二)施工机械设备

高压喷射注浆的设备由造孔系统、供水系统、供气系统、制浆系统、供浆系统和喷射系统组成。因喷射种类不同,所使用的设备种类和数量均不同。高压喷射注浆设备流程见图2-5-2;高压喷射注浆的主要施工设备及参数见表2-5-4。

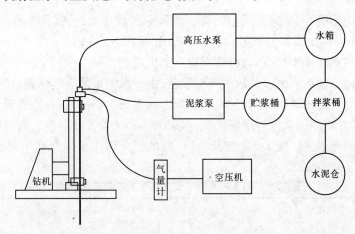

图 2-5-2　高压喷射注浆设备流程

表 2-5-4　高压喷射注浆的主要施工设备及参数

序号	名称		单管	双重管	三重管
1	喷嘴	直径	2～3 mm	2～3 mm	2～3 mm
		个数	2	1～2	1～2
2	旋喷钻机	转速	20 r/min	20 r/min	5～15 r/min
		提速	20 cm/min	0～50 cm/min	5～25 cm/min
3	高压泥浆泵	压力	20～30 MPa	20～30 MPa	
		流量	20～60 L/min	20～60 L/min	
4	高压水泵	压力			20～50 MPa
		流量			70～75 L/min
5	成孔钻机	孔径			φ 15～20 mm
6	泥浆泵	压力			1～7 MPa
		流量			50～150 L/min
7	空压机	压力		0.7～1 MPa	0.7～1 MPa
		流量		1～3 m³/min	1～6 m³/min
8	泥浆搅拌机				
9	旋喷管				
10	旋喷		φ 19～22 mm		

1. 造孔系统

造孔系统由钻机、泥浆泵组成。钻机一般采用回转式钻机,钻孔直径一般为φ130～150 mm,根据不同的土质和地下障碍物的情况,也可用其他钻机,单独进行钻孔作业。当旋喷固结范围内有大体积孤石时,可先用地质钻机造孔。

泥浆泵是用于输送水泥系浆液的主要设备,由于水泥系浆液是颗粒状的,对设备的密封系统和缸体有一定的磨损,磨损后吸入和排出的浆液不稳定,容易造成流量的下降。在单管法中,必须使用高压泵作为送浆设备,双重管法和三重管喷射施工则允许使用一般灌浆施工中常用的泥浆泵。表 2-5-5 和表 2-5-6 列出了普通注浆泵和高压泵的主要技术参数。

表 2-5-5　SYB－50/501 型注浆泵的主要技术参数

柱塞直径(mm)	75	90	柱塞直径(m)	75	90
冲程(次/min)	50	50	外形尺寸	1 340 mm×370 mm×900 mm	
流量(L/min)	35	50	质量(t)	260	
压力(MPa)	0.5	0.32			

表 2-5-6　常用高压泵注浆系列

名称	压力(MPa)	流量(L/min)	产地
ACF - 700	70	70	中国
TX - 150	70	60	中国
高压柱塞泵	20 ~ 40	50 ~ 70	日本
HFV - 2D 注浆泵	20	20 ~ 100	日本
超高压脉冲泵	0 ~ 60	0 ~ 30	日本
SNC - H300	30	40 ~ 60	兰州

2. 供水系统

供水系统由高压水泵、压力表、高压截止阀、高压管和供水泵等组成。高压水泵是旋喷注浆中的关键设备,要求压力和流量稳定并能在一定的范围内调节。高压旋喷一般要求喷射口的压力达到 15 ~ 25 MPa 以上,出口流量为 50 ~ 100 L/min。

高压截止阀用于调节工作压力,排泄高压水。高压胶管的工作压力为 60 ~ 80 MPa。供水泵采用潜水泵或离心泵,其流量一般为 15 m³/min,扬程 25 m 高压管采用六层钢丝缠绕胶管。

3. 供气系统

供气系统由空压机、流量计、输气管组成。空压机通常使用可移式 YV6/8 型压缩机。排气量通过转子流量计测量和调控。输气胶管采用 ϕ 19 mm 多层夹布胶管。

4. 制浆系统

制浆系统的主要设备是上料机和浆液搅拌机、浆液贮浆桶。泥浆搅拌机可选用普通灌浆工程用的造浆系统。为使浆液高速搅拌,达到均匀混合的目的,可采用 M - 200 型外循环式高速搅拌机,见表 2-5-7。表 2-5-8 为 SS - 400X 型搅拌式贮浆桶。

表 2-5-7　M - 200 型外循环式高速搅拌机

有效容积	200 L
制浆能力	1 m³/h
出浆口直径	50 mm
进浆口直径	32 mm
动力	电动机 J02 - 32 - 4,3 kW,1 430 r/min
外形尺寸	2 000 mm × 880 mm × 1 700 mm

表 2-5-8　SS - 400X 型搅拌式贮浆桶

容积	400 L
出浆口直径	50 mm
进浆口直径	32 mm
动力	电动机 J02 - 11 - 4,0.6 kW,1 280 r/min
外形尺寸	1 100 mm × 950 mm × 1 450 mm
搅拌转速	345 r/min

5.喷射系统

喷射系统是高压旋喷灌浆设备的中心工作系统。由垂直支架、卷扬机、旋摆机、喷射管、导流器、旋喷喷嘴组成。垂直支架安装在可移动的或步履式的台车上,而旋喷杆的上下移动则是通过卷扬机或动力履带实现。旋摆机使旋喷管以旋、定、摆三种喷射形式工作。进行喷射作业时,水、气、浆通过导流器,由静止的胶管进入旋转的旋喷钻杆。

六、质量检验

(一)质量检验项目

旋喷加固体在地下施工,属于隐蔽工程。其质量检验可以采用开挖检查、钻取岩芯、标准贯入、载荷试验或压水试验等多种方法进行。

检验的主要内容如下:

(1)固结体的物理性状,包括整体性和均匀性。

(2)固结体几何特征,包括有效直径、深度范围和垂直度等。

(3)固结体的强度特性和抗渗性能,其中包括水平承载力、垂直承载力、变形模量、抗渗系数、抗冻性和抗酸碱腐蚀性。

(4)固结体的溶蚀和耐久性等。

检验点应布置在下列部位。

(1)建筑荷载大的部位。

(2)防水帷幕的中心线上。

(3)施工中出现异常情况的部位。

(4)地质情况复杂可能对高压旋喷注浆产生影响的部位。

检验点的数量为旋喷孔数量的 2% ~5%,对不足 20 孔的工程,至少应检验 2 个点。不合格者应进行补喷。质量检验应在旋喷施工结束四周后进行。

(二)开挖检验

对浅层的固结体进行检验时,一般采用比较直观的开挖检验方法,这可检查加固体的形状和加固范围的大小,也可对固结体取样,进行必要的强度试验,但是必须注意的是,浅层土加固体的性质指标和深层加固体的指标有很大的差异,当对深层土的指标有一定要求时,仍然应采用其他的检查方法对深层旋喷体进行检验。

(三)室内试验

在工程设计以前,对不同的浆液加固地基土的配合比、不同龄期的浆土固结体进行强度试验,可以有效地掌握旋喷桩的多项主要设计和施工参数。同样,室内试验的结果也可用于和实际施工中的用浆量等情况相对照,获得有关固结体性能指标的推算值。有必要时还可以通过回归分析,建立两者之间的估算经验公式,作为检验方法的一项补充。

(四)岩芯取样

在已经成形的旋喷固结体上钻取岩芯,并将岩芯做成标准试件,进行室内物理力学试验。

(五)渗透试验

通过现场渗透试验,确定防渗帷幕的整体的抗渗性能。在地下水位较高的地区,渗透试验一般采用抽水法进行。

（六）标贯试验

在旋喷固结体的中心部位进行标准贯入试验，沿桩长方向每隔 $0.5 \sim 1.0$ m 做一次标贯值。根据标贯深度沿钻杆长的不同，对所得的标贯数值进行修正（见表2-5-9）。

表2-5-9　标贯 N 值的修正系数

钻杆长（m）	≤3	6	9	12	15	18	21
修正系数	1.0	0.92	0.86	0.81	0.77	0.73	0.70

（七）载荷试验

在旋喷固结体进行载荷试验之前，需对固结体的加载部位进行加强处理，以防固结体产生局部破坏。垂直载荷试验时，需在其顶部 $0.5 \sim 1.0$ m 的范围内浇筑 $0.2 \sim 0.3$ m 厚的钢筋混凝土桩帽；水平载荷试验时，在固结体的加载受力部位，应浇筑 $0.2 \sim 0.3$ m 厚的钢筋混凝土加载垫块，并考虑其不产生冲切破坏。

第三篇　临时帷幕围封截渗和基坑降水监测

第一章　临时帷幕围封截渗

第一节　止水帷幕布置

八里湾泵站基坑开挖属于大型深基坑开挖,基坑安全等级为1级。本工程场区地层中第④层轻粉质壤土层为主要潜水含水层,地下水位为37.6~38.0 m;第⑧层细砂厚12.97~13.7 m,层底高程10.03~10.30 m,属承压含水层,为场区主要含水层,具有强透水性、承压性,第⑧层砂层与东平湖水贯通性良好,因此泵房段考虑采用截渗墙围封基坑,从而完全截断透水层。泵房施工时段较长,基坑开挖较深,沿着主泵房基坑开挖边线外4 m处修筑围封平台,在围封平台上布置截渗墙,围封截渗墙结构:截渗墙顶高程37.5~19.5 m范围采用220 mm厚水泥土搅拌桩地下连续墙,高程19.5~8.0 m范围采用高压摆喷墙,水泥土搅拌桩连续墙和高压摆喷墙采用旋喷桩进行搭接(具体布置见图3-1-1)。

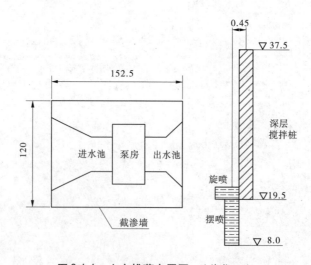

图3-1-1　止水帷幕布置图　(单位:m)

第二节 控制指标

水泥土截渗墙质量标准:套桩施工,两喷两搅,水泥采用 P. O42.5,水泥掺入量 13%,水灰比 1.3:1~1.5:1(根据施工溢浆量大小进行调整),提升速度为 0.8 m/min,垂直度小于 3‰,无侧限抗压强度大于 0.5 MPa,渗透系数 $k < 1 \times 10^{-6}$ cm/s,渗透破坏比降大于 100。

高压摆喷截渗墙质量标准:水泥采用 P. O42.5,水灰比为 1.0:1,高喷孔距 1.0 m,喷浆浆压 32~35 MPa,流量 70~80 L/min,气压 0.7 MPa,摆角 30°;提升速度 0.15 m/min;无侧限抗压强度大于 0.5 MPa;渗透系数 $k < 1 \times 10^{-6}$ cm/s,渗透破坏比降大于 100。

水泥土截渗墙与高压摆喷墙轴线距离 0.45 m,接头处采用 2 m 高的旋喷桩进行搭接处理,旋喷的提升速度为 0.08~0.10 m/min。

第三节 施工方法和技术措施

一、施工方法

本次防渗墙施工,采用水泥土搅拌桩与高压摆喷相结合的方法,中间连接段采用旋喷进行搭接,即:水泥土搅拌桩防渗墙墙底面以下为高压摆喷墙,上部与水泥土防渗墙搭接部位为旋喷,以保证结合部位的紧密性与连续性。

二、导向槽开挖及回填

导向槽开挖及回填的主要工作内容包括导向槽开挖、壤土回填等作业。

导向槽开挖:采用挖掘机配合人工开挖,开挖的土料平铺在平台顶部。

壤土回填:适用于截渗墙顶端裹护部分的壤土回填。挖掘机挖土自卸车运输人工填筑,蛙式打夯机夯实。

(1)土方填筑:填筑土料要填筑到设计要求的边线、坡度和高程,截渗墙顶端填筑部位上不符合要求的材料和顶端淤积的泥浆要予以清除。

(2)压实:分段填筑,各段设立标志,以防漏压、欠压和过压。采用蛙式打夯机夯实,压实度不小于 0.94。

(3)雨天与低温施工:雨前应及时压实作业面,当日降雨量大于 10 mm 时,应停止土方填筑施工,雨后应视现场情况及时复工。填筑面在下雨时行人不应践踏,并严禁车辆通行。雨后恢复施工,填筑面应经晾晒、复压处理,必要时应对表层再次进行清理,并经质检合格后及时复工。不宜在低温下施工;若具备保温措施,允许在气温不低于 −10 ℃ 的情况下施工。负温施工时应取正温土料,装土、铺土、碾压、取样等工序,都要采取快速连续作业;土料压实时的温度必须在 −1 ℃ 以上。在冬季施工时,填土中不得夹有冰雪,不得加水。如因雪停工,复工前须将填筑面积雪清理干净,检查合格后方能施工。

三、水泥土搅拌桩截渗墙工程

截渗墙轴线位置:截渗墙沿围封平台距基坑外侧坝肩 3 m 处布置。

水泥土截渗墙施工是利用特制的多头小直径深层搅拌桩机把水泥浆喷入土层深部,同时施加机械搅拌,并与原土充分搅拌相继搭接连续成墙。该法施工不需要开槽,直接搅拌成桩;墙体耐久性好、强度高,可避免动物钻洞对墙体的危害。设备选用多头小直径深层搅拌桩机。深层搅拌桩截渗墙是利用水泥作为固化剂,通过钻机在地基深处就地将土体和固化剂强制搅拌,固化剂、土体和水之间产生一系列的物理、化学反应,是土体固结成具有良好的整体性、稳定性和具有一定强度的水泥土截渗墙。

施工工艺为:①主机就位,钻头对准桩位并校正钻塔垂直度;②喷浆系统完成制浆操作后进行直喷;③传动系统驱动钻具正转钻进,喷浆系统进行喷浆到设计深度;④传动系统驱动钻机,反转提升,喷浆成桩至地基标高;⑤移位进入下一个桩位;⑥移动一个施工步距后,对准桩位调平,重复前述过程,完成后续施工单元。

(一)材料

(1)水泥:水泥搅拌桩浆液应采用 P.O42.5 普通硅酸盐水泥拌制,水泥应符合 GB 175—1999 规定的质量标准,不能使用结块水泥。

(2)水:水泥搅拌桩浆液拌和用水水质应符合《混凝土拌合用水标准》(JGJ 63—89)的规定,未经处理的工业废水不能使用。

(3)外加剂:各种外加剂的质量应符合《水工混凝土外加剂技术规程》(DL/T 5100—1999)的有关规定,其掺量应通过试验确定。

(4)浆液配制:水泥掺入量要按配合比试验结果取用,在满足渗流、抗压强度等指标前提下,水泥掺入量不小于被加固土体重量的 13%;对不同批号的水泥及各种不同配比的浆液取样,制作试件进行浆液和浆液固体及浆液与土料搅拌混合体的物理性能、力学性能试验,并将试验成果报送项目监理审批;浆液性能试验的内容为:比重、黏度、稳定性、初凝时间、终凝时间;凝固体的物理性能试验内容为:抗渗指标、抗压强度、抗折强度;施工所用水泥浆液水灰比应为项目监理批准的指标,水泥浆液存放的有效时间,要符合下列规定;当气温在 10 ℃以下时,不宜超过 5 h;当气温在 10 ℃以上时,不宜超过 3 h;当浆液存放时间超过有效时间时,应按废浆处理;浆液存放时应控制浆体温度在 5～40 ℃内,如超出上述规定要弃除。

(二)施工准备

施工前,根据业主提供的地质资料进行水泥土搅拌桩截渗墙段的地质复勘工作,沿截渗墙轴线间隔 50 m 布设一个勘测孔(可利用先导孔),并与业主提供钻孔错开,编制槽段地质复勘剖面图,供截渗墙槽段划分和布置。

按设计要求对截渗墙轴线进行施工放线,设置轴线控制点,在截渗墙轴线处,开挖施工导向槽,清除堤顶一切障碍物,以保证桩机水平。

用吊车将钻机就位,调平主机;安装水泥浆制备系统,用压力胶管连接灰浆泵出口与深层搅拌机的输浆管进口。然后进行试运转,试运转时,电网电压要保持额定工作电压,电机工作电流不得超过额定值。调整搅拌轴旋轴速度,不得超过设计规定的 10%。输送浆液管路和供水通畅,各种仪表要能正确显示,监测数据准确。

水泥土截渗墙正式施工前,按设计要求在截渗墙轴线上进行试验试桩。通过试桩,确定浆液的配合比、输浆的工作压力、输浆量和与之相匹配钻头下沉、提升速度,以及相应允许电流等参数,之后再开始正式施工。

(三)水泥土搅拌桩截渗墙施工

使用多头小直径深层搅拌桩机就位,主机调平。通过主机的动力传动装置,带动主机上的多个并列的钻杆转动,并以一定的推进力使钻杆的钻头向土层推进到设计深度,然后提升搅拌至孔口。

在上述过程中,通过水泥浆泵将水泥浆由高压输浆泵管输进钻杆,经钻头喷入土体中,在钻进和提升的同时,水泥浆和原土充分拌和,具体步骤如下:

(1)多头小直径桩机就位(第一单元第一序桩)主机调平。

(2)启动主机,多头钻杆同时转动,同时喷浆,同时钻进,下沉至设计深度。

(3)重复喷浆搅拌提升到地面,第一序桩完成。

(4)主机上机架第一次纵移至第二序桩位,两序桩搭接尺寸按设计要求,调平主机。

(5)重复上述动作,第二序桩完成。多次重复上述过程,形成一道防渗墙。向集料斗中注入适量清水,开启灰浆泵,清洗全部管路中残存的水泥浆,直至基本干净,并将黏附在搅拌头的软土清洗干净。

(四)施工中要注意的事项及要求

(1)要按设计要求放样定位,孔位偏差 ±5 cm,搅拌机沿导向架下沉,偏差率不大于0.5%,保证墙体的垂直度偏差不超过0.3%,桩径偏差不得大于4%,墙体嵌入相对不透水层的深度要达到设计要求。

(2)通过成墙试验确定浆液的配合比、输浆量和与之相匹配的钻头下沉、提升速度等参数,并报项目监理批准。水泥浆液要严格过滤,并在灰浆拌制机与集料斗之间设一道过滤网。水泥浆要随配随用。为防止水泥浆发生离析,在灰浆拌制机中不断搅动,待压浆前才缓慢倒入集料斗中。

(3)供浆供水必须连续。一旦中断,要将旋喷管下沉至停供点以下0.5 m,待恢复供料时再旋喷提升。当因故停机0.5 h时,要对泵体和输浆管路妥善清洗。

(4)当浆液达到出浆口后,要在桩底喷浆30 s,使浆液完全到达桩端。喷浆口提升到达设计桩顶时,要停止提升,搅拌30 s,以保证桩头均匀密实。

(5)记录搅拌机每米下沉和提升的时间。深度记录误差不得大于100 mm,时间记录误差不得大于5 s。在搅拌压浆作业过程中,要及时准确填写施工记录。记录表格式要符合项目监理指示和有关规定。每根搅拌桩施工完毕,应向集料斗中注入清水,开启灰浆泵,清洗全部管路中残存的水泥浆,并将黏附在搅拌头的软土清洗干净。

(6)水泥浆液搅拌时间不得小于3 min,水泥浆液自制备到用完时间不宜超过2 h,每米用浆量必须满足设计要求。对具有孔洞和缝隙的土层,用浆量要以孔口微有翻浆为控制标准。

(7)现有桩机水平机架设有三个水准标点,三点调平后,保证导向架垂直度偏差不超过0.3%。为保证墙体的垂直度,整个成墙过程均要有人随时查看水准点位置的变化,并随进调整。施工中发生的问题及处理情况要在记录中注明。

(五)桩间接头处理

本工程桩间接头采用套桩施工工法,桩与桩的搭接间歇时间不要大于 24 h。如因特殊原因超过 24 h,要对最后一根桩先进行空钻流出榫头,以待下一批桩搭接;如间歇时间过长,与后续桩无法搭接,采取局部补桩或注浆措施。

四、高喷截渗墙工程

(一)浆液要求

(1)高压喷浆用的浆液主要材料为水泥,水泥在使用前应做质量鉴定,搅拌水泥浆液所用的水应符合混凝土拌和用水的标准。

(2)高喷用水泥浆液,可根据工程需要加入适量的外加剂及掺合料构成复合浆液。所用外加剂和掺合料的数量,应通过试验确定。

(3)高喷用水泥浆液应根据工程需要选用,并应符合下列要求:

采用 P. O42.5 普通硅酸盐水泥,要减缓水泥浆液沉淀速度及保持良好的可喷性,可在其内加入 3% 水泥重量的膨润土和 3% 膨润土重量的碳酸钠,膨润土的细度应在 200 目,但在使用前应报监理人批准。

膨润土和碳酸钠添加料应先在容器内稀释搅拌均匀,然后倒入水泥浆液内混合搅拌均匀。稀释膨润土和碳酸钠用的水量应计入总水量,膨润土和碳酸钠重量应计入总灰量。水泥应新鲜无结块,过 4 900 孔/cm² 筛筛余量不大于 5%。

(二)浆液制备

(1)承包人应对不同批号的水泥及各种不同配合比的浆液取样,制作试件进行浆液和浆液固体及浆液与土料搅拌混合体的物理性能、力学性能试验。

(2)浆液性能试验的内容为:比重、黏度、稳定性、初凝时间、终凝时间。

(3)凝固体的物理性能试验内容为:抗渗指标、抗压强度、抗折强度。

(4)施工所用水泥浆液水灰比应为项目监理批准的指标,水泥浆液存放的有效时间,应符合下列规定:

①当气温在 10 ℃ 以下时,不宜超过 5 h;

②当气温在 10 ℃ 以上时,不宜超过 3 h;

③当浆液存放时间超过有效时间时,应按废液处理;

④浆液存放时应控制浆体温度在 5 ~ 40 ℃ 范围内,如超出上述规定应弃除。

(三)喷浆施工

(1)承包人应按设计图纸文件要求形成施工平台,施工平台高程误差控制在 15 cm 的范围内。

(2)承包人应按图纸文件的孔位布置进行放样钻孔,孔位偏差≤5 cm。成孔方式宜采用工程地质钻机或液压岩土工程根管钻机钻凿成孔,孔径 110 ~ 150 mm。钻孔施工的倾斜率不应大于 0.5%。孔深应满足设计要求,采用悬挂式高喷防渗墙时,桩深不得小于设计深度;采用阻断式高喷防渗墙时,桩身深入相对隔水层或设计地层内的深度应达到设计要求深度。

（3）为了掌握地层岩性和确定防渗墙底线高程,应沿防渗墙轴线每间隔50 m 布设一个先导孔,局部地段地质条件变化比较严重的部位,应适当加密钻进先导孔。其深度应大于高喷墙设计深度5 m,并按勘测孔的要求施工。先导孔应钻取芯样进行鉴定,并描述给出地质剖面图,指导施工。

（4）使用钻机成孔必须注入泥浆固壁或边固边钻,以便顺利成孔和保证孔壁稳定。拔出芯样管(钻具)换上高喷喷管并将其插入钻孔孔底深度。孔的偏斜度和喷管喷嘴插入的深度必须得到监理人的验证。

（5）承包人所使用的固壁泥浆应通过试验确定,确定选用的泥浆性能标准应报送监理人批准。泥浆的定性标准:以膨润土、烧碱等材料组成的高固相护壁泥浆就稠度而言,一般泥浆可水平送出;泥浆在孔内不硬化固结,7～10 d 内高喷杆能顺利插入孔底;泥浆在空隙内基本不流动,不凝聚,pH 值为8～10,比重约为1.1。

（6）承包人应根据设计图纸文件或监理人的指示实施高压旋喷、摆喷,高压旋喷和摆喷注浆参数可参考围井试验各项高喷参数指标或表3-1-1选用。

表3-1-1　常用高喷灌浆技术参数表

参数及条件		两管法	三管法
水	压力(MPa)	—	35～40
	流量(L/min)	—	75
	喷嘴数量(个)	—	2
	喷嘴直径(mm)	—	1.7～1.9
气	压力(MPa)	0.6～0.8	0.6～0.8
	流量(m^3/min)	0.8～1.2	0.8～1.2
	气嘴个数(个)	2	2
	环状间隙(mm)	1.0～1.5	1.0～1.5
浆	压力(MPa)	25～40	0.2～1.0
	流量(m^3/min)	70～100	60～80
	密度(g/cm^3)	1.4～1.5	1.5～1.7
	浆嘴个数(个)	2	2
	浆嘴直径(mm)	2.0～3.2	6～12
孔口回浆密度(g/cm^3)		不小于1.3	不小于1.2
提升速度 v (cm/min)	粉土层	10～20	10～20
	砂土层	10～25	10～25
	砂石层	8～15	8～15
	卵(碎)石层	5～10	5～10
旋喷	旋转速度(r/min)	v 值的0.8～1.0	
摆喷	摆动次数(次/min)	v 值的0.8～1.0	
	摆度(°) 粉土和砂土层	15～30	
	砾石、卵(碎石)石层	30～90	

（7）当喷嘴管插入钻孔孔底深度时,应及时按设计配合比制备好水泥浆液,并应按以

下步骤进行操作:

①按设计转速原地旋转喷浆管。

②按设计喷浆方法,输入水泥浆液、水和压缩空气,提升喷杆使喷浆嘴至防渗墙底线高程。

③按设计的提升速度提升旋摆喷灌,进行由下而上的喷浆注浆作业。

(8)当高喷为摆喷方式时,其摆动角度、摆动频率及提升速度等应能满足设计要求。

(9)水泥浆液应严格过滤,并按喷嘴直径设置两道过滤装置;在制备水泥浆液搅拌罐和泥浆泵搅拌罐之间设一道过滤网,在泥浆吸浆管尾部设一过滤器。

(10)在高喷作业过程中,应经常测试水泥浆液的进浆和回浆比重。当浆液比重与上述规定水灰比的浆液比重值误差超过 0.1 时,应立即暂停喷浆作业,并应立即重新调整浆液水灰比,然后迅速恢复喷浆作业。

(11)水泥浆液应随配随用,并应在高喷作业过程中连续不停地搅拌。一次搅拌量宜为 1.0 m^3。

(12)在高喷作业过程中,拆卸注浆管节后,重新进行高喷作业的搭接长度不应小于 0.3 m。若供风、水、电中断后,重新进行高喷作业的搭接长度不应小于 0.5 m。

(13)高喷作业应分两序施工,单个高喷桩(孔)应连续喷射作业,相邻桩(孔)的作业间隔时间在 12~72 h。

(14)喷浆过程中,应按设计文件要求或监理人指示经常检查、调整高压泥浆(水)泵或低压泥浆泵的压力、浆液流量、空压机风压和风量、钻机旋转和提升速度以及实际的浆液耗用量。

(15)高喷注浆过程中,冒浆量小于注浆量的 20% 时为正常现象。超过 20% 或完全不冒浆时,承包人可采取下列措施:

①当地层中有较大空隙引起不冒浆时,可在空隙地段增大注浆量,填满空隙后再继续喷射。

②当冒浆量过大时,可通过提高喷射压力或适当缩小喷嘴孔径,或加快旋转和提升速度,减少冒浆量。但应得到监理人批准。

(16)供浆、供气、供水必须连续。一旦中断,应将旋喷管下沉至停供点以下 0.5 m,待恢复供应时再喷浆提升。当因故障停机超过 3 h 时,应对泵体和输浆管路妥善清洗。

(17)当喷浆管提升接近桩顶时,应从桩顶以下 1.0 m 开始,慢速提升喷浆至桩顶,喷浆数秒。

(18)高喷灌浆施工过程中,宜采用自动记录仪。自动记录仪应具有监测提升速度、高压喷射压力、浆液流量和密度等四个参数的功能。

(19)施工中应及时如实记录高喷灌浆的各项参数、浆液材料用量、异常现象及处理情况等。记录表格式应符合监理人指示和有关规定;否则,其喷浆作业将被认为不合格。

(20)高喷作业完成后,应不间断地将冒出地面的浆液回灌到喷浆孔内,直到孔内的浆液面不再下沉为止。

(21)每个喷浆孔施工完毕,应用清水把泥浆泵和管路内的残留浆液全部喷射排出。钻具及其他设备,应用低压水冲洗干净,并应架起高喷管设备,离地存放。

（四）间接头处理

（1）高喷墙与水泥土搅拌桩截渗墙接头处，当水泥土搅拌截渗墙先期施工完毕时，承包人应待水泥土搅拌桩截渗墙施工完成 7 d 后，才能开始钻孔和喷射高喷墙，并将高喷孔与水泥土搅拌桩截渗墙的距离控制在 0.45 m。垂直方向搭接采用高压旋喷结合，搭接长度不小于 2.0 m。结合部的高喷施工应适当减慢旋转和提升速度。

（2）当高喷墙与水泥土搅拌桩截渗墙接头处高喷墙先于截渗墙施工完毕时，高喷墙应垂直穿过水泥土搅拌桩截渗墙轴线 1.5 m，水泥土搅拌桩截渗墙施工时间应在高喷墙施工后 24～72 h 的时间区间实施。在水泥土搅拌桩截渗墙形成 7 d 后，应在水泥土搅拌桩截渗墙背水侧，高喷墙与水泥土搅拌桩截渗墙相交的两个角处各补一个高喷孔喷浆成桩。

（五）质量要求及主要技术指标

（1）高喷墙质量技术指标要求如下：

高喷作业形成的单个桩柱直径不宜小于设计要求，单排旋喷孔成墙的有效厚度不应小于 40 cm，最小墙厚不小于 22 cm；摆喷有效厚度不应小于 20 cm，最小墙厚不小于 12 cm，且必须满足下列要求（保证率 95%）：①抗压强度：无侧限抗压强度大于 0.5 MPa；②墙体渗透系数：$k \leqslant 1 \times 10^{-6}$ cm/s；③允许渗透比降 $J \geqslant 100$。

当设计图纸文件另有指示时，按设计图纸文件指示的要求执行。

（2）无论何种原因造成的孔位和孔向偏差（或变动）超过规定值，都必须加补高喷孔，以确保高喷墙的可靠连接，并将加孔补喷措施和补喷情况资料报送项目部审批。

（3）承包人在喷浆施工作业过程中出现喷杆未到底、提升过快、旋转过快或过慢、不回浆或回浆比重偏低等任何一种不良情况连续施工完成的高喷孔段应补孔重新喷浆，并将补孔重喷措施和补孔情况资料报送监理人审批。

（4）承包人高喷墙施工作业范围内（轴线两侧各 15 m）的任何无用或废弃的钻孔或孔洞都必须用压浆泵自孔底底部自下而上压注浓水泥浆封填密实。承包人在堤防范围内实施的非要求永久保留的孔、洞、坑都必须用符合监理人指示要求的土料回填。

（六）高喷截渗墙技术参数（建议值）

（1）钻孔：孔径 150 mm，孔距 1 000 mm，孔位偏差不大于 50 mm。

（2）水泥掺入比不小于 13%。

（3）喷浆：浆压 32～35 MPa，流量 70 L/min；水压 38 MPa，流量 70 L/min；气压 0.7 MPa，摆角为 30°，摆喷提升速度在 0.15 m/min；旋喷提升速度控制在 0.08～0.10 m/min，旋喷角为 360°。

（4）为避免喷浆作业时相邻孔出现串孔现象，本工程采用两序喷浆成墙施工，示意图如图 3-1-2 所示，工艺流程如图 3-1-3 所示。

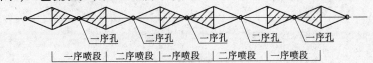

图 3-1-2　高喷墙施工示意图

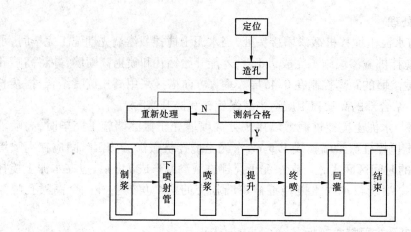

图3-1-3 高喷墙工艺流程图

第二章　降水及深基坑开挖监测

第一节　基坑监测方案设计与监测结果分析

一、基坑监控测量的目的

借助现场测量对边坡支护结构进行动态监测,并据以指导开挖作业和支护结构的施工,边坡支护动态监测也是大型基坑边坡开挖支护进行信息化施工的基本要求。现场测量是基坑开挖支护工程监控的重要手段,其目的在于了解基坑边坡的动态变形过程,掌握基坑边坡支护结构的稳定情况,判断基坑边坡支护体系的可靠程度;是直接为支护系统的下步设计和施工决策服务的,这是现场测量的基本出发点。同时,基坑监控测量也是对初始设计的完善和修正,是对基坑开挖施工的指导和调整。所以,必须把基坑支护监控测量贯穿于基坑开挖支护施工的整个过程中。

目前,基坑工程施工现场监测的主要监测项目有:基坑水平位移和沉降位移监测、地下水位观测,深层水平位移测斜监测。其目的:一方面是指导基坑边坡开挖和支护结构的施工,通过对基坑支护结构的变形观测,预测下一个施工工况时的数据信息,并根据实际变形观测值及预测值与设计时采用的值进行比较,必要时对设计方案和施工程序进行修正;另一方面是确保基坑支护结构、基坑边坡和相邻建筑物的安全。由于支护结构及被支护的基坑边坡变形过大会引起邻近建筑物的安全。通过基坑开挖过程中的周密监测,及时预报监测数据,建筑物的变形在正常范围时可保证基坑的顺利施工,在建筑物变形接近警戒值时,及时采取应急措施对基坑支护结构和周围建筑物进行保护,确保基坑支护结构和周围建筑物的安全与稳定,这是基坑监控的主要目的。

二、基坑监测的依据和监测的内容

(一)基坑边坡支护监测的依据

南水北调东线八里湾泵站基坑工程支护监测依据如下:

(1)《八里湾泵站工程地质勘察报告》2004年9月中水淮河工程有限责任公司。

(2)《建筑基坑支护技术规程》(JGJ 120—99)。

(3)《建筑基坑工程监测技术规范》(GB 50497—2009)。

(4)《建筑变形测量规范》(JGJ 8—2007)。

(5)《工程测量规范》(GB 50026—2007)。

(6)《城市地下水位动态观测规程》(CJJ/T 76—98)。

(二)基坑支护监测的内容

依据《建筑基坑工程监测技术规范》(GB 50497—2009)和《建筑基坑支护技术规程》

（JGJ 120—99）的要求，综合考虑基坑开挖深度、地基复杂程度及周围环境状况，确定基坑边坡安全等级为一级，并考虑基坑支护安全等级及基坑支护变形监控等级均按照一级要求。主要监测项目及布置点数如表3-2-1所示。

表3-2-1　监测项目及布置点数

监测内容	监测项目名称	监测点数
位移监测	坑顶水平位移监测	22个测点
	坑顶沉降位移监测	22个测点
	基坑深层水平位移（测斜）监测	8个测斜孔
水位监测	地下水位监测	49个水位观测井

三、基坑监测仪器和监测总体布局

（一）基坑支护监测手段

（1）坑顶沉降位移观测采用精密数字水准仪按照一级变形观测技术要求进行观测。

（2）坑顶水平位移观测采用高精度的全站仪按照一级变形观测技术要求进行观测。

（3）深层水平位移监测采用钻孔倾斜仪进行基坑边坡测斜监测。

（4）采用电测水位计进行地下水位监测。

（二）基坑支护监测所采用的主要仪器

基坑边坡监测所采用的仪器如表3-2-2所示。

表3-2-2　八里湾泵站基坑工程采用的主要仪器

序号	仪器设备名称/型号	仪器设备性能	生产厂家	数量
1	电子水准仪/DiNi12	数字水准仪 0.3 mm/km	德国蔡司	1
2	全站仪/TC1200 +	1 mm + 1.5 ppm/1″	瑞士徕卡	1
3	钻孔倾斜仪/CA – 10B	0.05 mm	北京航天所	1
4	电测水位计	±1 mm	南京水利科学研究院	1

（三）监测总体布局

根据《建筑基坑工程监测技术规范》（GB 50497—2009）、《建筑变形测量规范》（JGJ 8—2007）的技术要求，当使用视准线法、测小角法、前方交会法或极坐标法测定基坑侧向位移时，应符合下列规定：基坑位移观测点应沿基坑边坡每隔15～20 m布设一点；位移观测点宜布置在基坑边坡的土体内；而工作基准点宜距离边坡边线35 m以外，且必须稳定、可靠、准确地固定点上。基坑监测的平面布置图如图3-2-1和图3-2-2所示。

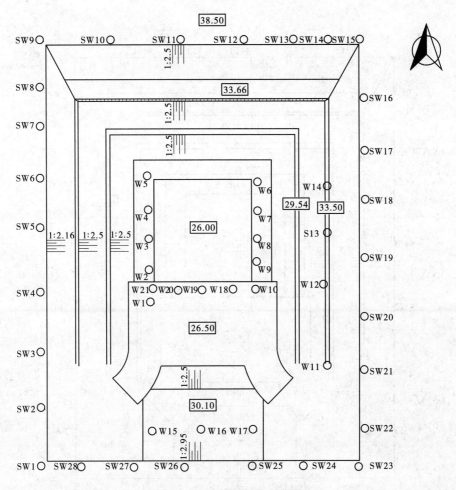

图 3-2-1　水位监测点布置图

四、基坑监测方法

(一)基坑顶部水平位移监测

1. 基坑顶部水平位移监测的方法

基坑顶部水平位移监测常采用视准线法、测小角法、极坐标法和前方交会法。高精度全站仪在工程中的广泛应用,使得变形测量的方法更加直接和方便。根据基坑工程的现场实际情况,本项目拟采用极坐标法或距离交会法。

极坐标法就是将全站仪设置在工作基准点上,通过观测水平位移观测点的水平角度和水平距离,来计算观测点的坐标,两次观测点的坐标差就是观测点的水平位移量,然后通过数据分析,从而获得水平位移观测点在垂直于基坑方向上的位移量,即基坑支护结构顶部在垂直于基坑方向上的侧向位移量。为了提高观测精度,水平角度观测采用测回法,观测 9 个测回,距离测量采用单向多测回观测,观测 8 个测回,并进行温度和气压改正。坐标计算公式如下:

$$X_i = X_0 + D_i \cos \alpha_i \qquad (3\text{-}2\text{-}1)$$

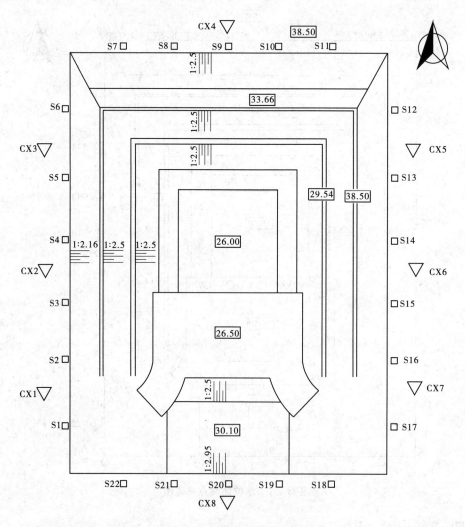

图 3-2-2 水平和沉降位移监测点与测斜点布置图

$$Y_i = Y_0 + D_i \sin\alpha_i \tag{3-2-2}$$

距离交会法就是利用全站仪的高精度测量距离的功能,在一个控制点上对所有能看到的水平位移观测点进行测量距离,而对于每一个水平位移观测点至少要从二个控制点上进行距离测量,也就是对每一个水平位移观测点至少要进行双边交会或三边交会,每一个距离观测 8 个测回,并进行温度和气压改正。根据前方交会法来计算各观测点的坐标,这样不仅提高观测精度,还能非常直观地观测到各方向上水平位移量,从而获得水平位移观测点在垂直基坑方向的位移量。

基坑支护顶部水平位移观测点的位移量用下式计算:

$$S = \sqrt{(x_0 - x_n)^2 + (y_0 - y_n)^2} \tag{3-2-3}$$

基坑支护顶部水平位移观测点的观测精度,满足《建筑变形测量规范》(JGJ 8—2007)一级变形测量的技术要求。一级变形测量的精度要求见表 3-2-3。

表 3-2-3　建筑变形测量的级别和精度指标

变形测量级别	沉降观测	位移观测
	观测点测站高差中误差(mm)	观测点坐标中误差(mm)
一级	±0.15	±1.0

本项目基坑顶部水平位移观测拟采用的仪器为 DTM - 352C 全站仪,其精度为:测角精度为 1″,测距精度为 1 mm + 1.5 ppm。

2. 平面基准点和工作基点的布设与测量

根据监测总平面图及施工现场的情况,在每一个施工监测段内分别布置 2 个平面基准点和 2 个工作基点,这 4 个基准点应该相互通视并便于检核校验,共同构成大地四边形。基准点和工作基点的形式和埋设可参考四等三角点的要求进行,对基准点定期进行校核,防止其本身发生变化,以保证变形监测结果的准确性。基准点应在变形监测的初次观测之前 1 个月埋设好。埋设基准点应考虑如下因素:基准点应布设在监测对象的沉降影响范围以外,保证其坚固稳定;尽量远离道路和空压机房等,以防受到碾压和震动的影响;力求通视良好,与观测点接近,其距离不宜超过 30 m,以保证监测量精度;避免将基准点埋设在低洼容易积水处。

平面基准点和工作基点应形成统一的平面控制网,观测方法按照二级边角网的技术要求进行。平面控制网拟采用边角网,通过观测所有的边长和水平角度,按照严密平差方法计算各控制点的坐标。边长观测采用往返观测,每条边观测 8 个测回,每个测回读 4 次读数,并进行温度和气压改正。水平角度观测采用方向法,每个水平角观测 12 个测回,其精度要求和各项限差满足工程测量规范要求。

3. 基坑边坡顶部水平位移观测点的埋设

在基坑支护前,在基坑的边坡内埋入刻有
" + "字标记、长 500 mm、直径 20 ~ 30 mm 的圆头钢筋,四周用混凝土固定;或用冲击钻在基坑顶部邻近基坑边钻孔,然后放入刻有" + "字标记、长 500 mm、直径 20 ~ 30 mm 的圆头钢筋,四周用环氧树脂水泥浆填实,如图 3-2-3 所示。

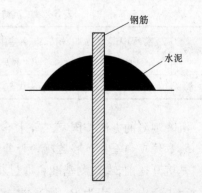

图 3-2-3　水平位移监测点埋设示意图

（二）基坑顶部竖向位移

1. 基坑顶部垂直位移监测的目的

通过监测了解基坑开挖过程中基坑顶部的沉降情况,及时反馈设计,并决定是否采取辅助措施,确保基坑的安全。

2. 基坑顶部垂直位移监测仪器

沉降观测采用 DiNi12 数字水准仪,配 GPCL2M 条码铟钢尺一副。

仪器精度:每千米高差中误差为 ±0.3 mm/km,仪器最小读数为 0.01 mm。

3.基坑顶部垂直位移观测点的埋设

用冲击钻在基坑顶部邻近坑边钻孔,然后放入刻有"＋"字标记、长 500 mm、直径 20～30 mm 的圆头钢筋,四周用环氧树脂水泥浆填实。

4.基坑顶部垂直位移监测的方法

对于沉降观测的水准网,即工作基点和水准基点的观测,采用 DiNi12 数字水准仪配条形码铟钢尺进行观测,观测方法和观测精度按《国家一、二等水准测量规范》(GB 12897—2004)的要求进行。观测程序采用后、前、前、后的程序,并固定观测线路。工作基点和水准点共 4 个,对于 4 个基准点每次观测要按闭合水准路线进行观测。本项目工程将采用德国的 DiNi12 数字水准仪,配 GPCL2M 条码铟钢尺一副,每千米高差中误差为 0.3 mm,小于规范要求的 2 mm,往返测误差不得超过 $\pm 0.6\sqrt{n}$ mm,高于规范要求的 $\pm 1\sqrt{n}$ mm(n 为测站数)。每月或每季观测一次。

沉降观测点的观测是一项长期的系统观测工作,为保证观测成果的正确性,应尽量做到"五固定"的观测原则:固定人员观测和整理成果;固定使用同一台 DiNi12 数字水准仪,配同一副 GPCL2M 条码铟钢尺;使用固定的工作基点;固定观测方法和观测线路,观测方法采用后、后、前、前的观测程序;每次的观测时间基本固定,一般在 06:00～10:00,这样每次观测的大气环境(气压及温度)基本一致。

每次作业时,同时对工作基点进行观测并相互检查,当其相邻基准点高差中误差不大于 0.5 mm 时,方可观测沉降观测点,若超出以上限值,要进行水基准点与工作基点的联测,并应分析原因进行平差处理。

沉降观测点的观测按变形观测二等沉降观测要求。沉降观测点的精度要求及观测方法,如表 3-2-4 所示。

表 3-2-4　沉降观测点的精度要求及观测方法

等级	高程中误差 (mm)	相邻点高差中误差 (mm)	观测方法	往返测闭合差 (mm)
二等	±0.5	±0.50	按国家二等水准测量	< $\pm 0.6\sqrt{n}$

沉降观测的方法按国家二等水准测量要求进行。

5.基坑顶部垂直位移监测的计算

基坑开挖前,由监测基准点通过水准测量测出沉降监测点的初始高程 H_0,在基坑开挖过程中测出的高程为 H_n,则高差 $\Delta H = H_n - H_0$,即为基坑的沉降值。

(三)基坑深层水平位移(测斜)监测

1.基坑深层水平位移(测斜)监测目的

了解基坑内部的深层水平位移情况,确保基坑支护结构和周边环境的安全。

2.基坑测斜监测仪器

使用钻孔测斜仪、测斜管进行监测。

3.基坑测斜管的埋设

(1)按要求的长度将测斜管逐节进行连接,打好铆孔,并要对接处对准标记及编号,底部测斜管下端应密封端盖。对接导槽应对准,铆钉孔应避开导槽。在进行测斜管连接时,必须将上下管段的滑槽相互对准,使测斜管的探头在管内平滑移动。为了防止泥浆从缝源中渗入管内,接头处应进行密封处理,涂上柔性密封材料或贴上密封条。

(2)调整导槽方向,使其中一对导槽方向与预计的桩体位移方向一致。

(3)在测斜管的上端加管盖保护。

4. 基坑测斜监测方法

(1)监测开始前,测斜仪应按规定进行严格标定。

(2)测斜管应在基坑开挖前 15 ~ 30 d 埋设完毕,在开挖前 3 ~ 5 d 内重复监测 2 ~ 3次,待判明测斜管已处于稳定状态后,将其作为初始值,开始正式测试工作。

(3)每次监测时,将探头导轮对准与所测位移方向一致的槽口,缓缓放至管底,待探头与管内温度基本一致、显示仪读数稳定后开始监测。

(4)按探头电缆上的刻度分划,均速提升,每隔 0.5 m 读一次数据,记录测点深度和读数。测读完毕后,将探头旋转 180° 插入同一对导槽内,以上述方法再测一次,测点深度与第一次相同。

(5)每一深度的正反两读数的绝对值宜相同,当读数有异常时应及时补测。

5. 基坑测斜计算

测试时,沿预先埋好的测斜管垂直于支护结构轴线方向(A 向)导槽,自下而上每隔 1 m 测读一次,直至孔口,得各测点位置上读数 $A_i(+)$、$A_i(-)$。其中“ + ”向为“ - ”向探头绕导管轴旋转 180° 位置。

水平位移值计算:第 i 次监测值 $= A_i(+) - A_i(-)$。

变量 δ_i = 本次监测值 - 上次监测值。

本次 i 点相对 $(i-1)$ 点的位移 $\Delta S_i = K\delta_i (K = 0.02)$,单位以 mm 计。

第 i 点的绝对位移 = 各测点相对于孔底测点的位移。

(四)地下水位观测

1. 观测目的

了解基坑开挖施工过程中地下水位变化情况,为基坑施工提供参数,并据此检验和修正基坑支护设计。

2. 地下水位观测仪器

地下水位观测仪器使用电测水位计进行观测。

3. 地下水位观测孔的施工

地下水位观测孔的施工主要包括测量放线、成孔、井管加工、井管下放及井管外围填砾料等工序,其流程如图 3-2-4 所示。

(1)成孔:水位观测孔采用清水钻进,钻头的直径为 120 mm,沿铅直方向钻进。在钻进过程中,应及时、准确地记录地层岩性及变层深度、钻进时间及初见水位等相关数据;钻孔达到设计深度后停钻,及时将钻孔清洗干净,检查钻孔的通畅情况,并做好清洗记录。

(2)井管加工:井管的原材料为内径 45 mm、管壁厚度为 2.5 mm 的 PVC 管。为保证 PVC 管的透水性,在 PVC 管下端 0 ~ 5 m 内加工蜂窝状 $\phi 8$ 的通孔,孔的环向间距为 12 mm,轴向间距为 12 mm,并包土工布滤网,井管的长度比初见水位长 6.5 m。

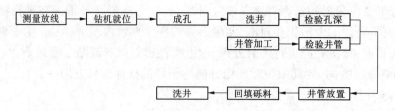

图 3-2-4　地下水位观测孔施工流程图

（3）井管放置：成孔后，经校验孔深无误后吊放经加工且检验合格的内径 45 mm 的 PVC 井管，确保有滤孔端向下；水位观测孔应高出地面 0.5 m，在孔口设置固定测点标志，并用保护套保护。

（4）回填砾料：在地下水位观测孔井管吊入孔后，应立即在井管的外围填砾料。

（5）洗井：在下管、回填砾料结束后，应及时采用清水进行洗井。洗井的质量应符合现行行业标准《供水水文地质钻探与凿井操作规程》（CJJ 13）的有关规定，并做好洗井记录。

4. 地下水位观测

地下水位观测设备采用电测水位仪，观测精度为 0.5 cm，其工作原理图如图 3-2-5 所示。水为导体，当测头接触到地下水时，报警器发出报警信号，此时读取与测头连接的标尺刻度，此读数为水位与

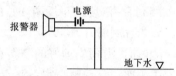

图 3-2-5　电测水位仪工作原理图

固定测点的垂直距离，再通过固定测点的标高及与地面的相对位置换算成从地面算起的水位埋深及水位标高。

5. 地下水位计算

在施工前由水位计测出初始水位 H_0，在施工过程中测出的高程为 H_n，则高差 $\Delta H = H_n - H_0$，即为地下水位变化值。

五、监测数据及结果分析

（一）水平位移监测结果

水平位移监测结果见图 3-2-6 ~ 图 3-2-9。

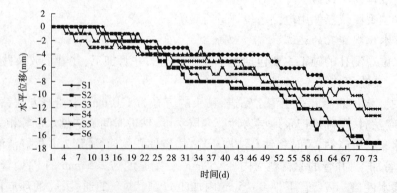

图 3-2-6　S1 ~ S6 水平位移监测结果

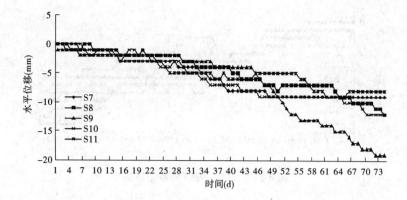

图 3-2-7　S7 ~ S11 水平位移监测结果

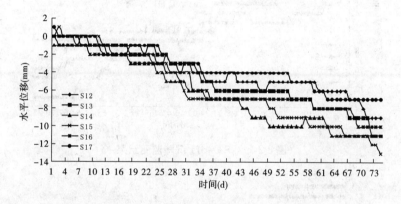

图 3-2-8　S12 ~ S17 水平位移监测结果

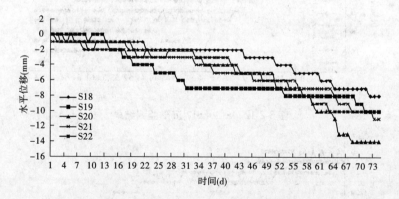

图 3-2-9　S18 ~ S22 水平位移监测结果

（二）沉降监测结果

沉降监测结果见图 3-2-10 ~ 图 3-2-13。

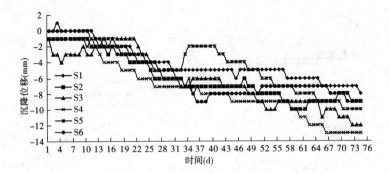

图 3-2-10　S1 ～ S6 沉降监测结果

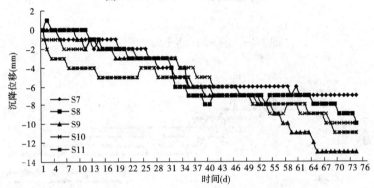

图 3-2-11　S7 ～ S11 沉降监测结果

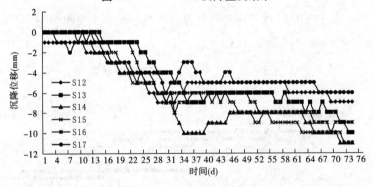

图 3-2-12　S12 ～ S17 沉降监测结果

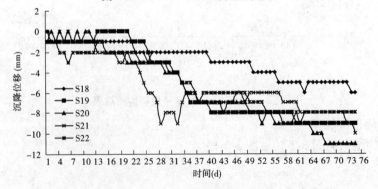

图 3-2-13　S18 ～ S22 沉降监测结果

（三）深层水平位移（测斜）监测结果

深层水平位移（测斜）监测结果见图 3-2-14 ~ 图 3-2-21。

（四）地下水位观测结果

地下水位观测结果见图 3-2-22 ~ 图 3-2-29。

（五）观测结果分析

基坑边坡顶部，共布置了 22 个观测点，既为基坑边坡顶部的沉降观测点，又同时作为基坑边坡水平位移观测点。

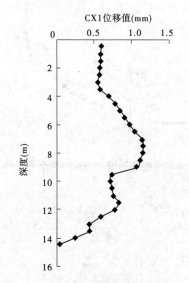

图 3-2-14　CX1 深层水平位移

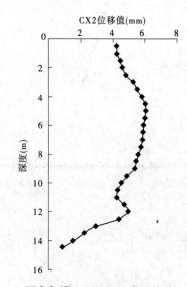

图 3-2-15　CX2 深层水平位移

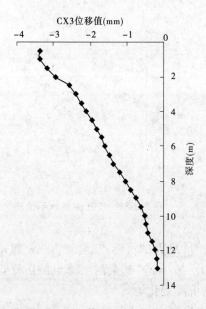

图 3-2-16　CX3 深层水平位移

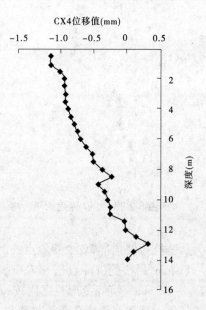

图 3-2-17　CX4 深层水平位移

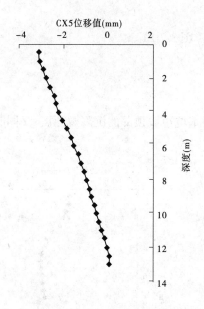

图 3-2-18　CX5 深层水平位移

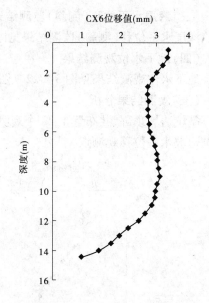

图 3-2-19　CX6 深层水平位移

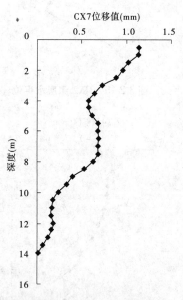

图 3-2-20　CX7 深层水平位移

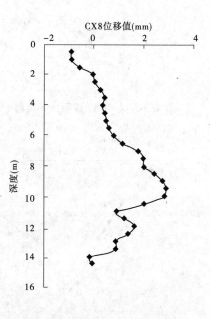

图 3-2-21　CX8 深层水平位移

　　从基坑边坡顶部 22 个变形点的沉降数据来看,最大的沉降点是 S4 和 S9,沉降量均为 -13 mm,最小的沉降点是 S17 和 S8,沉降量为 -6 mm。其余的沉降点的沉降量都为 -7 ~ -12 mm。沉降变形数据比较一致,基坑的沉降变化均匀。

　　基坑水平和沉降位移总体趋势与理论分析较为吻合。从沉降曲线上看,随着基坑的不断开挖,除个别测点数据有所波动,总体趋势是沉降位移不断增加。由于 S9 和 S4 处于

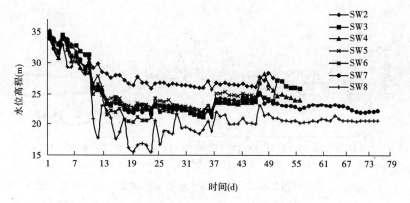

图 3-2-22　SW2～SW8 水位观测结果

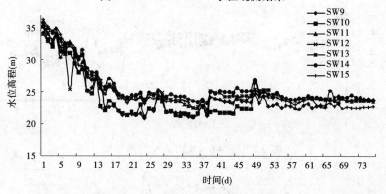

图 3-2-23　SW9～SW15 水位观测结果

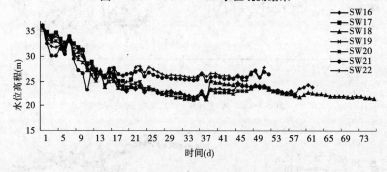

图 3-2-24　SW16～SW22 水位观测结果

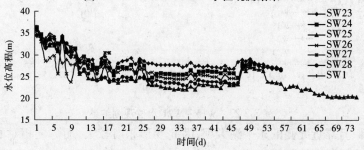

图 3-2-25　SW1、SW23～SW28 水位观测结果

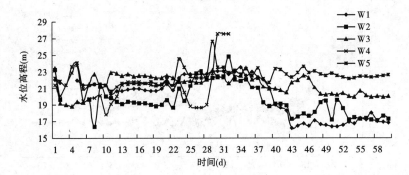

图 3-2-26 W1～W5 水位观测结果

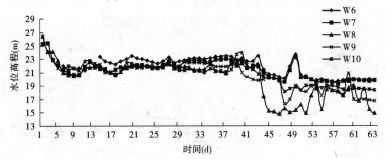

图 3-2-27 W6～W10 水位观测结果

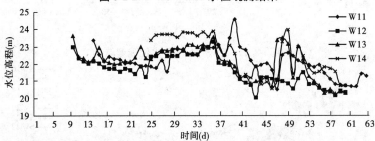

图 3-2-28 W11～W14 水位观测结果

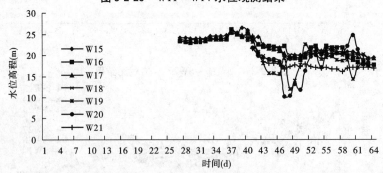

图 3-2-29 W15～W21 水位观测结果

基坑边坡中部,且靠近北侧的东平湖大坝,因此变形相对较大,而与之相对的东南侧变形相对较小,这也是与理论分析相符的。

从水平位移观测数据来看,累积位移量最大的水平位移为 19 mm,最小的为 7 mm。

从整个基坑的水平位移曲线来看,基坑变形总体趋势为向坑内侧移动,尤其在基坑开挖过程中变形较大。水平位移最大值也出现在靠近东平湖大坝的边坡中部 S9 点,可见临近河湖深基坑与河湖之间的相互影响不容忽视。

从图 3-2-14 ~ 图 3-2-21 深层水平位移的的最终变形曲线可以来看,总体变形趋势向基坑内部变形,且基坑中下部变形相对较大。靠近东平湖的测斜点变形相对较大,位移最大测点发生在 CX2 点,这也是和理论分析相符的。

就基坑总体的水平和沉降变形来看,整个基坑一直处于稳定和安全状态,由于采取的基坑支护方式的原因,基坑变形相对较大,但总变形量基本没有超过规范规定的预警值的50%。在基坑监测后期,基坑变形发展趋势缓慢,基坑处于稳定状态。

从基坑降水曲线可以看出,期间由于承压水和雨季降雨补给的影响,水位稍有反复,但总体上将基坑地下水位保持在了一个较低水位,保证了基坑的顺利开挖以及后期施工的安全顺利进行,达到了预期的目的。

第二节　基坑降水方案

一、降水方案设计概况

本工程地层中第 4 层轻粉质壤土层为主要潜水含水层,地下水位为 37.6 ~ 38.0 m,第 8 层细砂厚 12.97 ~ 13.7 m,层底高程 10.03 ~ 10.30 m,属承压含水层,为场区主要含水层,具有强透水性、承压性,并与东平湖水贯通性良好。场地地下水埋深较浅,地下水较丰富,为确保基坑工程顺利施工,必须在基坑开挖支护和基础施工过程中采取降水措施抽排地下水。

根据总平面图,基坑东、西、南侧为空地,北侧约 200 m 处为已建成的东平湖大堤。为避免水位下降给周边道路及环境造成不利影响,需设止水帷幕构造有效的防护体系。在工程实践中,以帷幕是否嵌入相对不透水层,可分为落底式竖向止水帷幕和悬挂式竖向止水帷幕两大结构类型。落底式竖向止水帷幕,帷幕体一直深入到含水层底部且进入下卧相对不透水层一定深度,在降水过程中能利用相对不透水层渗透系数较小的特点,有效近似切断基坑内外的水力联系。悬挂式竖向止水帷幕,基坑底以下的透水层深厚,基底与不透水层距离很远,做落底式止水帷幕不太现实,所以帷幕体未穿透全部含水层,延长垂直方向渗径,使基坑侧壁不出露粉土、粉砂。如果工程的相对不透水层较浅,则应做成落底式止水帷幕。有些工程由于相对不透水层埋藏较深,如果做成落底式止水帷幕,则耗资太大难以承受,在满足工程基本要求的前提下,只有做成悬挂式止水帷幕,众多工程实践已证明,无黏性土中的落底式止水帷幕,对削减基坑涌水量和控制基坑周围水位下降都有较明显的效果。悬挂式止水帷幕削减基坑涌水量效果较差,但增长渗径可以控制基坑周围地下水位的过度下降,经济性较好。

站址区水文地质参数建议值见表 2-2-4,砂层承压含水层的流向为由北向南流,南北向水力梯度为 0.003。本工程拟采用水泥土搅拌桩和高压摆喷墙联合止水,形成落底式止水帷幕。38.5 ~ 19.5 m 范围采用 220 mm 厚水泥土搅拌桩地下连续墙,高程 19.5 ~ 8 m

范围采用高压摆喷墙。高压摆喷桩桩间距 1 000 mm,高压摆喷桩布置在坡顶的外侧,截渗墙沿围封平台距基坑外侧坝肩 4 m 处布置。水泥土截渗墙与高压摆喷墙轴线距离 0.45 m,接头处采用 2 m 高的旋喷桩进行搭接处理,帷幕采用摆角 30°喷射形式;喷射帷幕厚度不小于 200 mm;帷幕有效深度 30 m。

基坑周边布置两级降水井,一级降水井间距约为 20 m,降水井井深 30 m,共计 28 口水井。二级降水井间距约为 20 m,降水井井深 25 m,共计 21 口水井。降水井井径 500 mm,井管直径 400 mm,井管采用混凝土无砂滤水管,管壁外侧回填滤料。

二、计算方案

高压摆喷止水帷幕厚度不小于 200 mm,计 200 mm。一级降水井:井深 30 m,井间距 20 m。成孔 500 mm,井管直径 400 mm。考虑整个基坑范围,建立网格模型,网格数量势必太多,微机难以完成,取一段进行计算(宽 20 m)建模。模拟中,假设在第一层降水井降水 7 d 后,开挖完第一层土,同时第二层降水井开始降水,在降水 7 d 后开挖到坑底;地表下 26.5 m 为隔水层。根据表 3-2-5 计算方案的计算结构,对降水初步设计提出优化建议。

表 3-2-5 　渗流计算方案

方案	止水帷幕		一级降水井 深度(m)	二级降水井 深度(m)
	深度(m)	渗透系数(cm/s)		
方案 A	不设止水帷幕		30	30
方案 B	30	1×10^{-6}	30	30
方案 C	26.5	1×10^{-6}	26.5	26.5
方案 D	20.5	1×10^{-6}	20.5	20.5
方案 E	30	1×10^{-6}	30	0

三、计算参数及范围

(一)计算范围

模拟范围为基坑短边中心线到止水帷幕外侧约 200 m 的范围。以靠近基坑的止水帷幕为边界($x=0$),止水帷幕外侧取 200 m,止水帷幕内侧取 60 m。垂直方向取 20 m($y = -10 \sim 10$ m)。竖直方向取地表高程 $z = 38.5$ m,底边界高程 $z = -11.5$ m。模型平面布置见图 3-2-30,纵剖面见图 3-2-31。

图 3-2-30　模型平面布置 　(单位:m)

(二)网格划分

综合考虑基坑分步开挖,降水井和止水帷幕布置及土层分布确定如图 3-2-32 ～

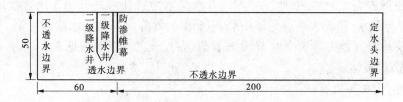

图 3-2-31　模型纵剖面图　（单位:m）

图 3-2-35 所示的网格划分。约划分 25 000 个单元、27 500 个节点。在降水井及止水帷幕附近网格加密深度,从止水帷幕向基坑外梯度递增划分网格尺寸,最大网格尺寸为 3 m;厚度方向、宽度方向各 20 m,划分 15 个单元。

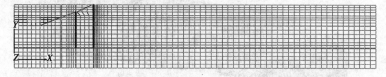

图 3-2-32　未开挖时网格正视图(长度和深度方向)

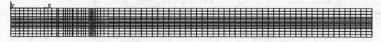

图 3-2-33　未开挖时顶面网格图(长度和厚度方向)

图 3-2-34　开挖后的三维网格图

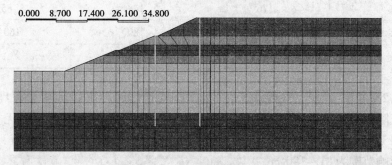

图 3-2-35　开挖后网格正视图

(三)计算参数

工程区地处山东丘陵与华北平原的接触地带,在地面以下 60 m 勘探深度范围,地下水类型为松散岩类孔隙水,据地层岩性和含水层水力特征可划分出3层含水层,其中第1、2含水层为潜水,第3含水层为承压水,主要由大气降水和地下水渗流补给。分析中地下水总水头按最高地下静水位为38.0 m计算,各层土的渗透系数见表2-2-4。

（四）边界条件

右边界:定水头边界。

左边界、前边界、后边界、顶边界、底边界:不透水边界。

降水井:固定孔隙水压力 $p=0$。

模型边界如图3-2-36所示。

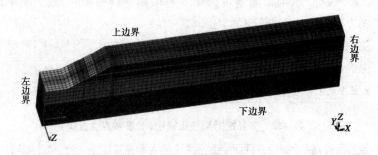

图3-2-36　边界示意图

（五）计算结果及分析

分别以水位变化量为0.5 m、1.0 m、2.0 m做标准,确定的各种方案下的降水漏斗影响范围如表3-2-6所示。计算得到的各种方案下的地表观测点地下水位值见表3-2-7～表3-2-11。

表3-2-6　降水漏斗影响范围　　　　　　　　　　　　　（单位:m）

方案	设置不同标准降水漏斗影响范围		
	0.5 m	1.0 m	2.0 m
方案A	>200	190	172
方案B	148	81	0
方案C	176	148	85
方案D	>200	180	160.5
方案E	148	81	0

由表3-2-6可见,由于止水帷幕延长垂直方向渗径作用,不同止水帷幕深度对控制远场地下水位降低影响明显,设定地下水位降阈值为1.0 m时,两层降水井时无止水帷幕、止水帷幕深为30 m、26.5 m、20.5 m和只设一层降水井止水帷幕深30 m时五种方案下的地下水位影响范围为81～190 m。

1. 每种方案下的降水漏斗曲线

由表3-2-7～表3-2-11绘制出各种方案不同时刻的降水漏斗曲线,见图3-2-37～图3-2-41。由图可见,各种方案下水位降深、地下水位影响范围随着渗流时间的延长逐渐加大,各种方案下在开挖到坑底 30 d 之后基本稳定。

2. 不同方案下的相同观测点地下水位值对比曲线

由表 3-2-7 ~ 表 3-2-11 绘制出不同方案下的相同观测点地下水位值对比曲线,图 3-2-42 给出了开挖到基坑底后 360 d 时的水位降深对比曲线,由图可见方案 B 和方案 E 截水效果明显且相近,为便于比较将方案 B 和方案 E 结果绘于图 3-2-43。

表 3-2-7　方案 A 不设止水帷幕时各观测点地下水位值　　　　　(单位:m)

关键点序号	到基坑边距离	不同渗流时间的地下水位				
		初始	第一层井降水	第二层井降水	开挖完 30 d	开挖完 360 d
1	0	− 0.5	− 14.210 61	− 14.364 07	− 14.374 07	− 14.465 7
2	1	− 0.5	− 14.210 61	− 14.364 07	− 14.374 07	− 14.465 7
3	2.5	− 0.5	− 14.210 61	− 14.178 89	− 14.188 89	− 14.197 9
4	4.5	− 0.5	− 13.875 41	− 14.178 89	− 14.188 89	− 13.93
5	7	− 0.5	− 13.875 41	− 14.178 89	− 14.188 89	− 13.93
6	10	− 0.5	− 13.875 41	− 13.808 52	− 13.818 52	− 13.93
7	13.960 42	− 0.5	− 13.707 81	− 13.808 52	− 13.818 52	− 13.662 1
8	17.920 84	− 0.5	− 13.540 21	− 13.623 33	− 13.633 33	− 13.394 3
9	21.881 25	− 0.5	− 13.372 61	− 13.438 15	− 13.448 15	− 13.126 4
10	25.841 67	− 0.5	− 13.037 41	− 13.252 96	− 13.262 96	− 12.590 7
11	29.802 08	− 0.5	− 13.037 41	− 13.252 96	− 13.262 96	− 12.590 7
12	33.762 5	− 0.5	− 12.702 21	− 13.067 78	− 13.077 78	− 12.590 7
13	37.722 91	− 0.5	− 12.367 01	− 12.882 59	− 12.892 59	− 12.055
14	41.683 3	− 0.5	− 12.031 81	− 12.512 22	− 12.522 22	− 12.055
15	45.643 8	− 0.5	− 11.864 21	− 12.327 04	− 12.337 04	− 11.787 1
16	49.604 2	− 0.5	− 11.696 61	− 11.956 67	− 11.966 67	− 11.519 3
17	53.564 6	− 0.5	− 11.361 41	− 11.586 3	− 11.596 3	− 11.251 4
18	57.525	− 0.5	− 11.193 81	− 11.215 93	− 11.225 93	− 10.983 6
19	61.485 4	− 0.5	− 10.858 61	− 11.030 74	− 11.040 74	− 10.447 9
20	65.445 8	− 0.5	− 10.523 51	− 10.845 56	− 10.855 56	− 10.18
21	69.406 3	− 0.5	− 10.355 91	− 10.475 19	− 10.485 19	− 10.18
22	73.366 7	− 0.5	− 10.188 31	− 10.104 81	− 10.114 81	− 9.644 3
23	77.327 1	− 0.5	− 9.853 11	− 9.734 44	− 9.744 44	− 9.376 4
24	81.287 5	− 0.5	− 9.685 51	− 9.549 26	− 9.559 26	− 9.108 6
25	85.247 9	− 0.5	− 9.188 89	− 9.507 91	− 9.517 91	− 8.840 71
26	89.208 3	− 0.5	− 8.818 52	− 9.005 08	− 9.015 08	− 8.572 86
27	93.168 8	− 0.5	− 8.448 15	− 8.837 48	− 8.847 48	− 8.037 14

关键点序号	到基坑边距离	不同渗流时间的地下水位				
		初始	第一层井降水	第二层井降水	开挖完 30 d	开挖完 360 d
28	97.129 2	−0.5	−8.262 96	−8.669 89	−8.679 89	−8.037 14
29	101.089 6	−0.5	−7.892 59	−7.999 5	−8.009 5	−7.501 43
30	105.05	−0.5	−7.481 9	−7.697 41	−7.707 41	−7.501 43
31	109.010 4	−0.5	−6.964 3	−7.327 04	−7.337 04	−6.697 86
32	112.970 8	−0.5	−6.401 51	−6.401 11	−6.411 11	−6.162 14
33	116.931 2	−0.5	−5.485 19	−6.155 92	−6.165 92	−5.358 57
34	120.891 7	−0.5	−4.929 63	−5.317 93	−5.327 93	−4.555
35	124.852 1	−0.5	−4.374 07	−4.815 14	−4.825 14	−4.287 14
36	128.812 5	−0.5	−4.188 89	−4.647 54	−4.657 54	−4.019 29
37	132.772 9	−0.5	−4.003 7	−4.144 75	−4.154 75	−3.483 57
38	136.733 3	−0.5	−3.818 52	−3.977 15	−3.987 15	−3.215 71
39	140.693 7	−0.5	−3.633 33	−3.809 55	−3.819 55	−2.947 86
40	144.654 2	−0.5	−3.262 96	−3.641 95	−3.651 95	−2.947 86
41	148.614 6	−0.5	−3.077 78	−3.306 76	−3.316 76	−2.947 86
42	152.575	−0.5	−2.892 59	−3.139 16	−3.149 16	−2.68
43	156.535 4	−0.5	−2.707 41	−2.803 97	−2.813 97	−2.68
44	160.495 8	−0.5	−2.522 22	−2.636 37	−2.646 37	−2.144 29
45	164.456 2	−0.5	−2.337 04	−2.301 17	−2.311 17	−1.876 43
46	168.416 7	−0.5	−1.966 67	−2.301 17	−2.311 17	−1.608 57
47	172.377 1	−0.5	−1.596 3	−1.965 98	−1.975 98	−1.340 71
48	176.337 5	−0.5	−1.225 93	−1.630 78	−1.640 78	−1.340 71
49	180.297 9	−0.5	−1.225 93	−1.463 18	−1.473 18	−1.340 71
50	184.258 3	−0.5	−1.225 93	−1.463 18	−1.473 18	−1.072 86
51	188.218 8	−0.5	−1.040 74	−1.127 99	−1.137 99	−1.072 86
52	192.179 2	−0.5	−0.802 79	−0.845 56	−0.855 56	−0.805
53	196.139 6	−0.5	−0.635 19	−0.475 19	−0.485 19	−0.001 43
54	200.1	−0.5	0	0	0	0

表 3-2-8　方案 B 止水帷幕深 30 m,一级降水井 30 m,二级降水井深 30 m 时各观测点地下水位值

（单位:m）

关键点序号	到基坑边距离	不同渗流时间的地下水位				
		初始	第一层井降水 7 d	第二层井降水 7 d	开挖完 30 d	开挖完 360 d
1	0	−0.5	−1.235 82	−1.285 29	−1.285 38	−1.285 4
2	1	−0.5	−1.235 78	−1.285 25	−1.285 34	−1.285 36
3	2.5	−0.5	−1.235 56	−1.285 03	−1.285 11	−1.285 13
4	4.5	−0.5	−1.234 99	−1.284 43	−1.284 52	−1.284 54
5	7	−0.5	−1.233 82	−1.283 22	−1.283 3	−1.283 32
6	10	−0.5	−1.231 75	−1.281 06	−1.281 15	−1.281 17
7	13.960 42	−0.5	−1.227 89	−1.277 05	−1.277 14	−1.277 16
8	17.920 84	−0.5	−1.222 77	−1.271 72	−1.271 81	−1.271 83
9	21.881 25	−0.5	−1.216 4	−1.265 09	−1.265 18	−1.265 2
10	25.841 67	−0.5	−1.208 77	−1.257 16	−1.257 25	−1.257 27
11	29.802 08	−0.5	−1.199 91	−1.247 95	−1.248 04	−1.248 06
12	33.762 5	−0.5	−1.189 83	−1.237 47	−1.237 55	−1.237 57
13	37.722 91	−0.5	−1.178 55	−1.225 73	−1.225 81	−1.225 83
14	41.683 3	−0.5	−1.166 07	−1.212 75	−1.212 84	−1.212 86
15	45.643 8	−0.5	−1.152 43	−1.198 56	−1.198 64	−1.198 66
16	49.604 2	−0.5	−1.137 63	−1.183 17	−1.183 25	−1.183 27
17	53.564 6	−0.5	−1.121 7	−1.166 61	−1.166 69	−1.166 71
18	57.525	−0.5	−1.104 67	−1.148 89	−1.148 97	−1.148 99
19	61.485 4	−0.5	−1.086 55	−1.130 05	−1.130 13	−1.130 15
20	65.445 8	−0.5	−1.067 38	−1.110 11	−1.110 19	−1.110 21
21	69.406 3	−0.5	−1.047 18	−1.089 1	−1.089 18	−1.089 19
22	73.366 7	−0.5	−1.025 97	−1.067 04	−1.067 12	−1.067 14
23	77.327 1	−0.5	−1.003 79	−1.043 97	−1.044 04	−1.044 06
24	81.287 5	−0.5	−0.980 66	−1.019 91	−1.019 99	−1.020 01
25	85.247 9	−0.5	−0.956 61	−0.994 91	−0.994 97	−0.994 99
26	89.208 3	−0.5	−0.931 67	−0.968 97	−0.969 04	−0.969 06

关键点序号	到基坑边距离	不同渗流时间的地下水位				
		初始	第一层井降水 7 d	第二层井降水 7 d	开挖完 30 d	开挖完 360 d
27	93.168 8	−0.5	−0.905 88	−0.942 15	−0.942 21	−0.942 23
28	97.129 2	−0.5	−0.879 26	−0.914 46	−0.914 53	−0.914 55
29	101.089 6	−0.5	−0.851 85	−0.885 95	−0.886 01	−0.886 03
30	105.05	−0.5	−0.823 67	−0.856 64	−0.856 71	−0.856 72
31	109.010 4	−0.5	−0.794 76	−0.826 58	−0.826 64	−0.826 66
32	112.970 8	−0.5	−0.765 15	−0.795 78	−0.795 84	−0.795 86
33	116.931 2	−0.5	−0.734 87	−0.764 29	−0.764 35	−0.764 37
34	120.891 7	−0.5	−0.703 96	−0.732 14	−0.732 19	−0.732 21
35	124.852 1	−0.5	−0.672 44	−0.699 36	−0.699 41	−0.699 43
36	128.812 5	−0.5	−0.640 35	−0.665 99	−0.666 03	−0.666 05
37	132.772 9	−0.5	−0.607 72	−0.632 05	−0.632 09	−0.632 11
38	136.733 3	−0.5	−0.574 57	−0.597 58	−0.597 62	−0.597 64
39	140.693 7	−0.5	−0.540 95	−0.562 61	−0.562 65	−0.562 67
40	144.654 2	−0.5	−0.506 89	−0.527 18	−0.527 21	−0.527 23
41	148.614 6	−0.5	−0.472 4	−0.491 31	−0.491 35	−0.491 37
42	152.575	−0.5	−0.437 53	−0.455 05	−0.455 08	−0.455 1
43	156.535 4	−0.5	−0.402 31	−0.418 41	−0.418 44	−0.418 46
44	160.495 8	−0.5	−0.366 76	−0.381 44	−0.381 47	−0.381 49
45	164.456 2	−0.5	−0.330 92	−0.344 16	−0.344 19	−0.344 21
46	168.416 7	−0.5	−0.294 81	−0.306 61	−0.306 63	−0.306 65
47	172.377 1	−0.5	−0.258 47	−0.268 82	−0.268 83	−0.268 86
48	176.337 5	−0.5	−0.221 92	−0.230 81	−0.230 82	−0.230 84
49	180.297 9	−0.5	−0.185 2	−0.192 62	−0.192 63	−0.192 65
50	184.258 3	−0.5	−0.148 34	−0.154 28	−0.154 29	−0.154 31
51	188.218 8	−0.5	−0.111 35	−0.115 81	−0.115 82	−0.115 84
52	192.179 2	−0.5	−0.074 29	−0.077 26	−0.077 26	−0.077 28
53	196.139 6	−0.5	−0.037 16	−0.038 64	−0.038 65	−0.038 67
54	200.1	−0.5	0	0	0	0

表 3-2-9 方案 C 止水帷幕深 26.5 m 时各观测点地下水位值 （单位:m）

关键点序号	到基坑边距离	不同渗流时间的地下水位				
		初始稳态	第一层井降水 7 d	第二层井降水 7 d	开挖完 30 d	开挖完 360 d
1	0	-0.5	-2.578 84	-2.672 68	-2.672 78	-2.675 26
2	1	-0.5	-2.578 76	-2.672 59	-2.672 69	-2.675 17
3	2.5	-0.5	-2.578 31	-2.672 13	-2.672 23	-2.674 71
4	4.5	-0.5	-2.577 12	-2.670 9	-2.670 99	-2.673 48
5	7	-0.5	-2.574 68	-2.668 36	-2.668 46	-2.670 94
6	10	-0.5	-2.570 34	-2.663 87	-2.663 97	-2.666 45
7	13.960 42	-0.5	-2.562 29	-2.655 53	-2.655 63	-2.658 09
8	17.920 84	-0.5	-2.551 6	-2.644 45	-2.644 54	-2.647
9	21.881 25	-0.5	-2.538 28	-2.630 65	-2.630 74	-2.633 19
10	25.841 67	-0.5	-2.522 36	-2.614 15	-2.614 24	-2.616 67
11	29.802 08	-0.5	-2.503 86	-2.594 97	-2.595 07	-2.597 48
12	33.762 5	-0.5	-2.482 81	-2.573 16	-2.573 25	-2.575 64
13	37.722 91	-0.5	-2.459 24	-2.548 73	-2.548 82	-2.551 19
14	41.683 3	-0.5	-2.433 19	-2.521 73	-2.521 82	-2.524 16
15	45.643 8	-0.5	-2.404 69	-2.492 2	-2.492 29	-2.494 6
16	49.604 2	-0.5	-2.373 79	-2.460 17	-2.460 26	-2.462 55
17	53.564 6	-0.5	-2.340 54	-2.425 71	-2.425 79	-2.428 05
18	57.525	-0.5	-2.304 97	-2.388 85	-2.388 93	-2.391 15
19	61.485 4	-0.5	-2.267 15	-2.349 65	-2.349 73	-2.351 92
20	65.445 8	-0.5	-2.227 12	-2.308 16	-2.308 24	-2.310 39
21	69.406 3	-0.5	-2.184 94	-2.264 44	-2.264 53	-2.266 63
22	73.366 7	-0.5	-2.140 66	-2.218 56	-2.218 64	-2.220 7
23	77.327 1	-0.5	-2.094 35	-2.170 56	-2.170 64	-2.172 66
24	81.287 5	-0.5	-2.046 07	-2.120 52	-2.120 6	-2.122 57
25	85.247 9	-0.5	-1.995 87	-2.068 5	-2.068 57	-2.070 49
26	89.208 3	-0.5	-1.943 82	-2.014 55	-2.014 63	-2.016 5
27	93.168 8	-0.5	-1.889 98	-1.958 76	-1.958 83	-1.960 65

关键点序号	到基坑边距离	不同渗流时间的地下水位				
		初始稳态	第一层井降水 7 d	第二层井降水 7 d	开挖完 30 d	开挖完 360 d
28	97.129 2	−0.5	−1.834 42	−1.901 18	−1.901 25	−1.903 01
29	101.089 6	−0.5	−1.777 2	−1.841 88	−1.841 94	−1.843 66
30	105.05	−0.5	−1.718 4	−1.780 93	−1.781	−1.782 65
31	109.010 4	−0.5	−1.658 06	−1.718 4	−1.718 46	−1.720 06
32	112.970 8	−0.5	−1.596 27	−1.654 36	−1.654 42	−1.655 96
33	116.931 2	−0.5	−1.533 09	−1.588 88	−1.588 94	−1.590 41
34	120.891 7	−0.5	−1.468 58	−1.522 02	−1.522 08	−1.523 49
35	124.852 1	−0.5	−1.402 81	−1.453 86	−1.453 91	−1.455 26
36	128.812 5	−0.5	−1.335 85	−1.384 46	−1.384 51	−1.385 8
37	132.772 9	−0.5	−1.267 76	−1.313 89	−1.313 94	−1.315 16
38	136.733 3	−0.5	−1.198 61	−1.242 23	−1.242 27	−1.243 43
39	140.693 7	−0.5	−1.128 46	−1.169 53	−1.169 57	−1.170 66
40	144.654 2	−0.5	−1.057 38	−1.095 86	−1.095 9	−1.096 92
41	148.614 6	−0.5	−0.985 44	−1.021 3	−1.021 34	−1.022 29
42	152.575	−0.5	−0.912 69	−0.945 91	−0.945 94	−0.946 82
43	156.535 4	−0.5	−0.839 21	−0.869 75	−0.869 78	−0.870 59
44	160.495 8	−0.5	−0.765 05	−0.792 89	−0.792 92	−0.793 66
45	164.456 2	−0.5	−0.690 28	−0.715 4	−0.715 43	−0.716 09
46	168.416 7	−0.5	−0.614 96	−0.637 34	−0.637 36	−0.637 95
47	172.377 1	−0.5	−0.539 15	−0.558 77	−0.558 79	−0.559 31
48	176.337 5	−0.5	−0.462 92	−0.479 76	−0.479 78	−0.480 23
49	180.297 9	−0.5	−0.386 32	−0.400 38	−0.400 39	−0.400 76
50	184.258 3	−0.5	−0.309 42	−0.320 68	−0.320 69	−0.320 99
51	188.218 8	−0.5	−0.232 28	−0.240 73	−0.240 74	−0.240 96
52	192.179 2	−0.5	−0.154 95	−0.160 59	−0.160 6	−0.160 75
53	196.139 6	−0.5	−0.077 51	−0.080 33	−0.080 33	−0.080 4
54	200.1	−0.5	0	0	0	0

表 3-2-10　方案 D 止水帷幕深 20.5 m 时各观测点地下水位值　　　　　（单位:m）

关键点序号	到基坑边距离	不同渗流时间的地下水位				
		初始稳态	第一层井降水14 d	第二层井降水14 d	开挖完 30 d	开挖完 360 d
1	0	−0.5	−6.321 92	−6.746 17	−6.750 75	−6.751 05
2	1	−0.5	−6.321 7	−6.745 94	−6.750 51	−6.750 81
3	2.5	−0.5	−6.320 55	−6.744 71	−6.749 28	−6.749 58
4	4.5	−0.5	−6.317 47	−6.741 43	−6.746	−6.746 3
5	7	−0.5	−6.311 14	−6.734 7	−6.739 26	−6.739 56
6	10	−0.5	−6.299 94	−6.722 76	−6.727 32	−6.727 62
7	13.960 42	−0.5	−6.279 12	−6.700 59	−6.705 14	−6.705 44
8	17.920 84	−0.5	−6.251 5	−6.671 18	−6.675 7	−6.676
9	21.881 25	−0.5	−6.217 12	−6.634 57	−6.639 07	−6.639 37
10	25.841 67	−0.5	−6.176 07	−6.590 84	−6.595 32	−6.595 62
11	29.802 08	−0.5	−6.128 43	−6.540 09	−6.544 53	−6.544 83
12	33.762 5	−0.5	−6.074 28	−6.482 42	−6.486 83	−6.487 13
13	37.722 91	−0.5	−6.013 76	−6.417 95	−6.422 32	−6.422 62
14	41.683 3	−0.5	−5.946 97	−6.346 8	−6.351 12	−6.351 42
15	45.643 8	−0.5	−5.874 05	−6.269 12	−6.273 38	−6.273 68
16	49.604 2	−0.5	−5.795 14	−6.185 04	−6.189 25	−6.189 55
17	53.564 6	−0.5	−5.710 38	−6.094 73	−6.098 88	−6.099 18
18	57.525	−0.5	−5.619 93	−5.998 34	−6.002 44	−6.002 74
19	61.485 4	−0.5	−5.523 96	−5.896 06	−5.900 08	−5.900 38
20	65.445 8	−0.5	−5.422 62	−5.788 05	−5.792 01	−5.792 31
21	69.406 3	−0.5	−5.316 09	−5.674 5	−5.678 38	−5.678 68
22	73.366 7	−0.5	−5.204 54	−5.555 59	−5.559 39	−5.559 69
23	77.327 1	−0.5	−5.088 15	−5.431 5	−5.435 23	−5.435 53
24	81.287 5	−0.5	−4.967 09	−5.302 44	−5.306 07	−5.306 37
25	85.247 9	−0.5	−4.841 56	−5.168 58	−5.172 13	−5.172 43
26	89.208 3	−0.5	−4.711 72	−5.030 11	−5.033 57	−5.033 87
27	93.168 8	−0.5	−4.577 75	−4.887 24	−4.890 6	−4.890 9

关键点序号	到基坑边距离	不同渗流时间的地下水位				
		初始稳态	第一层井降水14 d	第二层井降水14 d	开挖完 30 d	开挖完 360 d
28	97.129 2	-0.5	-4.439 84	-4.740 14	-4.743 41	-4.743 71
29	101.089 6	-0.5	-4.298 16	-4.589 01	-4.592 18	-4.592 48
30	105.05	-0.5	-4.152 89	-4.434 04	-4.437 1	-4.437 4
31	109.010 4	-0.5	-4.004 2	-4.275 4	-4.278 35	-4.278 65
32	112.970 8	-0.5	-3.852 26	-4.113 28	-4.116 13	-4.116 43
33	116.931 2	-0.5	-3.697 25	-3.947 87	-3.950 6	-3.950 9
34	120.891 7	-0.5	-3.539 32	-3.779 33	-3.781 94	-3.782 24
35	124.852 1	-0.5	-3.378 64	-3.607 84	-3.610 34	-3.610 64
36	128.812 5	-0.5	-3.215 37	-3.433 58	-3.435 96	-3.436 26
37	132.772 9	-0.5	-3.049 67	-3.256 71	-3.258 96	-3.259 26
38	136.733 3	-0.5	-2.881 69	-3.077 39	-3.079 53	-3.079 83
39	140.693 7	-0.5	-2.711 58	-2.895 79	-2.897 8	-2.898 1
40	144.654 2	-0.5	-2.539 5	-2.712 07	-2.713 96	-2.714 26
41	148.614 6	-0.5	-2.365 58	-2.526 38	-2.528 14	-2.528 44
42	152.575	-0.5	-2.189 98	-2.338 88	-2.340 51	-2.340 81
43	156.535 4	-0.5	-2.012 82	-2.149 72	-2.151 21	-2.151 51
44	160.495 8	-0.5	-1.834 26	-1.959 04	-1.960 4	-1.960 7
45	164.456 2	-0.5	-1.654 42	-1.766 99	-1.768 22	-1.768 52
46	168.416 7	-0.5	-1.473 44	-1.573 71	-1.574 81	-1.575 11
47	172.377 1	-0.5	-1.291 45	-1.379 35	-1.380 31	-1.380 61
48	176.337 5	-0.5	-1.108 58	-1.184 04	-1.184 87	-1.185 17
49	180.297 9	-0.5	-0.924 96	-0.987 93	-0.988 62	-0.988 92
50	184.258 3	-0.5	-0.740 71	-0.791 14	-0.791 7	-0.792
51	188.218 8	-0.5	-0.555 97	-0.593 83	-0.594 24	-0.594 54
52	192.179 2	-0.5	-0.370 85	-0.396 11	-0.396 38	-0.396 68
53	196.139 6	-0.5	-0.185 49	-0.198 12	-0.198 26	-0.198 56
54	200.1	-0.5	0	0	0	0

表 3-2-11　方案 E 止水帷幕深 30 m,一级降水井 30 m 时各观测点地下水位值(单位:m)

关键点序号	到基坑边距离	不同渗流时间的地下水位			
		初始稳态	第一层井降水 7 d	开挖完 30 d	开挖完 360 d
1	0	−0.5	−1.235 88	−1.236 69	−1.236 7
2	1	−0.5	−1.235 84	−1.236 65	−1.236 66
3	2.5	−0.5	−1.235 62	−1.236 44	−1.236 45
4	4.5	−0.5	−1.235 04	−1.235 87	−1.235 88
5	7	−0.5	−1.233 87	−1.234 7	−1.234 71
6	10	−0.5	−1.231 8	−1.232 63	−1.232 64
7	13.960 42	−0.5	−1.227 95	−1.228 77	−1.228 78
8	17.920 84	−0.5	−1.222 85	−1.223 65	−1.223 66
9	21.881 25	−0.5	−1.216 49	−1.217 27	−1.217 28
10	25.841 67	−0.5	−1.208 87	−1.209 65	−1.209 66
11	29.802 08	−0.5	−1.200 01	−1.200 8	−1.200 81
12	33.762 5	−0.5	−1.189 93	−1.190 73	−1.190 74
13	37.722 91	−0.5	−1.178 64	−1.179 44	−1.179 45
14	41.683 3	−0.5	−1.166 16	−1.166 96	−1.166 97
15	45.643 8	−0.5	−1.152 52	−1.153 3	−1.153 31
16	49.604 2	−0.5	−1.137 72	−1.138 48	−1.138 49
17	53.564 6	−0.5	−1.121 8	−1.122 51	−1.122 52
18	57.525	−0.5	−1.104 77	−1.105 43	−1.105 44
19	61.485 4	−0.5	−1.086 66	−1.087 27	−1.087 28
20	65.445 8	−0.5	−1.067 5	−1.068 04	−1.068 06
21	69.406 3	−0.5	−1.047 3	−1.047 79	−1.047 8
22	73.366 7	−0.5	−1.026 1	−1.026 52	−1.026 53
23	77.327 1	−0.5	−1.003 91	−1.004 28	−1.004 29
24	81.287 5	−0.5	−0.980 77	−0.981 1	−0.981 11
25	85.247 9	−0.5	−0.956 7	−0.957	−0.957 01
26	89.208 3	−0.5	−0.931 75	−0.932 02	−0.932 03
27	93.168 8	−0.5	−0.905 94	−0.906 18	−0.906 19

关键点序号	到基坑边距离	不同渗流时间的地下水位			
		初始稳态	第一层井降水 7 d	开挖完 30 d	开挖完 360 d
28	97.129 2	-0.5	-0.879 3	-0.879 52	-0.879 53
29	101.089 6	-0.5	-0.851 85	-0.852 05	-0.852 06
30	105.05	-0.5	-0.823 64	-0.823 81	-0.823 82
31	109.010 4	-0.5	-0.794 71	-0.794 85	-0.794 86
32	112.970 8	-0.5	-0.765 08	-0.765 19	-0.765 2
33	116.931 2	-0.5	-0.734 79	-0.734 86	-0.734 87
34	120.891 7	-0.5	-0.703 86	-0.703 9	-0.703 91
35	124.852 1	-0.5	-0.672 33	-0.672 34	-0.672 35
36	128.812 5	-0.5	-0.640 22	-0.640 21	-0.640 22
37	132.772 9	-0.5	-0.607 58	-0.607 55	-0.607 55
38	136.733 3	-0.5	-0.574 43	-0.574 38	-0.574 39
39	140.693 7	-0.5	-0.540 8	-0.540 73	-0.540 74
40	144.654 2	-0.5	-0.506 72	-0.506 65	-0.506 66
41	148.614 6	-0.5	-0.472 22	-0.472 15	-0.472 16
42	152.575	-0.5	-0.437 34	-0.437 27	-0.437 28
43	156.535 4	-0.5	-0.402 11	-0.402 05	-0.402 06
44	160.495 8	-0.5	-0.366 56	-0.366 5	-0.366 51
45	164.456 2	-0.5	-0.330 71	-0.330 66	-0.330 67
46	168.416 7	-0.5	-0.294 61	-0.294 56	-0.294 57
47	172.377 1	-0.5	-0.258 28	-0.258 24	-0.258 25
48	176.337 5	-0.5	-0.221 76	-0.221 71	-0.221 72
49	180.297 9	-0.5	-0.185 06	-0.185 01	-0.185 02
50	184.258 3	-0.5	-0.148 22	-0.148 17	-0.148 18
51	188.218 8	-0.5	-0.111 27	-0.111 23	-0.111 24
52	192.179 2	-0.5	-0.074 23	-0.074 2	-0.074 21
53	196.139 6	-0.5	-0.037 13	-0.037 11	-0.037 12
54	200.1	-0.5	0	0	0

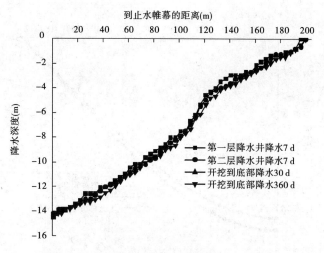

图 3-2-37　方案 A 降水漏斗曲线（无止水帷幕）

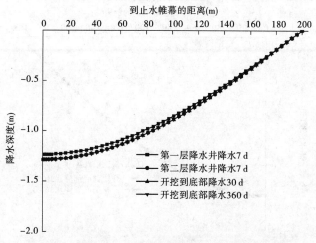

图 3-2-38　方案 B 降水漏斗曲线（止水帷幕深 30 m）

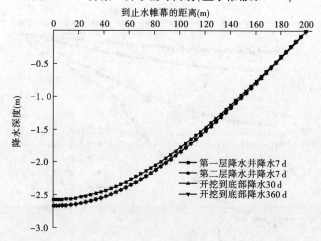

图 3-2-39　方案 C 降水漏斗曲线（止水帷幕深 26.5 m）

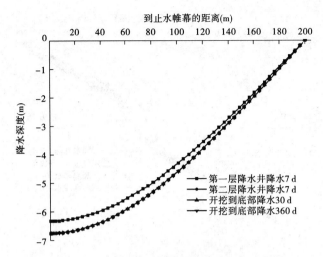

图 3-2-40　方案 D 降水漏斗曲线（止水帷幕深 20.5 m）

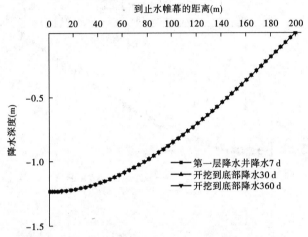

图 3-2-41　方案 E 降水漏斗曲线（止水帷幕深 30 m）

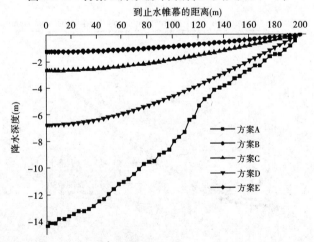

图 3-2-42　方案 A~E 的地下水降深值对比曲线（开挖到基坑底后 360 d）

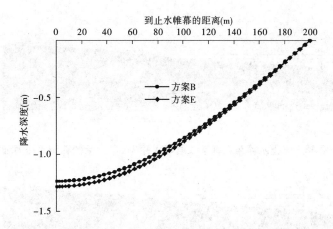

图 3-2-43　方案 B 和方案 E 的地下水降深值对比曲线（开挖到基坑底后 360 d）

3. 不同方案下的孔隙水压力云图

不同方案下的孔隙水压力云图,如图 3-2-44 ~ 图 3-2-63 所示。由图 3-2-43 ~ 图 3-2-47 可见,方案 A 无止水帷幕时,基坑排水形成个自然降水漏斗曲线,在基坑坑底墙角边曲线趋于平缓。由图 3-2-48 ~ 图 3-2-62 可见,设置止水帷幕后降水漏斗曲线在基坑两边不连续、发生突变。由图 3-2-57 ~ 图 3-2-60 可见,方案 D 中止水帷幕深 20.5 m,由于止水帷幕"悬空",延长了垂直方向渗径,降水对基坑外影响范围减小。由图 3-2-48 ~ 图 3-2-56 和图 3-2-61、图 3-2-62 可见,假定地表下 26.5 m 为隔水层,止水帷幕深大于 26.5 m 时完全封堵了基坑与周边的水力联系,止水效果理想。

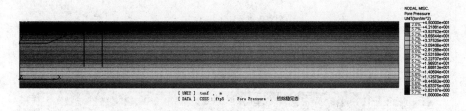

图 3-2-44　无止水帷幕方案下初始孔隙水压力云图

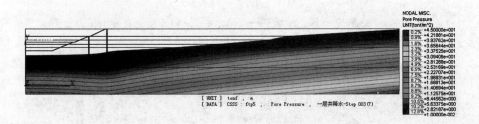

图 3-2-45　无止水帷幕方案下一层降水井 7 d 降水后的孔隙水压力云图

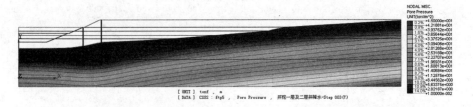

图 3-2-46　无止水帷幕方案下二层降水井 7 d 降水后的孔隙水压力云图

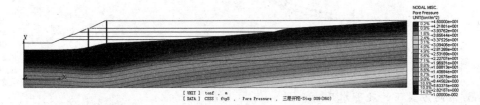

图 3-2-47　无止水帷幕方案下二层降水井 360 d 降水后的孔隙水压力云图

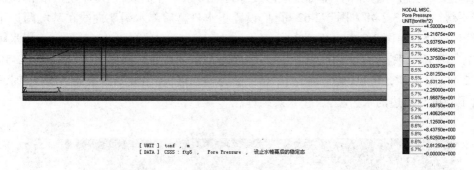

图 3-2-48　设置 30 m 深止水帷幕稳态后的孔隙水压力云图

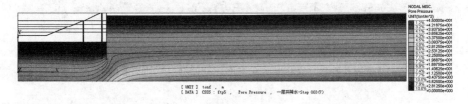

图 3-2-49　设置 30 m 深止水帷幕一层降水井 7 d 降水后的孔隙水压力云图

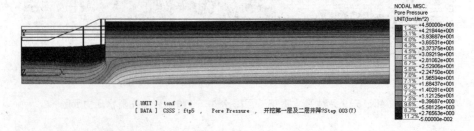

图 3-2-50　止水帷幕深 30 m 方案下开挖第一层土及二级降水井降水 7 d 后孔隙水压力云图

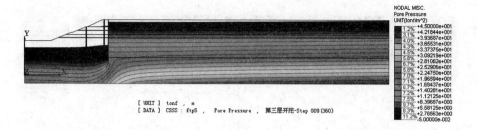

图 3-2-51　止水帷幕深 30 m 方案下第三层开挖完 360 d 后孔隙水压力云图

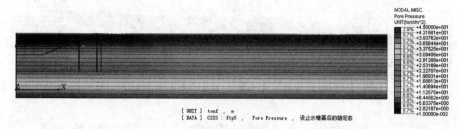

图 3-2-52　设置止水帷幕深 26.5 m 稳态后的孔隙水压力层开挖完 7 d 后孔隙水压力云图

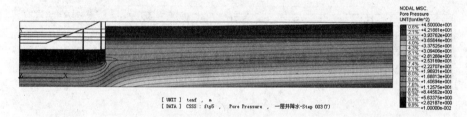

图 3-2-53　设置 26.5 m 深止水帷幕一层降水井 7 d 降水后的孔隙水压力云图

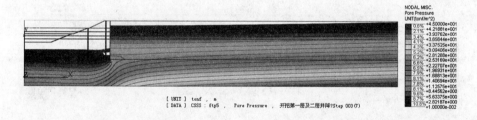

图 3-2-54　止水帷幕深 26.5 m 方案下开挖第一层土及二级降水井降水 7 d 后孔隙水压力云图

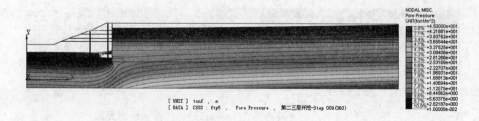

图 3-2-55　止水帷幕深 26.5 m 方案下第三层开挖完 360 d 后孔隙水压力云图

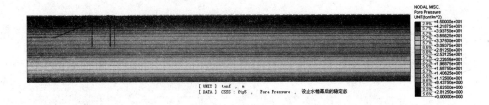

图 3-2-56　设置止水帷幕深 20.5 m 稳态后的孔隙水压力层开挖完 7 d 后孔隙水压力云图

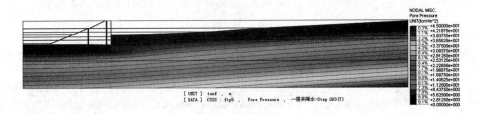

图 3-2-57　设置 20.5 m 深止水帷幕一层降水井 7 d 降水后的孔隙水压力云图

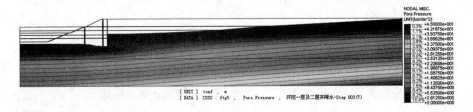

图 3-2-58　止水帷幕深 20.5 m 方案下开挖第一层土及二级降水井降水 7 d 后孔隙水压力云图

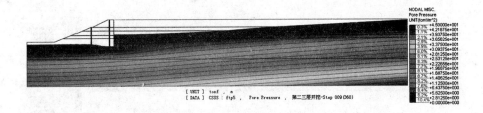

图 3-2-59　止水帷幕深 20.5 m 方案下第三层开挖完 360 d 后孔隙水压力云图

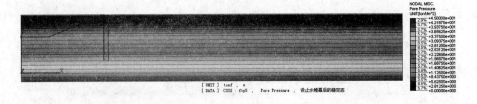

图 3-2-60　设置止水帷幕深 30 m 稳态后的孔隙水压力云图

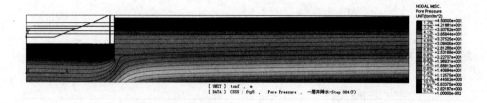

图 3-2-61　设置 30 m 深止水帷幕一层降水井 7 d 降水后的孔隙水压力云图

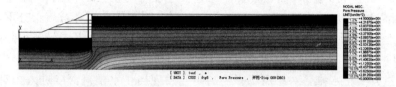

图 3-2-62　止水帷幕深 30 m 方案下第三层开挖完 360 d 后孔隙水压力云图

第三章 研究和监测分析结论

临河(湖)深基坑工程与临近河湖水力联系密切,渗流场十分复杂,导致应力场和位移场情况比一般基坑要复杂,而且整个开挖施工过程时间较长,一般至少经过一个汛期,因此在汛期高水位的条件下临近河湖的深基坑开挖、降水等关键环节就十分重要,不仅决定着基坑工程能否顺利完工,而且显著影响基坑外围的建筑物尤其是江河堤防的稳固,关系着堤防保护范围内城市和居民的生命财产安全,必须慎重处理,确保万无一失。

(1)通过开展止水帷幕对渗流场影响的研究发现当止水帷幕深度进入相对不透水层时(本工程中将止水帷幕与第9层重粉质壤土连接),能取得明显的截水效果,对周边环境影响效果较小,考虑到实际地层的起伏差异性,建议止水帷幕深入相对不透水层(第9层重粉质壤土)一定长度保证连接,数值分析确定降水井的设置后应考虑实际地层的起伏差和降水井在使用过程中被淤死失效等不利情况,局部补充降水井,这样能够取得较好的经济性,并满足基坑工程施工的要求,达到优化设计的目的。

(2)止水帷幕的位置布置(基坑边缘与止水帷幕之间的距离)是决定防渗帷幕发挥减小水土压力、降低渗透坡降和改善整个系统应力条件和渗流条件的决定性因素。在分析八里湾泵站枢纽场地水文地质和工程地质条件的基础上,结合渗流理论提出了降水方案及具体的施工参数。考虑土体复杂的变形特性,结合工程实践,在有限单元法理论的基础上,描绘出基坑渗流场的特性,分析止水帷幕的插入深度与水头降深的相互关系,揭示基坑渗流规律,定量评价止水帷幕对降水效果的影响。

(3)临河(湖)深基坑止水帷幕是整个深基坑降水控制系统的骨干组成部分,其功能完好与否直接决定着整个系统的成败。由于工程应用的超前性,在实际工程中不能根据常规防渗帷幕的规范要求来确定帷幕的设计参数,应根据承载能力分析、安全使用分析和工程造价以及施工条件等综合性分析合理确定成墙厚度、抗压强度、容许坡降以及弹性模量。本书针对临近河湖深基坑止水帷幕的特点,分析了不同帷幕弹性模量、厚度,内侧水位降深、开挖深度以及不同帷幕与基坑间距对帷幕的影响,提出宜采用柔性止水帷幕,以及保证降水帷幕发挥作用的施工参数,建议规范增加变形控制标准并给出建议,最后指出防渗帷幕重点部位重点处理来优化工程。

(4)通过对不同结构形式的止水帷幕进行分析,以及对不同施工方法的研究,提出竖向止水帷幕最佳结构形式、施工技术参数、施工工艺、质量检验方法。

(5)通过对基坑的现场监测和监控,验证了帷幕的止水效果以及帷幕参数选取的合理性。

随着经济不断发展,社会需求不断增大,临近河湖的深基坑工程将会越来越多,工程应用领先于理论发展的现状急需改变。本书从临近河湖的深基坑工程实践入手,分析深基坑工程降水控制系统中存在的实际难题,再根据多工况数值比较计算分析,经理论研究后得出了临近河湖的深基坑降水控制的系统理论,对实际工程具有一定的指导意义。

第四篇 桩基础和混凝土底板及流道异型模板

第一章 桩基基础处理

第一节 工程地质

一、勘察工作概况

八里湾泵站地质勘察工作由中水淮河规划设计研究有限公司负责,2001 年 4~12 月完成了八里湾泵站可研究阶段地质勘察,提出《南水北调东线一期工程八里湾泵站可行性研究地质勘察报告》,2004 年完成了《南水北调东线一期工程八里湾泵站初设阶段地质勘察报告》。施工地质亦由该单位承担,于 2011 年 2 月 26 日至 3 月 9 日完成了施工阶段《八里湾泵站工程混凝土板与砂土抗滑试验报告》。各勘察阶段完成工作量如表 4-1-1 所示。

二、工程区地震动参数

根据《中国地震动参数区划图》(GB 18306—2001),本区地震动峰值加速度为 0.10 g,地震特征周期为 0.55 s,相应地震基本烈度为 7 度。

三、枢纽工程区基本地质条件

(一)地形地貌

八里湾泵站距东平县城约 45 km,距梁山县城约 30 km,北为东平湖的老湖,面积约 40 km^2,南为东平湖的新湖,现为低洼苇荡。本区位于山东丘陵与华北平原的交接地带,由于地壳差异升降运动及黄河泛滥的影响,在山前积水成湖(东平湖)。

站址区地形较为平坦。东平湖老湖南堤堤顶高程为 47.19 m 左右,宽 6~10 m,堤南侧地面高程为 37.8~40.8 m,站址区地面高程为 36.35~37.40 m,常年积水,芦苇和水草密布。

(二)地层岩性

根据区域地质资料,本区第四系沉积的淤泥、冲洪积形成的黏性土和砂层,厚约 65

m,第三系泥岩、砂岩,层厚约 305 m,之下为石炭系中统的本溪组灰岩。站址地层主要由冲、洪积和湖积形成,地层复杂,性状差,夹层、互层、透镜体较多,同层中黏粒含量和软、硬强度也有较大差异。经综合分析后,场区地层自上而下共分 11 层,地层结构如图 4-1-1 所示。

表 4-1-1　八里湾泵站工程地质勘察工作量

阶段	项目	孔数（个）	孔深（m）	总进尺（m）	取原状土样/击实样（组）	标贯试验（次）	室内试验（组）
可研阶段	主泵房	5	40~60	220.2	83	77	83
	公路桥	3	36	108.0	38	47	38
	清污机桥	4	16~20	79.0	24	27	24
	管理区	18	14~30	410.5	124	132	124
	进水渠	7	14~26.7	138.75	46	52	46
	水文地质	14	25	350	6	132	6
	料场勘察	30	5	150	10/3		10/3
初设阶段	主泵房	17	35~60	740	145	251	145
	公路桥	7	40~45	315	50	151	50
	清污机桥	5	20~25	120	40	40	40
	进出水渠	8	15~25	160	75	95	75
	管理区	7	9~20	135	20	65	20
	水文地质	11	30	330	15	18	15
	料场勘察	10	5	50	5/3		5/3
合计		146		3 306.45	681/6	1 087	698

第(1)层:中粉质壤土夹粉土(Q_4^{al}),夹轻粉质壤土和砂,湿,呈松散或软塑—可塑状态。

第(2)层:淤泥质壤土和淤泥(Q_4),灰、灰黑色,夹细砂和粉土层,呈流塑—软塑状,在站址区普遍分布,厚 2~5 m。

第(3)层:黏土(Q_4),呈软可塑状态,局部为流塑,夹淤泥质壤土、淤泥、中粉质壤土、砂和粉土等。该层土局部缺失,厚 2.3~5.0 m。

第(4)层:轻粉质壤土和中粉质壤土(Q_4),局部夹砂和粉土薄层,呈软—可塑状态,厚 0.4~2.9 m。

第(5)层:重粉质壤土(Q_3),局部夹有中粗砂和粉土透镜体,呈软可塑状态,局部呈软塑状态,厚约 3.0 m。

第(6)层:轻粉质壤土和粉土(Q_3),夹细砂层和砂壤土薄层,呈软塑或松散状态,厚约 2 m。

年代及成因	层号	层底高程 (m)	地层岩性	地层描述	标贯击数 (击)
Q_4^{al}	(1)	35.95~40.18		中粉质壤土夹粉土	↓2.1
Q_4^{al}	(2)	31.53~37.48		淤泥质壤土和淤泥	↓1
Q_4^{al}	(3)	25.95~35.28		黏土	↓2
Q_4^{al}	(4)	26.70~32.88		轻粉质壤土和中粉质壤土	▼3.2
Q_3^{al+pl}	(5)	22.60~29.10		重粉质壤土夹黏土含砂礓和铁锰结核	↓4
Q_3^{al+pl}	(6)	23.18~27.0		轻粉质壤土和粉土夹砂壤土	↓4.3
Q_3^{al}	(7)	18.80~26.10		淤泥质壤土和黏土	↓2.5
Q_3^{al+pl}	(8-1)	9.50~17.0		细砂,含有砂礓和结核层	↓17.6
Q_3^{al+pl}	(8-2)	9.40~12.46		中砂或粗砂,含砂礓	↓19.3
Q_3^{al+pl}	(9)	-5.80~3.25		重粉质壤土,含砂礓和结核	↓11
Q_3^{al+pl}	(10)	-3.66~-3.35		中粗砂夹砾石	↓24
Q_3^{al+pl}	(11)	-22.36		中粉质壤土	↓23

图 4-1-1 八里湾泵站工程综合地层柱状图

第(7)层:淤泥质壤土和黏土(Q_3),灰、灰黑色,呈软塑状态,厚 2~5 m。

第(8)层分为 2 个亚层:

第(8-1)层:细砂(Q_3),上部约 1.5 m,呈松散—稍密状态,以下局部具有弱胶结,呈中密状态。该砂层均夹有少量中粉质壤土、黏土薄层,自上而下砂粒变粗,渐变密实。下部可作为泵站的桩基持力层。

第(8-2)层:中砂或粗砂含砾石(Q_3),呈中密状态,局部分布,厚度为 0.5~4 m。可作为桩基持力层。

第(9)层:重粉质壤土(Q_3),呈硬塑状态,含铁锰结核,局部夹具有弱胶结含砾石砂礓层。该层厚 9~15 m,分布稳定,是该区良好的持力层。

第(10)层:中粗砂夹砾石(Q_3),紧密状态,厚约 2 m。

第(11)层:灰黄色中粉质壤土(Q_3),呈硬—坚硬状态,层顶高程 -3.66 m,勘探至 -22.36 m 未揭穿。

(三)水文地质条件

根据勘探试验资料,在 60 m 勘探深度范围内,地下水类型为松散岩类孔隙水,据地层岩性和含水层水力特征可划分出 4 层含水层和 4 层隔水层,其中,第 1、2 含水层为潜水,第 3、4 含水层为承压水。

第 1 含水层由(1)层中粉质壤土和(2)层淤泥和淤泥质壤土夹砂(在壤土夹砂处均含有水)组成,含水类型为潜水,主要由沟、渠和大气降水补给。

第 2 含水层为(4)层轻粉质壤土和中粉质壤土层,呈弱透水性。夹粉土和细砂层,夹层的透水性为中等,由于本区沟、渠、塘较多,其深度局部已达该层,故该层的含水类型也为潜水。

第 3 含水层由第(6)、(8-1)、(8-2)层粉土、细砂、中砂含砾石组成,中等透水性,含水类型为承压水,勘探期承压水头为 13.1 ~ 15.2 m,并随东平湖老湖水位升降而有微弱升降,与东平湖湖水有一定的水力联系。承压水由北向南流,水力梯度约为 0.003。

第 4 含水层为第(10)层中粗砂,强透水层,由于该含水层埋藏较深,且上部隔水层较厚,对本工程已无影响。

站址区水文地质参数建议值见表 4-1-2。

根据《水利水电工程地质勘察规范》(GB 50487—2008),场地环境水(地表水、潜水、承压水)对混凝土无腐蚀性,对钢结构具有弱腐蚀性。

表 4-1-2　站址区水文地质参数建议值

地层编号	岩性	透水性	渗透系数(cm/s)		含水层性质	水位(m)	承压水头高度(m)	含水和隔水层编号
			垂直	水平				
(1)	中粉质壤土	弱透水	1.35×10^{-5}	5.68×10^{-5}	潜水	37.6		第 1 含水层
(2)	淤泥及淤泥质壤土	弱透水	4.58×10^{-4}	4.88×10^{-6}				第 1 含水层
(3)	黏土	微透水	8.32×10^{-7}	1.58×10^{-6}				第 1 隔水层
(4)	轻粉质壤土	弱透水	4.04×10^{-5}	1.22×10^{-5}	潜水			第 2 含水层
(5)	重粉质壤土	极微透水	1.11×10^{-7}	1.38×10^{-7}				第 2 隔水层
(6)	轻粉质壤土	弱至中透水	2.82×10^{-6}	2.43×10^{-5}				第 3 含水层
(7)	淤泥及淤泥质壤土	弱透水	3.62×10^{-7}	1.26×10^{-5}				第 2 隔水层
(8)	细、中砂含砾石	中等透水	3.55×10^{-3}		承压水	38.4 ~ 39.1	13.3 ~ 14.5	第 3 含水层
(9)	重粉质壤土	微透水	2.63×10^{-8}	7.62×10^{-8}				第 3 隔水层

(四)岩土体物理力学性质

场址区土层物理力学参数建议值见表 4-1-3。

表 4-1-3 八里湾泵站工程各土层物理力学参数建议值

层号	土类	含水量 (%)	干密度 (g/m³)	孔隙比	液性指数	压缩系数 (MPa⁻¹)	压缩模量 (MPa)	直快 黏聚力 (kPa)	直快 内摩擦角 (°)	固快 黏聚力 (kPa)	固快 内摩擦角 (°)	饱快 黏聚力 (kPa)	饱快 内摩擦角 (°)	不固结不排水 黏聚力 (kPa)	不固结不排水 内摩擦角 (°)	渗透试验 垂直 (cm/s)	渗透试验 水平 (cm/s)	允许承载力标准值 (kPa)
1	中粉质壤土	33.1	1.42	0.93	0.48	0.57	3.47	19.0	7.0	17.0	11.0					1.35×10^{-5}	5.68×10^{-5}	
2	淤泥和淤泥质壤土	57.5	1.25	1.26	1.00	1.06	2.80	9.5	3.4	8.2	14.0			2	1.8	4.58×10^{-4}	4.88×10^{-6}	60
3	黏土	42.9	1.36	1.02	0.63	0.62	4.25	13.0	5.0	15.0	11.0			3	2.7	8.32×10^{-7}	1.58×10^{-6}	100
4	轻粉质壤土和中粉质壤土	31.7	1.51	0.82	0.88	0.34	7.51	12.5	5.7	10.0	15.0	20.0	5.0	8	4	4.40×10^{-5}	7.70×10^{-5}	110
5	重粉质壤土	37.8	1.46	0.97	0.55	0.39	5.90	26.5	7.2	21.3	15.2	15.0	9.0	13.5	4	1.11×10^{-7}	1.38×10^{-7}	120
6	轻粉质壤土和粉土	24.9	1.53	0.73	0.75	0.27	7.54	14.6	14.1			21.0	5.0			6.80×10^{-5}	3.53×10^{-4}	135
7	淤泥质壤土和淤泥质黏土	48.9	1.26	1.21	1.07	0.87	2.76	15.9	3.7			16.0	3.0			3.62×10^{-7}	1.26×10^{-5}	90
8 – 1	细砂	23.0	1.64			0.10	15.00	2	29							3.55×10^{-3}		140～160
8 – 2	中砂																	180
9	重粉质壤土	26.9	1.62	0.72	0.10	0.21	9.01	65.6	14.2	49.1	23.2	79.0	15.0			2.63×10^{-8}	7.62×10^{-8}	220
10	中粗砂含砾石																	180～200
11	中粉质壤土	23.8	1.62	0.75	0.13	0.22	7.94	64	10									230

(五)主要工程地质问题

(1)地基承载力不足。

场地地基土层(1)～(7)层,包括(8-1)层上部等地层,基本均为软土,其中第(5)层和第(6)层性状略好,承载力建议值,最大 120 kPa。上述地层地基承载力均不能满足泵房、上下游翼墙、公路桥梁、进出水池边墙等工程部位地基承载力的要求,需采取地基处理措施。施工过程中,对桥梁采取了灌注桩基础。对上述其他工程部位采取了水泥粉煤灰碎石桩、水泥搅拌桩等复合地基,处理后地基承载力满足设计要求。

(2)地基土层存在不均沉降、地震液化及震陷等。

场址区曾经决口,形成低洼地带,地层在横向上和垂向上岩相变化都较大,场地地基土层(1)～(7)层,包括(8-1)层上部等地层,均存在不均匀沉降问题;其软土层(2)、(3)、(4)、(7)层在 7 度地震烈度时存在震陷问题;砂土地层(包括粉土)(6)、(8-1)层上部存在地震液化问题。上述工程地质问题施工时通过复合地基及钻孔灌注桩;渠坡、渠底、进出水池底板等遇淤泥时,采取了换填及水泥搅拌桩等措施,基本解决了工程区地基的不均沉降、地震液化及震陷问题。进出口渠的渠坡部位第 2 层淤泥质土大量分布,仍是运行期可能发生震陷、不均沉降及渠坡稳定的工程部位。

(3)泵站地基存在渗透稳定及抗滑稳定问题。

泵站置于(8-1)细砂层上,其允许渗透比降为 0.20,存在泵房地基的渗透稳定问题,设计上及施工中已采取 3 面围封的工程处理措施。

细砂(8-1)层与混凝土之间的摩擦系数初步设计阶段地质建议值 0.32,复合地基方案设计采用 0.35。施工期在已完成复合地基的条件下,垫 30～40 cm 的中粗砂垫层后,进行了现浇混凝土试块(长×宽×高的尺寸为 1.0 m×0.5 m×0.5 m,滑动面面积为 0.5 m²)的抗滑试验,结果破坏面发生在中粗砂垫层的表层,摩擦系数为 0.48。这种情况下设计依然采用 0.35 作抗滑稳定的复核验算,安全评估认为依然采用摩擦系数 0.35 作为抗滑稳定计算是合适的,因为大体积混凝土与地基的剪切破环面可能依然会发生在垫层之下的细砂层面附近。

(4)存在基坑承压水顶托、基坑临时边坡稳定、渠坡稳定等问题。

工程区地下水埋深浅,泵站基坑及渠道均在软弱地层中施工,揭露淤泥、淤泥质土、砂土等地层、潜水含水层和承压水含水层等,存在上述工程地质问题是明确的。施工中采取了基坑外围围封、基坑深井降水加明排等工程措施,实现了干地施工、临时边坡稳定,同时明渠采取了缓边坡的设计(1∶3.5)及局部水泥土搅拌桩处理,上述工程地质问题均已解决,但明渠边坡地层软弱,不均沉降和稳定问题依然可能出现,是工程运行期间安全巡视的重点。

第二节　基础处理种类

八里湾泵站基础防渗工程主要为主泵房基础下地基三面围封钢筋混凝土地下连续墙。

地基加固工程包括:主泵房水泥粉煤灰碎石桩,副厂房、安装间、东落地挡墙及拦船索钢筋混凝土钻孔灌注桩,前池、进水池、出水池两侧翼墙,清污机桥、出水渠边坡、新筑堤防、站区平台边坡和管理区建筑物及其他地基加固水泥土搅拌桩。

主泵房基础采用水泥粉煤灰碎石桩,桩径 0.5 m,间距 1.75 m,梅花形布置。副厂房、安装间、落地挡墙、公路桥采用钢筋混凝土钻孔灌注桩。进出口(翼)挡墙、站区平台边坡、新筑堤防、出水渠边坡、清污机桥边坡段和办公楼与机修车间仓库采用预制混凝土管桩进行基础处理。

基础处理完成主要工程量:水泥土搅拌站 37 098 m^3,混凝土灌注桩 5 900 m,CFG 水泥粉煤灰碎石桩 8 350 m,钢筋混凝土地连墙 1 641 m^2,水泥土搅拌桩截渗墙 7 991 m^2,高压摆喷截渗墙 8 040 m,高压旋喷截渗墙 542 m,预制混凝土管桩 310.58 m^2。

第三节　地下连续墙

泵房底板顺水流方向长 35.5 m,宽 34.7 m,底板底高程 25.6~24.6 m,泵站钢筋混凝土地下连续墙工程为三面围封结构,即阻止泵站北侧、东侧、西侧三面地下渗水,总延长约 105 m,墙体厚度为 450 mm,深度为 16 m,底高程为 7.75 m,顶高程为 23.75 m。地下墙体混凝土强度等级采用 C25、抗渗等级 W6。地下墙施工槽段划分为 14 幅,工程量为 1 615 m^2。

混凝土地下连续墙的施工采用"射水法成槽、浇筑水下混凝土成墙"的施工方法。施工前,首先清理施工现场,修建施工临时设施和施工机械作业平台。根据设计要求进行测量放线,确定地下连续墙的轴线位置、高程及桩号,然后进行成槽机械的安装及调整。

一、工艺流程

工艺流程见图 4-1-2。

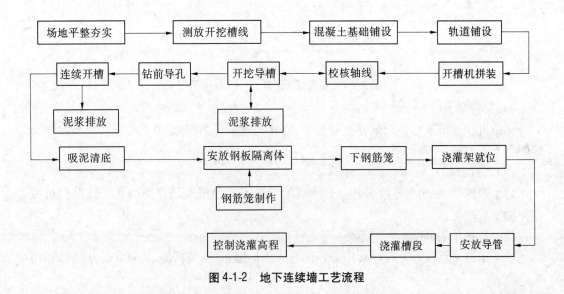

图 4-1-2　地下连续墙工艺流程

二、施工步骤

（1）场地平整。

施工场地开挖至标准高程，并进行平整、夯实。

（2）测放轴线。

根据提供的测放基点（线），由测量工程师测定开挖槽轴线。

（3）混凝土基础铺设。

在距开挖槽轴线1.6 m的两侧铺设1.5 m宽、10 cm厚的素混凝土基础。

（4）轨道铺设。

待铺垫的混凝土达到一定强度后，根据定出的开挖槽轴线，铺设枕木、钢轨，用道钉进行固定，在轨道上标出槽段划分的具体位置。

（5）开槽机械拼装。

用汽车吊拼装开槽机械，拼装好后，进行电气系统、液压系统、行走系统及各系统间协调的安装和调试。

（6）校核轴线。

校核开槽机的中心轴线与地下连续墙的轴线是否一致，如有超出规范的偏差，及时进行调整。

（7）开挖导槽。

根据现场土质情况，采取人工开挖导槽，导槽剖面形式如图4-1-3所示。

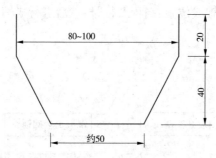

图4-1-3 导槽剖面形式 （单位:cm）

（8）钻前导孔。

用钻机在开槽起点钻出前导孔的位置，前导孔比设计的槽深50~60 cm，孔径控制为能顺利下放刀杆、刀排即可。

（9）连续开槽。

启动开槽机械，进行连续开槽。开槽机的前进速度根据现场土质的实际情况用机械自身动力来控制。

（10）泥浆的制备、循环及排放。

泥浆在地下连续墙开槽过程中的作用首先是护壁，其次是携渣，再就是冷却机具和切土润滑。

①泥浆的制备及贮存。根据降水井施工反映的土质情况，泥浆可用原土造浆，最初的

泥浆用钻前孔产生的贮存泥浆。

②用泵吸反循环的泥浆循环方式,用双泵回送浆液。

③多次循环及多余的泥浆由排浆系统直接排放至施工现场的泥浆排放场地。

(11)隔离体施工。

隔离体采用钢板焊制而成,下部插入孔底平面尺寸如图4-1-4所示,上端利用机架固定。

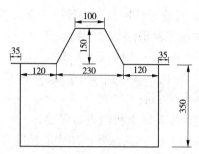

图4-1-4 孔底平面尺寸 (单位:mm)

(12)钢筋笼制作与安装。

钢筋笼根据规范和设计要求在施工现场制作,合格后用吊车起吊安放到位。

(13)槽段浇灌。

钢筋笼安装就位后,插入导管,浇筑混凝土,直到高出设计墙顶高程300～500 mm。

三、质量控制

(1)两轨道的顶面保证成水平及平行。

(2)泥浆比重控制在1.05～1.10,黏度在18～25 Pa·s,含砂率<4%～8%。

(3)开槽时控制好机架的纵向行走速度,不宜过快。

(4)地下连续墙5 m为一个槽段。

(5)所用混凝土原材料满足规范和设计要求,混凝土具有良好的和易性;混凝土进入入料斗的坍落度为200～240 mm,骨料选用中砂及粒径不大于40 mm的碎石。混凝土连续灌注。

(6)浇筑混凝土时,槽内混凝土面上升速度不小于2 m/h,并控制均匀上升导管埋入混凝土内的深度不得小于1.0 m,不大于6 m。两根导管浇灌时,其间距控制在3 m之内,导管距槽段端部不大于1.5 m。

(7)组织工程技术人员熟悉规范及施工图纸,执行相关标准并24 h跟班作业,做好质量记录,对施工过程中的工序进行检查,保证上道工序未经验收合格不进行下道工序施工。对施工过程中出现的一些技术难题或事故,及时组织人力解决。

(8)对全体施工人员进行技术交底,安全技术交底,指导工人按要求进行施工。

(9)测量放样按设计防渗墙轴线,用J2经纬仪校正施工轨道,再以钢轨为放样基础,钢尺量距,偏差在±2 cm以内,确保平台定位精度达到设计要求后施工。成墙机定位后,通过调节千斤顶的高度,用水平尺调节机架,保持路基坚实平整,使墙体的垂直精度控制在 1/250 左右。

（10）根据工程地质情况，拟采用高效膨润土配置泥浆，控制标准为：比重：1:1.35,黏度：18~25 Pa·s,含砂率：≤12%。

（11）按设计强度等级配置泵送混凝土，浇筑时控制导管埋深，严禁出现导管脱离混凝土面现象。

（12）在插选双号孔时，掌握好单号墙体混凝土的初凝时间，严格检查侧向清洗装置，清洗装置清洗嘴堵塞后及时进行疏通，进行二次清洗，确保接缝的质量。

（13）为保证施工质量，在施工时确保达到下列条件：

①降水：水位控制在地下连续墙作业面以下 1.5 m;

②路基：施工路基布置在墙的任一侧且平整、坚实，必要时浇筑厚 20 cm、宽 280 cm 的 C15 混凝土,路边内边距墙中心 0.6 m;

③用电：一般施工用网电且配备发电机组以备需要;

④作业面宽：作业面宽不小于 6.5 m,路基侧墙中心线外 4.5 m,另一侧向外 2.0 m;

⑤作业带长度：墙起止位置向外延伸 4.0 m;

⑥施工用水：就近使用适于造浆、泥浆稀释和混凝土拌和等使用的水源。

四、材料

（一）材料

（1）水泥：水泥标号 P.O42.5,应选用硅酸盐水泥。

（2）粗骨料：应优先选用天然卵石、砾石，其最大粒径应小于 40 mm,且不超过钢筋净间距的 1/4,含泥量应不大于 1.0%,泥块含量应不大于 0.5%。

（3）细骨料：应选用细度模数 2.4~3.0 范围的中细砂，其含泥量应不大于 3%,黏粒含量应不大于 1.0%。

（二）配合比

配合比试验和现场抽样检验的混凝土性能指标应满足下列要求：

（1）入槽坍落度 18~22 cm。

（2）扩散度 34~40 cm。

（3）坍落度保持 15 cm 以上,时间应不小于 1 h。

（4）初凝时间不小于 6 h。

（5）终凝时间不大于 24 h。

（6）混凝土密度不小于 2.1 g/cm³。

（7）胶凝材料用量不小于 350 kg/m³。

（8）水胶比小于 0.65。

（三）钢筋笼制作

（1）钢筋笼的外形尺寸应根据相应槽段长度、接头型式及起吊能力确定。

（2）竖向主筋的净保护层厚度应不小于 60 mm。

（3）垂直钢筋净间距应大于混凝土粗骨料直径的 4 倍,水平配置的钢筋中心距大于 15 cm,加强筋与箍筋不得设置在同一水平面上。

（4）混凝土导管接头外缘距最近钢筋间距应大于 10 cm。

（5）钢筋笼制作的最大误差：主筋间距为 ±1.0 cm，箍筋和加强筋间距为 ±2.0 cm，钢筋笼长度为 ±5.0 cm，钢筋笼弯曲度不大于 1%。

（四）钢筋笼沉放

钢筋笼入槽时，若遇阻碍，应进行槽孔处理，不得强行下沉；钢筋笼入槽后应使笼底距槽底间距不小于 20 cm，并应采取措施防止混凝土浇筑时钢筋笼上浮。

钢筋笼入槽后的定位最大允许偏差应符合下列规定：

（1）定位标高误差为 ±5 cm。

（2）垂直墙轴线方向为 ±2 cm。

（3）沿墙轴线方向为 ±7.5 cm。

五、观测仪器的安装与埋设

（1）仪器埋设断面应在相邻混凝土导管的中心位置上，仪器埋设断面处的造孔质量必须符合仪器安装与埋设的要求。

（2）仪器埋设前承包人应完成仪器的力学率定、温度率定、绝缘气密性率定，并进行电缆绝缘气密性检查，芯线电阻、接头强度和绝缘情况的检查，作好记录提交监理。

（3）观测仪器埋设完毕，承包人应检查确认仪器已能正常工作，并报请监理机构检验合格后，方可进行墙体的浇筑。

六、墙体浇筑

（1）采用直升式导管法进行泥浆下的混凝土浇筑，应符合下列要求：

①导管埋入混凝土深度应不小于 1.0 m，不大于 6.0 m。

②槽孔内有两套以上导管时，导管间距不得大于 3.5 m。

③一期槽端导管距孔端或接头管间距为 1~1.5 m，二期槽端导管距孔端应为 1.0 m。

④当槽底高差大于 0.25 m 时，应将导管置于控制范围的最低处。

⑤导管底口距槽底距离应控制在 15~25 cm 范围内。

（2）使用混凝土泵灌注混凝土时，采用机械式或液压式活塞泵，并应符合下列规定：

①混凝土应连续供料，连续灌注。

②输送管直径应不小于 15 cm。

③竖向输送管的上部应装有排气阀并随时排气，严防空气压入混凝土内。

（3）混凝土浇筑完毕后的顶面，应高出施工图纸规定的顶面高程至少 50 cm 以上，亦即该工程施工设备工作地面高程应高出设计墙体顶面高程至少 50 cm 以上。混凝土浇筑结束，墙体设计顶高程以上的浮渣应于 24 h 后及时清理。

七、墙段连接

（1）墙段分段连接缝的设置报送监理审批。

（2）墙段连接采用接头管法施工时，应符合下列规定：

①接头管应能承受混凝土最大压力和起拔力；管壁应平整光滑，节间连接可靠。

②开始起拔时间应通过试验确定,起拔时防止引起孔口坍塌。

(3)墙段连接采用双反弧桩柱法施工时,其弧顶间距为墙厚的1.1~1.5倍。孔的两次孔位,在任一深度均应保证搭接墙厚要求。

第四节　水泥粉煤灰碎石桩(CFG桩)

主泵房及站下翼墙地基采用水泥粉煤灰碎石桩(CFG桩)加固。施工时使用CFG长螺旋钻机钻进,HBT80混凝土输送泵泵送混凝土,工作泵压4~6 MPa。

主泵房地基CFG桩抗压强度共检测38次,最小抗压强度25.1 MPa,平均抗压强度29.0 MPa,离差系数0.07。

站下翼墙CFG桩抗压强度共检测30次,最小抗压强度22.9 MPa,平均抗压强度25.9 MPa,离差系数0.07。

水泥粉煤灰碎石桩施工质量满足C20的设计抗压强度要求。

一、技术原理及工艺

CFG桩是英文Cement Fly-ash Gravel Pile的缩写,意为水泥粉煤灰碎石桩,由碎石、石屑、砂、粉煤灰掺水泥加水拌和,用各种成桩机械制成的可变强度桩。通过调整水泥掺量及配合比,其强度等级在C15~C25之间变化,是介于刚性桩与柔性桩之间的一种桩型。CFG桩和桩间土一起,通过褥垫层形成CFG桩复合地基共同工作,故可根据复合地基性状和计算进行工程设计。CFG桩一般不用计算配筋,并且还可利用工业废料粉煤灰和石屑作掺合料,进一步降低了工程造价。

长螺旋钻孔、管内泵压灌CFG桩施工工艺流程:桩位放点→搅拌混合料→长螺旋钻机就位、成孔→压灌混合料→边提升钻杆边压灌混合料→成桩、桩体养护→检测。

工作步骤如下:

(1)压灌钻机就位,保持平整、稳固,钻杆与地面保持垂直,垂直度偏差不大于1%。在机架或钻杆上设置标尺,以便控制和记录孔深。下放钻杆,使钻头对准桩位点,调整钻杆垂直度,然后启动钻机钻孔,达到设计深度后空转清土,在灌注前不得提钻。

(2)待钻机钻至设计标高后,须继续尽快投料,保证成桩标高及密实度的要求。钻杆预提200 mm左右,然后启动高压泵灌注混凝土,边灌注边提钻杆,提升速度要与泵送速度相适应,确保中心管内有0.1 m³以上的混凝土,灌注时根据泵送量及时调整提速,直至成桩。若因意外情况出现等待时间大于初凝时间,则应重新钻孔成桩。

(3)桩管拔出地面确认成桩符合设计要求后,清理孔口,用粒状材料或黏土封顶。按施工顺序放下一个桩位,移动桩机进行下一根桩的施工。

(4)施工时,桩顶标高一般不应小于0.5 m。

(5)冬季施工时混合料入孔温度不得低于5 ℃。

(6)桩顶混凝土密实度差,强度低,可以采取桩顶以下2.5 m内进行振动捣固的措施。

(7)成桩过程中,抽样做混合料试块,每台机械每台班应做一组(3块)试块(边长150

mm 立方体),标准养护,测定其立方体 28 d 抗压强度不小于 C20。

(8)清理桩间土和桩头,检测桩基合格后,人工清除预留的 30 cm 厚土层,采用风镐凿除桩头至设计标高,禁止竖向劈凿桩头,以防破坏桩身质量。凿除桩头后,及时清理整平场地。

二、性能指标

采用 CFG 液压步履系列长螺旋钻机(CFG 20—500),带硬质合金钻头及混凝土拌制、泵送设备。

(1)长螺旋钻孔机。

钻孔机采用履带式行走。钻具采用长螺旋钻具,其常规直径为 600 mm,它与普通钻具相比有以下不同点:①该钻具有中心管内灌注混凝土的功能,且其顶部设有泄气阀,中心管直径为 156 mm。因为混凝土输送软管内径为 125 mm,为了使输送到钻顶中心管中的混凝土能自由下落,并冲开底部的活瓣,同时保证自落后的混凝土将中心管内的空气排到顶部泄出,因此中心管直径需大于 125 mm,为 156 mm。②中心管的底部(钻头处)有混凝土出口,出口处有两片可开闭的活瓣。钻具开始钻削土体之前,将活瓣闭合,以防止土、砂或水进入中心管内,泵输送混凝土时将活瓣打开。③动力部分为双电机。采用双电机主要是为了预留输送混凝土的中心管,双电机功率为 2×55 kW。电机功率的大小决定了钻具的成孔深度,2×55 kW 钻机成孔深度可达 25 m。

(2)输送泵及输送管。

与长螺旋钻具中心管相匹配,现场采用方圆混凝土输送泵和 φ125 输送管。工作泵压一般为 4~6 MPa。φ125 输送软管与长螺旋钻具中心管相连,既可方便钻机移动,又可保持搅拌后台位置的相对稳定,无须多次移位,混凝土的搅拌选用现场搅拌。通过混凝土泵料斗输送到钻机中心管提钻成桩,完成混凝土的灌注施工工作。

(3)CFG 桩质量检验标准。

CFG 桩质量检验标准见表 4-1-4。

表 4-1-4 CFG 桩质量检验标准

项目	序号	检查项目	允许偏差或允许值		检查方法
			单位	数值	
主控项目	1	桩径	mm	−20	用钢尺量螺旋转头
	2	原材料	设计要求		查产品合格证书和抽样检验
	3	桩身强度	设计要求		查 28 d 试块强度
	4	地基承载力	设计要求		进行载荷试验
一般项目	1	桩身完整性	数量为总桩数的 10%		成桩 28 d 后,低应变检测桩身质量
	2	桩位偏差	满堂布桩 ≤0.40D		用钢尺量,D 为桩径
	3	桩长	mm	+100	根据钻杆长度标记
	4	桩垂直度	%	≤1	用垂球测桩管

(4)CFG 桩桩身混凝土强度等级为 C20,水泥采用 P. O 42.5,中砂粒径为 5～35 mm 碎石,掺合料为Ⅱ级粉煤灰,混合料坍落度为 180～200 mm。混合料配合比如表 4-1-5 所示。

表 4-1-5　混合料配合比

材料名称	水泥	粉煤灰	砂	石子	外加剂	水
品牌、规格	P. O 42.5	Ⅱ级	中砂	5～33.5(mm)	—	饮用水
主要技术指标	合格	合格	模数2.81	一级配	—	合格
每立方米材料用量(kg/m³)	264	66	800	1 105	—	165

三、质量优点

(1)适应性强:该桩型适用于黏性土、粉土、填土等各种土质,能在有缩径的软土、流沙层、砂卵石层、有地下水等复杂地质条件下成桩。

(2)桩身质量好:由于混凝土是从钻杆中心压入孔中,混凝土具有密实、无断桩、无缩颈等特点,并对桩孔周围土有渗透、挤密作用。

(3)单桩承载力高:由于是连续压灌超流态混凝土护壁成孔,对桩孔周围的土有渗透、挤密作用,提高了桩周土的侧摩阻力,使桩基具有较强的承载力、抗拔力、抗水平力,变形小,稳定性好。

(4)采用干成孔的长螺旋钻机无振动排土钻进,无须泥浆护壁,因而无泥浆污染。

(5)采用泵送混凝土,边提钻边压灌混凝土,提钻与成桩同步进行,大大加快了施工速度。

(6)成桩时采用压力浇筑混凝土,既改善了桩周土体性能,又保证了桩身质量,避免了缩颈、断桩现象,提高了单桩承载力,保证了该工艺既能在易坍塌的土层成孔成桩,又能在地下水丰富的土层中成孔成桩,避免了水下浇筑混凝土质量难以保证的缺点。

第五节　水泥土换填

桩基础(包括水泥土搅拌桩、高压旋喷桩)结合墙后水泥土换填处理下游翼墙地基。原设计下游翼墙采用水泥土搅拌桩进行加固处理,桩顶高程为 32.86 m,桩底高程为 18.86 m,桩长为 14 m。在施工过程中搅拌机钻头到达 22.7 m 左右高程,无法向下钻进,实际桩长约为 10 m。根据地质勘察报告,结合施工现场实际,20.7 m 高程处为砂层((8 - 1)层),含有砂礓和结核。为满足地基承载力要求,水泥土搅拌桩桩底高程按 22.86 m 控制,高程 24.86～20.86 m 进行高压旋喷桩处理。为减少翼墙后填土对翼墙的侧压力,翼墙后换填水泥土以分担填土重量,换填宽度为 11.6 m,换填底高程为 32.66 m,顶高程为 36.76 m。

(1)工程范围及主要工程量:

水泥土搅拌桩在翼墙底板范围内梅花形布置,间距为 0.85 m,工程量为14 389 m;高压旋喷桩,孔距为 1 700 mm,梅花形布置,施工采用跳孔间隔灌浆,工程量为 784 m;水泥土换填工程量为 1 520 m³。

(2)水泥土搅拌桩、高压旋喷桩工艺及技术要求(略)。

(3)水泥土换填技术要求及施工工艺:

水泥土换填主要用于出水池侧墙的底部等部位。填筑土料选用基坑开挖土料,水泥掺量分为 8% 和 10% 两种。

水泥掺量 8% 的水泥土最大干密度 1.71 g/cm³,含水量控制在(20.3 ±2)%;水泥掺量 10% 的水泥土最大干密度 1.75 g/cm³,含水量控制在(16.2 ±2)%。施工时,采用振动碾碾压时铺土厚度 30 cm,采用冲击夯夯实时铺土厚度 20 cm,碾压或夯实 4 遍,干密度分别达到 1.642 g/cm³(水泥掺量 8%)和 1.68 g/cm³(水泥掺量 10%)。

水泥土换填(掺量 8%)检测 285 次,最小干密度 1.642 g/cm³,最大干密度 1.694 g/cm³,平均干密度 1.678 g/cm³,满足压实度 96% 的设计要求。

水泥土换填(掺量 10%)检测 54 次,最小干密度 1.680 g/cm³,最大干密度 1.733 g/cm³,平均干密度 1.705 g/cm³,达到压实度 96% 的设计指标。

在集土区选择含水量适中的砂壤土作为掺合土料,为了保证土料的含水量及颗粒细度,首先用双铧犁翻晒,用旋耕耙破碎,使土料最大粒径不大于 2 cm,然后装载机集料并测量土重,按比例加入水泥,先干拌三遍,再根据试验加水,湿拌三遍,装翻斗车运至回填位置,人工铺土,厚度控制在 20 cm,夯实厚度不超过 15 cm。

水泥土在施工时注意事项如下:

(1)做好基础面处理,清除不合格土、杂物等,基础面范围内的坑、槽、沟等均用水泥土填平。

(2)层与层施工间歇时间控制在 2 d 以上,当水泥土达到一定的强度时,再进行下一层施工,禁止重型机械进入工作面。

(3)水泥土随拌随用,拌制与铺设、碾压紧密结合。

(4)每层碾压完成后,立即用环刀取样测试其干密度,如不合格,则立即重新碾压。对于密度检测和制取试块遗留下的坑,用水泥土回填,人工夯实;水泥土完成后 4 h 左右,进行洒水养护,保持工作面湿润。

(5)每施工段之间以 1:5 斜坡连接,以保证各段之间结合紧密。

(6)雨天停止施工,及时覆盖工作面;恢复施工时,重新测定料场土料含水量,以保证水泥土的最优含水量及碾压质量。

第六节　水泥土搅拌桩

一、范围和标准

水泥土搅拌桩的施工部位为站区边坡和站上翼墙、站下翼墙、清污机桥、出水渠边坡、新筑堤防、站区平台边坡和管理区建筑物及其他地基加固水泥土搅拌桩。

站区边坡地基水泥土搅拌桩的掺入比为 13%，采用 0.6 的水灰比，浆液密度 1.73 g/cm³，设计要求的无侧限强度 2.0 MPa，施工过程中共检测 100 次，最小无侧限强度 2.0 MPa，最大无侧限强度 5.1 MPa，平均无侧限强度 3.3 MPa。

站上翼墙、站下翼墙地基水泥土搅拌桩的掺入比为 16%，水灰比 0.6，浆液密度 1.73 g/cm³，设计要求无侧限强度 2.5 MPa，施工中检测 39 次，最小无侧限强度 3.2 MPa，最大 3.6 MPa，平均无侧限强度 3.3 MPa。

二、水泥土搅拌桩施工工艺及技术要求

深层水泥土搅拌桩截渗墙是用深层搅拌机就地将水泥浆强制搅拌，形成连续搭接的水泥土柱状加固体挡墙。其质量好坏直接关系到泵站的施工。首先做好充分的准备工作；然后进行设备安装、桩机就位、主机调平，并启动主机多钻杆同时钻进，同时喷浆，钻进下沉到设计深度；再持续喷浆搅拌将钻杆提升到地面。主机移位调平，按设计要求的搭接尺寸重复上述作业，至最终成墙。

(一)施工设备及特点

水泥土截渗墙施工是利用特制的多头小直径深层搅拌截渗桩机把水泥浆喷入土中，并与原土搅拌相继搭接连续成墙。该法施工不需要开槽，直接搅拌成桩；墙体耐久性好、强度高，可避免动物钻洞对墙体的危害。设备选用 BJZC - JS 型多头小直径深层搅拌桩机。

施工设备的特点如下：

(1)水泥土搅拌桩的钻机部分为机械传动，有多挡旋、给进(或提升)速度，并设有过载保护装置，功能较全，操作方便可靠。

(2)机底架为液压履式，能纵向、横向移动，对孔就位迅速简便，机动性较强，能自身转动。

(3)钻机采用链条式加减压机构，在加固深度范围内，钻具可连续钻进或提升，钻塔(井架)、钻杆可根据加固深度加长或缩短，工作效率高。

(4)井架起落以液压操纵油缸进行，简便可靠，能做调节设备用。

(5)钻进进尺有深度计显示，便于操作控制。

(6)本机配有多种喷浆专用钻头，针对不同软土条件施工，在成桩性能上有独到之处。

(7)本机有两台主动力，功率消耗小，双动力驱动，深层搅拌适应范围较大。

(8)整机结构紧凑，机动灵活，接地比压小，稳定性能好，对场地狭窄、地面条件较差的工地也能适用。

(9)主机各部件采用积木式拼装，便于装拆及转场运输；主要部件多为标准件，通用化程度高，使用维修方便。

(10)喷浆系统采用挤压式无级调速方式控制，喷浆量及喷浆压力由旋钮调节表头显示，方便可靠。

(11)配备喷浆记录仪可实现深度、浆量自动记录。

(二)技术要求

使用多头小直径深层搅拌桩机就位、调平。通过主机的动力传动装置,带动主机上的多个并列的钻杆转动,并以一定的推进力使钻杆的钻头向土层推进到设计深度。然后提升搅拌至孔口。

在上述过程中,通过水泥浆泵将水泥浆由高压输浆泵管输进钻杆,经钻头喷入土体中,在钻进和提升的同时,水泥浆和原土充分拌和。具体步骤如下:

(1)多头小直径桩机就位(第一单元第一序桩)主机调平。

(2)启动主机,多头钻杆同时转动,同时喷浆,同时钻进下沉搅拌至设计深度。

(3)重复喷浆搅拌提升到地面,第一序桩完成。

(4)主机上机架第一次纵移至第二序桩位,两序桩搭接尺寸按设计要求,调平主机。

(5)重复上述动作,第二序桩完成。多次重复上述过程,形成一道防渗墙。向集料斗中注入适量清水,开启灰浆泵,清洗全部管路中残存的水泥浆,直至基本干净,并将黏附在搅拌头的软土清洗干净。

(三)施工中要注意的事项及要求

(1)多头小直径深层搅拌桩前后两组桩相互切割套接,分三次成墙,单元成墙长度约1.35 m,施工停浆面必须高出桩顶设计标高0.5 m。

(2)水泥浆液要严格过滤,并在灰浆拌制机与集料斗之间设一道过滤网。水泥浆液要随配随用。为防止水泥浆发生离析,在灰浆拌制机中不断搅动,待压浆前才缓慢倒入集料斗中。

(3)供浆供水必须连续。一旦中断,要将旋喷管下沉至停供点以下0.5 m,待恢复供浆时再旋喷提升。当因故停机0.5 h时,要对泵体和输浆管路妥善清洗。

(4)当浆液到达出浆口后,要在桩底喷浆30 s,使浆液完全到达桩端。喷浆口提升到达设计桩顶时,要停止提升,搅拌数秒,以保证桩头均匀密实。

(5)一般情况下,桩机的浆泵工作压力要控制在0.3~0.5 MPa,表4-1-6是下沉(或提升)速度与输浆量关系。

表4-1-6 下沉(或提升)速度与输浆量关系

转盘挡位	下沉(或提升)速度 (m/min)	输浆量(1.5 水灰比) (kg/min)	电流 (A)
1	0.3	30	
2	0.6	45	
3	0.9	65	60~70
4	1.35	95	
5	1.80		

(6)水泥浆液搅拌时间不得小于3 min,水泥浆液自制备到用完时间不宜超过2 h,每米用浆量必须满足设计要求。对具有孔洞和缝隙的土层,用浆量要以孔口微有翻浆为控制标准。

(7)现有桩机水平机架设有三个水准标点,三点调平后,可保证导向架垂直度偏差不超过 0.3%。为保证墙体的垂直度,整个成墙过程均要有人随时查看水准点位置的变化,并随进调整。深度记录误差不得大于 50 mm,时间记录误差不得大于 5 s。施工中发生的问题及处理情况均要在记录中注明。

第七节　高压定喷墙

施工围封截渗采取了高压定喷施工工艺。

一、施工设备

主要施工设备为造孔系统、压缩空气系统、制浆供浆系统、提升喷射系统。

二、施工方法

施工现场采用新二管法高压定喷折接灌浆成墙技术。

(一)高喷施工工序

高喷施工工序如下:测量放样—Ⅰ序孔钻孔—高喷—Ⅱ序孔钻孔—高喷。

(二)孔位放样及孔位偏差

在钻机就位前,先进行测量放样,稳平钻机,综合定位偏差≤5 cm。

(三)灌浆钻孔施工

采用合金钻头钻进施工,孔深为 27 m。钻进过程中保证钻孔倾斜率≤1%,均用水平尺校正机台水平和钻机立轴垂直度。通过回转钻进、泥浆护壁成孔。失浆严重时,注入稠泥浆或黏土进行堵漏处理。钻进过程中使用测斜仪对钻孔进行测斜,当发现钻孔倾斜时要及时采取补救措施,以确保成孔倾斜度≤1%。钻孔结束后及时向孔内注入稠泥浆,防止塌孔。地质人员跟班对岩芯进行分层描述。

(四)高压定喷施工

为保证先期形成的板墙与后期形成的板墙有效连接,采用间隔性Ⅰ序孔、Ⅱ序孔施工方法,即先施工完Ⅰ序孔—定喷,然后施工Ⅱ序孔—摆喷;高喷机就位后,先在地面进行试喷,定好喷射方向,待各项参数达到要求后再下喷射管至孔底,先按规定参数进行定位喷射,待浆液返出孔口且情况正常后方可开始提升喷射;喷射界线为下至高液限粉土层 1.5 m 以下;喷射过程中,出现故障而停喷时,待故障排除后,将喷管下至停喷前深度 0.2 m 以下重新喷射,确保板墙连接良好。当发生邻孔串浆时(主要发生在Ⅰ序孔),将串浆孔堵死,灌浆孔依照正常施喷要求进行;单孔喷灌结束后,采用 0.7∶1 的纯水泥浆进行回填补灌,反复进行,直至浆面不再下沉。

在喷灌过程中,随时监测各项施工参数,如进浆密度,回浆密度、流量,水、气、浆的压力和流量、摆喷角度、提升速度等,并详细记录。

三、喷浆材料

(1)水泥:采用 P.O 42.5 级普通硅酸盐水泥。

（2）喷浆浆液：采用密度为 1.42～1.48 g/cm³ 的水泥浆，用 WGJ - 80 型搅灌机搅制，拌制浆液必须连续、均匀，充分搅拌。

四、高喷施工参数

浆压为 38 MPa，浆量为 85～105 L/min，浆密度为 1.4～1.5 g/cm³。气量为 0.7～0.8 m³/min，提升速度为 8 cm/min。间距 1.0 m，强度≥5 MPa。

五、施工质量控制

（1）定喷截渗属于地下隐蔽工程，对施工参数必须严格控制才能保证施工质量。其中，高喷管的提升速度、高压水的压力、水泥浆液的密度、回浆量等是高喷施工控制的关键。

（2）控制好高喷管的提升速度及充分利用回浆是节约水泥消耗量的关键，在围堰土密实度不够的地层，高喷管的提升速度不能太快，一般为 7～12 cm/s，在没有回浆的地段要停止提升直到有回浆出现。

（3）钻孔是影响定喷截渗施工进度的关键，尤其是在围堰土密实度不够的钻孔中，钻孔护壁难度较大，容易出现塌孔。可考虑采用泥粉或纯黏土浓浆进行钻孔护壁。

第八节　混凝土灌注桩

公路桥采用直径 1.5 m、1.2 m 桩基础，副厂房、安装间及落地挡墙、拦船索等采用直径 0.8 m 桩基础，共 5 900 m，其中直径 1.5 m 桩基础 216 m，1.2 m 桩基础 232 m，0.8 m 桩基础 5 452 m。施工方法采用 1 台 1500 型回旋钻机，1 台 1200 型回旋钻机，6 台 800 型回旋钻机施工。

为加快施工进度，钻孔和浇筑起吊的设备分开配置，浇筑专用单筒慢速卷扬机起吊导管及料斗安装间、副厂房和落地挡墙的地基采用混凝土灌注桩进行加固处理。混凝土的粗骨料最大粒径 40 mm，水泥为 P. O 42.5 普通硅酸盐水泥。强制式拌和机拌和，混凝土的坍落度控制在 18～22 cm。

副厂房灌注桩设计强度等级 C25，检测 90 组，最小抗压强度 35.8 MPa，平均抗压强度 40.1 MPa，离散系数 0.04。

安装间灌注桩设计强度等级 C35，检测 49 组，最小抗压强度 36.1 MPa，平均抗压强度 38.4 MPa，离散系数 0.03。

落地挡墙灌注桩设计抗压强度 C35，检测 15 组，最小抗压强度 39.8 MPa，平均抗压强度 41.3 MPa。

混凝土地下灌注桩的施工质量满足设计要求 C25 或 C35 的强度等级。钢筋笼采用不分节整体制作汽车吊吊装入孔。

施工程序如图 4-1-5 所示。

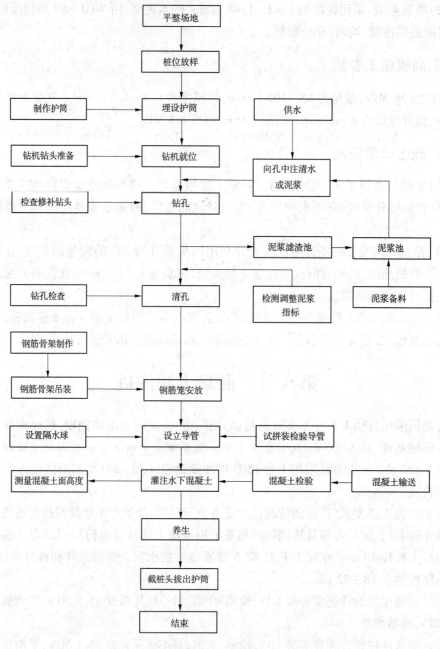

图 4-1-5　施工程序

一、场地整理

清理杂物,挖除淤泥,筑填打井平台。

二、测量放线

待施工场地基本平整好后,测放人员依据现场确定的桥梁纵轴线,测放每个桩的位置和高程,然后布设控制桩点。每个桩设四个位置控制桩,以保证灌注桩位的准确性。

三、护筒埋设

本工程护筒采用整体钢护筒,护筒加工大于桩径0.30 m,护筒的倾斜率小于1/1 000。陆上护筒采用挖埋法,依据桩位,护筒基坑采用挖掘机开挖,人工整理,护筒高出地面30 cm,埋入土内1.0 m左右,使孔内泥浆高出孔外水面和地面;护筒用十字交汇法定出桩中心,护筒中心与桩位中心不大于50 m,护筒与孔壁间用黏土分层夯实,以防地面水流入,并能固定护筒。钢护筒埋设好以后,调整机架的水平度和垂直度,确保钻头中心和桩中心偏差不超过1 cm。

四、桩机架立

护筒埋设后,进行钻机的就位工作,采用回旋钻机,钻机基础夯实,基本水平,安装钻机,钻机孔在桩位中心的正上方,钻机中心与桩位中心保持同心,以确保孔位的准确。

五、固孔

根据钻孔的实际情况,采用合格的黏土或膨润土造浆护壁,为防止钻孔泥浆污染地下水,拟在桩基外侧挖泥浆池,使用循环泥浆水,废弃泥浆用泥浆泵输送运至指定地点堆放。

六、钻孔

根据本工程灌注桩数量,根据施工工期需要,计划采用2台回旋钻机。根据土质情况,为防止灌注桩产生坍孔、缩颈现象,适当采用膨润土配制优质的泥浆,以保证孔壁不坍、不缩颈。施工时经常测定泥浆浓度,过浓影响钻进速度,过稀不利于护壁,循环泥浆比重控制在1.3以下,每根灌注桩钻孔时连续作业不中断。钻孔时一般以2~4 m/h的速度为宜,这样既能保护护壁均匀完好,又有利于保持循环液钻渣含量基本稳定适量,排渣顺畅、均匀,混合液的浓度得到控制,具体操作要点如下:

安装钻机时,转盘中心同钻架上吊轮滑轮同在一垂直线上,钻机位置偏差不大于1 cm。

正常钻进时,合理掌握钻进参数,禁止随意提动孔内钻具,操作时精力集中,掌握升降机钢丝绳的松紧度,减小钻杆水龙头晃动。在砂壤土层中钻进时选用稠泥浆、平底钻头、中等钻速的钻进规程。

钻进过程中,防止扳手、管钳等金属工具掉落孔内,损坏钻头。

检修间、变电所等建筑物下灌注桩:回填土之前清除杂物,回填土中严禁夹带块石等,回填土达到设计桩顶高程以上方能施工。回填土作业时严格控制碾压质量,钻进速度小于原状土中的钻进速度,注意观测孔中进出水量变化,发现异常及时分析原因,必要时增加泥浆比重。

七、清孔

当钻孔达到图纸规定深度,且成孔质量符合要求后立即进行循环换浆清孔。清孔时,将附着于护筒壁的泥浆清洗干净,并将孔底钻渣及泥沙等沉淀物清除,清孔结束时间一般为 30~60 min,泥浆比重为 1.08~1.20,含砂率 <4%,黏度在 17~20 Pa·s。清孔时孔内水位保持在地下水位 1.5 m 以上,以防止钻孔的塌陷。灌注混凝土前,清孔结束后稍停 5~10 min,用测深锤进行沉渣厚度的测定,沉渣厚度若不满足要求,则继续进行一次清孔,直至满足规范要求。

八、钻孔位置检测

配备一台自动记录钻孔各断面尺寸及垂直度的仪器,对钻孔进行检查,同时在清孔完毕,放置钢筋笼之前,对全长进行检查,报监理工程师复查,如检查发现有缺陷,立即采取措施予以纠正。

九、钢筋骨架安放

本工程钢筋笼长 20 m 左右,整体制作。用汽车吊吊装入孔。就近制作钢筋笼,以减少运输,加快进度。钢筋笼骨架按设计图纸要求进行下料,用卡板法绑扎钢筋笼,主筋接长采用闪光对焊在加工场中完成,架立筋与主筋现场焊接,以保证钢筋骨架的刚性,防止运输变形;螺旋筋制作在加工场中先调直,然后绕在与螺旋筋同直径的定型模具上,成型后运至现场绑扎,以保证螺旋筋平顺。钢筋笼入孔时为防止碰撞孔壁,在孔中靠近孔壁放入三根导向钢管,钢管上端固定在护筒上,使钢筋沿导向管入孔,以保持钢筋笼的位置准确。钢筋笼上部事先安设控制骨架与孔壁净距的可以滚动的混凝土圆形垫块,将其轴焊在钢筋骨架周径上,沿桩长不超过 4 m,以求得到满足要求的保护层。钢筋笼入孔后及时绑扎牢固,以防混凝土浇筑时位移、下沉或抬升。

十、安放导管

导管连接为螺纹连接或法兰连接,连接处保持密封可靠。在灌注混凝土前,导管居中插入,底口至孔底留有 25~40 cm 的间隙,灌注时在漏斗底口处设置可靠的隔水设施(塞球或砂袋)。当漏斗中存备足够数量的混凝土后,剪断拴住塞球或砂袋的铁丝,使混凝土迅速下沉,首批灌注混凝土数量满足导管初次埋置深度(≥1.0 m)和填充导管底部间隙的需要。灌注过程中保证导管底口埋在混凝土中 2~6 m。

十一、灌注水下混凝土

根据本工程特点,拟采用混凝土输送泵进行浇灌。灌注混凝土前再次检查孔底泥浆沉淀厚度,必要时再次清孔。在灌注地点检查混凝土的均匀性和坍落度,满足要求时再进行混凝土灌注。桩身混凝土配合比设计在浇筑之前进行,其设计强度满足设计要求,灌注连续进行,灌注混凝土采用导管法,导管在使用之前进行紧密承压和接头抗拉试验。确保混凝土浇筑期间不致因导管破裂而发生质量事故。在混凝土浇筑开始时,导管底部至孔底保持 25~40 cm 空间,首批混凝土的数量满足导管初次埋置深度(≥1.0 m)和填充导管底部间隙的需要(具体计算如下)。在整个灌注期间,出料口伸入先前灌注的混凝土内至少 2 m,以防止泥浆及水冲入管内。混凝土灌注顶面高程高于设计桩顶 80 cm,以保证截断面以下的全部混凝土具有满意的质量。在整个混凝土灌注过程中,定时测量混凝土上升的情况,记下灌入的混凝土量,控制导管埋深,及时拆除导管并用水冲洗干净,集中堆放整齐。溢出的泥浆引至适当地点处理,以防止污染或堵塞交通。

第一斗混凝土量计算:

$$V = \frac{\pi D^2 (h_2 + h_m)}{4} + \frac{\pi d^2 h_1}{4}$$

$$h_1 = \frac{h_w \gamma_w}{\gamma_c}$$

式中:V 为混凝土初灌量,m^3;D 为实际桩孔直径,m;h_m 为导管埋深,m,初灌时不小于 1.5 m;h_2 为导管底口至孔底高度,m;d 为导管内径,m;h_1 为孔内混凝土达到埋管高度时,导管内混凝土与导管外水压力平衡所需的高度,m;h_w 为孔内混凝土面至孔水位口的高度,m;γ_w 为泥浆容重,kN/m^3;γ_c 为混凝土密度,kN/m^3。

此处:$D = 1.5$ m,$h_m = 1.5$ m,$h_2 = 0.3$ m,$d = 0.25$ m,$\gamma_w = 12$ kN/m^3,$\gamma_c = 24$ kN/m^3,$h_w = 24$ m。

$$V = 3.14 \times 1.5 \times 1.5 \times \frac{0.3 + 1.5}{4} + 3.14 \times 0.25^2 \times \frac{12 \times 24}{24} \times \frac{1}{4} = 3.8 (m^3)$$

根据计算,首批混凝土量不少于 3.8 m^3。

十二、拆除护筒、凿除桩头

混凝土灌注完毕后,待混凝土强度达到设计强度的 25% 后,拆除护筒,清理浮渣,接桩前凿除桩头。

十三、质量控制及检测

为保证施工质量,将严格按照操作要点和顺序进行,在施工过程中主要通过以下四个方面来控制:

(1)成孔施工。

①桩位准确,轴向偏移不大于 10 mm,横向偏移不大于 10 mm。

②孔垂直度偏差控制在 1.0% 桩长以内,孔径不小于设计要求。

③严格控制泥浆的性能指标,确保钻孔时泥浆比重为 1.05 ~ 1.20,清孔后泥浆比重为 1.05 ~ 1.08,水头差为 50 ~ 100 cm,以防坍孔、缩径现象的发生。

④护筒埋设牢固,平面偏差 <5 cm,偏出桩轴线 <1%,护筒高出地面不小于 30 cm,护筒直径大于桩直径 30 cm。

⑤确保钻孔时泥浆比重为 1.12 ~ 1.20,清孔后泥浆比重 <1.15,黏度 17 ~ 20 Pa·s,含砂率 <4%。

⑥桩中心距在 5 m 以内的相邻桩必须间隔 24 h 以后才能施工。

(2)成桩施工。

①保证桩的完整性,桩位、桩长符合要求,清孔后桩的沉渣厚度不大于 30 cm,必要时进行二次清孔。

②严格规范钢筋笼制作,按图纸要求制作,在钢筋笼放入 4 h 内灌注混凝土。

③每根桩灌注时,做好试压块一组。

④灌注时保证首批混凝土量能使导管底口埋置深度达 1 m 以上,灌注过程中,导管埋置深度在 2~6 m,灌注连续进行。

⑤灌注桩的实际灌注量不少于计算方量。

⑥对每根桩进行低应变测试,以检测灌注桩的完整性。

(3)加强施工数据的管理:

①钻孔灌注桩成孔施工记录。

②钻孔灌注桩混凝土施工记录。

③隐蔽工程验收记录,确保及时验收,再施工下道工序。

④混凝土配合比、坍落度抽查、试块制作编号记录。

(4)增强工人的质量意识,加强每道工序的质量检查工作,技术人员 24 h 跟班监督、检查。规定每道工序需进行班组自检,质检员复检,重要部位经监理工程师检查签证,在上道工序未验收合格,不进行下道工序的施工。

灌注桩施工完毕后,会同业主代表、监理工程师、经业主或监理工程师指定的检测机构共同检测灌注桩质量,经检验无断桩等质量缺陷后,再进行墩柱等的施工。

第九节 桩端后注浆灌注桩

桩端后注浆技术在泵站工程安装间、副厂房基础中采用;原设计钻孔灌注桩桩径 0.8 m,桩底高程为 -1.8 m,通过采用后注浆施工工艺,现桩底高程变为 6 m,共施工 134 根桩。

一、主要技术原理

在复杂地质条件下进行桩基施工时,往往因为钻孔深度超过上部不透水层,深入承压水层,致使深层承压水沿钻孔上涌造成基坑淹没,给施工安全带来很大的威胁;根据土层条件,通过对桩端进行后注浆,改善桩底土层条件,在增强桩端阻力及增加后注浆增强段侧阻力后,大大改善了灌注桩的承载力,大幅缩短桩深,规避承压水层穿透风险,减少桩基造价。

这种基础处理方式在深基坑、地下水位高、承压水面浅的情况下,对增加施工安全、减少施工成本,具有适用性。

二、设计及施工性能参数

(1)土层估算参数及桩基设计参数:

①深入原状土层 1:粉细砂层,土层厚度 10 m(高程 24.0~14.0 m)、桩身进入长度 10 m,侧阻力特征值 $q_{sia}=35$ kPa,承载力特征值 $q_{pa}=140$ kPa,压缩模量 $E_s=10\ 000$ MPa。

②深入原状土层 2:粉质黏土,土层厚度 20 m(高程 14~-6 m,其下为中粗砂承压水层),桩身进入长度 8 m,侧阻力特征值 $q_{sib}=100$ kPa(后注浆侧阻力增强系数 $\beta_{si}=2.0$),

注浆后端阻力特征值 q_{pb} = 3 000 kPa(后注浆桩端阻力增强系数 β_ρ = 2.0),承载力特征值 q_{pb} = 140 kPa,压缩模量 E_s = 10 000 MPa。

③桩基设计参数:桩顶高程 28.6 m,桩底高程 6 m,桩长 22.6 m,计算原状土持力层高程 24~6 m,计算承载桩长 18 m,桩身直径 0.8 m。

(2)承载力估算:经计算竖向极限承载力 4 398.230 kN(竖向承载力特征值 2 199.115 kN),其中侧摩阻 2 890.265 kN,占总承载力的 65.7%,端阻力 1 507.964 kN,占总承载力的 34.3%,能够满足上部建筑荷载要求。

(3)注浆施工参数:每根桩注浆量 1.5 t 水泥,或终止注浆压力达到 5 MPa。

(4)静载试验:在原位用三根试验桩做静载试验,桩静载加荷值 4 500 kN。经对试验数据进行整理,并绘制根据 $Q \sim s$、$s \sim \lg Q$ 曲线综合分析,单桩最大承载力不小于 4 000 kN,最大沉降量及回弹量符合规范要求。

三、技术先进性及特点

(1)桩端后注浆灌注桩技术,可增加桩端阻力,提高桩侧摩阻力,减少建筑物沉降量,消除泥浆护壁灌注桩的固有缺陷,从而大幅度地提高单桩承载力。实践证明,桩端后注浆灌注桩在提高桩基综合承载力和减少沉降量方面不失为一种经济合理、技术先进的方法。

(2)缩短桩深,在深基坑、地下存在承压水的条件下,减少施工难度,改变灌注桩的适用范围。

(3)施工工艺简便,后注浆灌注桩施工只是在普通灌注桩的基础上,增加一项后注浆工序,降低施工成本,且注浆工效远高于钻孔施工。

(4)减少了桩长,节约了钻孔时间,能够大幅缩短工期。

第十节　预制混凝土管桩

泵站站区平台建筑物下基础管桩项目,由水泥土搅拌桩施工无法保证地基加固质量而进行的设计变更,共施工管桩 111 根,桩深 19 m,桩径 0.5 m 空心桩。办公楼结构高度为 3 层半,基础管桩共 77 根,顶高程为 46.1 m,底高程为 27.1 m。机修车间及仓库为单层房屋结构,基础管桩 34 根,顶高程为 46.1 m,底高程为 27.1 m。

一、施工压桩

(1)管桩必须与合格证同时进场,管桩进场后由质检员对进场管材进行质量检查验收。

(2)复核施工单位的桩位,应依据业主提供的水准点和坐标点。

(3)桩入土 500~1 000 mm 双向用线坠调整桩的垂直度,垂直度偏差不得大于桩长的 0.5%。

二、接桩与焊接

(1)当桩需要接长时,其入土部分桩端的桩头宜高出地面 1.0~1.5 m。

（2）接桩时上下节桩段应保持顺直，错位偏差不宜大于 2 mm，见表 4-1-7。

（3）桩对接前，上下端板表面应用铁刷子清刷干净，坡口处应刷至露出金属光泽。

（4）接桩采用钢端板焊接法。

（5）预应力管桩焊接层数不得少于二层，内层焊接必须清理干净后方能进行施焊外一层，焊缝应饱满连续。

（6）应在焊好的接头自然冷却后才可继续压桩，冷却时间不宜少于 3 min。

表 4-1-7　先张法预应力混凝土管桩接桩允许偏差

序号	项目			允许偏差
1	焊缝质量	上下节端部错口（mm）	外径≥700 mm	≤3
			外径<700 mm	≤2
2		焊缝咬边深度（mm）		≤0.5
3		焊缝加强层高度、宽度（mm）		0～+2
4		焊缝电焊质量外观		无气孔，无焊瘤，无裂缝
5		焊缝探伤检验		
6	电焊结束后停歇时间（min）			>1.0
7	上下节平面偏差（mm）			<10
8	节点弯曲矢高			<1/1 000L（L 为两节桩长）

三、桩基础品质检测

工程管桩施工结束后，应根据规范规定的恢复期后做桩的静载检测试验，试验数量为单体桩号总桩数的 1% 且不少于 3 根，静载试验前应按照《建筑桩基检测技术规范》（JGJ 106—2003）做桩身完整性检测。

第二章 泵站混凝土底板

混凝土结构物实体最小几何尺寸不小于 1 m 的大体量混凝土,或预计会因混凝土中胶凝材料水化引起的温度变化和收缩而导致有害裂缝产生的混凝土。泵房底板顺水流方向长 35.5 m,宽 34.7 m,底板底高程 25.6 ~ 24.6 m,工程量 2 416 m³。

第一节 混凝土浇筑

一、浇筑前的准备

(1)接管:泵管必须牢固架设,输送管线宜直,转弯宜缓,接头加胶圈,以保证其严密,泵出口处要设一定长度的水平管,浇筑前先用混凝土砂浆湿润泵管,为防止操作者随意踩踏钢筋和钢筋移位,铺设钢脚手板作为施工人员通道。

泵管架设见图 4-2-1。

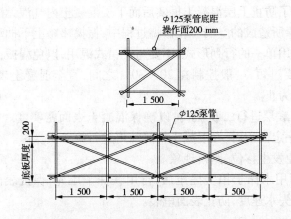

图 4-2-1 泵管架设示意图 (单位:mm)

(2)施工现场有统一的指挥和调度,施工中配置手持对讲机,用于相互联络。

(3)浇筑前项目部排定两大班作业的岗位人员名单。按照施工方案进行详细的技术交底,使所有参加人员都知晓自己的岗位职责。

(4)混凝土浇筑人员应熟悉图纸、查看现场,掌握结构布置,钢筋疏密情况,以便掌握混凝土浇筑流向,浇筑方法,浇筑重点,准备混凝土浇筑用的振捣器、刮杠、抹子、铁锹等工具及养护材料(塑料薄膜和阻燃性草帘等)。

(5)对模板内的杂物用高压空气吹干净,钢筋上如有油污,则用棉纱蘸着稀料擦洗。

(6)混凝土浇筑实行开仓申请制度,浇筑前对模板及其支架、钢筋和预埋件、预留洞口进行检查,并作好记录,符合设计要求及规范、规定,且经过监理的隐蔽验收签字认可后方可浇筑混凝土。

（7）在墙、柱钢筋上必须抄出 +1.0 m 标高控制线,并用红油漆划上红色三角做标记,现场备有水准仪,对集水坑等标高重点控制,以便随时抄平,控制标高正确性。

（8）为防止现场停电,浇筑前及时和供电单位取得联系,确定不发生停电。另外,配备 1 台 200 kVA 柴油发电机车,一旦现场停电,立即开进现场发电,保证混凝土浇捣的顺利进行。

二、混凝土浇筑

（1）本工程根据基础底板的厚度,采用阶梯形分层浇筑,底板浇筑分三层,每层厚度为 55 cm。要防止因时间过长而产生冷缝,同时保证斜面的层与层之间的时间间隔不大于 2 h。

（2）泵送开始时泵管内的水及稀砂浆泵入吊斗内吊至坑上处理,其余减石砂浆由端部软管均匀分布在浇筑工作面上,防止过厚的砂浆堆积。

（3）在浇筑过程中正确控制间歇时间,上层混凝土应在下层混凝土初凝之前浇筑完毕,并在振捣上层混凝土时,振捣棒下插 5 cm,使上下层混凝土之间更好地结合。为保证插入精度,在距振捣棒端部 65 cm 处捆绑红色皮筋作为深度标记。

（4）在浇筑过程中,混凝土振捣是一个重要环节,一定要严格按操作规程操作,做到快插慢拔,快插是为了防止上层混凝土振实后而下层混凝土内气泡无法排出,慢拔是为了能使混凝土能填满棒所造成的空洞。在振捣过程中,振捣棒略上下抽动,使混凝土振捣密实,插点要均匀。采用单一的行列形式,不要与交错式混用,以免漏振,振捣点时间要掌握好,不要过长,也不要过短,一般控制在 20 ~ 30 s 之间,直至混凝土表面泛浆,不出现气泡,混凝土不再下沉为止。

（5）底板混凝土表层进行二次振捣,以确保混凝土表面密实度。待第一层混凝土振捣完成并已浇筑出一定面积后,在混凝土初凝前再进行第二次振捣。在振捣过程中,避免触及钢筋、模板,以免发生移位、跑模现象。

（6）混凝土表面用木抹子拍实搓压后,再用铁抹子压光,保证表面的密实度和平整度,减缓混凝土表面失水速度,防止表面龟裂。

三、测温

（1）为控制混凝土内外温差,避免温差裂缝,在混凝土浇筑完后,应及时测温并随时将结果反馈。为保证和减少测温的误差,测温由专人负责。

（2）温度控制指标及测温频率。

温度监控指标如下:内外温差小于 15 ℃;表面温差为 7 ~ 10 ℃,降温速度小于 1 ~ 1.5 ℃/d。监测周期与频率如下:混凝土浇筑结束后 12 h,每 4 h 测一次;混凝土浇筑结束后 5 ~ 15 d,每 8 h 测一次;混凝土浇筑结束后 16 d,每 24 h 测一次;当内外温差小于 15 ℃时,再过 48 h 停止测温。

（3）测温点布置。

测温点平面间距 6 m,底板布设上、中、下三层测温点为一组,顶、底两个测温点距底板、顶板面各 200 mm。此外,大气中布设 2 个测温点,以比较混凝土表面温度与大气温度之差。利用 φ15 镀锌钢管作为测温管,下端防水胶带封闭,将测温管点焊固定在底板附加钢筋上。在测温前,管内注入适量机油,上口用棉花塞紧,在浇筑后 3 d 内混凝土水化热最大,混凝土强度达到标准值 30% 以后每 6 h 测一次,并做好测温记录,把测温记录及时反馈给技术人员以便及时发现问题,采取相应的技术措施。所有测温孔按顺序编号,并绘制测温孔布置图。测温时,应将温度计与外界气温相隔离,用棉团将测温管上口塞住。测温计停留在测温孔内要达 3 min,方可读数。测温孔布置在温度变化大、易散热的位置。读数时必须及时准确。读测温计时,与视线相平,以确保读数的正确。

四、试验、试块的制作

试验工作由专职试验员负责,在施工现场设有独立的实验室,负责现场的普通混凝土试件及抗渗试件的制作及保管。

第二节　温度裂缝控制验算

一、技术要点

大体积泵送混凝土经振捣后表面水泥浆较厚,容易引起表面裂缝,首先要求控制振捣时间,注意避免表层产生太厚的浮浆层;然后在浇捣后,必须及时用 2 m 长括尺,将多余浮浆层刮除,按施工员测设的标高控制点,将混凝土表面括拍平整。有凹坑的部位必须用混凝土填平,在混凝土收浆接近初凝时,混凝土面进行二次抹光,用木搓板全面仔细打抹两遍,既要确保混凝土的平整度,又要把其初期表面的收缩脱水细缝闭合,在混凝土收浆凝固施工期间,除具体施工人员外,不得在未干硬的混凝土面上随意行走,收浆工作完成的面必须同步及时覆盖表面。

二、计算原理

计算原理依据为《建筑施工计算手册》。

混凝土浇筑前的裂缝控制计算如下:

以下计算中的各项参数参见《建筑施工计算手册》第 614 ~ 617 页。

(1)混凝土的水化热绝热温升值:

按照同类工程施工经验,施工水泥选用 P. O 42.5 普通硅酸盐水泥,以单方水泥用量 340 kg 计算:

$$
\begin{aligned}
T(t) &= \left[(CQ)/(c\rho) \right] (1 - e^{-\infty}) \\
&= \left[(340 \times 461)/(0.96 \times 2\,400) \right] (1 - e^{-\infty}) \\
&= 68.0(℃)
\end{aligned}
$$

混凝土 15 d 水化热绝热温升值

$$
\begin{aligned}
T(15) &= \left[(CQ)/(c\rho) \right] (1 - e^{-mt}) \\
&= \left[(340 \times 461)/(0.96 \times 2\,400) \right] (1 - e^{-0.3 \times 15})
\end{aligned}
$$

$$= 67.25(℃)$$

(2)15 d 龄期收缩变形值：

$$\varepsilon_y(15) = \varepsilon_y^0(1 - e^{-0.01t}) \times M_1 \times M_2 \times \cdots \times M_{10}$$
$$(M_1 = 1.0, M_2 = M_3 = M_4 = M_5 = 1.0, M_6 = 0.93, M_7 = 0.7,$$
$$M_8 = 0.54, M_9 = 1.0, M_{10} = 0.61)$$
$$= 3.24 \times 10^{-4} \times (1 - e^{-0.01 \times 15}) \times 1.0 \times 1.25 \times 0.93 \times 0.7 \times 0.54 \times 0.61$$
$$= 0.968 \times 10^{-5}$$

(3)混凝土 15 d 收缩当量温差为：

$$T_y = -\varepsilon_y(15)/\alpha$$
$$= -0.968 \times 10^{-5}/1.0 \times 10^{-5}$$
$$= -0.968(℃)$$

(4)混凝土 15 d 的弹性模量：

$$E(15) = E_c(1 - e^{-0.09t})$$
$$= 3.25 \times 10^4 \times (1 - e^{-0.09 \times 15})$$
$$= 2.4 \times 10^4(\text{N/mm}^2)$$

(5)混凝土露天养护最大温差为

$$\Delta T = T(t) + T_0 - T_n$$
$$= 57.9 + 15 - 10$$
$$= 62.9(℃)$$

(6)露天养护期间基础混凝土产生的降温收缩应力：

$$\sigma_{(15)} = -[E(t) \alpha \Delta T S(t) R]/(1-\nu)$$
$$= 1.37(\text{N/mm}^2)$$
$$f_{ct} = 1.1 \text{ N/mm}^2$$
$$K = f_{ct}/\sigma_{(15)} = 1.1/1.37 = 0.80 \leqslant 1.05$$

混凝土的 3～15 d 水化热绝热温升变化见表 4-2-1、图 4-2-2。

由此计算知基础混凝土在露天养护期间可能出现裂缝，在此期间混凝土表面应采取养护和保温措施，使养护温度加大（T_n 加大），综合温差 ΔT 减小，使 $\sigma < 1.1/1.05$，则可防止裂缝出现。

表 4-2-1　混凝土的 3～15 d 水化热绝热温升变化

天数(d)	3	4	5	6	7	8	9	10	11	12	13	14	15
混凝土的水化热绝热温升值（℃）	40.12	47.48	52.86	56.73	59.85	62.02	63.6	64.76	65.7	66.36	66.8	67.1	67.4

三、混凝土浇筑后裂缝控制

混凝土浇筑后，根据实测温度值和绘制的温度升降曲线，分别计算各降温阶段的混凝

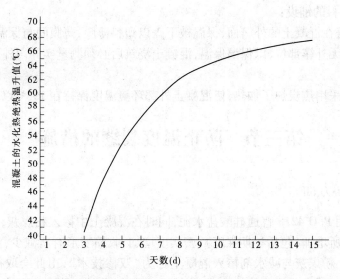

图 4-2-2　混凝土的 3 ~ 15 d 水化热绝热温升变化

土温度收缩拉应力,如其累计总拉应力不超过同龄期的混凝土抗拉强度,则表示采取的防裂措施能有效控制预防裂缝的出现,如超过该阶段时的抗拉强度,则应采取加强养护、保温(覆盖草包或回填土)等措施,使其缓慢降温和收缩,以控制裂缝的出现。

四、养护材料选用理论计算

大体积混凝土养护是个突出问题,养护不足容易产生裂缝或温差裂缝。养护的目的是缩小混凝土内外温差,途径有两条:一是减少混凝土与外界热交换,即将已浇筑的混凝土封闭,以减少内外温差,在小温差条件下,使混凝土得以硬化;二是降低混凝土内部温度。

本工程采用混凝土封闭保温养护。

封闭的目的是使已浇筑的混凝土不直接暴露在大气中,而是在封闭的空间内,以较小的温差自行固结硬化。该温度差一般为 15 ℃。在此条件下,混凝土一般不会产生温差裂缝,超出此条件需考虑暖棚法保温措施施工。

(1)保温材料厚度计算:

混凝土的最高温升 T_{max}(℃):$T_{max} = T_0 + W/10 + F/50$

式中:T_0 为混凝土浇灌温度,℃;W 为单位水泥用量,kg/m³;F 为单位磨细粉煤灰掺量,kg/m³。

$$T_{max} = 10 + 34 + 1.6 = 45.6(℃)$$

保温材料厚度:

$$\delta = 0.3 H \lambda_1 (T_a - T_b) / \lambda_2 (T_{max} - T_a) k$$

式中:H 为底板厚度;λ_1 为覆盖材料导热系数(取值 0.14);λ_2 为混凝土导热系数 2.3;$T_a = T_{max} - \Delta T$(ΔT 为温差);T_b 为施工时日平均气温;k 为传热系数修正值 1.5。

$$T_a = 30.6 ℃$$

$$\delta = 0.3 \times 1.6 \times 0.14 \times (30.6 - 22)/2.3 \times (45.6 - 30.6) \times 1.5$$
$$= 0.011(m)$$

（2）保温材料的铺设：

将保温被盖在混凝土的外露面，保温被下盖以塑料薄膜，薄膜间与保温被间应互相搭接，确保混凝土无外露部位，以保湿保温，混凝土浇筑后必须测量实际内外温差，以指导养护工作。

搭设暖棚，采用焦炭炉子加热，使混凝土外部环境温度保持在 15 ℃以上。

第三节　防止温度裂缝的措施

一、原材料方面

本工程选用 P.O 42.5 普通硅酸盐水泥，同时在混凝土中掺入粉煤灰，减少约 15% 的水泥，其强度有所增加（包括早期强度），密实度增加，收缩变形有所减少，泌水量下降，坍落度损失减少。粉煤灰与减水剂掺入混凝土称为"双掺技术"，由此会取得降低水灰比，减少水泥浆量，延缓水化热峰值的出现，降低温度峰值，收缩变形也有所降低。

混凝土搅拌站原材料称量装置要严格、准确，确保混凝土的质量。砂石的含泥量对于混凝土的抗拉强度与收缩影响较大，要严格控制在 1% 以内。砂石骨料的粒径要尽量大些，以达到减少收缩的目的；当水灰比不变时，水和水泥的用量对于收缩有显著影响，因此在保证可泵性和水灰比一定的条件下，要尽量降低水泥浆量；砂率过高意味着细骨料多，粗骨料少，为了减少收缩的作用，避免产生裂缝，要尽可能降低砂石的吸水率。

二、施工方面

（1）采用分段分层浇筑，在上层混凝土浇筑前，使其尽可能多的热量散发，降低混凝土的温升值，缩小混凝土内外温差，降低温度应力。

（2）混凝土泌水处理和表面处理。

混凝土在浇筑、振捣过程中，上涌的泌水和浮浆沿混凝土面排到施工最低点，通过抽水设备抽出基坑，以提高混凝土质量，减少表面裂缝。浇筑混凝土的收头处理也是减少表面裂缝的重要措施，因此在混凝土浇筑后，先初步按标高用长刮尺刮平，最后用铁抹子压光。

由于泵送混凝土表面的水泥浆较厚，在混凝土浇筑到顶面后，及时把水泥浆赶至一端，人工铲倒地板外，初步按标高刮平，用木抹子反复搓平压实，使混凝土硬化过程初期产生的收缩裂缝在塑性阶段就予以封闭填补，以防止混凝土表面龟裂。

（3）混凝土养护：采用塑料薄膜养护，上部覆盖草袋子。

三、混凝土搅拌

（一）混凝土搅拌前准备

搅拌混凝土前，加水空转数分钟，将积水倒净，使拌筒充分润湿。搅拌第一盘时，考虑到筒壁上的砂浆损失，石子用量应按配合比规定减半。

拌好的混凝土要做到基本卸尽。在全部混凝土卸出之前不得再投入拌和料，更不得采取边出料边进料的方法。严格控制水灰比和坍落度,控制坍落度在 15 cm 以内,不得随意加减用水量。

(二)材料配合比

严格掌握混凝土材料的配合比。在搅拌机旁挂牌公布,便于检查。

各种衡器应定时校验,并经常保持准确。骨料含水量应经常测定。

(三)搅拌

搅拌混凝土前应严格测定粗细骨料的含水量,准确测定因天气变化而引起粗细骨料含水量的变化,以便及时调整施工配合比。一般情况下每班抽测 2 次,雨天应随时抽测。

搅拌混凝土应用强制式搅拌机,计量器具应定期检定。搅拌机经大修、中修或迁移至新的地点后,应对计量器具重新进行检定。每一工班正式称量前应对计量设备进行校核。

应严格按照经批准的施工配合比准确称量混凝土原材料,其最大允许偏差应符合下列规定(按质量计):胶凝材料(水泥、矿物掺合料等)为 ±1%,外加剂为 ±1%,粗、细骨料为 ±2%,拌和用水为 ±1%。

混凝土原材料许量后,宜先后搅拌机投入细骨料、水泥和矿物掺合料,搅拌均匀后加水并将其搅拌成砂浆,再向搅拌机投入粗骨料,充分搅拌后再投入外加剂,并搅拌均匀。应根据具体情况制定严格的投放制度,并对投放时间、地点、数量的核准等做出具体的规定。

自全部材料装入搅拌机开始搅拌起,至开始卸料时止,延续搅拌混凝土的最短时间应经试验确定。表 4-2-2 规定的混凝土最短搅拌时间可供参考。

表 4-2-2　混凝土最短搅拌时间　　　　　　　（单位:min）

搅拌机容器(L)	混凝土坍落度(mm)		
	<30	30~70	>70
≤500	1.5	1.0	1.0
>500	2.5	1.5	1.5

注:1. 搅拌掺用外加剂或矿物掺合料的混凝土时,搅拌时间应适当延长。

2. 当使用搅拌车运输混凝土时,可适当缩短搅拌时间,但不应少于 2 min。

3. 搅拌机装料数量不应大于搅拌机核定容量的 110%。

4. 混凝土搅拌时间不宜过长,每一工作班至少应抽查 2 次。

搅拌机拌和的每一盘混凝土粗骨料数量宜用到标准数量的 2/3。在下盘材料装入前,搅拌机内的拌和料应全部卸清。搅拌设备停用时间不宜超过 30 min,最长不应超过混凝土的初凝时间;否则,应将搅拌筒彻底清洗后才能重新拌和混凝土。

(四)质量要求

在搅拌工序中,拌制的混凝土拌和物的均匀性应按要求进行检查。在检查混凝土均匀性时,应在搅拌机卸料过程中,从卸料流出的 1/4~3/4 之间部位采取试样。检测结果应符合下列规定:

(1)混凝土中砂浆密度,两次测值的相对误差不应大于 0.8%。

(2)单位体积混凝土中粗骨料含量,两次测值的相对误差不应大于 5%。混凝土搅拌的最短时间应符合规定,混凝土的搅拌时间,每一工作班至少应抽查两次。

(3)混凝土搅拌完毕后,应按下列要求检测混凝土拌和物的各项性能:

①混凝土拌和物的稠度,应在搅拌地点和浇筑地点分别取样检测。每工作班不应少于一次。评定时应以浇筑地点的为准。

在检测坍落度时,还应检查混凝土拌和物的黏聚性和保水性,全面评定拌和物的和易性。

②根据需要,如果应检查混凝土拌和物的其他质量指标,检测经过也应符合各自的要求(如含气量、水灰比和水泥含量等)。

(五)混凝土冬季施工

(1)混凝土工程冬季施工,要从施工期间的气温情况、工程特点和施工条件出发,在保证质量、加快进度、节约能源、降低成本的前提下,选择适宜的冬季施工措施。

(2)为了减少冻害,将配合比中的用水量降低至最低限度,控制坍落度在 15 cm 以内,加入减水剂,优先选用高效减水剂。

(3)混凝土原材料加热优先采用加热水的方法,当加热水仍不能满足要求时,再对骨料进行加热。

(4)水和骨料可根据工地具体情况选择加热方法,但骨料不得在钢板上灼烧。水泥应储存在暖棚内,不得直接加热。

(5)骨料必须清洁,不得含有冰雪和冻块以及易冻裂的物质。

(6)严格控制混凝土水灰比,由骨料带入的水分及外加剂溶液中的水分均应从拌和水中扣除。

(7)拌制掺有外加剂的混凝土时,搅拌时间应取常温搅拌时间的 1.5 倍。

(8)混凝土拌和物的出机温度不得低于 10 ℃,入模温度不得低于 5 ℃。

(9)熟料出仓时,测量并掌握拌和物的出仓温度。

第三章　流道异型模板制安

第一节　概　况

八里湾泵站进水流道属异型结构,泵房边墩厚 1.2 m、中墩宽 1.3 m,闸口净宽 7.1 m,沿进水流道线型渐变至 61 断面成正圆(30.2 m 高程处),直径 3.186 m,其他位置浇筑至 30.62 m 高程。本次浇筑施工为后浇带上游部位,泵站闸墩前缘浇筑至 33.35 m 高程,向下游顺坡浇筑至 30.62 m 高程。主要浇筑工程量为,进水流道顶板 167.4 m³,墩墙及后部流道主体 1 432.6 m³,总计 1 600 m³。

八里湾泵站枢纽工程主泵房自上而下共分为五层,依次为安装(电机)层、联轴层、出水流道层、水泵层、进水流道层,联轴层出水侧设电缆道和油泵室。

八里湾泵站枢纽工程主泵房采用异型模板施工的主要部位有进水流道、出水流道、电梯井、门槽、空箱、油泵室、电力道及廊道内中墩门洞、台阶及进人孔等部位。以进水流道为例,介绍异型模板的制作安装技术。

进水流道共 4 孔,进口底板顶高程 27.20 m,进水流道顶高程 32.80 m,高 5.60 m,宽 7.10 m,进水流道起始至水泵中心线 13.80 m。进水流道后对称布置 6 个 7 100 mm × 5 550 mm 及 2 个 7 100 mm × 2 550 mm 的回填土空箱,修建楼梯间、集水池及排水沟,排水沟加盖不锈钢格栅式盖板等。

整个进水流道共分 4 部分进行渐变,第一段是 1 ~ 22 断面,水平长 7 280 mm,断面宽度均为 7 100 mm,断面高度自 5 600 mm 渐变至 3 665 mm,22 断面的上边线高程 30.081 m,下边线高程为 26.416 m。

第二渐变段为 22 ~ 31 断面,水平长 3 120 mm,31 断面距原点 10 400 mm,本段断面宽度、高度均渐变,断面高度自 3 665 mm 渐变至 2 836 mm,断面宽度自 7 100 mm 渐变至 6 772 mm,断面四角为过渡圆弧段,圆弧半径自 17 mm 渐变至 153 mm;31 断面的上边线高程为 28.916 m,下边线高程为 26.080 m。

第三段是 31 ~ 61 断面,水平长度为 3 400 mm,61 断面距原点 13 800 mm,上边线距原点距离自 31 断面 10 400 mm 渐变至 12 213 mm,下边线距原点距离自 31 断面 10 400 mm 渐变至 57 断面 15 445 mm,再渐变至 61 断面 15 387 mm;本段断面宽度、高度均渐变,断面以不规则圆弧发散,断面高度自 31 断面 2 836 mm 渐变至 32 断面 2 832 mm,渐变至 49 断面 3 687 mm,渐变至 61 断面 3 174 mm,断面宽度自 6 772 mm 渐变至 3 174 mm,四角均为过渡圆弧段,圆弧半径自 153 mm 渐变至 1 587 mm,61 断面为圆断面,圆半径为 1 587 mm;上边线最低点坐标为 40 断面 28.693 m,下边线最低高程为 37 断面 25.993 m。

第四段是 61 ~ 64 断面,均为圆形断面,以水泵中心线为圆心,半径由 1 587 mm 渐变至 1 533 mm,断面平行于水平线。

第二节　流道模板制作

一、制作原则

孔道异型模板的制作难度较大，其较大的体型要求不仅需分段制作，还要将完整断面分割进行制作，但分段不能太小，否则多块拼装会降低精度和整体的刚度，也不能太大，以免移动、安装、拆卸，周转不便；鉴于此，应根据以下原则制作：

(1)流道单线图制作出流道每个断面的框架。

(2)将各框架按单线图的距离进行拼装，在外用木条连接。

(3)将模板外表面刨光滑，成曲面，用原子灰抹缝打磨。

(4)在成型孔模上覆盖光面白色胶合面板为面板。

二、制作过程

(1)进水流道模板，在模板加工车间搭设脚手架，用于放大样及拼装模板；依测量放样，采用拼装骨架，其骨架采用 50 mm × 100 mm 方木，用纵横间距均为 400 mm，外露 20 mm 的松木板使之成型(车间制作时，为减轻骨架重量，内撑数量满足吊装要求即可)；孔道按流道单线图合理分段，按制作原则拼装。

(2)过渡圆段模板，以图纸尺寸放大样，据相应断面做出骨架，把做好的骨架利用车间搭设的脚手架排放好并拉线，按图纸尺寸校核无误后，遵循制作原则拼装。

(3)标准圆段模板，采用拼装骨架，上下两半分解制作其骨架采用 50 mm × 100 mm 方木，用纵横间距均为 400 mm，外露 20 mm 的松木板使之成型，车间制作时，为减轻骨架重量，内撑数量满足吊装要求即可；内模运至现场后用 $\phi16$ 螺栓固定，然后在孔内添加 $\phi120$ 圆木内撑进行加固，内撑层可能对称固定于肋上的节点，遵循制作原则拼装。

(4)驼峰段模板、出水流道模板可参照过渡圆段模板、进水流道层模板，并遵循制作原则拼装。

(5)门槽、空箱、油泵室、电力道及廊道内中墩门洞、台阶及进人孔等部位的异型模板根据图纸在木工加工厂用木模制作。

第三节　流道层模板安装

流道模板安装程序：31～61 断面在木工加工场加工制作→采用汽车吊吊装上运输车→汽车托盘运输→汽车吊安装就位。22～31 断面两侧模板在木工加工场地制作现场组装。

(1)为防止模板漏浆，模板块之间应加双面胶或海绵条，底部应用高强度等级砂浆封堵，模板安装前应涂刷脱模剂。

(2)进水流道层模板安装：立模前要认真做好层面凿毛处理，清除浮渣并冲洗干净。立模时先将进水流道层孔道模板吊入孔内，通过人工调整将分段模板进行组装，利用预埋件调整孔模准确到位,然后在孔内添加 φ120 圆木内撑进行加固,内撑层可能对称固定于肋上的节点;在墩内,利用钢筋网片焊接内撑;底部应利用预埋件进行加固以防内模移动、上浮;按墩墙立模线立侧面模板,侧模模板采用对销螺栓(中间部位焊接防渗钢环)(或锥体)进行对拉对撑加固,并利用花篮螺丝进行校正并进行固定。

(3)过渡圆段模板、标准圆段模板、驼峰段模板、出水流道层模板,可参照进水流道层模板安装方法进行安装。

(4)空箱模板安装:顶板模板支撑采用万能碗扣脚手架搭设满堂排架支撑,脚手架顶部根据定型钢模板尺寸铺设纵向和横向 12 cm×12 cm 方木,钢模板铺设在 12 cm×12 cm 方木上,模板铺设完毕,用水准仪测量模板面高程,利用碗扣脚手架上微调丝杆调整模板面高程,以保证模板面高程为设计顶板底面高程(应预留出预压度);按测量人员所放边墙立模线立侧面模板,在墙内,利用钢筋网片焊接内撑,侧模模板采用对销螺栓(中间部位焊接防渗钢环)(或锥体)进行对拉对撑加固,并利用花篮螺丝进行校正并进行固定。

(5)其他部位的模板安装:中墩通道门模板采用内场制作的定型木模作内模,墩墙侧面模板撑加固,并利用花篮螺丝进行校正。流道顶板处进人孔采用内场制作的定型木模,模板安装时由测量人员在顶板底模上放出人孔位置,进人孔模板按设计位置要求安装在顶板底模上,进人孔模板加固依靠四角钢筋网支撑塞牢。悬空模板需支立,模板底支撑用 φ22 钢筋焊成马櫈,马櫈间距按 75 cm 布置。检修门槽为二期混凝土浇筑,立模时按内场加工模板组合安装,采用对销螺栓(中间部位焊接防渗钢环)(或锥体)进行对拉对撑加固,并利用花篮螺丝进行校正并进行固定。

(6)校正。

肘型流道模板的外型尺寸及平顺度已在内场进行了验收,现场应加强观察,当发现变形时应及时进行挂线复检,即按照现场测设的流道横、顺水流中线,沿各断面用钢卷尺结合靠尺、垂球进行外形尺寸检查,无误后,进行定位检测。

在混凝土浇筑前对模板进行最后一次位置校正,校正测量采用一台全站仪、一台经纬仪进行横、顺水流方向校准,按测量员指示,采用导链进行微调,使模板位置在左右、前后四个方向上进行调整,并向设计中心位置靠拢。

校正模板垂直度需用两台经纬仪观测,上测点应设在模板顶,经纬仪的架设位置应使望远镜视线面与观测面尽量垂直,经纬仪必须架设在轴线上,使经纬仪视线与观测面相垂直,防止因上下测点不在一个垂直面而产生测量差错。

(7)固定。

①顺水流方向:模板在纵向与上游侧闸墩、顶板模板利用钢管锁口连接,使整个模板固定成为一个整体,防止在顺水流方向因浇筑混凝土倾斜推力而变形,造成模板缝隙过大或成型尺寸不准确。

②横水流方向:流道模板为整体式内模、上游闸室模板为现场拼装,模板的刚性和受力变形能力均不同,为保证两段模板在横水流方向的接合及整体性,沿水流方向用通长钢管将两段模板一同加固,横向用钢管、卡扣顶拉校直,保证模板在受力上一致。

③竖直方向:为防止流道模板浇筑上浮,可利用流道模板钢筋,在顶部加设垫块后向下牵引与底板钢筋焊接成为一个整体。另在流道模板上部横向用钢管与流道插筋点焊锁

口加强,当浇筑层上升到 2/3 流道模板高度时,模板已镶嵌受力,不再上浮,此时可拆除钢管并校直插筋就位。

(8)顶模支撑稳定体系及侧模拉杆拉力计算。

①顶板支撑设计:

由于顶模支撑体系建立在混凝土底板上,所以不再考虑地基沉降,直接按刚性基础进行验算。

钢管规格:48×3 mm。

累计荷载:钢管支架 + 模板 = 192 + 250 + 13.2×6 = 521(N/m²)。

钢筋混凝土重力 = 25 000 N/m²。

人 + 浇筑设备 + 运输工具 = 800 + 150 + 0 = 950(N/m²)。

泵送混凝土水平冲击荷载 = 520 N/m²。

累计总荷载:26 991 N/m² ≈ 27.0 kN/m²。

查《建筑施工计算手册(第二版)》(注正荣主编,中国建筑工业出版社,2007 版)图 8-26 得:对接立杆间距 0.8 m、横杆步距 1.0 m 能够满足施工要求。

②顶板支撑强度和刚度分析:

累计荷载:钢管支架 + 模板 = 192 + 250 + 13.2×6 = 521(N/m²)

钢筋混凝土重力 = 25 000 N/m²

人 + 浇筑设备 + 运输工具 = 800 + 150 + 0 = 950(N/m²)

泵送混凝土冲击荷载 = 520 N/m²

累计总荷载:26 991 N/m²。

区格面积:0.8×0.8 = 0.64(m²)

每根立杆承受的荷载为:0.64×26 991 = 17 274(N)

钢管回转半径:

$$i = \sqrt{\frac{d^2 + d_1^2}{4}} = \sqrt{\frac{48^2 + 42^2}{4}} = 15.9(\text{mm})$$

支柱受压应力为:

$$\sigma = \frac{N}{A} = \frac{17\ 274}{424} = 40.7(\text{N/mm}^2)$$

按稳定性计算支柱的受压应力为:

$$\lambda = \frac{L}{i} = \frac{1\ 500}{15.9} = 94.3$$

按规范附表 2-68 得:$\varphi = 0.594$

则

$$\sigma = \frac{N}{\varphi A} = \frac{17\ 274}{0.594 \times 424} = 68.6(\text{N/mm}^2) \leqslant f = 215\ \text{N/mm}^2$$

由上可知,在立杆间距 0.8 m、横杆步距 1.5 m,并适当布置垂直剪刀撑的情况下,钢管支撑架能够满足稳定性要求。

③侧墙模板拉杆拉力计算:

墩墙最大浇筑高度 6.2 m、坍落度 180 mm、混凝土重力 24 kN/m³、浇筑速度按 0.5

m/h,浇筑入模温度 20 ℃,$\beta_1 = 1.2$,$\beta_2 = 1.2$。

最大侧压力:$F = 0.22\gamma_c t_0 \beta_1 \beta_2 \sqrt{v} = 0.22 \times 25 \times 5 \times 1.2 \times 1.2 \times \sqrt{0.5} = 28(\text{kN/mm}^2)$

有效压头高度:$h = \dfrac{F}{\gamma_c} = \dfrac{28}{24} = 1.17(\text{m})$

拉杆按 0.75 m 间距计算:

$$P = 28\,000 \times 0.6 \times 0.6 = 10\,080(\text{kN})$$

$$\text{M12 对拉螺栓} = 12\,900 \geqslant 10\,080 \text{ kN}$$

结论:采用 M12 对拉螺栓在横竖间距 0.6 m × 0.6 m 间距布置,混凝土坍落度 180 mm、混凝土重力 24 kN/m³、浇筑速度 0.5 m/h、浇筑入模温度 20 ℃的情况下,能够满足施工要求。

(9)模板工程的安装质量验收:

①模板的布局和施工顺序;

②连接件、支承件的规格、质量和紧固情况;

③支承着力点和模板结构整体稳定性;

④模板轴线位置和标志;

⑤曲度;

⑥ 模板的拼缝度和高低度;

⑦预埋件和预留孔洞的规格数量及固定情况;

⑧扣件规格与对拉螺栓、钢棱的配套和紧固情况;

⑨支柱、斜撑的数量和着力点;

⑩对拉螺栓、钢棱与支柱的间距;

⑪各种预埋件和预留孔洞的固定情况;

⑫模板结构的整体稳定;

⑬有关安全措施。

第四节　模板的拆除

(1)模板拆除前必须申请办理拆模手续,待混凝土强度报告出来后,混凝土达到拆模强度后模板方可拆除。

(2)模板拆除前要向操作班组进行安全技术交底,在作业范围设安全警戒线并悬挂警示牌,拆除时派专人看守。

(3)侧模应以能保证混凝土表面及棱角不受损坏时方可拆除,底模应按《混凝土结构工程施工及验收规范》的有关规定执行。

(4)模板拆除的顺序和方法,遵循先支后拆,后支先拆;先拆非承重部位,后拆承重部位;自上而下的顺序。拆模时,严禁用大锤和撬棍硬砸硬撬。模板要随拆随运,严禁随意抛掷。不得留有未拆除的悬空模板。

(5)拆模时,操作人员应站在安全处,以免发生事故,等该片模板全部拆除后,再将模板、配件、支架等运出。

（6）拆下的模板、配件等严禁抛扔，要有人接应传递，也可用带钩的绳子往下系，以防止模板变形和损坏。

（7）模板拆除后，要运至指定地点，并做到及时清理、维修和涂刷好隔离剂，修整后的模板要按编码放整齐，以备待用。模板堆放高度不得超过 1.60 m。

（8）拆除模板作业比较危险，防止落物伤人，应设置警戒线，有明显标志，并设专门监护人员。

第五篇 度汛措施和安全措施

第一章 度汛措施

第一节 概 况

东平湖位于山东省西部,大汶河下游入黄河口处,是黄河下游南岸的滞洪区。东平湖水库是黄河下游防洪工程体系的重要组成部分,总面积 627 km²,是黄河下游处理大洪水、确保防洪安全的关键工程。其主要作用:一是分滞黄河洪水,确保下游安全。二是接纳汶河来水,对汶河洪水起到蓄洪滞洪的作用,控制其任意泛滥。

东平湖分两级运用,中间由二级湖堤将其分为新湖和老湖两个区域。老湖区面积 209 km²,常年水面平均约为 120 km²,有耕地约 8.3 万亩;新湖区面积 418 km²,基本上常年无水,有耕地约 39 万亩。

八里湾泵站枢纽工程为南水北调东线第一期工程南四湖—东平湖段输水与航运结合工程的组成部分,位于山东省东平县境内的东平湖新湖滞洪区,站址紧邻东平湖老湖区南堤的新湖区内,距原柳长河入东平湖口 384.0 m。

第二节 度汛情况分析

八里湾泵站场区地面高程 38.0 m 左右,南堤顶高程 47.20 m 左右,东平湖老湖区汛期水位 41.29 m,最高设计滞洪水位 44.80 m,利用现有的二级湖堤(南堤)作为施工围堰,足以抵御全年施工期间东平湖(老湖区)洪水。东平湖新湖区滞洪使用频率为 30 ~ 1 000 年一遇,故工程施工期间,可不考虑因新湖区滞洪而构筑施工防洪围堰,仅考虑新湖区的涝水影响。综上所述,八里湾泵站枢纽工程施工过程中,在安全度汛方面存在以下问题。

一、主要的堤防度汛隐患有较高水位下的风浪险情威胁

东平湖老湖接纳黄河、大汶河洪水,特别是大汶河洪水具有陡涨陡落、发生概率高、汛期来水时间较早的特点。同时,也存在黄河、大汶河洪水相遇的可能,存在着老湖高水位发生时间早和长时间居高不下的不确定性,湖水位变幅较大,自建库以来蓄洪水位曾 8 次超过 41.79 m,2001 年汛期达到建库以来最高水位 43.17 m。在受黄河水位顶托,老湖泄

水不畅时,水位一直保持在 41.29 ~ 41.99 m 的时间能够达到一个月以上。由于湖面宽阔,风力达到 6 级以上的概率较高,吹程长,风浪险情时常发生,波浪接近二级湖堤堤顶,严重淘刷堤身。

二、主要的工程度汛隐患

(1)工程施工范围内有施工架设的低压电线杆,在暴雨袭击时,施工区域内的电线杆塔有可能发生倾倒、漏电和放电等,将对施工范围内的人员设备造成安全隐患。

(2)八里湾泵站位于东平湖滩地内,在雨水较多、水位较高时,边坡塌方的安全问题将更加突出且可能受淹。

(3)有部分生活区存在的度汛安全隐患,注意在水情发生不好的趋势时安排撤出。

第三节　防汛抢险的组织机构

为做好施工期安全度汛工作,以确保工程施工和人民生命财产的安全,项目经理部成立以项目经理为组长的防汛抢险指挥小组,项目总工、专职安全员任副组长,下设专业抢险突击队、巡逻队、防汛设备调配队、物资供应队等抢险队,配备充足的劳动力资源。各抢险队伍统一由项目部防汛抢险指挥小组领导指挥,同时听从业主、监理单位的统一指挥,从而形成一支统一领导、组织有序、战斗力强的安全度汛队伍,明确任务,严格分工,安排专人负责巡逻、联络和抢护工作,并在汛前组织学习防汛抢险技术,确保现场施工安全。安全度汛组织机构详见图 5-1-1,劳动力资源配置见表 5-1-1。

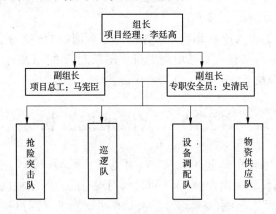

图 5-1-1　度汛组织结构图

表 5-1-1　劳动力资源配置

序号	工种	单位	数量	说明
1	技术人员	人	2	
2	技工	人	12	含机械工
3	普工	人	30	
4	合计	人	44	

第四节　度汛物资储备保证

（1）在施工期间，结合施工材料进场，储备足够数量的编织袋、木桩、砂石、块石等堤岸加高培厚抢险材料。

（2）配备足够的抢险机械设备，包括挖掘机、轮式装载机、汽车、抽水机等机械设备，全部完好待命，统一指挥调配。

度汛中拟准备表 5-1-2 中的物资，根据实际情况再进行调整。

表 5-1-2　度汛物资

序号	名称	单位	数量
1	1 m^3 挖掘机	台	2
2	TY160 推土机	台	1
3	交通车辆	辆	2
4	自卸车 15 t	辆	5
5	装载机 30D	台	1
6	潜水泵	台	8
7	个人雨具	套	50
8	块石	m^3	300
9	塑料布	m^2	5 000
10	长 200 ~ 400 cm 木桩、钢管桩	根	300
11	铅丝等其他零星材料若干		

第五节　度汛措施

一、永久与临时工程建筑物的防护措施

（1）汛前准备：首先对劳力组织、物料器材、工程管理、交通运输、临时措施、技术传授和抢险规划等方面做好充分准备。检查电力电路等存在的隐患问题并将其解决。对工程区内的建筑物修筑情况，各种机械设备的运转及放置地点及责任人均进行登记管理。

（2）掌握水情、雨情：项目经理部每天通过广播接收一次天气预报，同时还通过从互联网查取，获取气象台及当地防汛部门的通知。在汛期，要特别注意水位和雨量的动态，加强洪水预报和报警工作，随时掌握最新汛情，和当地防汛部门密切联系，随时了解汛情，做到防汛指挥调度及时、准确，并配备手摇式警报器，便于发生汛情时及时报警。

（3）施工初期，在基坑开挖线以外 15 m 处，先结合管理区的填筑，填筑到 39.0 m 高程，管理区范围以外部位填筑子堤以挡附近地区及夏季雨水的影响，子堤顶高程 39.0 m，

顶宽 8 m,边坡 1∶3,同时在子堤外侧开挖排水沟,及时将汇流水排走。当有需要时,利用机械和砂袋将子堤再加高。

（4）基坑渗水的防护。在汛期施工时,要注意基坑渗水量的变化,当基坑渗水量较大,影响到管井排水效果时,要立即架设污水泵进行明排,来保证管井的降水效果。

二、施工区和生活区安全防护措施

（1）人员的安全度汛。①人员主要包括项目部管理人员、施工班组管理人员、施工队等。②设专人收集气象预报、水情等信息。在发生超标准洪水预报时,提前将项目部管理人员、施工人员和现场其他相关人员按照一定的顺序撤退到安全地带,并停止现场一切施工活动。

（2）物资设备度汛。①建立主要施工机械清单,确定每一机械的管理负责人,建立主要设备责任人联系通讯录,便于及时指挥,统一调度;②明确汛期机械的转移地点,向离工地较近地势较高的地点进行转移。

（3）施工区均建在 39 m 以上的管理区平台处,四周挖设排水沟,及时将积水排出到柳长河,生活区搭建在地势宽阔且较高的平台处,并用土方进行加高,四周挖设排水沟,与附近的排涝系统相连,可以及时将积水排出。

第六节　发生超标准洪水时的度汛预案

（1）汶河来水安全度汛。

当东平湖老湖水位达到 41.79 m 以上情况且遭遇 8 级大风情况时,若石护坡发生坍塌,立即对泵站下游所处堤段提前进行防护。将该堤段 41.79 m 高程至堤肩利用土工布压砂石袋进行覆盖防护,砂石袋按纵横 1 m 进行压放,抛袋坡面要与石护坡保持一致,平顺向上排整,顶部超压 0.3 m。堤段长度约 300 m,堤坡长 20 m,石护坡坍塌抢护示意图见图 5-1-2。

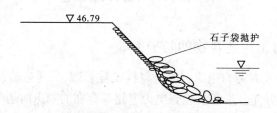

图 5-1-2　石护坡坍塌抢护示意图

当东平湖老湖蓄水位达到 43.29 m 以上,风速超过 19.09 m/s 时,风浪可能会越堤而过,形成风浪漫溢,若堤顶冲蚀严重,将会造成堤身冲毁,甚至导致决口。此时遵循"预防为主,水涨堤高"的原则。当风浪可能超过堤顶时,为了防止洪水漫溢,应迅速调集抢险队伍,因地制宜,就地取材,抢筑土袋子埝。

抢护方法:临湖堤肩现有柳树一行,株距 3~4 m,胸径 20 cm 左右,采取在临湖堤肩柳树位置铺设土工布,上部高出堤顶1.5 m,用铅丝将土工布捆绑在柳树上,土工布后部柳树之间修做土袋或砂石袋,土袋袋口朝向背水,排砌紧密,袋缝上下层错开,上层和下层要交错掩压,边排边踩实,并向后退一些,使土袋砌垒成临背水坡坡度为1:1,顶宽1 m的子堤,子堤高度以防风浪高程而定。土工布铺设采用在前端缠绕钢管或水泥管等便于滚动的物体,通过滚动展开土工布的方式铺设,坡面上的土工布用土袋或砂石袋盖压,砂石袋按纵横1 m进行压放。二级湖堤防风浪漫溢土袋子埝示意图见图5-1-3。

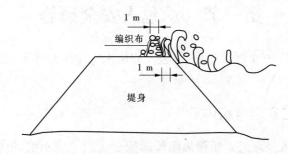

图5-1-3　二级湖堤防风浪漫溢土袋子埝示意图

(2)当黄河发生特大洪水,动用东平湖新湖区蓄水滞洪时的度汛预案。

当黄河发生30~1 000年一遇的超标准洪水,需动用东平湖新湖区蓄水滞洪时,我部将执行东平湖水库防指和地方政府的有关指令,做好施工人员及设备的撤离,确保人员无伤亡,财产设备损失降低到最低程度。同时将汛情、工情、险情、灾情等防汛信息实行分级上报,资源共享。

第七节　其他措施

在度汛期间,做好电信联络工作,建立可靠的通信网,保证通信畅通。

第二章 安全措施

第一节 承包人安全措施

承包人建立的施工安全保证体系,承包人的施工安全保证体系包括组织体系和制度体系。

一、承包人施工安全组织体系

(1)建立以承包人经理或副经理为组长的安全生产领导小组,负责施工安全的领导工作。

(2)设置安全科或专职安全员,负责具体安全管理业务。

(3)在施工基层组织,如施工队或施工班组,设置兼职安全员。

(4)在建立各级安全管理组织或设置专职人员的同时,应明确项目施工有关业务管理或施工队的安全责任制,以形成安全生产保证体系。

(5)施工项目所属各业务职能部门的安全责任如下:

①技术部门:制订安全措施和方案,督促安全措施落实,解决施工过程中不安全的技术问题。

②物资部门:保障安全措施落实的物资供应,提供必要的劳保用品。

③财务部门:保证安全措施项目所需经费。

④后勤部门:保障职工生活条件,确保健康,建立救护和消防系统。

⑤安全管理部门:督促施工全过程安全,纠正违章,配合有关部门排除不安全因素,进行安全培训和教育。

二、承包人的安全生产制度

(1)安全生产责任制。用制度的形式明确各级各类人员在施工活动中应承担的安全职责,做到安全生产事事有人负责,并使责任制落实到实处。

(2)安全生产奖罚制度。把安全生产同经济责任制挂钩,做到奖罚分明。

(3)安全技术措施管理制度。包括防止工伤事故和职业病危害的安全措施以及辅助设施和组织措施的编制、审批、实施和确认等管理制度。

(4)安全教育、培训和安全检查制度。

(5)交通安全管理制度。

(6)各工种的安全技术操作规程。

三、承包人的安全责任

(1)承包人应按合同规定履行其安全职责。承包人应设立必要的安全管理机构和配备专职的安全人员,加强对施工作业安全的管理,制定安全操作规程,配备必要的安全生产设施和劳动保护用具,并经常对职工进行安全教育。

(2)承包人应对工程以及管辖范围内的人员、材料和设备(包括工程辖区内发包人的人员以及提供的材料和设备)的安全负责,应负责做好工程辖区内的工作场所和居住区的日常治安保护工作。

(3)承包人应负责工程管辖范围内的消防、防汛和防灾、抗灾等工作,按合同规定设置必要的消防水源和消防设施以及防汛器材和救助设施。承包人应定期进行防火安全检查和每年的汛前检查,按合同技术规范做好汛前预报工作。

(4)承包人应注意保护工地邻近建筑物和附近居民的安全,防止因施工措施不当使附近居民的人身和财产遭受损失。

四、施工准备阶段承包人施工安全工作内容

(1)在工程开工前,承包人应向发包人、监理部报审以下有关安全生产的文件:

①安全资质及证明文件(含分包单位)。

②安全生产保证体系。

③安全管理组织机构及安全专业人员配备。

④安全生产管理制度、安全检查制度,安全生产责任制。

⑤实施性安全施工组织设计,专项安全生产技术措施、安全度汛措施、安全操作规程。

⑥主要施工机械设备等技术性能及安全条件。

⑦特种作业人员资质证明。

⑧职工安全教育、培训记录、安全技术交底记录。

(2)根据承包人上报的有关文件,监理部配合发包人进行审查,经检查并具备以下条件后,才能开工:

①承包人(含分包单位)安全资质应符合有关法律、法规及工程施工合同的规定,并建立、健全施工安全保证体系。

②建立相应的安全生产组织管理机构,并配备各级安全管理人员,建立各项安全生产管理制度、安全生产责任制。

③编制实施性安全施工组织设计,编制并落实专项安全技术措施、安全度汛措施和防护措施。

④检查开工时所必需的施工机械、材料和主要人员是否到达现场,是否处于安全状态,施工现场的安全设施是否已经到位,避免不符合要求的安全设施和设备进入施工现场,造成人身伤亡事故。

⑤特种作业人员必须具备相应的资质及上岗证。

⑥对所有从事管理和生产的人员施工前应进行全面的安全教育,重点对专职安全员、班组长和从事特殊作业的操作人员进行培训教育,加强职工安全意识。

⑦分部分项工程开工前应严格执行安全技术交底制度。

⑧在施工开始之前,应了解现场的施工环境、人为障碍等因素,以便掌握有关资料,及时提出防范措施。

⑨掌握新技术、新材料的施工工艺和技术标准,在施工前对作业人员进行相应的培训、教育。

五、施工阶段承包人施工安全工作内容

(1)施工过程中,承包人应贯彻执行"安全第一,预防为主"的方针,严格执行国家现行有关安全生产的法律、法规,建设行政主管部门有关安全生产的规章和标准。

(2)施工过程中应确保安全保证体系正常运转,全面落实各项安全管理制度、安全生产责任制。

(3)全面落实各项安全生产技术措施及安全防护措施,认真执行各项安全技术操作规程,确保人员、机械设备及工程安全。

(4)认真执行安全检查制度,加强现场监督与检查,专职安全员应每天进行巡视检查,安全监察部每旬进行一次全面检查,视工程情况在施工准备前、施工危险性大、季节性变化、节假日前后等组织专项检查,对检查中发现的问题,按照"三不放过"的原则制定整改措施,限期整改和验收。

(5)接受监理单位和发包人的安全监督管理工作,积极配合监理单位和发包人组织的安全检查活动。

(6)专职安全监理人员对施工现场及各工序安全情况进行跟踪监督、检查,发现违章作业及安全隐患应要求承包人及时进行整改。

(7)加强安全生产的日常管理工作,每月月底由监理部组织召开二级坝泵站工程安全生产月例会,同时对工程进行联合检查,并形成文字归档成册。

(8)按要求及时提交各阶段工程安全检查报告。

(9)组织或协助对安全事故的调查处理工作,按要求及时提交事故调查报告。

第二节 监理单位安全措施

一、确定施工安全目标

施工安全目标如下:

(1)无人身死亡事故。

(2)无重大机械、设备损坏事故。

(3)无重大交通事故。

(4)无重大火灾、洪灾事故。

(5)杜绝重伤事故。

(6)杜绝重复发生相同性质的事故。

二、安全生产建设监理组织机构

安全生产建设监理组织机构共投入监理人员 5 人,其中总监 1 人,副总监 1 人,专职监理人员 3 人。

三、施工安全监理工作内容

施工安全监理工作内容如下:

(1)监理部应根据施工合同文件的有关约定,协助发包人进行施工安全的检查、监督。

(2)工程开工前,监理部应督促承包人建立健全施工安全保障体系和安全管理规章制度,对职工进行施工安全教育和培训,应对施工组织设计中的施工安全措施进行审查。

(3)在施工过程中,监理部应对承包人执行施工安全法律、法规和工程建设强制性标准以及施工安全措施的情况进行监督、检查。发现不安全因素和安全隐患时,应指示承包人采取有效措施予以整改。若承包人延误或拒绝整改,监理部可责令其停工。当监理部发现存在重大安全隐患时,应立即指示承包人停工,做好防患措施,并及时向发包人报告;如有必要,应向政府有关主管部门报告。

(4)当发生施工安全事故时,监理部应协助发包人进行安全事故的调查处理工作。

(5)监理部应协助发包人在每年汛前对承包人的度汛方案及防汛预案的准备情况进行检查。

四、监理部内部施工安全控制体系

(1)监理部内部建立安全生产和文明工地创建组织机构,由总监作为安全生产和文明施工的第一负责人,并指定一名专职安全监理人员具体负责安全和文明施工工作。

①审查并监督承包人采取安全生产预防措施,督促承包人建立健全安全生产管理体系和文明工地创建小组,落实特别工种岗位安全责任制和文明工地建设事宜;

②经常性对施工现场进行巡视检查,发现问题及时通知承包人整改,并将整改验收的情况用监理台账的形式记录保存;

③发现违章冒险作业和与文明工地建设有悖的地方立即责令其停止作业,发现隐患立即责令其整顿。

(2)监督承包人建立安全生产保证机构和文明工地创建小组,并做到以下几点:

①贯彻执行"安全预防为主,文明工地从小抓起"的方针;

②落实安全生产的组织保证体系和文明工地的创建措施,建立健全安全生产责任和文明工地的创建办法;

③设立专职人员进行定期检查;

④对工人进行安全生产教育及分部工程的安全技术交底和文明工地创建的动员活动。

第三节　事故处理

（1）施工发生安全事故时，承包人必须严格按国家和工程局有关规定进行统计报告和处理。

（2）发生安全事故后，承包人、现场人员要积极组织抢救，对伤者要立即通知（或送）工地医务室或附近医院进行救护。

（3）事故单位应对事故发生的原因进行认真的调查、研究分析，对事故的处理要按照"三不放过"原则，事故原因涉及设计、安装、维修等部门时应请有关部门共同参加事故调查，吸取教训，改进工作；造成严重后果的主要责任部门要承担责任。

第四节　工程不安全因素分析与预控措施

根据本工程特点，针对下列几处易发生安全事故的施工过程采取安全预控措施，如：基坑开挖中的高边坡作业，脚手架作业，模板作业，塔吊作业，搅拌设备、电焊机、潜水泵等其他施工机具使用，施工用电，设备及物资的存放等。

一、高边坡作业安全预控措施

（1）开工前，承包人根据工程特点制订行之有效的安全措施，报监理及发包人批准后实施。

（2）高边坡施工期间，应建立一套科学完善的边坡安全监测体系，定期进行内、外部观测，用观测资料指导施工。

（3）在开挖边坡上部及时挖截水沟，防止水流冲刷边坡。

（4）高边坡施工时，应仔细检查边坡稳定性，所有不稳定土体均应及时进行撬挖、清理、支护等处理。

（5）高边坡施工期间，应设置专门的安全警戒人员，发现不安全因素，及时报警并进行处理。

（6）各项防护措施必须落实到位，确保机械设备、材料、施工通道等处于良好的安全状态，凡不符合安全要求的，应及时进行停工整顿。

（7）加强施工人员安全教育，熟悉有关高空及高边坡作业的安全操作规程，定期进行高边坡及高空作业人员身体检查。

二、脚手架安全预控措施

（1）脚手架四周连通，并与建筑物有可靠的拉结，以加强其侧向稳定。在外架搭设过程中，垂直运输用的塔吊，需要同时跟上。外脚手架在沿道路一侧第三步架处搭设防护棚，宽度按要求设置，上面满铺竹脚手片。外脚手架完成后，必须用安全密目网围护。

（2）严格按安全技术操作规程进行搭拆外。由专业班组具有上岗证的工人，进行搭拆施工，严格要求三步架体一验收，整体架子和井架完工后进行验收，验收合格后，分别张挂合格证,方可使用。

(3)在搭设脚手架过程中,必须遵守下列技术要求:

①严格按施工组织设计施工,每层里外立杆均设水平拉杆,转角处立杆必须加密。

②架体立杆距离墙体不超过20 cm。

③脚手架应设拉结点,同墙体内的预埋钢筋拉结,水平不超过7 m,垂直不超过4 m。

④脚手架必须设置防护栏杆,踢脚杆。

⑤脚手架两端开始每隔7根立杆设置剪刀撑一组。

三、模板工程安全预控措施

(1)本工程采用竹胶板及组合钢模板等,支撑系统采用钢管脚手架。支撑系统是模板支设安全的关键,施工时应按专项方案设置排距、立柱,不允许使用不合格材料。立杆底脚在地面设垫块,并设地笼,以防沉降不均。

(2)模板的拆除,必须在试块达到规范允许条件下,并得到我方审批后,方可组织拆模。拆除模板前,班组长应对班组人员进行安全交底,在拆模范围内设立警戒区域,并设指挥员,拆模应按顺序拆除,严禁无规则拆模。模板拆除后,应对场地进行清理,分类堆放。

(3)现场钢管、扣件必须经检测合格后,才能使用。

四、塔吊安全预控措施

(1)塔吊必须按标准搭设,安装前必须有书面安全技术交底,搭设完后必须经有关部门验收,履行签字手续,验收合格后张挂《井架验收合格证》方可使用。操作定人、定机、定岗,必须持证上岗。

(2)架体底座地基必须水平夯实,安装在混凝土基础上,并采用地脚螺栓或轧桩紧固,架体边大于2 m应采用双导轨。各类防护设施必须齐全有效,吊盘必须装防坠落保险装置和上下限位装置,每层依靠时有灵敏可靠制动停靠装置。采用墙式应用刚性支撑与建筑物牢固连接,每增高6 m加设一组水平拉结点固定在主体结构上。顶部悬臂内侧有加固措施,严禁与脚手架连接。必须装设避雷装置,接地电阻≤10 Ω。

(3)塔吊四周防护应严密,各层卸料平台应稳固,两侧设0.9~1.2 m两道防护栏或防护篱笆,进料口必须装有防护门或防护栏。底层进出口须安装安全门。进出料口装设安全门,两侧设不低于1 m的安全挡板或网片防护,吊盘严禁乘人。底层及进料口搭设防护棚。

五、搅拌设备、电焊机、潜水泵等其他机具安全预控措施

(1)搅拌设备机体安装坚实稳固,排水畅通,各类离合器、制动器灵敏有效,钢丝绳,有接地或接零保护,装设触漏电保护器,定人、定机,操作人员持证上岗,经常对机械进行维护、保养,保持机身清洁。

(2)电焊机配线不得乱拉乱搭,焊把、把线绝缘良好,有防雨措施。

(3)乙炔瓶距明火距离不小于10 m,与氧气瓶不小于5 m,有回火防止器,有保险链、

防爆膜,保险装置灵敏,使用合理,气瓶应有明显色标和防震圈,严禁在露天曝晒,皮管头子用轧箍轧牢,严禁使用浮动式等旧式乙炔发生器。

(4)潜水泵电源应完好无损,设置单独触保器,重点加以管理。

(5)平刨、压刨、电锯等机具传动部位必须有可靠的防护罩,良好的接地或接零保护,安装触漏电保护器,实行一机一闸一保护专人使用,设护手安全装置,刀口回弹防护措施,电锯设防护挡板或月牙罩,操作必须使用单相电动开关。

(6)手持电动工具(振动器、打夯机、磨石机、砂轮机、切割机、绞丝机、电钻等),应具有防护罩壳齐全,橡皮线不得有破损,必须要有接地或接零保护,并单独配置灵敏有效的触电保护器。

(7)钢筋机械(切断机、调直机、弯曲机、冷拔丝机、点对焊机等)做好保护接地或接零,并装设触漏电保护器,传动部分要有防护罩。机械运转中严禁用手直接清除刀口、压滚、插头等附近的钢筋断头和杂物。钢筋工棚内的电线不得随意拖拉,应固定悬空挂设。

六、施工用电安全预控措施

(1)施工用电按照专项方案进行架设。高低压线路下方不得搭设作业棚、生活设施和堆放建筑材料等。脚手架与外电架空层线路必须保持安全操作距离,与 10 kV 以下的架空层路边线,最小水平距离不得小于 2 m,否则必须采取防护措施,设置防护屏、围护片等进行全封闭,并悬挂醒目的警示牌。

(2)施工用电室外线路用绝缘电线沿墙或架设在专用电线杆架空敷设"三相五线"制,固定在绝缘字上,严禁架设在脚手架上。配电箱、开关箱的进出线必须使用橡胶绝缘电缆,室外严禁使用花线或塑料护套线,电线必须符合有关质量要求。

(3)手持照明灯具,危险和潮湿场所以及金属容器内的照明均采用安全电压。照明灯具的金属外壳作接零保护,单相回路内的照明开关箱必须装设漏电保护器,室外灯具距地面不得低于 3 m,室内灯具不得低于 2.4 m。

(4)配电箱及开关箱采用铁质材料制作,导线从下底面进线和出线,并有防水弯,底面与地面垂直距离应控制在 1.3 ~ 1.5 m 之内,门锁齐全,有防雨措施,下班时断电锁门。配电箱及开关箱内装设触漏电保护器,做到三级保护,末端触电保护器工作电流不大于 30 mA。金属外壳应接地或接零保护,断丝严禁用铜丝或其他金属代替使用。实行一机一闸一保护,各类电器接触装置灵敏可靠,绝缘良好,无积灰、杂物。接地体使用 L50 × 5 角钢或 ϕ50 钢管,2.5 m 长,不得使用螺纹钢,接地电阻值满足规定要求。电杆转角杆、终端杆及总配电箱处必须设重复接地,接地电阻值≤10 Ω。

七、设备及物资存放安全预控措施

(1)设备、物资存放的安全要求如下:

①设备、物资的堆放和存储要尽可能定点放置,分类保管,符合安全、文明生产的要求。

②物资仓储要符合十二防(防锈、防火、防盗、防霉烂变质、防爆、防冻、防漏、防鼠、防虫、防潮、防雷、防丢)要求,堆放稳固。

③现场作业中使用剩余材料应及时清理收回,分类存放。

④对职工健康有害的物质,如油漆及其稀释剂等应存放在通风良好、严禁烟火的专用库房,沥青应放置在干燥通风的场所。

⑤搞好仓库卫生,勤清扫,经常保持货垛、货架、包装物、苫垫材料及地面的清洁,防止灰尘及污染物飞扬,侵蚀物资。

⑥做好季节的预防措施。根据气候变化做好防护工作,如汛期到来前,要做好疏通排水沟,加固露天物资的苫盖物和防潮防霉工作;霉雨季节,注意通风散潮,使库内湿度保持在一定范围内;高温季节,对怕热物资要采取降温措施;寒冷季节,对怕冷物资要做好防冻保暖工作。

(2)物资存放安全保卫监督管理要点如下:

①保管员每日上下班前,要检查库房、库区、场区周围是否有不安全的因素存在,门窗、锁是否完好,如有异常应采取必要措施并及时向保卫部门反映。

②在规定禁止吸烟的地段和库区内,应严禁明火吸烟,仓库禁止携入火种。保管员对入库人员有进行宣传教育、监督、检查的义务。

③对危险品物资要专放,对易燃易爆物品要采取隔离措施,单独存放。消灭不安全因素,防止事故的发生。

④保管员应保持本库区内的消防设备、器具的完整、清洁,不许他人随意挪用;对他人在库区内进行不安全作业的行为,有权监督和制止。

⑤保管员对自己所管物资,对外有保密的责任。领料人员和其他人员不得随意进出库房,如确需领料人员进库搬运的物资,要在库内点交清楚,不得在搬运中点交,以防出现差错和丢失。

⑥保管员休假或较长时间外出时,不得把仓库钥匙带出去;工作时间不得将钥匙乱扔乱放;人离库时应立即锁门,不得擅离职守。

⑦保管员在发完料后,应在发料凭证上签字,同时也要请领料人员签认,并给领料人员办理出库手续。

⑧仓库是存放公共物资的场所,任何人不得随意将私人物品存入库内。

第三章　脚手架和塔吊

第一节　脚手架

一、搭设材料

(1)搭设脚手架全部采用 $\phi 48$,壁厚 3.5 mm 的钢管,其质量符合现行国家标准规定。

(2)脚手架钢管的尺寸规格:2 m、3 m、4 m、5 m、6 m。

(3)钢管表面平直光滑,无裂缝、结疤、分层、错位、硬弯、毛刺、压痕和深的划痕。

(4)钢管上严禁打孔,钢管在便用前先涂刷防锈漆。

(5)扣件使用前进行防锈处理,并进行质量检查,有裂缝、变形的严禁使用,出现滑丝的螺栓进行更换处理。

(6)脚手片无发霉、腐蚀。

二、地基与基础

(1)脚手架地基与基础的施工,根据脚手架搭设高度,原土或回填土必须事先进行夯实,2 m 平面沿杆基础周边位置,基础应能承受上部结构荷载。

(2)脚手架底面标高高于自然地坪。

(3)立杆基础外侧设置排水沟。

三、脚手架设计尺寸

(1)脚手架底步距为 1.7 m,其余每步为 1.5 m。

(2)立杆纵距为 1.2 m,横距为 1.4 m。

(3)立杆必须设置扫地杆,高度 200 mm。按规范要求设置踢脚杆、防护杆,踢脚杆设置高度为 0.3 m,防护栏杆不少于二道,高度分别为 0.9 m、1.3 m。

(4)剪刀撑设置按间距为 9 m(6 跨)一排剪刀撑。

(5)连墙杆件设置为竖向每层、水平向为四跨。

四、纵向水平杆、横向水平杆、脚手板、防护栏杆、踢脚杆

(1)纵向水平杆设置在立杆内侧,其长度不小于 3 跨。纵向水平杆接长采用对接扣件连接,交错布置,两根相邻纵向水平接头设置相互错开不小于 500 mm,各接头中心至最近主节点的距离不大于纵距的 1/3。

(2)纵向搭接长度不小于 1 m,并等间距设置 3 个旋转扣件固定,端部扣件盖板边缘至搭接纵向水平杆杆端的距离不小于 100 mm。

(3)纵向水平杆的各节点处采用直角扣件固定在横向水平杆上。

(4)横向水平杆的各节点处必须设置并采用直角扣件扣接且严禁拆除。

(5)脚手片必须垂直于墙面横向铺设,满铺到位,不留空位。四角用18铁丝双股并联绑扎,固定在纵向水平杆上,要求绑扎牢固,交接处平整,无空头板。

(6)脚手片顶层满铺,脚手片的搭设应符合规范的要求。

(7)脚手片外侧自第二步起必须设1.2 m高、同材质的防护栏和30 cm高处的踢脚杆。

五、立杆

(1)每根立杆垂直稳放在垫板上。

(2)脚手架内立杆距离墙体净距为20 cm,大于20 cm处的须铺设站人脚手片,并设置平稳牢固。

(3)脚手架须设置纵向扫地杆、横向扫地杆。纵向扫地杆采用直角扣件固定在距离底座上不大于200 mm处的立杆上。横向扫地杆亦采用直角扣件固定在紧靠纵向扫地杆下方的立杆上。当立杆基础不在同一高度上时,必须将高处的纵向扫地杆向低处延伸长两跨与立杆固定,高低差不小于1 m。

(4)立杆必须用连墙件与建筑物可靠连接。

(5)立杆接长除顶层步可采用搭接外,其余各层各步接头必须用对接扣件连接。对接、搭接均须符合下列规定:

①立杆上的对接扣件交错布置,两根相邻立杆的接头相互错开,不设置在同步内,各接头中心至主节点的距离不大于步距的1/3。

②搭接长度不应小于1 m,应采用不小于2个旋转扣件固定,端部扣件盖板的边缘至杆端距离不应小于100 mm。

六、连墙件

(1)连墙件数量的设置,竖向间距为每层,横向间距为4跨。

(2)连墙件的布置:

①宜靠近主节点设置,偏离主节点的距离不应大于300 mm;

②应从底层第一步纵向水平杆处开始设置;

③宜优先采用菱形布置,也可采用方形、矩形布置;

④一字型、开口型脚手架的两端必须设连墙件,连墙件的垂直距不应大于建筑物的层高,并不应大于4 m(2步);

⑤采用刚性连墙件与建筑物可靠连接,可采用 ϕ12 钢筋预埋混凝土中,钢筋与钢管焊接配合使用的附墙连接方式。

七、门洞

脚手架门洞宜采用上升斜杆,平行弦杆桁结构形式。

门洞桁架的形式宜按下列要求确定:

(1)当步距(h)小于纵距(L_a)时,应采用 A 型。

(2)当步距(h)大于纵距(L_a)时,应采用 B 型,并应符合下列规定:

①当 h = 1.8 m 时,纵距不应大于 1.5 m;

②当 h = 2 m 时,纵距不应大于 1.2 m。

八、剪刀撑、安全网

(1)每道剪刀撑跨越立杆的根数为 6 根(小于 9 m)。

(2)与地面的倾角宜为 45°~60°。

(3)应在外侧立面整个长度和高差上连接设置剪刀撑。

(4)剪刀撑斜杆的接长宜采用搭接,搭接长度不应小于 1 m;两根撑杆须交错布置,同立杆的交错相同。

(5)剪刀斜杆应用旋转扣件固定在与相交的横向水平杆的伸出端或立杆上,旋转扣件中心线至主节点的距离不宜大于 150 mm。

(6)一字型、开口型双排脚手架的两端均必须设置横向斜撑,中间宜每隔 6 跨设置一道。

(7)脚手架外侧必须用建设主管部门认证的合格的密目式安全网封闭,且应将安全网固定在脚手架外立杆里侧,应用 18# 铅丝张持严密。

九、斜道

(1)采用之字形斜道,宜附着外脚手架或建筑物设置。

(2)人行斜道宽度不宜小于 1 m,坡度宜采用 1:3。

(3)拐弯处应设置平台,其宽度不大于斜道宽度。

(4)斜道两侧及平台外围均应设置栏杆及踢脚杆,栏杆高度应为 1.2 m,踢脚杆高度仅为 0.3 m,内侧应挂密目网封闭。

(5)脚手板横铺时,应在横向水平杆下增设纵向支托杆,纵向支托杆间距不应大于 500 mm。

(6)脚手板上应每隔 250~300 mm 设置一根防滑木条,木条厚度宜为 20~30 mm。

十、避雷装置

(1)脚手架顶部高于 2 m,四角设置(长度大于 35 m,应中间设几根)避雷针。

(2)用 16 mm² 黄绿双色铜芯线作引下线,途中用瓷瓶,导线绑扎。

(3)接地装置的接地线应采用三根导体,在不同点与接地体作电气连接,垂直接地体应采用 5 mm×50 mm 角钢、φ48 钢管或 φ22 圆钢,长度 2.2 m,不得采用螺纹钢,接地电阻不大于 4 Ω。

十一、脚手架搭设质量和安全要求

脚手架的搭设应将质量要求和安全要求有机地统一起来,确保搭设过程以及以后的使用和拆除过程的安全与适用。

（1）搭设前的准备工作。

①搭设前，单位工程负责人应按脚手架搭拆方案的要求，对架子工进行安全技术交底，交接双方履行签字手续。

②熟悉图纸和施工现场，掌握建筑平面和立面的构造特点、环境条件，按照《建筑施工扣件式钢管脚手架安全技术规范》（JGJ 130—2001）中构造要求，决定脚手架步距等具体施工搭设步骤。

③材料准备。对进场的钢管、扣件、脚手架、安全网等进行检查验收。

④搭设场地准备。根据脚手架搭设高度、搭设场地土质情况与现行国家标准《地基与基础工程施工及验收规范》（JBJ 202）做好脚手架地基与基础的施工要求，坚实平整，不积水，混凝土硬化。经验收合格后，按方案的要求放线定位。

⑤架子工应持有效的特种作业人员操作证上岗作业。必须戴好安全帽，佩安全带，必须穿鞋，严禁穿塑料底鞋、皮鞋等硬底易滑的鞋子登高作业。操作工具及小零件要放在工具袋内，扎紧衣袖口，领口以及裤腿口，以防钩挂发生危险。

（2）搭设过程中的质量和安全要求。

①扣件式双排钢管脚手架搭设一般顺序是：里立杆→外立杆→小横杆→大横杆→扫地杆→脚手片→防护栏杆和踢脚杆→连墙杆→安全网。

②脚手架必须配合施工进度搭设，一次搭设高度不应超过相邻连墙件以上二步，保证搭设过程中的稳定性。

③脚手架搭设中累计误差超过允许偏差，难以纠正，每搭完一步脚手架后，按规定校步距、纵距、横距、立杆的垂直度。

④竖立杆时应由两人配合操作。大、小横杆与立杆连接时，也必须两人配合。

⑤当有六级及六级以上大风和雾、雨或雪雨、雪天气时，应停止脚手搭设作业。雨、雪后上架作业应注意防滑，并采取防滑措施。

⑥非操作层脚手架上严禁堆放材料，且必须保持清洁，操作层脚手架上材料堆放不能集中，不能超高，堆放要稳固，每平方米的堆放不得超过 300 kg，工作完成后及时清除干净。

十二、拆除方案

（1）外架拆除前应由单位工程负责人召集有关人员对架子工程进行全面检查与签证确认，建筑物施工完毕，且不需要使用时，脚手架方可拆除。

（2）拆除脚手架应设置警戒，张挂醒目的警戒标志，禁止非操作人员通行和地面施工人员通行，并有专人负责警戒。

（3）长立杆、斜杆的拆除应由二人配合进行，不宜单独作业，下班时应检查是否牢固，必要时应加设临时固定支撑，防止意外。

（4）拆除外架前应将通道口上的存留材料、杂物清除，按自上而下先装后拆，后装先拆的顺序。

（5）拆除顺序为：安全网→踢脚杆→防护栏杆→剪刀撑→脚手片→搁栅杆→连墙杆→大横杆→小横杆→立杆，自上而下拆除，一步一清，不得采用踏步式拆除，不准上下同时作业。

(6)如遇强风、雨、雪等气候,不能进行外架拆除。

(7)拆卸的钢管与扣件应分类堆放,严禁高空抛掷。

(8)吊下的钢管与扣件运到地面时应及时按品种规格堆放整齐。

第二节　起重吊装设备

一、起重吊装准备工作

(一)基础施工

QTZ30 基础需平整边长 4 m × 4 m 的正方形地块,QTZ80 基础需平整边长 10 m × 10 m 的方形地块,放线并划出中心线几何尺寸,挖到原土或挖到承载力符合要求的土层,并对地基进行夯实、钎探,用水平仪找平,绑扎钢筋骨架,预埋塔机螺栓,用仪器检测,保证预埋位置、标高和垂直度符合要求,混凝土基础四周修筑边坡和排水设施。基础为钢筋混凝土,强度等级为 C20,该基础型式为现场浇筑分离式钢筋混凝土底架,为十字梁结构。由长、短梁、水平撑杆及斜支撑等组成,底架支腿固定在混凝土基础上,斜支撑杆支撑住塔身。

(二)接地装置

塔机避雷针的接地和保护接地必须按规定作,接地装置要符合下列要求:

(1)将接地保护装置的电缆与任何一根主弦杆的螺栓连接并清除螺栓及螺母的涂料。

(2)接地保护避雷器的电阻不得超过 4 Ω。

(3)接地装置应有专门人员安装,而且测定电阻时要高效精密的仪器,定期检查接线地及电阻。

(4)附塔机避雷接地图示。

二、塔机安装拆卸方案

(1)将已组装在一起的十字架吊装在基础上,找正后用压板地角螺栓固定好,四个支座水平且平面度误差小于 1.5 mm。

(2)将基础节和支撑节连接好与十字梁四个支座用 M24 高强螺栓连接时,注意标准节有踏步的一面应与建筑物垂直。

(3)顶升套架组装好,套在装好的两个塔身节上,注意将爬爪担在标准节的踏步上,液压系统置于塔身后面的一侧,接好临时线。

(4)将板节与加强节连接好一起再与塔身连接在一起,然后将套架水平吊起;用销轴将套架与半节连接好,注意销轴上的开口销要装好,然后把引进梁装在小节下端截面水平腹杆上呈前后方向。

(5)将上转台、下转台、回转支承、回转机构组装好吊起放在小节上,并用塔身螺栓连接好,吊装塔帽前,应分别将吊臂前后拉板及一节拉杆和平衡臂拉杆各一节安装在塔帽上。

(6)将司机室装在上转台上。

(7)将平衡臂、起升机构、配电柜、平衡臂拉杆装好,接好各部分所需电线,然后将平衡臂水平吊起与上转台回转塔身后侧平衡臂铰点、用销轴连接好后,再继续起吊使平衡臂后端抬起呈一角度,然后将平衡臂上的两节拉杆与事先装在塔顶上的两节拉杆分别用销轴连接好,然后将平衡臂放平,使拉杆受力。

(8)吊一块平衡重,放在靠近起升机构一侧。

(9)将塔臂、牵引机构、变幅小车组装好,吊臂拉杆装在吊臂上弦上,端部用铁丝扎牢。

(10)吊装平衡臂,每次吊装一块,共三块,总重 3 t。

(11)切断总电源,完成整机的电气接线,接线时参照电气原理图。检查无误后接通电源,然后穿绕起重绳,将吊勾装好,绳头紧固于头端,绳卡按要求卡好。

(12)顶升两个标准节后安装斜撑杆。

①将吊臂调正到正前方向(与引进梁同向),并把要加的标准节按此方向地面排好,吊起一个标准节挂在引进梁小吊钩上,这时卸下节与标准节之间的 8 个 M24 强度螺栓,将顶升横梁两端的轴头放入踏步的槽内,开动液压系统使活塞杆伸出 20 ~ 30 mm,使半节与标准节结合面刚刚分开,然后吊起一个标准节从臂根部向外走,同时观察套架前后方向的四个导轮与塔身间的间隙基本均匀(约 2 mm)时变幅小车即停住(司机应记准此平衡位置)。同时,要使回转电磁制动起作用以保证吊臂不再左右摆动。

②操纵液压系统使活塞杆继续伸出,直至爬爪能担在上面一个踏步上时,操纵换向阀停止顶升而后转为活塞杆收缩,直到顶升横梁两端的轴头能放入上面一个踏步的槽内为止,然后再次使油缸外伸直到塔身上方恰好有能装入一个标准节空间,这时将挂在引进梁外端的标准节引套架内与塔身对正八个螺栓孔,然后缩回油缸至上下标准节连接面接触,用 8 条高强度螺栓将两标准节连接牢固(预紧力 155 kN,预紧力矩 0.744 kN · m),将引进吊钩拉至最外端,然后油缸继续缩回,使半节落在新加的标准节上,要对角线上用 4 条螺栓连接牢固。

③开动小车把第二个标准节挂在引进吊钩上,重复以上过程,加入第二节后将半节与塔身之间的八条连接螺栓都拧紧,然后在第三节的下部装好四个活动撑杆上耳座,再用上下两销轴把四根斜撑杆分别连接到底架和塔身之间的对角线方向上。至此塔机才算安装完毕,经过调试后即可进入正常工作状态,若还须加节按上述方法进行即可,顶升工作全部完成后遇到大风的季节或地区应将顶升套架降到塔身底部或最上一道附着架处并固定。

(13)起重机调试。

①回转限位器的调试:开动回转机构使电源电缆处于不打绞状态,使吊臂向左回转 18°,这时调整限位器一个触点触头使其切断向左回转的电机线路,只能向右回转,然后向右回转 54°,调整限位器另一触点使其切断向右回转的电机线路吊臂只能向左转回,调整完成后复试验三次,左、右回转限位灵敏可靠即可,否则继续调整至合格要求。

②起升高度限制器的调整:开动起升机使吊钩顶端距变幅小车最近距离 1 m,调整限制器的一对触点触头使其刚刚切断起升机各速度上升方向的电路,只能下降,使吊钩下降 3 ~ 5 m 后重新上升至自动停机,检测吊钩顶端距变幅小车最近距离,使其小于 1 m ±

10%。重复三次以上动作都符合要求即可。

③多功能限制器的调整。幅度限制器的调整:开动变幅机构使小车从臂根向臂头方向以高速挡运行,当小车距臂头 5 m,使其完全切断向前以低速挡运行并检测是否在最大额定幅度的±2%内自动停车,重复三次直到都合格为止,然后以相同方法调试最小幅度限位,其误差控制在 ±5% 最小额定幅度之内。0.8 t,幅度 30 m,左右回转两次,并使小车由幅度 30 m 处运行至 3 m 处来回往返一次,起吊 0.8 t,同时进行起吊与回转两项运行的复合操作,再进行变幅及回转的复合操作。

(14)塔机的拆卸。

塔式起重机的拆卸顺序是安装的逆过程,即可装的先拆,先装后拆,但是塔机一般卸时是在工程基本完工,有的卸前和拆卸过程中都应高度重视,应经仔细检查并采取相应措施后方可进行。

①拆卸前应仔细检查各机特别是液压顶升机构运转是否正常,各紧固部位螺栓是否齐全完成,各销挡板是否齐全完好,各主要受力部件是否完好,一切正常后方可进行拆卸。

②拆下最下一节标准节引进梁方向上,使回转电磁动器定位。

③拆下最上一节标准节与半节相联的八条螺栓,开动泵站使油缸活塞杆伸出,顶升横梁轴头落在第二个标准节相应的踏步上并微微机顶起使半节与第一节接触面刚刚脱离,这时吊起一节标准节由臂根处运行,同时观察前后套架导轮与塔身的间隙,等间隙基本均匀(1.5～2 mm)时,小车停止运行并记住此平衡位置。

④将引进梁吊钩在待卸标准节端面斜腹杆上,然后拆下第一与第二节之间的八条连接螺栓,继续开动泵站使油缸活塞外伸第一、二两节接触面脱开 50 mm 左右,然后将第一节沿引进梁推出套架。

⑤操纵换向阀使油缸活塞缩回,同时注意将爬爪置于水平位置直到慢慢提在相应的蹭步上平面上,然后将顶升横梁从踏步的槽内并顶起阀使油缸活塞外伸直到顶升横梁两端的轴头放入下一个踏步的槽内并顶起 50～100 mm,然后将爬爪由水平放置改为竖直放置,以便使套架可以继续下落。

⑥操纵换向阀使油缸活塞缩回,直到半节的下平面第二节水平接触,落实后,在对角各穿一个塔身连接螺栓并拧紧。

⑦将吊钩吊着的标准节放到地面,然后将挂在引进梁上产的标准节吊起,将小车再开至平衡点位置。

⑧卸下半节下平面的四条连接螺栓,重复④～⑦动作即可将标准节一节一节拆下,但应注意的是在装附着装置时,应在拆套架下落碰到附着装置那一节标准节时将附着装置拆下。

⑨当顶升套架下降到底部四根撑杆时,先把撑杆拆除,以降低拆卸高度(即安装高度)。

⑩依次拆下起重吊钩,二块配重,及起重臂和平衡臂的电缆线。

⑪以起重臂安装时吊点为吊点(做好标记处),用 12 t 汽车吊将吊臂仰起 10°～20°角,分别将两根拉杆的第一、二节间的联接销轴拆下,并将吊臂上的拉杆用铁丝捆牢,然后慢慢将吊臂放平,拆下臂根销轴,将吊臂慢慢放在地面的支架上。

⑫吊上平衡臂上剩余的一块配重,以平衡臂安装时的吊点为吊点(做好标记处),将

平衡臂仰起 10°～20°角,分别将两根拉杆的第一、二节间的联接销轴拆下,并将平衡臂上的两节拉杆用铁丝捆牢,然后慢慢将平衡臂放平,拆下臂根销轴,将平衡臂慢慢放在地面上。

⑬拆除司机室与外面相联的电缆线,依次拆下司机室、搭顶、上下转台。

⑭拆下顶升套架与半节的四个联销轴,将半节及相联一标准节拆下,然后将套架抽出,再依次拆下加强节、基础节、底脚压板入底架。

三、安全操作规程

(1)起重机应定人定机,有专人负责,司机应经专业培训并取得省级安检部门颁发的上岗证,非安装、维修、驾驶人员未经许可不得攀登塔机,严禁无证驾驶,在地面总电源闭合后必须用试电笔检查起重机金属结构是否有电,保证安全后再上扶梯。

(2)操作前,必须按本说明书的规定进行日常保养和定期保养,对各安全保护装置进行检查,不符合要求严禁作业。

(3)在不满足电压及电源要求的情况下禁止工作。

(4)作业地,严禁闲人走近起重机工作范围,起重臂下严禁站人。

(5)起重机作业时,应专人与司机联系,并指挥吊装工作,用户需配备对讲机。

(6)司机在吊装作业及重物经过人员上空时,必须鸣铃示警,作业时思想要高度集中。

(7)起重机作业严格按本说明书起重特性进行,严禁超载力矩工作,更不允许将有关安全装置拆掉后进行违章作业,顶升加节过程中在未紧固好连接螺栓前不得进行起升回转作业。

(8)起重机不得斜拉或斜吊重物,严禁用于拔桩或类似的作业,严禁起吊不明重量的物品,冬季严禁起吊冻结地面上物品。

(9)在有正反转的机构中,需反向时,必须是在惯性力消失停止转动后才能开动反向开关,严禁突然开动正反转开关。

(10)对有快慢挡机构的操作,必须由慢到快或快到慢,严禁越挡操作,每过渡一个挡位的时间最少应保证 2～4 s。

(11)起重臂的回转运动没有停止之前,严禁使用回转制动器。

(12)严禁使用起重机的吊钩吊运人员。

(13)牵引小车上的维修吊栏承载负荷不得超过 100 kg,操作与维修时栏内不得超过两个人。

(14)起重作业时,起重机扶梯及平台上严禁站人,不得在作业中调试和维修机构设备。

(15)吊钩落地后,不得放松起重绳。

四、资质及人员素质

(1)本工程主要起重吊装机械的拆装队伍与辅助起重吊装机械的租赁公司均具有专业资质,工作经验丰富,且配齐有相应信号工、起重工、安装工、电工、钳工、塔吊司机等持证操作人员。

(2)作业人员均经过省建筑主管部门组织的专业培训,考核全格,持证上岗,熟悉起重吊装作业技术、质量及安全等方面的知识。持证上岗率达到 100%。

第六篇 金属结构与机电设备

第一章 水泵电机

第一节 水泵电机

一、主水泵及附属设备

八里湾泵站是南水北调东线一期工程的第十三级泵站,其设计参数见表6-1-1。

表6-1-1 泵站设计参数 （单位:m）

一、设计流量	100 m³/s	
二、特征水位	进水池(站下)	出水池(站上)
设计水位	36.12	40.90
平均水位	36.12	40.27
最低水位	35.62	38.90
最高水位	37.00	41.40
三、泵站净扬程		
最高净扬程	5.78	
设计净扬程	4.78	
平均净扬程	4.15	
最低净扬程	1.90	

经公开招标确定,八里湾泵站选用《水利部南水北调工程水泵模型天津同台测试成果报告》中的 TJ04－ZL－19 号水力模型,经装置模型试验确定真机参数为:水泵叶轮直径 3 150 mm,转速 115.4 r/min,水泵与电动机直联,单台电机配套功率 2 800 kW,全站共装机 4 台(其中 1 台备用),总装机 11 200 kW。水泵叶片调节采用液压全调节方式。

泵站采用肘型流道进水和低驼峰平直管流道出水,并在出水流道出口设两道快速闸门的断流方式。每台机组设快速闸门和备用快速闸门各一道,采用油压启闭机操作。快速闸门的启闭程序和运行速度根据机组水力过渡过程来设置控制,闸门和机组实现联动操作。

水泵叶轮中心安装高程为 31.62 m,水泵层高程为 30.62 m,联轴器层高程为 40.85 m,安装(电机)层高程为 46.40 m。

水泵原型装置曲线见图 6-1-1。

八里湾泵站3150ZLQ33.4-4.78立式全调节轴流泵原型装置综合特性曲线

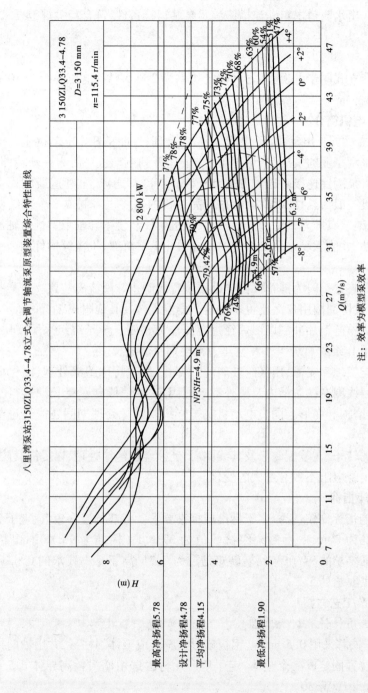

注：效率为模型泵效率

图 6-1-1 水泵原型装置性能曲线图

从图 6-1-1 可以看出,在泵站设计扬程工况时,水泵满足设计流量要求,且效率较高,在最低和最高扬程工况时,水泵能安全稳定运行。泵站主机组选型、进出水流道型式合理,水泵技术参数、出水流道出口断流措施满足泵站运行条件,符合相关规范要求。

二、电机

八里湾站配套立式同步电机共 4 台,额定功率为 2 800 kW,电压等级为 10 kV,频率 50 Hz,转速 115.4 r/min。

(一)TL 系列电机简介

TL 系列大型立式同步电动机,历史悠久,结构合理,性能良好。电动机主要传动各种立式水泵。随着水利事业的发展,产量逐年增加。本系列电动机一般为一端轴伸,通常用法兰轴伸结构与水泵刚性连接。通风方式有开启式自冷却通风、半管道通风式或封闭自循环通风。电动机一般为悬挂式结构,根据产品结构的需要也可制成半伞式结构。在悬挂式结构中,上机架装有推力轴承和上导轴承,下机架仅装设下导轴承。推力轴承除承受电动机转子重量外,并能承受水泵工作时的轴向力。上下机架、机座等构件均为钢板焊接结构。

电动机的励磁装置一般为静止可控硅励磁装置或静止硅整流磁装置。对某些大功率的立式电动机,通过协商按用户需要可装设定子测温元件及其他附属装置。

定子铁芯用优质硅钢片冲制扇形片经过叠压成为整圆。定子绕组采用双层绕组,定子绕组的绝缘采用 B 级或 F 级 VPI 真空压力无溶剂浸渍绝缘。

定子线圈有支架端箍支撑,用涤纶玻璃丝带绑扎,经过特殊绝缘处理,以保证定子线圈电气性能良好。线圈在铁芯槽内及槽外都牢固固定,使线圈能承受长期运行及启动电流的冲击,而不致磨损和变形。同步电动机定子嵌线及绝缘处理期间还需经过绝缘质量的检查。

同步电动机的转子,在装配磁极及其线圈后,还须经过绝缘处理,以提高其防潮性能,确保在停机期间绝缘电阻不致有过大的变化。

(二)电机性能指标

电机各项性能指标比较优秀,高于标准或标书要求。各部分温升较低,定子温升试验值为 42.8 K(标准为 80 K),励磁绕组试验值为 37.9 K(标准为 90 K)。电机效率为 95.07%,高于标书要求的 94.0%,堵转转矩倍数为 0.71,高于标书要求的 0.6,启动电流倍数 4.5 低于标书要求的 5.5。

(三)电机生产工艺方案

1. 电机定子选用材料及制造工艺

(1)电机定子铁芯采用 0.5 mm 硅钢板扇形片叠压成整体圆柱形,并用轴向拉紧螺杆将铁芯和机座壁拉紧固定成一个整体,定子扇形片材料选用低损耗高导体 0.5 mm 厚冷轧硅钢板,牌号为 50 WW350。

(2)定子扇形片在德国 SCHULER 公司进口的高速自动冲床生产线上完成冲剪制造,冲片毛刺小,再经涂漆烘干后,按工号叠放和保管。

(3)铁芯槽形尺寸、内径等检查合格,并进行铁耗试验,合格后经清理并用吹吸机去除尘土再进行喷漆处理。

(4)定子线圈采用 F 级聚酰亚膜薄膜铜扁线,牌号为 2SYN40 - 5F,在瑞士 ISOLA 公司进口的数控自动绕线机上绕制成梭形。外包保护带后在德国舒曼公司进口的自动拉型机上拉制成型,不需再用复型模敲打成型,可避免匝间绝缘损伤。拉型完成进行匝间胶化模压处理,将松散股线胶化成一个整体,然后去除保护带和引线端头绝缘。为了避免粉云母带在包绕时损伤,特将此工序放在加拿大 WENSENT 公司进口的数控多功能包带机器人上,把粉云母带按绝缘规范要求包绕在线圈上,最后包玻璃丝带。对地绝缘完成后对白胚线圈进行匝间检查及对地耐压检查。绕组绝缘采用 F 级少胶云母带。

(5)定子嵌线按设计图纸及槽内布排要求将白胚线圈嵌入铁芯,并用涤纶护套玻璃丝绳绑紧固定,按设计的绕组连接顺序,完成绕组接头连接和装上出线排。然后清理送检,再经脉冲试验,绝缘电阻测定,耐电压试验,检查通过后,方可转入 VPI 绝缘处理工序。

2. 电机转子选用材料及制造工艺

(1)电机转子为凸极式,磁极冲片材料选用 1.5 mm 厚钢板,在复式模上一次冲制成型,并在两端放置压板后,由加压铆接成一个铁芯体。装拉紧螺杆,放阻尼条。阻尼环的定位圈和阻尼环焊装等工作。

(2)励磁绕组采用裸扁铜线,在大型扁绕机上,绕制成同心式线圈,经消除应力及整型后进行装焊。接头用专用定位工具定位。在瑞士 ISOLA 公司进口磁极线圈钎焊设备上焊接完成。垫入 F 级匝间绝缘,热压成磁极线圈,并做匝间短路检查。

(3)磁极铁芯,按湿热型绝缘规范烫包绝缘,套上磁极线圈放入垫圈及二端绝缘块定位,热压成磁极装配,并按磁轭外圆配合面的需要,修压制成型的磁极线圈,根部呈圆弧形。

(4)碳刷及滑环、电机采用具有恒压弹簧的刷握,既能保持碳刷在使用中有恒定的压力,又能方便地更换碳刷。碳刷采用接触压降小、摩擦系数低的电化石墨碳刷(滑环温度不高于 50 ℃)或者使用含金属型碳刷。碳刷下部设置碳尘收集装置,避免碳尘污染。滑环材料采用 1Cr18Ni9,表面粗糙度达到 Ra 1.6。

(5)电机转子轴为 45# 锻钢,轴内有通孔,轴表面的各尺寸挡用以定位各转子部件。磁轭圆周的磁极拉杆孔加工位置,保证磁极中心和定子中心一致。每只磁极线圈引线的位置由线圈和铁芯端头绝缘定位块定位。因此,当磁极装上磁轭后,转子中心也就定下,磁极引线也能对上,阻尼绕组由由阻尼环定位圈定位而不会下落。

(6)转子装极完成,磁极螺杆由双螺母销紧定位。磁极线圈经接头焊接后成为磁极绕组。磁极引出线在轴外圆被引入轴表面槽内,使能通过上机架内孔。阻尼环连接并被锁紧后,成为一个全阻尼绕组用以同步电动机异步启动。转子绝缘处理完工后,测直流电阻、对地绝缘电阻及做耐压试验。转子表面覆盖绝缘烘漆,使成为一个连续的保护层。各项指标合格后,方可进入总装配。

3. 线圈制造和绝缘处理

定子线圈绝缘结构采用本厂使用多年并正被广大客户所认可的成熟技术——上电绝缘结构。定子线圈成型,我们采用引进德国舒曼 2000 数控线圈拉形机拉形,保证定子线圈成形质量。线圈包扎采用机包,保证了定子线圈绝缘质量。

同步电机转子磁极线圈制造质量控制,我厂有一套完整的管理规范。如:为控制外形尺寸铜母线须在绕制前后进行两次退火,来保证磁极热压质量;线圈匝间绝缘在受压条件下,经检查合格后,方可供给转子总装。

定子 VPI 整浸工艺,我们可以放入 4.8 m 真空压力整浸设备内进行绝缘处理;为了提高绝缘处理质量,定子烘焙时,我们采用旋转烘焙工艺。

4. 机座、机架、转轴制造工艺

(1)机座采用卧式二次镗削加工工艺,修改原机座历史加工传统工艺。

(2)机座采用卧式清洗、吸水烘干、油漆工艺(该项工艺为国内行业中独家创新工艺),提高机座清洁度,保证产品电气、绝缘可靠性。

(3)机座采用数控卧式双面镗床,能保证机座内圆的同心度及两端平行度符合技术要求,提高机座加工精度,减少机座的变形。

(4)在定、转子冲片制造及铁芯制造方面,我们采用日本 TMEIC 公司引进技术。使用零定位技术,采用高精度复式模和数控调速冲床,使冲片剪冲应力下降,冲片变形下降到 0.005 mm 以下,冲片精度、形位公差都达到技术要求。定、转子铁芯叠压采用新技术可提高铁芯质量,使铁芯圆度、槽形、紧量、长度、波浪度、磁中心质量符合技术要求。特别是转子铁芯在热套转轴后铁芯从热态到室温的整个冷却过程都在恒定压力下,冷却技术是行业独创技术(采用恒定液压保障系统)。

采用绝缘检测试验装置可实现交流耐压测试、介质损耗测试、局部放电测试、交流电流测自动化,测试误差小、人为因素少,能准确客观地反应电机实际参数,信度高。

三、辅机系统

根据机组冷却、润滑等技术用水的要求,本站采用直接供水系统方式。供水系统设技术供水泵和全自动滤水器,并在供水管路上安装压力传感器和示流信号器等自动控制元件满足泵站自动化运行的要求。

为了满足泵站检修及站内用水设备渗漏水排出的要求,本站设排水系统。排水系统将检修和渗漏排水合二为一,共设 2 台套潜水排污泵。站内渗漏排水汇集到积水廊道内后,由浮球液位计自动控制排水泵的启停,确保站内的排水安全。检修排水时采用人工操作。

水泵叶片调节机构采用液压油操作,设 2 套油压装置。本站油压装置采用蓄能器与回油箱总成合为一体,型号为 HYZ - 0.3 - 4.0 - TS 3NC2,额定压力为 4.0 MPa。

每台水泵进水流道内各设 5 声道超声波流量计各 1 套,用以监测水泵运行时的工作流量。

泵站辅机系统设计合理,满足泵站运行条件,符合规范要求。

四、起重机

主泵房内设 320 kN/100 kN 桥式起重机 1 台,起重机净跨(L_k)13.5 m,桥机轨道顶部高程为 58.845 m。

泵站起重设备选型合理,技术参数满足泵站运行要求。

第二节 设备监造

八里湾泵站水泵为3150ZLQ33.4-4.78型立式轴流泵,设备制造商为江苏航天水力设备有限公司(原高邮水泵厂),电机由上海电机厂制造。

一、监造工作方法

(1)监造工程师对生产厂家有关管理制度和技术文件、生产工艺和加工设备进行审查。

(2)了解产品质量、生产进度、有关问题的协调和处理情况,以便全面掌握该产品的加工情况,确定监造工作的重点环节。

(3)巡检:监造人员深入各车间,了解监督加工人员执行工艺规程情况、工序质量状况、各种程序文件的贯彻情况、零部件的加工及安装调试质量、不合格品的处置,以及油漆、标识、发运等情况。

(4)监检:监造人员随同制造厂检验人员以及试验探伤等人员对工件及原材料的质量进行检验及试验,以便及时发现其中的问题,同时对检验与试验工作进行监督,并对合格产品进行见证。

(5)抽查:对厂方提供的合格产品,按国家标准进行抽查,经抽检合格出具监造证明书。如不合格,整批拒收,同时督促厂方追究有关人员责任。

(6)全检:对关键零部件,应逐项逐件进行全面检查。

二、监造工作制度

(一)监造工作的规范化制度

(1)监造工作记录制度:为了给工程的质量、进度、工程的变更和索赔处理及工程的竣工验收等各项工作提供可靠的资料和依据,建立监造工作记录制度。包括会议记录,业主、监造的意见和指示,监造工程师发出的指令、通知、文函等。监造记录必须及时进行整理、编号和妥善存储。

(2)监造工作报告制度:定期或不定期地向业主报告工程实施情况和监造工作开展的制度,包括:对业主授权范围以外的事项或紧急重大事项,应及时以书面形式向业主作不定期书面建议或报告;监造工程师经常主动与业主的有关部门交流设备制造及监造工作方面的情况,交换意见并及时磋商。

(3)会议制度:为了及时沟通和协调监造工作,监造工程师定期或不定期地主持和组织下列会议:

①协调会:生产单位汇报近期生产完成情况及下一阶段计划安排,并汇报技术、质量、安全等情况,提出需业主、设计、监造组解决的问题;监造组对工程进度、质量、安全等通报情况,并提出要求;业主、设计单位代表对制作过程中存在的问题提出意见,并对会上提出的问题作澄清、解释和答复。

②设计联络会:生产单位介绍设计意图,并说明生产要求和注意问题;业主、监造与设

计单位就有关技术问题、质量要求、施工工艺等交换意见。

③监造工作会:检查阶段监造工作,听取各单位工作汇报;布置和研究近期监造工作要点;决定和通报重要问题;协调内部工作。

④安全工作会:检查安全措施落实情况,通报安全生产问题。

(二)监造工作的程序化制度

(1)开工申请制度:承包人呈报开工申请,内容包括开工申请报告、设备生产计划、组织机构、安全及质量保证体系、原材料检验等;监造组按申报内容逐项检查,提出审查意见。

(2)材料检验制度:进场的原材料必须有质量保证书和必要的试验资料,不合格的产品不准进场;承包单位对进场材料按规范要求进行复检,并提供试验资料,必要时按监造组要求进行抽检;监造组对上报的资料进行审查;复检不合格的原材料不准使用。

(3)关键部位质量见证制度:对于关键部位,实行质量见证;检测合格后,监造人员签发"质量见证书"。

(4)设备出厂验收制度:生产单位经过资料整理,向监造组申报验收资料,申请验收;监造组审查设备验收资料,组织业主、生产单位、设计单位及安装单位共同验收,确认后签署设备出厂验收签证单。

(5)设计变更处理制度:严格控制工程变更,对必须变更的工程项目,要做好经济技术分析,并严格按审批程序进行。

(6)加工过程监造检验制度:在加工现场,对重要部位、关键工艺及工序实行全过程旁站监督、平行检验;在加工现场,上述以外的工程部位或项目,根据加工难度、复杂性及稳定程度,采取巡视、部分时间旁站及检查抽查进行监督。

三、主要监造设备

主要监造设备有钢板尺、焊缝检验尺、塞尺、硬度计、超声波探伤仪、噪声计、电脑、数码相机等。

第三节　水机设备安装

山东黄河东平湖工程局负责所有水机设备的安装与调试。

一、主水泵及附属设备

(1)安装前土建尺寸复测及混凝土基础面找平。

将标高和机组纵横向中心线引到每台机组的电机层、联轴层和水泵层,然后根据这些所测放的基准线检查进水底座、泵座、上座和电机基础板位置的混凝土中心、标高,地脚螺栓预留孔尺寸是否符合规范要求,对超过要求和影响安装的地方要进行处理,并对所有要求浇筑二期混凝土的位置进行打毛、清洗并錾成锯齿形,以保证与二期混凝土结合牢固。对调整垫铁安装位置的混凝土进行找平,要求和调整垫铁的接触面及水平度要符合规范要求。

（2）主机泵设备检测：对设备进行清点，预装和设备部件尺寸的复测，将到工的设备按装箱单进行清点并分类入库保管。

水导轴承的预装，检查水导轴瓦，表面光滑、无裂纹脱壳等缺陷，将水泵水导轴承组装到主轴轴颈部位，检查其间隙在测量温度环境下是否符合设计要求。

测量水泵和电机的各部位加工尺寸是否符合规范和图纸要求，并做好记录，以作为确定电机安装实际高程的依据。

（3）水泵预埋件安装。

水泵预埋件安装主要有进水底座、泵座、上座安装，此阶段只安装上座和泵座，进水底座吊到位置调整好加固后，暂不浇二期混凝土，待叶轮外壳、进水锥管安装好再向上连接，并用调整垫铁垫实后一次性把该部位二期混凝土浇筑好。

预埋件的调整：垫铁放置平面打磨平整，清理干净，垫铁高度设置在上下可调位置，垫铁上平面高程与相应设备安装高程一致，偏差小于 ±2 mm，预埋件与混凝土接触面清洁彻底，无油漆、油污、泥渣等杂物，保证与二期混凝土接触良好。垫铁、地脚螺栓、底座、泵座、上座等埋件注意除锈、除漆等清理工作，二期混凝土后外露面注意防锈。每只地脚螺栓不少于两组垫铁，每组不超过 5 块（层），其中只有一对斜垫铁。垫铁薄边厚度宜不小于 10 mm，斜率为 1/25 ~ 1/10，搭接度在 2/3 以上。

将泵进水底座、泵座、上座吊装至各调整垫铁上，根据所测放的高程线、中心纵、横向线、依据质量要求调整泵座、上座、进水底座的中心、高程、水平度、同轴度。规范要求中心为 0 ~ 3 mm（测量机组十字中心线与埋件上相标记距离）、高程 ±2 mm、水平度 0.07 mm/m、同轴度 1.5 mm（测量机组中心线到止口半径），调整合格后对调整垫铁进行点焊固定并对座进行焊接加固，浇筑上座、泵座的地脚螺栓的二期混凝土，确保地脚螺栓的垂直固定。

（4）泵与电机的固定部件安装。

将叶轮外壳放置在水泵层的进水口旁边，不要将半面连接螺栓拆除，因为其安装顺序滞后，分开易产生变形。将进水锥管、底座放置在基础混凝土上，上搁置叶轮检修拖轮架，把叶轮吊入叶轮检修拖轮架搁置好。

把导叶体吊装在泵座上紧固好，导叶体水平以水导轴承窝上水平面水平为准，在调整水平的同时，根据导叶体上平面高程来升降。利用吊钢丝和合象水平仪来调整好导叶体的水平度、中心（以上座或下座为基准）和水导轴窝垂直同轴度均符合安装质量要求，在调整中严格控制导叶体高程并紧固好地脚螺栓，再在四周架设四只千斤顶和对调整垫铁、座等进行点焊加固。紧地脚螺栓时，要用百分表监视法紧地脚螺栓，要对角紧，全部紧固后，对高程、水平、中心进行复测均应符合安装质量要求，同时检查水导轴窝的同轴度符合安装质量要求后，浇筑泵座二期混凝土，强度达到要求后，才能安装出水弯管与顶盖。

把水导轴承、后导水锥放置在导叶体上，将出水弯管与顶盖连接就位，放置在上座上，调整顶盖的水平、高程和其与水导轴窝的同轴度符合安装质量要求后，浇筑上座二期混凝土。

电机基础混凝土平整坚实，基础垫板调整水平，高程统一。将下机架与定子组装后吊放到电机基础板上，穿好基础螺栓，然后用电气回路法和水平仪进行测量及调整定子，同时检查下机架水平和中心偏差是否符合安装质量要求。定子、下机架安装合格后，加固并浇地脚螺栓二期混凝土强度达到 80% 以上时,用百分表监视法紧地脚螺栓,焊接加固电机基础后浇电机基础二期混凝土,并注意养护好二期混凝土。定子按水泵垂直同心找正时,各半径与平均半径之差不超过设计空气间隙值的 ±5%,定子的高程由之前测量的数据推算出实际安装高程。

(5)垂直同轴度调整。

机组垂直同轴度调整方法:架设测同轴度装置,平衡梁稳固且有足够的刚度,与被测部件绝缘,钢琴线没有曲折,重锤重量适当,不能使钢琴线拉伸,重锤全部浸入机油中,重锤四周焊有阻尼片,可有效阻止晃动。电池导线连接牢固。测同心时周围控制有震动和较大噪声,且有挡风措施。同心测量时,被测部件的圆周上东、南、西、北对称点上做好标志,测点适当清理,避开特殊点及设备缺陷点,测点在同一水平面上,各被测部件的测点方向一致。

调节求心器使钢琴线调至水导轴窝中心,电机定子同心测量以调整好的钢琴线为中心,在上、下端面的东、南、西、北四个方向测点测量半径,计算出中心差后再分别与水导轴承窝同方向偏差进行比较,得出定子与水导轴窝同轴度偏差值,满足安装质量要求。

用同样方法测量调整顶盖填料座孔止口的同轴度。

(6)轴瓦研刮。

轴瓦的研刮是按轴瓦与轴承的配合来对轴瓦表面进行刮研加工,使其在接触角范围内贴合严密和有适当的间隙,从而达到设备中能形成良好的油膜。

推力轴瓦研刮:①为了使推力轴瓦与镜板或导轴承头均匀接触,需要在安装前进行研刮。进出油边的研刮按轴瓦设计图纸要求进行。在镜板上研磨,用纯酒精擦洗,然后在镜板面上涂一层匀薄的石墨粉显示剂,瓦面刮削以点为主,不能出现深长的刮痕。②检查轴瓦和镜板的接触情况。刮低"高点"直到轴瓦面接触点在每平方厘米有 2~3 点为止,研刮时注意:刮刀要锋利;每研刮一次,所刮刀痕相互成 90°;粗刮时刀痕要宽,细刮时要按接触点的分布情况挨次刮,不能东挑西剔;精刮时最大最亮的接触点全部刮,中等接触点刮尖,小接触点可以不刮。这样使大点分成几个小点,中点分成 2 个小点,无点处也显示出小点,即点数增多。刮瓦后,要求每块轴瓦局部不接触面积每处不得大于轴瓦面积的 2%,其总和不得超过该轴瓦面积的 5%。进油边按设计要求刮削,以抗重螺栓为中心约占总面积 1/4 的部位,刮低 0.01~0.02 mm,然后在其 1/6 的部位,另从 90° 方向再刮低 0.01~0.02 mm。推力轴承卡环受力后其轴向间隙不得大于 0.03 mm,间隙过大时,不得加垫。

导轴瓦的研刮:①清洗导轴承头支承面及导轴瓦,在导轴承头上涂一层匀薄的石墨粉显示剂把轴瓦覆盖上,来回推动 4~6 次,取下导轴瓦。②检查接触面情况,按刮推力轴瓦的方法,使其接触点在每平方厘米有 2~3 点,研刮后要求每块轴瓦局部不接触面积不大于轴瓦面积的 2%,其总和不得超过该轴瓦面积的 5%。

(7)机组转动部件安装。

机组转动设备进场后,妥善放置,防止发生弯曲变形、锈、碰、磨等情况,水泵轴要放置平稳,在多处用木方垫平。电机转子到场后,放置在专设的转子机坑内,平稳放置。叶轮外壳两半圆不宜拆散,如拆散吊装后要恢复原状。

将水泵轴与接力器下拉杆同时吊入与叶轮头连接,连接螺栓锁定紧固,叶轮头下部支撑牢固,在顶盖用千斤顶适当支撑,保持水泵和水泵轴垂直。吊入接力器与水泵轴临时连接固定,做好防尘、防晃措施。

　　电机转子吊装,大型电机转子运输时为卧放,到达现场翻身成竖立状态后吊装就位,转子竖起后用手拉葫芦调节使转子保持垂直,在定子四周至少 8 个位置放好 1 mm 厚的硬纸条,在转子缓慢放下时由专人不停地上下抽动,随时注意转子与定子碰擦情况并调整,在下机架的四条支腿上架设四只千斤顶,转子下降到位后顶住转子,保持转子基本水平,转子高度要高于实际高度 10 mm 左右,以便压装推力头和给推力轴承加润滑脂。

　　吊装电机上机架和压装推力头,电机上机架油缸与定子连接,上油缸清理干净后,安装抗重螺栓、推力瓦,初调推力瓦水平。

　　(8)盘车、调整轴线摆度。

　　将电机转动部分落到推力瓦上后,先复测电机磁场中心,根据磁场中心高度调整镜板水平度和推力瓦受力均匀,在磁场中心合格后,镜板水平度达到 0.02 mm/m,转子大体调中后,安装上操作油管及密封件,检查有无卡阻现象。油压试验合格后开始测量和处理电机轴、泵轴的摆度,盘车前检查空气间隙内杂物。

　　电机轴摆度,在电机轴下端法兰圆周 XY 方向各架设一只百分表,然后盘车几圈,再按圆周标注的 8 个点位置记录百分表读数,根据相似三角形法计算出绝缘垫磨削量,绝缘垫安装方位做好标志,磨削时放平,均匀研磨。处理摆度均是采用刮削的方法进行处理,过程中反复检查各点厚度,直至接近要求的磨削量,装上后再按前方法盘车测量摆度,反复处理直至摆度达到技术标准要求。每次绝缘垫处理后及时检查转子水平。

　　水泵轴摆度。水泵轴和电机轴连接后在水导轴颈处 XY 方向架设百分表,盘车测量摆度,同样计算确定处理量及方位,采用铲刮泵轴法兰面来调整摆度,使摆度达到技术标准要求。电机轴与水泵轴连接盘摆度时用的是工作螺栓,摆度调整合格后,要铰孔更换精制螺栓,更换螺栓后要复测机组轴线摆度。

　　(9)机组定中心,检查空气间隙、叶片间隙和调整瓦间隙。

　　在机组轴线摆度、镜板水平度调整好,压力油密封性试验合格后,复测磁场中心,合格后安装推力瓦抗重螺栓锁片,安装上油槽冷却器、推力瓦测温元件、上导轴承,然后进行机组转动件盘车,以水导轴窝为基准,移动机组转动部件,定机组转动部件中心,要求偏差在 0.04 mm 以内。用塞尺检查空气间隙合格后,再根据摆度值和摆度方位调整电机上、下导轴瓦间隙,安装叶轮外壳,检测叶片间隙,叶片间隙上部小下部大,检测时在 4 个方位,分别对各叶片上、中、下三个点进行测量,安装检测水导轴承间隙。

　　(10)叶片调节机构安装和其他部件安装。

　　(11)安装泵填料函部件、进水锥管、进人孔、防护罩、电机顶车装置、上下风道盖板等,并对电机上下油槽进行加油。

　　(12)机组流道注水,做泵密封性试验。

　　泵进水口底座、上座、电机基础板浇筑二期混凝土达到强度时,进水流道进行注水,检查泵各组合面的密封状况。

　　以上安装过程和主要安装步骤符合相关要求,主水泵机组的安装质量均评定为优良,单元工程优良率100%。各项技术指标均符合设计和规范要求。

二、辅机系统设备

（1）供、排水泵安装。

根据施工图和产品使用说明书，确定水泵基础安装尺寸，设备定位基准的面、线或点，对安装基准线的平面位置其偏差不超过 ±2 mm，标高偏差不超过 ±1 mm。

（2）管道安装。

预埋管道的安装：预埋工作同土建施工紧密配合，穿插进行。预埋管道及配件提前加工，具备预埋条件后，预埋件迅速就位，出墙开孔处用木模，伸出部位与墙面成 90°，加固保护，当监理工程师在场时做管道耐压渗漏试验，合格后进行混凝土浇筑。

明管安装位置与安装图中的设计值的偏差在室内不得大于 10 mm，在室外不得大于 15 mm。管道焊缝表面无裂缝、气孔、夹渣及熔合性飞溅，咬边深度小于 5 mm，长度不超过焊缝全长的 10%，且小于 100 mm。

（3）轴流风机的安装。

整体机组的安装直接放置在基础上，用成对斜垫铁找平。叶片校正按设备技术文件的规定或监理人批准的方法校正各叶片的角度，并锁紧固定叶片的螺母。

经查阅资料，安装质量均评定为优良，单元工程优良率100%。各项技术指标均符合设计和规范要求。建议有关部门督促施工单位按照质量标准和要求尽快完成主副厂房风机及管道等未完部分的安装与验收。

第二章 拦污栅及闸门、金属结构

本工程金属结构的主要项目包括进水渠段拦污栅及清污机、泵站进口防洪/检修闸门（拦污栅）及启闭机（自动挂钩梁）、泵站出口防洪/事故检修闸门及启闭机和快速闸门及启闭机。共计门（栅）槽28孔，其中拦污栅12扇，闸门12扇，清污机（与拦污栅一体）8套，启闭设备9台（套）；金属结构总工程量约398.7 t（不含启闭机及自动挂钩梁等）。金属结构工程量见表6-2-1。

表6-2-1 八里湾泵站金属结构工程量

序号	名称	数量	单重(t)	合重(t)
一	进水渠段			
1	回转式清污机(4.55 m×8 m)	8 套	—	
2	斜坡段拦污栅	8 扇	—	21.2
3	清污机(拦污栅)埋件	16 套		3.9
4	800 mm 皮带输送机	1 台	45 m	45 m
二	泵站进口			
1	防洪及检修闸门(7.1 m×5.7 m)	4 扇	20.1	80.4
2	防洪/检修闸门埋件	4 套	9.9	39.6
3	拦污栅(与防洪/检修闸门共槽)	4 扇	8.4	33.6
4	钢排架	1 榀	37.6	37.6
5	2×160 kN 双吊点电动葫芦(含自动挂钩梁)	1 台	—	
三	泵站出口			
1	快速闸门(7.1 m×4.24 m)	4 扇	13.3	53.2
2	快速闸门埋件	4 套	5.9	23.6
3	快速闸门配重	4 扇	2	8
4	快速闸门 2×200 kN 液压启闭机	4 套	—	
5	防洪/事故检修闸门(7.1 m×4.24 m)	4 扇	16.2	64.8
6	防洪/事故检修闸门埋件	4 套	6.2	24.8
7	防洪/事故检修闸门配重	4 扇	2	8
8	防洪/事故检修闸门 2×200 kN 启闭机	4 套		
合计		398.7 t		

注：为方便进口防洪/检修闸门存放、运输，配置30 t汽车起重机1台。

八里湾泵站工程设计单位为中水淮河规划设计研究有限公司，金属结构设备制造厂家为山东水总机械工程有限公司,金属结构设备安装单位为山东黄河东平湖工程局,监理(监造)单位为山东龙信达咨询监理有限公司,质量监督单位为南水北调南四湖至东平湖段工程质量监督项目站。

第一节　金属结构

一、进水渠段拦污栅及清污机

主泵房上游进水渠段设置 16 孔拦污栅槽,中间 8 孔栅槽底坎高程为 31.30 m,孔口尺寸为 4.55 m×8 m(宽×高,下同),拦污栅和其上部清污机桥面布置的 8 台回转式清污机设计为一体,并配备皮带输送污物装置;两边斜坡段各设 4 扇斜面拦污栅,其倾角为75°,间距为 160 mm,由人工清污。

拦污栅按 1.5 m 水头设计,其主梁选用 32a 工字型钢,栅条为 8 mm×80 mm 的矩形断面,主要构件材质为 Q235。

二、泵站进口防洪/检修闸门(拦污栅)及启闭机

该工程在进水渠段和泵站进口共布置 2 道拦污栅,泵站进口拦污栅与防洪/检修闸门共槽,计 4 孔。孔口尺寸为 7.1 m×5.7 m,底坎高程为 27.20 m,闸门挡水水头为 16.8 m。4 扇防洪/检修闸门为潜孔式双吊点平面滑动钢闸门,采用实腹式多主梁焊接结构,选用Q345 钢材;侧、顶止水为 P 型橡皮止水,底止水为板条型橡皮止水,后置水封;闸门主支承为增强聚甲醛自润滑滑块,侧向为轮式支承。闸门考虑 1 m 水位差静水启闭,启门采用旁通阀充水平压,计算最大启门力为 302.3 kN。

4 扇潜孔式平面拦污栅设计水头为 1 m,其主梁选用 56a 工字型钢,栅条为 8 mm×80 mm 的矩形断面,间距为 120 mm,主要构件材质为 Q235。

拦污栅与进口防洪/检修闸门共同使用 1 台 2×160 kN 双吊点电动葫芦带自动挂钩梁启吊,双吊点电动葫芦设置在距闸面平台 11.5 m 高度的钢排架上,其箱形断面尺寸为420 mm×650 mm,翼板厚度 25 mm,腹板厚度 20 mm,结构主要受力材料为 Q235。

三、泵站出口

(一)防洪/事故检修闸门及启闭机

潜孔式双吊点定轮防洪/事故检修闸门共 4 扇,孔口尺寸 7.1 m×4.24 m,底坎高程34.26 m,闸门挡水水头为 10.54 m。门叶为实腹式双主梁焊接结构,材质为 Q235;主轮支承选用悬臂滚轮支承型式,材质为 ZG230-450 铸钢,采用自润滑关节轴承;侧向支承也为轮式结构;侧、顶水封为 P 型,底水封为板条型,均为后止水。

主轨埋件采用工字型钢板焊接结构,材质为 Q345。

闸门动水启闭,其启门操作水头 7.04 m,闭门操作水头 5.04 m。计算最大启门力为323.1 kN,闭门力 -95.2 kN,每扇闸门由 1 台 2×200 kN 液压启闭机控制操作。

(二)快速闸门及启闭机

4 扇快速闸门孔口尺寸、底坎高程、支承形式、止水布置、门叶及埋件材质、启闭机机型及容量均同出口防洪/事故检修闸门,其挡水水头 8.6 m(考虑 1.2 倍水锤),启门操作水头为 7.04 m,闭门操作水头 5.04 m;计算最大启门力为 292 kN,闭门力 -54.2 kN,动水启闭。

第二节　金属结构制造

2011 年 1 月至 2012 年 11 月,八里湾泵站金属结构设备采购标段 3 的合同内容全部完成并通过出厂验收。监理按照设计文件、规程规范制定了监造验收大纲,审查和批准制造厂家的施工组织设计;制造厂家提供的材料/构配件进场报验单须由监理批准同意才可进场使用。

设备出厂验收资料包括出厂验收纪要、钢材产品质量证明书、焊接材料质量证明书、焊缝外观质量检验表、焊缝超声波探伤报告、钢构件制作工序质量评定表(埋件、闸门和拦污栅外观尺寸、直线度、平面度、扭曲等检验记录)、涂装质量评定表、产品合格证等,液压设备出厂前进行了液压启闭机总成试验。

设备于 2011 年 7 月起陆续运抵工地,参建各方在监理监督下开箱检查验收。进场验收纪要对清污机、闸门(拦污栅)及其埋件的评价为:满足设计及规范要求,与招标文件基本相符,质检资料基本齐全,进场验收通过。

第三节　金属结构安装

金属结构设备安装属于八里湾泵站主体建安施工标段 2 的分部工程内容,分为 2 个分部,闸门和启闭机安装工程 2012 年 10 月 16 日开工,2013 年 5 月 3 日完工,拦污设备安装工程 2011 年 6 月 20 日开工,2012 年 9 月 20 日完工。

一、埋件安装

(1)首先检查到工地的埋件数量、品种是否齐全,全部部件在吊卸、运输和存放过程中有无碰撞变形,如有变形,立即进行校正处理。

(2)检查分清各部件永久性编号标识,逐孔分拣埋件。

(3)安装人员对一期混凝土预留门槽进行检查,一期混凝土与二期混凝土接触面是否凿毛处理,并按图纸尺寸随一期插筋进行检查调整。

(4)根据土建施工单位提供的闸室中心线和底槛高程线,用经纬仪放出闸门位置线、孔口中心线、门槽中心线,门槽各部分埋件安装位置线和相应的检查线。

(5)吊装门槽埋件时采取必要的保护措施,主轨、反轨、底槛就位时,以放好的埋件安装位置线进行定位,其垂直度、平行度、水平度和相对应位置用经纬仪和线锤进行相互校核确保精度,主轨、反轨各构件以一期预留锚筋进行搭接固定,为确保主轨、反轨安装质量,采用先点焊后加固焊接的方法,控制主轨、反轨安装时焊接变形,待埋件安装结束后经质检人员按图纸尺寸及有关规范进行检查,做好检测记录,报请监理工程师验收。立模浇筑二期混凝土时,注意对埋件的保护。对埋件进行补防腐处理,保证符合规范要求。

二、拦污栅安装

清污机拦污栅及埋件的制作,原材料进场必须有出厂证明和质量保证书。拦污栅及埋件加工、焊接是关键,采用的焊接方法为埋弧自动焊和手工点弧焊,在焊接工程中,严格遵守焊接规范参数,保证焊接质量。

拦污栅及埋件加工完毕,根据 DL/T 5018—94 要求,检查各项目质量,全部合格后进行防腐处理。采用喷砂除浮锈,表面粗糙度达到 40 ~ 70 μm,除锈后,用干燥的压缩空气将浮土吹净,在外露表面涂漆。

拦污栅及埋件加工过程要严格执行三检制,并严格执行总公司批准颁布的质量体系文件。

拦污栅和埋件安装,应符合 DL/T 5018—94 的有关规定和设计图纸的要求。拦污栅采用 16 t 汽车吊进行安装,安装完毕后应做升降试验,检查栅体在槽中的运行情况,做到无卡阻和各节连接可靠。

三、闸门及启闭机的安装

(一)闸门安装

闸门安装步骤如下:

(1)闸门安装前,首先对闸孔尺寸逐一进行复核。清除闸室及埋件上的一切障碍物。

(2)检查闸门在运输过程中有无损伤、变形,如有,必须恢复原样。

(3)闸门用吊车吊起放入门槽安装就位前,在底槛上放两根等高道木,防止闸门吊入门槽内下降时门叶底缘与底槛相碰,门叶下到一定位置后再撤去道木,将门叶放到底。

(4)在关门位置时,检查闸门底止水橡皮与底槛是否满接触,两侧止水压缩量是否正常,进行大致调整,并做好检测记录。

(5)利用吊车将闸门全开全闭,检查闸门是否启闭平稳、无震动、无异常响声,侧限位效果是否良好,并做好检测记录。

(6)将完整的闸门安装、调试、检测资料报监理工程师申请验收。

(二)平面闸门的试验

闸门安装完毕后,会同监理工程师对闸门进行以下项目的试验:

(1)无水情况下全行程启闭试验。

(2)静水情况下全行程启闭试验。

(3)动水启闭试验。

所有试验确保成功。

(三)启闭机安装方案

(1)检查发运到现场的启闭机型号是否符合要求,各种配件如中间轴、油杯、地脚螺栓等规格、型号、数量是否与发货清单相符,有无缺件和差错。

(2)检查启闭机在运输过程中是否受到损伤及破坏,如出现损伤与破坏,及时采取补救措施,防止不合格品在工程中使用。

(3)测放安装控制线:

①根据启闭机安装布置图,明确左、右机位置。

②在闸室底板上逐孔放出门槽和孔口两中心线,如图6-2-1所示。

图6-2-1 门槽和孔口两中心线

③用经纬仪将底板上的门槽两中心线逐孔翻到工作桥上,作为启闭机安装的控制线。

(4)确定启闭机安装位置:

①根据工作桥上放出的启闭机安装控制线结合安装布置图和闸门吊点距,确定启闭机安装中心线如图6-2-2所示。

②门槽中心线与吊点横向中心线之间的距离 E 可从闸门主滚轮中心线与吊耳中心的位置求得。

③检查启闭机地脚螺栓孔或地脚螺栓预埋的位置是否正确,如误差过大,影响安装,则及时处理。

④根据图6-2-2所示,确定了安装位置用吊车逐台将启闭机就位,注意左、右机编号是否一致。

⑤调整左、右机位置,根据吊点中心线找正其纵、横中心线偏差不应超过 ±3 mm。

⑥用水准仪测量主、副机控制面高差,其偏差不超过 ±5 mm、水平偏差不大于0.5/1 000。

⑦浇筑二期混凝土,待达到强度后拧紧地脚螺母。如采用埋设板,则焊接地脚螺栓,拧紧螺母,安装中间轴。

⑧安装中间轴。

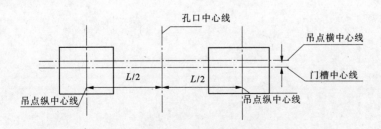

图6-2-2 启闭机安装中心线

(5)调整、检查:

①检查齿轮啮合情况,目测齿面接触斑点,齿高不小于40%,齿长不小于50%。如出现超差情况,进行检查,调整到符合规范。

②将检查、记录各安装数据,报请监理工程师检验认可。

四、闸门启闭机联合调试

(1)闸门调试:在启闭机初步调整结束后,与闸门连接起来,在闸室内进行全行程启闭试验。启闭前,在止水橡皮及止水座板接触面上用水冲淋润滑。闸门全行程上下启闭三次,检查主滚轮的运行有无卡阻现象,侧滚轮运行是否平稳,有无异常响声、震动。如有异常就进行调整。

(2)止水橡皮调整:闸门处于全关闭时,对止水橡皮做透光检查,如止水橡皮与埋件止水座间有透光缝隙,进行调整直至不透光,检查止水橡皮有无撕裂,若有撕裂,及时更换处理。做好检测记录,报请监理工程师验收。

(3)有水调试:待启闭机与闸门连接好,电气设备安装调试好,闸门正式放水后,如发现有漏水或异常响声等,对止水橡皮进行垫调整至不漏水,如有异常响声,检查门槽内是否有异物或启闭机是否连接自然,对其进行调整,直到符合规范要求。

以上有水试验结束后,报请监理工程师签字认可并移交全部竣工验收资料。

第三章　电气设备、变压器

第一节　电气工程

变压器 2 台(10 MVA 自冷油浸式无励磁调压型电力变压器,型号为 S10 - 160000/110/10.5)、站变 2 台(500 kVA 干变)、110 kV GIS 组合电器(1 个进线间隔、2 个出线间隔和 1 个 PT 间隔)、10 kV 高压开关柜 11 块、0.4 kV 低压配电柜及配电箱等。以上产品设备运至工地,与泵站其他承包人之间配合并提供安装技术指导、售后服务等。

第二节　电气设备制造

外购件实行进厂报验,坚持外购件检验合格后才能进行组装等工作制度。见证了 GIS、变压器组装过程及型式试验。关键工序采取全过程旁站监督,非关键工序采取巡查监督,发现零部件型号不符时及时通知正泰电气股份有限公司管理人员进行更换。从而避免了出现产品不合格的现象。主要设备组装过程中,对关键部件监造和检测均采用旁站监理,确保电气设备满足设计要求。

2013 年 2 月 21 日、3 月 2 日同八里湾泵站工程建设局、淮委规划设计研究有限公司及安装单位的技术人员分别见证了 S11 - 16000/110 油浸式电力变压器形式试验,试验结果满足设计要求。

(1)GIS 控制重点:

①检查了 GIS 所有进场零部件的型号是否与图纸相符,出厂合格证明、质保书,进口零部件的报关单等是否齐全。

②GIS 组装时零部件是否完好,技术人员是否持证上岗等工作。

③见证 GIS 型式试验是否符合试验要求以及试验数据的真实性。

(2)变压器控制重点:

①首先根据招标文件及图纸要求全面检查变压器主要进厂零部件的出厂证明和合格证书,进口零件要有进口报关单等相关证明。

②变压器组装时零部件是否完好,技术人员是否持证上岗等工作。

③见证变压器型式试验是否符合试验要求以及试验数据的真实性。

(3)高低压控制柜控制重点:

①首先根据招标文件及图纸要求全面检查高低压控制柜主要进厂零部件的出厂证明和合格证书,进口零件要有进口报关单等相关证明。

②控制柜组装时零部件是否完好,技术人员是否持证上岗等工作。

③设备监造监理自开工以来,针对容易发生的问题提前同技术人员沟通,将问题消灭

在萌芽状态。通过厂家的密切配合,整个电气设备组装过程未出现产品不合格现象。

第三节　设备安装调试

一、八里湾泵站电气设备安装内容

(一)变电所电气部分

变电所电气部分包括以下内容:

(1)主电力变压器及附属设备的安装调试。

(2)SF_6 全封闭式组合电器及附属设备安装调试。

(3)电缆采购安装敷设及试验。

(4)防雷接地系统安装及调试。

(5)照明系统设备采购安装调试。

(6)消防火灾报警系统设备安装调试。

(7)采暖通风系统设施的采购安装调试。

(8)起重设施的采购安装调试。

(9)变电所工程中所有电力电缆、控制电缆的敷设,终端制作安装,防火封堵,所有管道与基础预埋,电缆桥架与支架采购、安装等以及其他工作内容。

(二)泵站电气设备部分

泵站电气设备包括以下内容:

(1)高压开关柜的安装调试。

(2)低压开关柜、动力控制箱的安装调试。

(3)直流系统设备的安装调试。

(4)高压立式同步电动机及附属设备的安装和调试。

(5)励磁系统设备的安装调试。

(6)计量设备的安装调试(内部计量)。

(7)保护装置及屏柜的安装调试与试验。

(8)站变的安装调试。

(9)微机监控系统、视频监视系统与局域网系统设备的配合安装调试工作。

(10)通信系统设备的安装调试。

(11)其他电气设备的安装调试(顶传子装置、叶片调节装置、转速装置、通风设施等)。

(12)清污机动力箱的安装调试。

(13)液压闸门动力控制设备的安装调试。

(14)防雷接地系统安装及试验。

(15)照明系统设备安装调试。

(16)消防火灾报警系统设备安装调试。

(17)泵站工程中所有电力电缆、控制电缆、信号电缆的敷设、终端制作安装、防火封堵,所有管道与基础预埋,电缆桥架与支架采购、安装等以及其他工作内容。

二、电气设备进场验收与保管

电气设备进场后会同业主、监理工程师进行开箱清点、检查、验收。检查其包装及密封是否良好,规格型号是否符合设计要求,附件、备件、产品技术文件、合格证等是否齐全。对设备的外观进行检查,查看有无损伤,表面油漆及保护层是否完好,并做好验收记录。

检查后根据各设备要求妥善防护,达到防潮、防尘、防盗、防碰撞等要求,确保设备自身质量及性能。大型电气设备开箱验收后直接进入安装位置的建筑物内;小型电气设备如控制箱、灯具等存放在适合的仓库内;电缆、电缆管等进场后可分类堆放在室外场地上,并用油布遮盖,所有设备、材料进场后存放均整齐,设有明显的标志牌。

三、电气设备安装

(一)电气管道、接地及预埋件

电气管道、接地及预埋件包括变电所、泵站等构筑物。主要工作有:接地网、避雷带、微机接地网、行车滑触线预埋件、电缆支架、电缆桥架、主变、断路器、避雷器、互感器、屏、柜、所变、站变、动力箱等设备基础型钢及预埋件,所有电气预埋管接地敷设。

1. 预埋工作

安装人员进入现场首先进行预埋工作。随着土建施工的进展,按施工图要求,对电缆、照明电缆的穿线管、各种设备基础铁件、接地线等进行埋设。埋设位置符合图纸及安装要求,固定牢固,使用的材料得到监理的认可,安装质量符合规范,并按隐蔽工程验收合格后才能隐蔽,记录签证齐全。

2. 电缆支架、电缆桥架安装

电缆支架安装保证其平直、安装牢固、横平竖直,各相同支架同层横档应在同一水平面上,其误差不大于 ±5 mm。安装电缆支架、电缆桥架时,采用墙内金属、电力线探测器探知墙内埋藏的钢筋、电力线的具体位置,用电锤在混凝土墙上打孔,从而避免打断钢筋、电线管、损坏钻头,大大提高工效。

根据施工图,按照《电缆桥架安装》86SD169 标准安装泵站内所有电缆桥架。电缆桥架在每个支架上的固定牢固,连接板的螺栓坚固,螺母位于电缆梯架的外侧;当直线段钢制电缆桥架超过 30 m 时,设伸缩缝,其连接采用伸缩连接板,电缆桥架跨越建筑物伸缩缝处设置伸缩缝;电缆桥架转弯处的转弯半径,不小于该桥架上的电缆最小允许弯曲半径的最大值;电缆桥架全长均有良好的接地。

电缆桥架内无锋利的边缘和毛刺,以免损坏电缆,进入电缆桥架的电管与桥架连接牢固,管口要加护套。

3. 设备基础型钢及预埋件

开关柜的基础采用槽钢制作的框架,其制作安装的平直度等符合规范 GB 50171—92 的要求。顶面误差不大于 1/1 000,全长偏差不超过 ±5 mm。每组基础必须有两点与接地网相连。

4.接地网、防雷带安装

按照图纸设计要求在土建施工时同步进行预埋,保证建筑物各柱子内的预埋扁钢和基础钢筋网内预埋的扁钢的埋设正确,连接可靠。接地干线在不同的两点及以上的点与接地网相连接,自然接地体在不同的两点及以上的点与接地干线或接地网相连接。

将接地体打入地中时,加保护帽,打入后露出沟底 100~150 mm,接地体最高点的埋入深度距地面不小于 0.7 m。接地体敷设完后的土沟,其回填土内不得夹有石块和建筑垃圾等,外取的土壤无较强的腐蚀性,在回填土时,分层夯实。

接地体(线)的连接采用搭接焊,焊接时要牢固无虚焊,搭接长度为扁钢宽度的 2 倍,圆钢直径的 6 倍,而且至少要有 3 个棱边焊接。接至电气设备上的接地线,用镀锌螺栓连接,有色金属接地线不能采用焊接时,可用螺栓连接。螺栓连接处的接触面按现行国家标准《电气装置安装工程母线装置施工及验收规范》(GBJ 149—90)的规定处理。有震动的地方,加防松螺帽或弹簧垫圈。

明敷接地线的安装应符合下列要求:便于检查;敷设位置不妨碍设备的拆卸与检修;支持件间的距离,在水平直线部分为 0.5~1.5 m,垂直部分为 1.5~3 m,转弯部分为 0.3~0.5 m;接地线按水平或垂直敷设,亦可与建筑物倾斜结构平行敷设,在直线段上,无高低起伏及弯曲等情况;接地线沿建筑物墙壁水平敷设时,离地面距离为 250~300 mm,接地线与建筑物墙壁间的间隙为 10~15 mm;在接地线跨越建筑物伸缩缝、沉降缝处时,设置补偿器,补偿器可用接地线本身弯成弧状代替。明敷接地线表面涂以用 15~100 mm 宽度相等的绿色和黄色相间的条纹,在导体的全部长度上或只在每个区间或每个可接触到的部位上作出标志,当使用胶带时,使用双色胶带。在接地线引向建筑物的入口处和在检修用临时接地点处,均刷红色底漆并标以黑色记号。

计算机监控、视频监视系统采用单独接地,其接地极尽量与自然接地体保持一定距离,并用铠装电缆进户。

接地装置的施工符合《电气装置安装工程接地装置施工及验收规范》(GB 50169—92)的规定,接地电阻符合设计要求。

(二)泵站电气设备安装

1.站变、所变安装调试

1)安装前准备工作

变压器进场前,对进场道路要进行检查,特别是施工区域的临时通道,平整、坚实、坡度较小。变压器室外有足够吊装、卸车的场地。

变压器室土建工程施工、清理完毕,结构及基础混凝土强度达到要求,预留孔、预埋件符合设计要求。

变压器的型钢基础安装固定结束,其位置尺寸符合图纸要求,平直度符合规范要求。

变压器到达工地后应进行开箱清点,外观检查验收。该项工作必须有业主、监理工程师在场。变压器规格符合设计,附件、备件、产品技术文件齐全。设备外观无损伤,无碰撞痕迹。开箱验收要做好记录,如有问题及时报业主,以便尽快解决。

2)安装调试

变压器身进入安装位置采用 25 t 吊车,将其吊到所变轨道上,使方向正确,停稳后用卷扬机或手拉葫芦缓慢地拖入变压器安装位置。吊装时钢绳捆绑平衡,吊点、夹角正确。起吊及拖动水平、平稳,不倾斜及强烈震动、撞击。其他附件、配件清点后适当保管好,以备安装时使用。器身到位后进行就位调整。位置符合设计要求,水平度符合产品要求,并与基础型钢用螺栓固定牢固。基础及变压器外壳与接地网可靠连接。接着再安装其他附件,如外壳等。

在主变压器安装工作结束后,可进行电气性能测试。具体的试验项目及要求符合规范 GB 50150—91 中有关条款。在试验前有书面的调试大纲,提交监理工程师批准后实施,调试后有调试记录报告提交监理签证。试验项目中变压器的冲击合闸试验要在其他电气设备安装调试结束后进行。

电气测试合格后可进行安装高压侧的电缆。电缆中心线与套管中心线对齐,连接后变压器套管接线柱不能承受母线及其他外力的作用。电缆的绝缘电阻、耐压试验符合规范要求后连接电缆与变压器,接头连接可靠。

2.10 kV 高压开关柜安装

开关柜的基础采用槽钢制作的框架,其制作安装的平直度等符合规范 GB 50171—92 要求。每组基础有两点与接地网相连。安装结束后作为隐蔽工程验收合格后方能进行立柜安装。

开关柜的搬运。室外及进入室内用吊车转运,室内短距离用液压托盘搬运车搬运到位。搬运时确保开关柜无强烈的碰击、震动,并根据设备情况,保证设备倾斜角度不能过大。

开关柜就位安装。该高压开关柜均为成列安装,具体位置顺序按施工图。开关柜到位进行适当调整,保证其垂直度、水平偏差、盘面偏差、接缝等符合规范 GB 50171—92 要求。用六角螺栓(镀锌件)将相邻的开关柜侧面板壁拧紧,然后将开关柜与基础用螺栓固定。

柜内母线安装。本成套开关柜母线制造厂已配置好,现场按图装配即可。对支持绝缘子等进行绝缘电阻检查,符合规范要求。母线的固定、接头紧固符合规范扭力要求。母线等的接头处用丙酮清洗干净,涂以中性导电膏。复查母线的相间及对地距离大于规范要求的安全距离,相色明显、正确。安装清理结束后按规范 GB 50150—91 根据电压等级进行耐压试验。

连接手车柜间接地母线并可靠接地,对开关柜内接地回路进行检查,开关柜接地母线两头要与主接地干线相连。

开关柜就位安装后进行电缆敷设及上盘接线。进入柜内的电缆排列整齐、美观,绑扎牢固,标牌齐全。控制电缆芯线编号正确,每个接线端子的每侧接线宜为一根,不得超过两根。备用芯线放至端子排最上端。电缆进柜处采用专用夹具固定在底板上,并保证柜体的防火密封要求。动力电缆芯线相色正确,接头端子保证接触面达到要求。

检查手车推拉灵活轻便、无卡阻碰撞现象,相同型号的手车能互换;安全隔离板开启灵活,随手车的进出而相应动作;手车的接地触头与柜体间接触紧密,当手车推入柜内时,其接地触头比主触头先接触,拉出时接地触头比主触头后断开。

对柜内电气设备的试验测试。具体测试项目和要求,按规范 GB 50150—91 及产品技术说明进行,对某些重要设备的测试,按方案并有监理到场情况下进行。对特殊的保护设备要与生产厂家人员共同调试。所有设备的调试均有调试记录。

对 10 kV 主开关进行模拟操作。送入操作、保护信号电源,对主机泵在各种操作方式下进行分合闸试验、各种保护的动作进行模拟跳闸等,达到操作正确、保护可靠、灵敏,信号对应,与辅助设备的联锁动作正确。

3. 低压开关柜安装

低压开关柜基础槽钢立着与预埋钢板焊接,要保证槽钢顶面高出地坪面 8 mm,顶面误差不大于 1/1 000,全长偏差不超过 +5 mm,基础槽钢与泵站主接地系统焊接。

将低压开关柜按顺序置于基础槽钢上,检查每台柜的垂直情况,否则允许用垫片(块)进行校准,在基础槽钢上钻孔,然后将低压开关柜用 M10×30 螺栓与基础槽钢相连接,保证开关柜安装垂直度不超过 1.5‰,相互间接缝不大于 2 mm,盘面偏差不大于 5 mm。最后将低压开关柜接地母排与主接地系统相连。

对柜上继电器、仪表等进行校核、调整。

4. 直流系统设备的安装调试

直流屏基础槽钢立着与预埋钢板焊接,要保证槽钢顶面高出地坪面 8 mm,基础槽钢与泵站主接地系统焊接。

将直流屏按顺序置于基础槽钢上,检查每台柜的垂直情况,否则允许用垫片(块)进行校准,在基础槽钢上钻孔然后将低压开关柜用螺栓与基础槽钢相连接。

对直流屏进行预充电、放电试验,各仪表指示正确,检查直流蓄电池充电情况、直流屏满足标书要求。

5. 励磁设备的安装调试

1)励磁屏安装

励磁屏基础槽钢([10#槽钢)与预埋钢板焊接,基础槽钢与泵站主接地系统焊接,将励磁屏按顺序置于基础槽钢上,检查每台柜的垂直情况,否则允许用垫片(块)进行校准,在基础槽钢上钻孔,然后将励磁屏用 M10×30 螺栓与基础槽钢相连接。

2)励磁系统的工作原理

在电机异步启动期间,电机励磁绕组两端的交流感应电势经变换后输入微机,微机随时检测其滑差值,当滑差达投全压定值时,微机发出控制信号,接通设在继电器单元上的投全压 QYJ。装置的滑差投励是按反极性末尾原则设定的,微机检测到该滑差值实现准角投励,并施加短时整步强励,使电机快速、平稳、可靠牵入同步。对转动惯量小、负载轻、凸极效应较强的电机,在未达投励滑差前会因凸极力矩被牵入同步,此时由装置的计时投励环节实现投励。

装置设有手动/自动调节,当在“手动”调节位置时,可按动仪表操作面板上的增/减磁按钮来调节励磁;当为“自动”调节位置时,则会按设定的调节方式自动调节励磁。“恒功率因数”“恒电流”为闭环自动调节,“恒无功”为开环快速调节,适用于轧钢等冲击负载,一般性负载勿轻易选用“无功”调节。在运行时允许手自动调节相互转换。

在“手动”调节时,整步强励后的正常励磁值由 a 初始角决定。在“自动”调节时整步强励后的正常励磁值先是按 a 初始角决定,经一定延时,自动调节系统投入工作后则由自动调节的设定值来决定。

电机进入正常同步运行后,微机不断地监测其运行状况,用户可通过小键盘查询各项运行参数。当运行中发生本装置所设置的不正常运行工况(包括带励、失励失步故障)时,微机会快速判别,并发出相应的控制指令,实现本装置所规定的各项技术性能指标。

本装置即使遇到主晶闸管触发脉冲完全消失,仍可保持同步电机的稳定同步运行,在遇冷却风机及其他励磁故障时,允许装置继续工作,此时装置会发出报警信号,用户可在线排除故障,时间以不超过 0.5 h 为宜。

本装置由外部可靠的直流 220 V 供电,装置内设有经交流整流后的直流后备电源,当外部直流电源失电时,直流后备电源会无延时地自动投入工作,以保证开关电源 PWR1 ~ PWR2 能可靠地工作。本装置的直流 24 V Ⅱ 控制、保护回路的电源除由 PWR1 提供外,同时也有直流 24 V 后备电源作后备。

此外装置按常规装有:

整流变压器的过负荷及短路保护:在变压器一次侧用复式脱扣的空气开关进行保护。

整流桥直流侧的短路保护:采用快速熔断器保护。

整流桥交流侧的过电压保护:采用压敏电阻或 RC 电路保护。

整流桥换相过电压保护:采用 RC 电路保护。

3)可控硅励磁装置调试

(1)调试前准备工作如下:

①调试仪器:示波器、万用表、单相调压器、交流电压表,调试用电阻器。

②拉开整流柜中的总电源开关。

③检查柜内接线有无错误及松动。

④灭磁环节的整定。

⑤将各插件全部拔出。

⑥调整灭磁电阻的阻值。测出励磁绕组的阻值,按其 10 倍值调整灭磁电阻。

(2)灭磁电压的确定。整流装置输出电压的额定值不同,灭磁电压也不同时,灭磁电压也不相同。

(3)各点电源电压的检查:将全部插件插入各自的位置,将整流桥上晶闸管的控制极全部断开。然后接通自动空气开关,用万用表检查各点电压。

(4)预告信号报警,此时报警灯亮。其类别有 PT 断线、过励报警、欠励报警、失步保护、励磁故障、微机故障。

过励报警、欠励报警是指励磁值超出了预置的强励、欠励定值范围,此时微机系统经一定的时延后会自动将励磁调节到预置的 α 角初始值,以恢复励磁的正常运行,同时会发出报警信号。

励磁故障包括整流桥失控、缺相、直流电源失压、电容失压、风机故障共五种,微机故障包括 A/D 模块、CPU 模块及接口板故障三类,通过按键盘板上的"报警信息"键,该板上即有汉字显示其类别。运行人员即可据此及时排除故障。

发预告信号的同时,有继电器 BJJ 接点输出,可引至中央信号屏。当发生 PT 断线等故障时,调节方式会由"自动"转向"手动"。

（5）保护跳闸,此时在键盘板上"跳闸"灯亮。保护跳闸分失步保护后备跳闸、快熔熔断或空气开关跳闸、失压延时跳闸、失励延时跳闸共四种。按键盘板上的"报警信息"键,该板上即有汉字显示其故障类别。

（6）失步保护动作与再整步:此时失步保护灯亮,再整步成功后微机系统会自动记录失步保护动作次数,以便查询。

以上工作全部结束后,检查是否有未恢复的接线,将电动机励磁绕组接到整流装置输出端上,将电位器调节到电动机额定励磁电压的50%的位置上,准备系统试车。

6.动力箱安装

动力箱要安装在干燥、明亮、不易受震,便于操作、维护的场所。不安装在水池或水道阀门的上、下侧。如果必须安装在上述地方的左、右,其净距在1 m以上。

动力箱安装高度,照明配电板底边距地面不小于1.5 m;配电箱安装高度,底边距地面为1.5 m。配电箱安装垂直偏差不大于3 mm,操作手柄距侧墙面不小于20 mm。

在240 mm厚的墙壁内暗装配电箱时,其后壁需用10 mm厚石棉板及直径为2 mm、孔洞为10 mm的铅丝网钉牢,再用1:2水泥砂浆抹好,以防开裂。墙壁内预留孔洞大小,比配电箱外廓尺寸略大20 mm。

明装配电箱在土建施工时,预埋好燕尾螺栓或其他固定件。埋入铁件镀锌或涂油防腐。

动力箱安装垂直偏差不大于3 mm。暗装时,其面板四周边缘应紧贴墙面,箱体与建筑物接触部分刷防锈漆。

三相四线制照明工程,其各相负荷均匀分配。

配电箱（板）上标明用电回路名称。

7.微机控制系统、视频监视系统的配合安装

微机控制保护设备、视频监视设备的安装将由微机控制系统及视频监视系统设备供应单位指导,设备均按要求配置成套,到现场后按要求布置,固定牢固,搬运必须十分小心。PLC柜安装的垂直度、水平度符合规范要求,各设备联络接口采用专用接插件,联络电缆线沿专用线槽敷设。该部分设备的调试由专业人员与配套厂家服务人员共同调试。

1）设备安装

网络通信电缆及现场总线电缆的敷设安装。该电缆的敷设安装必须注意尽量避免外界信号磁场等对系统的干扰,并确保电缆不易受到损伤。敷设前首先把该部分电缆专用桥架、线槽、穿线管安装好,并符合要求。线槽到设备控制箱的电缆用穿线管,管口、接头处应打磨光滑。电缆敷设时应确保不损伤,特别是电缆屏蔽层不被破坏。每根电缆两端标牌齐全,芯线编号对应,端子固定牢固,所有电缆的屏蔽层应引出与专用接地线良好的连接。进入控制柜、箱及设备接线盒处应用专用夹具固定,保证设备原有的密封防护要求。现场检测仪表配套的专用电缆用穿管敷设。该系统的电缆在订货及敷设时应注意单根电缆安装长度,避免出现中间接头。电缆线槽、穿线管的接地应符合规范要求。

现场检测仪表安装。仪表的安装位置严格按施工图分布,以防测得的数据有较大偏差。仪表的安装固定,不管是在水下或水上,均有专用不锈钢支架,并按设计要求可以方便地升降和平移。取差导管管件采用不锈钢材料,支架、仪表固定可靠,电缆有金属软管

过渡,并有伸缩余量。

2) 系统调试

信号互连:连接前先进行信号校对,控制信号试空负载通电,进行分合闸试验,然后将现场端子和装置端子分别进行连接。

信号联调:信号联调分系统进行,监控、保护、直流等相互间有联系的系统进行系统间的联动调试。监控系统对现场的信号联调主要包括:电气控制设备联动(包括控制信号输出、现场状态的回信等)、事故信号调试(包括预告信号、事故信号及各种状态的报警等);电量信号包括机组运行的电流、电压、功率、频率等;非电量信号包括机组温度、压力、水位、闸门开度等;保护装置调试模拟各种电量、非电量信号的出现,检验输出信号是否可靠工作;直流系统调试按规范和生产厂家要求充放电;视频监视系统以矩阵切换主机为中心,对现场摄像的输入、输出信号调试以及控制室画面处理器的联调;对现场水位传感器的运转力矩、变化误差、灵敏度等指标进行测试,最后进行系统联调。

8. 电缆敷设

电缆引至电器设备或盘柜,而又易受机械损伤时,应加钢管或型钢进行保护。电缆管的内径与电缆外径之比不小于 1.5,每根电缆管的弯头不超过 3 个,直角弯不超过 2 个,电缆管连接牢固,密封良好,套接的短套管或带螺纹的管接头的长度,不小于电缆管外径的 2.2 倍,金属电缆管不直接对焊。

根据电缆的路径去向和现场条件,适当选择电缆盘架设地点,电缆放线架放置稳妥,钢轴的强度和长度与电缆盘重量和宽度相配合。敷设电缆时从盘的上端引出,避免在支架或地上摩擦拖拉,没有过度的弯曲。电缆上有无铠装压扁、电缆绞拧、护层折裂等未消除的机械损伤。

电缆敷设前,检查电缆型号、电压、规格均符合设计要求,同时要进行绝缘试验和潮湿判断。

电缆敷设时排列整齐,不交叉,加以固定,并及时装设标志牌:在电缆终端头、电缆接头、拐弯处、夹层内、隧道及竖井的两端、人井内等地方,电缆上装设标志牌;标志牌上注明线路编号时,写明电缆型号、规格及起讫地点,标志牌的字迹清晰不易脱落;标志牌的规格宜统一,标志牌能防腐,挂装牢固。

电缆敷设有专人统一指挥,通过道路及转弯处,有专人看管。电力电缆在终端头与中间接头附近留有备用长度。电缆切断以后,及时进行封端,并将多余部分收盘卷起。

当利用机械敷设电缆时,其速度不超过 15 m/min,牵引头或钢丝网套与牵引钢丝绳之间设有防捻器,最大牵引强度不超过规范规定的数值。

高压电缆头采用热缩式电缆头,低压电缆头采用分支手套的干封型式,电缆头的结构尺寸和工艺标准与《建筑电气安装图集》规定应一致,高压电缆头的结构、尺寸和工艺标准与附件厂家的说明书规定相符。电缆终端头的制作做好相位检查,检查所用绝缘材料符合要求。电缆终端头配件齐全,并符合要求。高压电缆终端头从开始剥切至制作完毕要连续进行,以免受潮。剥切电缆时不伤及电缆绝缘。包缠绝缘时注意清洁。电缆芯线连接时其连接管和线鼻子的规格与线芯相符,采用压接时压模的尺寸与导线的规格相符,采用焊锡焊接铜芯时,不使用酸性焊膏。电力电缆终端头采用大于 10 mm^2 的铜绞线作接地线与主接地干线相连,控制电缆的线缆号要准确、清晰,接地牢靠,备用芯线绑扎牢固。电力电缆终端头制作完成后对电缆进行直流耐压试验,测量电缆的泄漏电流。

电缆敷设施工符合《电气装置安装工程电缆线路施工及验收规范》(GB 50168—92)的规定,并按照《电气装置安装工程电气设备交接试验标准》(GB 50150—91)第十七章电力电缆进行交接试验合格。

9. 电气设备电气试验

试验标准参照《电气装置安装工程电气设备交接试验标准》(GB 50150—91)进行。

10. 照明设备

1)照明灯具的安装

灯具及其配件齐全,并无机械损伤、变形、油漆剥落和灯罩破裂等缺陷。

根据灯具的安装场所及用途,引向每个灯具的导线线芯最小截面符合设计要求。

在变电所内,高压、低压配电设备及母线的正上方,不安装灯具。

室外安装的灯具,距地面的高度不小于 3 m;当在墙上安装时,距离地面的高度不小于 2.5 m。

螺口灯头的接线应符合下列要求:相线接在中心触点的端子上,零线接在螺纹的端子上;灯头的绝缘外壳不得有破损和漏电。

采用钢管作灯具的吊杆时,钢管内径不小于 10 mm;钢管壁厚度不小于 1.5 mm。采用吊链灯具的灯线不应受拉力,灯线与吊链编叉在一起。

同一室内或场所成排安装的灯具,其中心线偏差不大于 5 mm。

灯具固定牢固可靠。每个灯具固定用的螺钉或螺栓不少于 2 个;当绝缘台直径为 75 mm 及以下时,可采用 1 个螺钉或螺栓固定。

2)插座安装

插座安装应符合下列要求:

一般距地高度为 1.3 m,同一场所安装的插座高度尽量一致。

实验室的明、暗插座一般距地不低于 0.3 m,特殊场所暗装插座一般低于 0.15 m,同一室内安装的插座高低差不大于 5 mm,并列安装高低差不大于 0.5 mm。

插座接线符合下列要求:单相双孔插座,面对插座的右极接相线,左极接零线。双孔垂直排时,相线在上,零线在下。单相三孔及三相四孔的接地或接零线均在上方。暗设的插座有专用盒,盖板紧贴墙面。

四、成品维护

所有设备、电缆安装完毕后,加强对成品的维护。拟采用 24 h 值班维护保管,确保设备完好。如遇梅雨季节,采取相对封闭等防潮措施,并在运行前测试和干燥。

第四章 自动化设备

第一节 系统组成

一、计算机监控系统

提供完整的满足招标文件规定的计算机监控系统的硬件及软件,按招标文件的要求完成计算机监控系统(含微机保护系统)的设计、开发、集成、制造、供货、安装与调试。

二、视频监视系统

提供完整的满足招标文件规定的视频监视系统的硬件及软件,按招标文件的要求完成视频监视系统的设计、开发、集成、制造、供货、安装与调试。

三、局域网系统

提供完整的满足招标文件规定的局域网系统的硬件及软件,按招标文件的要求完成局域网系统的设计、开发、集成、制造、供货、安装与调试。

四、继电保护系统

提供完整的满足招标文件规定的继电保护系统的硬件及软件,按招标文件的要求完成继电保护系统的设计、集成、供货、安装、整定值计算与调试。

第二节 质量控制

一、电源和接地质量控制

在电源过电压保护和接地质量方面,保证系统的电源稳定可靠,确保用电设备长期正常工作。加强用电设备配置,采用节电设备。对设备采用性能优良、可靠的避雷、过电压保护装置和接地装置。

二、土建质量控制

在系统管路部分的土建施工前,根据有关规范和设备的安装要求,进一步核实系统的土建设计是否与系统的设备功能一致。逐项对比,做好记录,并参与系统土建质量的验收,以利于系统设备的现场安装。

三、设备生产过程质量控制

所有自研设备遵照"ISO9001质量管理体系标准"的要求,按照图样、设计和工艺文件的规定、控制影响生产制造质量的各项因素以保证制造质量符合设计质量的要求。

工艺员对产品图样和设计文件进行工艺性审查,写出工艺报告,据产品设计要求、生产类型和生产能力等,提出工艺技术准备工作的具体任务和措施,编制作业安装书。对关键零部件和关键工序质量编制更加详细的作业安装书。

四、软件研制开发质量的控制

根据ISO9000-3-91第三部分在软件开发、供应和维护中的实施导则的实质内容,为控制工程生产中应用软件的研制开发质量,保证系统运行长期稳定可靠,对软件配制开发中的诸环节均加以通盘考虑,投以质量控制及管理。软件的质量控制贯穿于软件的整个研发周期,保证优秀的质量伴随着开发的进展而建立,绝不在产品最终形成及验收阶段才加以考虑。

软件的开发是建立在合同需方所提要求规范的基础上,对所需的系统功能、性能指标、安全性、可靠性等有一个非二义的规范文档化的说明,以确保软件的开发一开始就能有一个完整的正确的结构框架,避免不必要的返工。

五、外购设备质量的控制

设备元器件的采购按照"ISO9001质量管理体系标准"要求,由采购部门统一完成,采购部门根据项目组提出的需求和设备的技术要求按ABC分级管理,确定其级别。

外购物资进所后,采购部门填写检验通知单,会同质检部门按有关的标准、图样、技术要求及合同书进行验收,经检验合格的物资、质检部门出具检验合格证明,并做好识别标记,不合格的物资做出醒目识别标记,并填写"不合格通知单"。

六、设备的集成、调试质量控制

系统的运行质量,不但取决于系统的设计及系统设备的制造质量,还取决于系统的安装质量。安装、调试的越符合规范要求,系统设备的性能就能充分发挥,就能保证系统的运行精度和运行的可靠性,体现系统的先进性和实用性。为此,将采取以下措施:

(1)在所有外购设备到所并检验合格后,各专业技术人员对系统设备登记造册,复核检测报告,核对设备的技术指标。

(2)对满足系统技术指标的设备,在所内按照"系统测试考核标准"进行系统联调。在常温下按照相应设备考核标准运行,对考核中发现的问题进行解决。如果系统有问题将延长考核期,保证在设备无问题的情况有一定的考核期,考核期内记录安装调试的情况,考核期结束后出具考核报告。

(3)系统内的设备按种类进行随机抽样检测,根据设备的技术指标和系统的功能,在不同的环境情况下(如高温+60℃,低温-20℃,湿度、振动、干扰度)检测,测试系统设备在工作状态下的各项性能,检测完毕后出具检测报告。如果检测中设备性能等达不到系统功能要求,系统停止检测,分析解决问题,解决完毕后重新检测,直到检测合格为止。

七、设备现场安装质量控制

为确保整个系统质量和工作效能的最大发挥,将严格控制与系统设备正常工作和有关的诸多环节因素。在系统设备现场安装中主要控制以下几点:

(1)安装前对所有仪器及测试仪表进行检查和校正,对不合格品进行鉴别、修理与隔离。

(2)设备仪器安装按照"仪器操作手册"和相应"规范"的要求和程序进行安装调试。

(3)所有电源线、信号线尽量不架空,尽可能穿金属管埋设,屏蔽层一端接地。

(4)监控中心采用交流电和不间断电源供电,并采取有效的避雷措施和可靠的接地方法。

(5)其他闸站房及其附近摄像、周界及相关管线路内定线以短距、整齐为准,用有效的固定方法固定,并采取有效的防水、防虫等措施,所有导线做标记和编号处理,并绘制相应的布、走线图。

(6)对所有设备进行编号,对各站的设备进行记录,记录安装调试情况。

第三节 施工安装及调试

一、电缆及管线的敷设施工

根据土建工程进度,在主要控制设备采购、制造的同时,进行有关设备的预埋件安装及电缆的敷设、预埋。在安装前提供具体施工方案供发包人审查,其内容包括安装项目、安装方法、安装时间与建筑物施工进度的协调、施工观察安排等。选择有丰富施工经验的人员和必要的施工仪器,在施工主管技术负责人的带领下进行施工。

(1)首先进行室外金属管线预埋施工,施工将根据工地管线需走的路面具体情况实行,一般情况下在路面未覆盖之前先进行管线预埋和固定,并留有进出线口和穿线钢丝,以便今后穿线。其预埋管的直径大于线缆直径的150%。

(2)现场条件无法预埋将进行挖沟或开槽管线埋设,所走路径考虑管线今后的承压,如为汽车通道则在路边埋设,以防重压。同时,以上的施工路径将事先通知业主和监理,并获得业主和监理允许后方可施工。

(3)室内部分的管线施工通过电缆桥架或电缆井,如没有电缆桥架或电缆井以及电缆桥架以外的电缆将考虑在墙体或吊顶暗埋。

(4)镀锌钢管、金属软管、金属桥架及配线架均整体连接后接地。

(5)电缆敷设前把电缆沟、穿线管等电缆通道清理干净,保证敷设通道畅通。管口、接头处打磨光滑,电缆沟铺设时确保不受损伤。

(6)电缆敷设前,检查电缆型号、电压、规格均符合设计要求,检查每盘或每根电缆的芯线之间及对地绝缘电阻,必须符合要求后才能敷设。同时,按设计和实际路径计算每根电缆。

（7）电缆敷设时，禁止电缆在支架上及地面摩擦拖拉。电缆上不得有铠装压扁、电缆绞拧、护层折裂等机械损伤。

（8）电缆的敷设确保不扭曲、绞拧，表面不损坏、排列整齐，电缆弯曲半径符合要求，在电缆终端头、电缆接头、拐弯处、夹层内、隧道及竖井的两端、人井内等地方，电缆上装设标志牌：标志牌上注明线路编号时，写明电缆型号、规格及起讫地点，并联使用的电缆有顺序号，标志牌的字迹清晰且不易脱落；标志牌的规格宜统一，标志牌能防腐，挂装牢固。通过道路及转弯处，要有专人看管。电力电缆在终端头与接头附近宜留有备用长度。电缆切断以后，要及时进行封端，并将多余部分收盘卷起。

（9）直埋电缆应埋设于规定深度的土层以下，并采取防止电缆受到损坏的措施。直埋电缆回填土前，应经隐蔽工程验收合格。直埋电缆敷设完成后铺砂、盖砖、复土、设立电缆标志牌。

（10）进入柜、箱等设备接线盒处的电缆用专用夹具固定密封。电缆排列整齐，编号清晰，避免交叉并固定牢固，避免所接的端子排受到机械应力。

（11）盘、柜内的电缆芯线，按垂直或水平有规律地配置，不能任意歪斜交叉连接。备用芯长度留有适当余量。盘、柜内的导线无接头，导线芯线无损伤。导线与电气元件间采用螺栓连接、插接、焊接或压接，保证牢固可靠。

（12）电缆终端头应装设标志牌，标志牌上注明线路编号。当无编号时，注明电缆型号、规格及起讫地点。标志牌可防腐，挂装牢固。

（13）电缆终端头的制作应做好相位检查，检查所用绝缘材料符合要求。电缆终端头配件齐全并符合要求。剥切电缆时不可伤及电缆绝缘。包缠绝缘时注意清洁。电缆芯线连接时其连接管和线鼻子的规格与线芯相符，采用压接时压模的尺寸与导线的规格相符，采用焊锡接钢芯时，不使酸性焊膏。电力电缆终端头采用大于 10 mm^2 的铜绞线作接地线与主接地干线相连，控制电缆的线缆号要准确、清晰，接地牢靠，备用芯线绑扎牢固。电力电缆终端头制作完成后对电缆进行绝缘试验，测量电缆的绝缘电阻。

（14）控制室防静电地板下的各种电缆应采用金属线槽敷设，强电和弱电电缆分开敷设。

（15）强、弱电回路严禁使用同一根电缆，并分别成束分开排列，正负极之间放置隔片。

（16）控制电缆和视频电缆留有 10% ~ 20% 的备用芯线，芯数多的电缆取低值，但最少备用芯数不小于 2。

（17）控制电缆芯线或控制导线为单股圆形硬铜导线，截面面积不小于 1 mm^2，采用 PVC 绝缘，要求适用于全部控制、保护、指示和报警回路，这些回路的电缆所承受实际负载小于控制电线电缆额定容量的 35%。控制电缆芯或控制导线额定电压不低于 500 V。

在安装完成后会同监理工程师对安装的数量、质量、可靠性进行测试，以确保信号传输的畅通和信号的质量。

二、设备的工厂安装

（1）机柜的结构尺寸、开门位置、端子排或接线盒的型式及布置、电缆引入位置、油漆及颜色等在安装前得到业主方和监理方的同意。

（2）机柜面板上安装的器具采用嵌入式安装方式，机柜上操作开关、仪表、指示器布置在距地面以上 $1.2 \sim 1.8$ m 范围内，便于用户操作和观察。

（3）屏、柜的内部布置均考虑便于维修和更换内部元器件，并且有扩展设备的余量。

（4）机柜左、右两侧设置端子排，以连接盘内、外的接线。端子排顶部低于屏顶 200 mm，底部高于屏底 500 mm。

（5）放于现场的机柜具有屏蔽、防尘、通风和防潮措施，机柜具备一定的电磁屏蔽特性，以保证系统能正常工作并且不影响其他设备的正常运行。

（6）机柜间的所有连接电缆、光缆统一编号，并在电缆头处挂有注明此电缆规格型号及走向编号的标志牌。接线布局合理、整齐、美观。

（7）计算机监控系统所采用的信号及控制电缆选用屏蔽电缆，电缆单芯截面面积不应小于 1.5 mm^2，电源电缆单芯截面面积不应小于 2.5 mm^2。

（8）内动力线和信号线分开布线，模拟量信号线一律采用屏蔽导线，屏蔽层在信号接收侧可靠接地，控制柜有明显的接地标志。柜内设备、接线端子均有明显标记，连线端头均有清晰的线号标记并与图纸完全一致。

（9）柜内接线采用耐热、耐潮和阻燃的具有足够强度的绝缘多股软铜导线，导线无损伤，端头采用压紧型的连接件。所有的接线用防火型槽管保护。如果是外露的导线将束在一起，用夹子固定或支持，走向为水平或垂直，导线在槽管中所占空间不超过 60%。所有的导线中间没有接头，导线在屏柜内的连接均经端子板或设备接线端子。端子板留有 20% 的备用端子，供买方以后使用。

（10）在与电流互感器连接的电流端子排应使用专用电流型端子。屏内端子应为凹式，螺丝固定型。端子间应有隔板，位于分开的端子盒内，端子板根据要求或接线图进行标志。

（11）经常移动的连接线采用多股铜绝缘软线，并有足够长度裕度和适当的固定，以免急剧弯曲和产生过度张力；交流电源线及高电平回路与低电平回路分束走线，并有合理的间隔，必要时采取隔离或屏蔽措施。

（12）系统接地使用独立接地网接地，接地电阻≤1 Ω。同一机柜中的接地包括设备外壳、交流电源中性点、直流工作接地。电缆屏蔽层采用一个公用接地端子。机柜接地端子为便于引出与接地网连接。机柜接地用扁平铜母线，截面面积不小于 25 mm^2。

（13）所有设备的电源接口、数据和控制接口、通信接口、人机联系及电缆能承受规定的试验电压。未接地的接口与地之间满足规定的绝缘阻抗值。试验电压：$60 \sim 500$ V 以上外部端子应能承受交流 2 000 V 电压持续时间 1 min；60 V 以下端子应能承受交直流 500 V 电压持续时间 1 min。设备安装调试完毕后，交流外部端子对地阻抗 >10 MΩ，不接地直流回路对地阻抗 >1 MΩ。

三、现场安装

在设备运至工地现场前 14 d，项目部提交设备安装施工方案供业主和监理审查，包括安装项目、安装方法、人员和时间的安排、施工质量的检测、施工设备及辅材。

（1）项目技术负责人带队进行安装施工,所配人员均经过专业培训并有施工经验的工程技术人员,特殊工种施工人员都具有相应资质。严格按工艺规程和图纸要求进行安装作业,确保安装质量。

（2）控制柜基底座采用基础型钢制作,基础型钢可靠接地。盘柜应可靠固定于基础型钢上,盘、柜及盘、柜内设备与各构件间连接应牢固。

（3）柜体单独或成列安装时,其垂直度、水平偏差、盘间偏差、盘间接缝等允许偏差符合表6-4-1中的规定。

表6-4-1　盘柜安装的允许偏差

项目		允许偏差（mm）
垂直度（每米）		<1.5
水平偏差	相邻两盘顶部	<2
	成列盘顶部	<5
盘间偏差	相邻两盘边	<1
	成列盘面	<5
盘间接缝		<2

（4）安装用紧固件,除地脚螺栓外,均用镀锌制品,屏、柜接地应牢固良好,装有电器的可开启的柜门以软导线与接地的金属构架可靠地连接。

（5）整个控制柜的外部动力线路与控制线、传感器信号线采用分开走线,传感器一律采用屏蔽导线,屏蔽层在信号接收侧可靠接地。为防止电磁干扰及导线防护的需要,控制柜到电机,控制柜到各传感器间的走线一律穿钢管。控制柜有明显的接地标志并接地牢固可靠,柜门用软导线与接地金属架可靠连接。

（6）控制柜内部动力线与控制线、传感器信号线保持一定距离,在交叉处尽量做到垂直布线,所有电气装置严格按照产品安装要求进行。

（7）计算机控制台为组装式,在组装过程中避免表面发生碰擦,损伤漆面。各组件之间无缝隙。组装完成后,检查前后柜门开关和键盘抽屉是否灵活。控制台内设置有电源端子,外部电源线先接入到电源端子,再通过电源端子分接到各计算机设备。

（8）计算机平整安放,注意通风散热。连线牢固,对于金属外壳的工控机,将外壳可靠接地。

（9）交换机、路由器和硬件防火墙用螺栓固定于机柜内合适位置。连接设备的网线通过线槽走线,做到整齐、美观。

（10）视频设备安装满足对站内及周围的现场情况进行全方位的监视和管理,使运行情况能够得到有效监控。

安装工程结束后,会同监理工程师进行工程安装质量检验并填写安装记录。

四、供电与接地

（1）系统采用集中供电及分部供电相结合方式,即溢洪道、泄洪洞以及调度机房均采用从各自单体建筑物供电,包括周边设备,不再从中控室拉电,当供电线与控制线采用多芯线时,多芯线与电缆可一起敷设,否则供电线缆与信号线缆分开敷设。

(2)测量所有接地极的接地电阻,必须达到设计要求。达不到设计要求时,采取相应措施,在接地极回填土中加入无腐蚀性长效降阻剂或更换接地装置。

(3)系统的工程防雷接地安装,严格按设计要求施工。

五、工厂测试与出厂检验

在系统出厂前,对系统进行工厂测试与检验,主要包括以下内容:

(1)设备及外观检验。

(2)连续72 h通电运行检验。

(3)监控系统开关量信号输入检验。

(4)监控系统SOE量分辨率检验。

(5)监控系统模拟量输入信号检验。

(6)监控系统温度量输入信号检验。

(7)监控系统交流量输入信号检验。

(8)监控系统脉冲量输入信号检验。

(9)监控系统控制及开关量输出检验。

(10)人机接口功能检验,包括监视界面、操作界面,以及主要控制流程界面。

(11)监控系统数据通信检验。

(12)视频监视系统图像及摄像机控制操作检验。

(13)局域网系统数据发布检验。

(14)局域网系统数据上传接口检验。

(15)工厂测试与检验时,应记录使用的主要测试仪器、测试时间,以及测试结果,并整理成册,供出厂检验时核查。

六、出厂检验

在完成工厂测试与检验后向监理申请进行系统的出厂检验,并至少提前3 d将出厂检验大纲等相关资料提交监理方。出厂检验由监理主持,参加人员包括系统业主方、设计方、监理方、用户以及邀请的专家代表等。

(1)检查系统主要设备,包括品牌、型号、外观、随机产品资料等。

(2)按出厂检验大纲进行抽检,并记录检验结果。

(3)分析检验结果,对存在的问题议定解决方法。

出厂检验完成后将形成书面纪要,作为系统发货及到工验收的依据之一。

七、系统调试

(一)调试主要内容

调试的主要内容包括电源回路检查、静态对点、传感元件测量精度调试、单设备控制调试、静态试验、动态试验。

(二)电源回路检查的内容及步骤

电源回路检查的内容及步骤如下:

(1)确认外接电源电压等级正确,三相电源相序正确,单相电源火线和零线接线正确。

(2)将配电柜和不间断电源装置通电,检查电源回路工作是否正常。

(3)将上位机全部设备(主机、显示器、打印机、功能键盘、切换装置等)通电,检查其工作情况。

(4)确保外部220 V供电断开的情况下,合上LCU内部所有电源开关,用万用表检查LCU各路强、弱电源是否有短路现象,开关量输入、模拟量输入等的外部接线端子是否有强电串入。

(5)断开LCU所有电源开关,合上外部220 V电源,检查电压是否在允许范围以内。

(6)从LCU电源总开关开始,逐级合上各路电源对开关,检查各路电源电压是否正常、有无异味及其他异常现象。

(7)观察LCU各部分工作是否正常,自检是否通过。

(8)检查LCU与上位机通信是否正常,时钟是否同步。

(三)静态对点的内容及步骤

(1)根据测点定义,依次在每一开关量输入点电缆对侧(设备侧)以短接/开路的方式产生信号变位,观察LCU与上位机的显示是否正确。

(2)对所有模拟量输入点,在相应变送器的输入端加模拟信号,检查LCU和上位机的显示是否正确;同时检查所用变送器的输入输出信号范围应与数据库定义一致。

(3)在温度量输入电缆的对象端加入模拟温度信号,检查LCU和上位机的显示是否正确。

(4)将控制对象侧的开出电缆断开或将对象操作电源切除,逐点动作开关量输出,从控制对象侧用万用表(或对线灯)检查开出回路,确定与测点定义表一致。

(5)在每一脉冲量测点电缆对侧(电度表处),以短路/开路的方式产生模拟的电度脉冲信号,在LCU及上位机上检查脉冲电度量计数应当正确。

(四)传感元件测量精度调试

通过人工测量与传感元件(上、下游水位计,闸门开度仪等)测量值进行多次(不同测值下)比对,对各传感元件的测量精度进行检验、校正。

(五)单设备控制调试

在保证安全的前提下,对现场设备实际控制操作,验证开出回路及信号输入回路、LCU的状态显示及上位机画面的显示记录是否正确。

(六)静态试验

在泵站总进线电源不投入的情况下,通过现场模拟动作信号等手段,完成各类控制流程的联动试验。静态联合试验应满足如下要求:

(1)分别从上位机及LCU当地人机接口启动各控制流程,并按流程需要模拟主机组出口闸门开启等有关开入等反馈信息,以检查流程进展情况;检查顺控流程、各种限时等整定值及报警、登录的正确性,对错误予以改正。

（2）试验还包括各种控制受阻时的流程退出、报警、登录正确性的检查。

（3）如遇控制流程有较大变化的情况,由设计方出具书面修改通知,根据修改通知做相应的流程修改,修改完毕后须通过试验进行验证。

（七）动态试验

在主机组动力电源具备的情况下,对所有流程应分别由上位机或 LCU 现地人机接口启动。对自动启动的流程试验各种启动条件下的动作情况及上位机报警登录情况,动态试验时应注意如下事项:

（1）在主机组的高压开关、技术供水、出口快速闸门或者真空破坏阀等现场应有现场人员进行观察,遇到特殊情况应立即采用手动方式进行操作。

（2）应注意观察现场各种传感器、变送器、动作开关的工作是否正常。

（3）对于各种电动阀门的控制应谨慎,防止全开、全关行程开关不到位而使电机过转损坏阀门。

第七篇 场区布置、基坑开挖及水保、环保

第一章 场区总体布置

八里湾泵站施工场区根据场区的地形地貌、枢纽布置和各项临时设施布置的要求,研究施工场地的分期分区分标布置方案,对施工期间所需的交通运输设施、施工场地、仓库房屋、防洪度汛及降排水系统、混凝土拌和系统、施工附属设施、施工生产生活区设施、环保设施及文明工地建设、给水排水管线及其他施工临时设施作平面布置。

第一节 布置原则

结合本工程的施工场地条件、施工环境及施工特点,施工总布置按以下原则进行:

(1)遵照招标文件及业主对施工总布置方面的要求。

(2)施工总布置方案应遵循因地制宜、有利生产、方便生活、易于管理、安全可靠、经济合理的原则,经全面系统比较论证后选定。

(3)现场所设临时房建以构建轻型钢结构活动房为主。

(4)临建设施的规模和容量根据施工总进度及施工强度的需要进行规划设计。在满足施工要求的前提下,尽量做到精简、实用。

(5)所有临建设施采取相对集中、靠近施工现场的方式布置,并尽量沿公路边布置,力求紧凑、合理、管理集中、调度灵活、方便使用。

(6)各种临建设施、生产营地及施工场地均按有关规范要求配置足够的环保及消防安全设施。

(7)加强场地布置与场内外交通运输线路的结合,尽量避免物料倒运。

第二节 施工布置规划

依据上述原则,结合现场的实际情况,各施工临建设施尽量布置在基坑东侧,以方便对外交通。施工场区主要分为以下三部分进行布置:

(1)施工临时生产、生活区:施工临时生活区布置在基坑东侧和东平湖南堤之间的空地上,临时道路以东,该处原地面高程 37.7 m 左右,后加高到 39.0 m。该区主要布置施工管理及生活福利设施,施工临时生活福利设施建筑面积为 4 030 m²,占地面积为 6 500

m^2,施工工厂、施工仓库区建筑面积为 5 070 m^2,占地面积为 15 700 m^2。

（2）布置在基坑两侧的部分生产区（包括混凝土拌和系统及施工仓库）：混凝土拌和系统（包括混凝土骨料堆场）紧靠基坑东侧布置,混凝土拌和站的建筑面积为 1 000 m^2,混凝土骨料堆场占地面积为 4 000 m^2,布置在基坑西侧的机电设备库建筑面积400 m^2,占地面积为 1 600 m^2,金属结构安装场地占地面积为 1 000 m^2。

（3）弃土区及排泥区：弃土区、排泥区位于泵站站址东南 1.2 km 处,地面高程 37.7 m 左右,弃土区面积83 100 m^2,排泥区面积 35 000 m^2。

第三节　施工交通

一、场外交通

本工程的施工场地距东平—梁山公路约 1.50 km,只需新建 1.50 km 的场外公路,就可由陆路直通东平、梁山、汶上等地,其中施工场地距东平县城约 45 km,距梁山县城约 16 km,对外交通便利。水路运输受东平湖湖内水位影响较大,不考虑水运。

二、场内交通

本工程施工场区位于芦苇洼地,且上部土层较软,而本工程土石运输量大,车辆过往频繁。因此,需高度重视场内交通道路的建设。为了确保施工正常进行和不致场内施工道路晴雨两阻,场内主要交通道路采用泥结碎石路面;取、弃土道路采用土路面,场内道路路面宽 6.0 m,泥结石道路长约 3 km,土路长 2 km,见图 7-1-1。

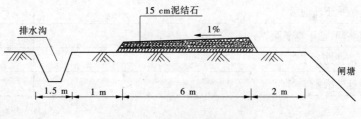

图 7-1-1　场内主道路断面图

第四节　施工供电

（1）主要电源：供电电源由大安山变电站引接,根据施工拟投入设备,计划用电负荷 600 kW,为保证工程用电,拟安装 500 kVA 及 315 kVA 各一台,500 kVA 变压器供内场加工及混凝土拌和浇筑使用,315 kVA 变压器供降水及生活用电。各生产及生活设施用电量计划见表 7-1-1。

（2）备用电源：为防止网电停电影响施工,另配备 2 台 200 kW 柴油发电机组作为应急备用电源。

表 7-1-1　各生产及生活设施用电量计划表

序号	设备及用电项目	单位	数量	用电量(kW)
1	抽排水	项	1	200
2	拌和站及混凝土浇筑系统	项	1	110
3	钢筋加工机械	项	1	150
4	木工加工机械	项	1	20
5	工地现场照明	项	1	50
6	办公生活区	项	1	80
7	合计	项		610

(3)安全用电:施工用电沿场区布置干线,支线采用电缆,做到一机一闸,一漏一锁。工地用电采用三级保护装置,局部区域采用二级保护装置。

为保证夜间施工车辆及人员安全行走,场内主要道路每 50 m 设置高杆路灯,次要道路每 50 m 设置简易路灯。各施工区域的照明度满足表 7-1-2。

表 7-1-2　最低照明度的规定数值

序号	作业内容和地区	照明度
1	一般施工区、开挖和弃渣区、场内交通道路、堆料场、运输装载平台、临时生活区道路	5
2	进场道路道口段、混凝土浇筑区、加油站、现场保养场、光线保护区	50
3	室内、仓库、走廊、门厅、出口过道	30
4	一般地下作业区	30
5	安装间、地下掌子面	50
6	一般辅助加工厂	50
7	特殊的维修车间	75

在不便于使用 220 V 照明的工作面应采用特殊照明设施。在潮湿和易触及带电体场所的照明供电电压不大于 36 V。

第五节　施工生产生活用水

施工用水及生活用水:供水系统布置在基坑东侧,系统内设取水泵站、蓄水池、沉淀池、清水池。施工用水取自东平湖老湖,湖水由水泵输送至蓄水池经沉淀后可用于工程施工。生活用水取用地下水,由潜水泵抽送至清水池,再由清水泵输送至各用水终端。经估算,施工用水强度为 56 m³/h,生活用水强度为 15 m³/h。

第六节　施工通信

进场后与邮电部门联系安装五部有线电话及现有的移动电话对外联络,供施工现场内近距离通信联络。配备齐全的自动化办公设备,配置局域网,实行内部资源共享。

第七节　办公及生活设施

办公区和生活区分开布置。

办公区内搭设房屋 30 间,办公用房采用同质地砖铺砌、塑钢窗带窗纱,室内日光灯照明,配置办公、空调、沙发、饮水机等设施,办公区单独设置男女厕所并配备冷暖淋浴设备,四周围墙封闭。

生活区:工程高峰期施工人数达 750 人,生活用房按每人 4 m² 计算,需搭设住房3 000 m²,生活区内搭盖职工住房 120 间(120 间 × 25 m²),食堂 10 间,浴室 5 间、厕所 6间,占地 3 600 m²(40 m × 90 m)。

办公生产用房 1 160 m²,设计和修建临时办公、生产用房和公用设施见表 7-1-3。

表 7-1-3　办公、生产用房和公用设施表

序号	项目名称	单位	数量	规格标准	备注
1	项目部办公室	m²	200	保温板房、水泥地面	
2	大会议室	m²	60	保温板房、瓷砖地面	水冲厕所
3	小会议室	m²	40	保温板房、瓷砖地面	
4	医务室	m²	20	保温板房、水泥地面	
5	食堂	m²	200	保温板房、瓷砖地面	
6	厕所	m²	200	保温板房、水泥地面	
7	文化娱乐设施	m²	200	保温板房、水泥地面	
8	实验室	m²	100	保温板房、水泥地面	
9	浴室	m²	60	保温板房、瓷砖地面	
10	设计、监理现场办公用房	m²	80	保温板房、水泥地面	

施工现场所有房屋屋面均采用保温板房。办公及生活区外设砖砌围墙,刷白色涂料,并书写安全生产、文明施工标语。会议室门前加栽紫叶李、月季等花卉;办公及生活区内设置升旗台、体育场(结合停车场),场地高出周边地面 50 cm;办公及生活区所有裸露部分均及时清除杂草及杂物,栽种 1:4 根径繁殖草皮。公共场所保持地面干净,门窗无结尘,并配专人负责清洁卫生工作。

生活区内分设主要道路和次要道路,其中主要道路长约 120 m、宽 2.5 m,次要道路长约 400 m、宽 1.5 m,采用混凝土路面。沿路边布置排水沟,设置垃圾箱,收集生活垃圾,专

人清运处理,减少对环境的污染,种植或摆放适当数量的花草以美化环境。

第八节 加工场与修理间及五金仓库

加工场按高峰期的加工量进行设计,钢筋月工程量约 100 t,模板以钢模为主,需要加工的模板工作量较小,主要考虑钢模板的回厂整修,钢筋按 2 000 m² 设置,木工加工场按 1 000 m² 设置可满足要求。

一、木工加工场

木工加工场地布置 1 600 m²(40 m×40 m)加工场,并搭设木工加工用房 10 间,配备木工加工机械一套,加工场四周布设彩钢板围封,内部设置排水系统及消防系统。木工加工设备一览表见表7-1-4。

表7-1-4 木工加工设备一览表

序号	名称	型号	单位	数量
1	单面刨床	600MM	台	1/1
2	圆盘锯	MJ106	台	2
3	带锯机	—	台	2
4	手电钻	—	台	15

二、钢筋加工场

钢筋加工场地布置 2 000 m²(40 m×50 m)加工场,并搭设钢筋加工用房 10 间,布设两套钢筋加工机械,加工场四周布设彩钢板围封,内部设置排水系统及消防系统。钢筋加工设备一览表见表7-1-5。

表7-1-5 钢筋加工设备一览表

序号	名称	型号	单位	数量
1	钢筋对焊机	100/75 kVA	台	1/1
2	钢筋切断机	GJ6 – 40	台	4
3	钢筋弯曲机	—	台	4
4	电焊机	100 kVA	台	10
5	双胶轮架子车	—	台	2
6	喷砂枪	2 ~ 6 m³/min	台	4
7	钢筋调直机	—	台	2

三、构件预制场

预制场地布置 1 500 m²(50 m × 30 m),设置在混凝土生产系统附近,四周毛铅丝围封。

四、五金仓库

五金仓库在生活区内搭设房屋 5 间。

五、车辆停放场地及修理场

办公区设小型车辆停放场地,土方机械场地及修理场,占地 1 200 m² 并搭设修理间 5 间,随着工程进展,及时搬迁,工地设 10 m³ 油罐一个。

第九节　混凝土生产系统

一、混凝土拌和站的选择

本工程的混凝土浇筑总量为 5.1 万 m³,共有三种级配(最高级配为三级配),经计算,粗骨料约 6.8×10^4 t,细骨料约 3.6×10^4 t。因站址附近无料源,全部骨料以外购来解决,所以本工程不设骨料加工系统。

混凝土高峰月的浇筑强度:

$$Q = \frac{V}{N}K = \frac{51\,000}{10} \times 1.6 = 8\,160\,(\mathrm{m^3})$$

式中:Q 为混凝土高峰月的浇筑强度;V 为本标段混凝土总量;N 为浇筑时间;K 为月不平均系数,取 1.6。

混凝土小时浇筑强度:

$$q = \frac{Q}{30 \times 24}K = \frac{8\,160}{30 \times 24} \times 1.6 = 18\,(\mathrm{m^3})$$

式中:Q 为混凝土高峰月的浇筑强度;q 为小时生产能力;K 为小时不平均系数,取 1.6。

经计算,施工高峰时段混凝土小时浇筑强度为 18 m³/h。根据混凝土小时浇筑强度,配备 2 套 HZS50 混凝土拌和站(其中一台备用),每台套小时生产能力为 50 m³/h,主机部分为 JS1000,配料机为 PL1600,控制室为彩板保温房。

考虑到混凝土浇筑最大强度为底板浇筑,混凝土底板应分层浇筑,必须在混凝土初凝前覆盖上一层混凝土。本工程泵站底板为最大混凝土浇筑块,其平面尺寸为 35.5 m × 34.7 m,厚 1.5 m。混凝土浇筑采用阶梯形分层浇筑,分五层,每层厚 0.3 m,宽 1.5 m,长 34.7 m。混凝土出机后到入仓的时间为 15 min,混凝土初凝时间以 120 min 计,每批混凝土浇筑方量 = 1.5 × 34.7 × 0.3 × 5 = 78(m³),初凝时间为 2 h,每小时混凝土浇筑方量 = 78/2 = 39(m³)。所以,采取拌和系统能力为 50 m³/h 的 HZS50 混凝土拌和站能满足浇筑最大强度要求。

混凝土拌和系统布置在基坑东侧处。

混凝土施工用水泥采用以散装水泥为主,约占75%,袋装水泥为副,约占25%。采用汽车运输方式,设450 m²袋装水泥库和125 t散装水泥罐3个,可存水泥500 t,能满足高峰时段3 d的水泥用量。袋装水泥人工拆包后用螺旋机和斗提机将水泥输送至拌和站水泥罐内,散装水泥的输送采用散装水泥输送用的螺旋机来完成。

二、MQ600/30门座式起重机安装位置

主副厂房、安装间墩墙、底板等大体积混凝土采用三级配,为便于施工,采用8 t混凝土运输车运输混凝土吊罐,MQ600/30门座起重机吊3.0 m³吊罐直接入仓,同时配备一辆25 t汽车吊协助,人工平仓振捣,进、出水池混凝土浇筑等利用HBT50拖式混凝土输送泵送料入仓。安装MQ600/30门座起重机前,需要先浇筑进水池底板。

起重机型号吊装选择:根据工程需要,要求起重机臂长能覆盖泵房基坑,并能满足混凝土浇筑强度要求,泵房工程决定选用MQ600/30门座起重机一台进行混凝土的浇筑施工。

起重机布设位置:

根据泵站平面布置图及该起重机工作范围、起吊高度与最大起重重量,结合现场浇筑要求,决定把塔吊布置在上游进水池,门座基础直接坐在进水池底板上。

水泥仓库:本工程水泥以散装水泥为主,袋装水泥为辅,主料场设置100 t水泥罐2个,辅料场各搭设水泥库450 m²,水泥库地坪高于室外地坪50 cm,用干砌石铺砌,并用小石填缝后表面抹水泥砂浆,水泥存放时离室墙30 cm,外做排水明沟,保证排水畅通,以防止水泥受潮。

石料场地布置:石料取自东平县银山的石料厂和碎石加工厂,距施工现场运距约为45 km。

第十节　机械修配及综合加工系统

八里湾泵站工程的施工特点是土方开挖和回填量较大,混凝土含筋率较高,钢筋的加工量大。因此,钢筋加工厂、机械修理厂及施工机械停放场的规模较大,根据项目施工要求,泵站施工所需的有关工厂按《水利水电工程施工组织设计规范》(SL 303—2004)的规定,参考有关资料,并结合本工程特点确定,具体见表7-1-6。

表7-1-6　施工工厂布置一览表　　　　　　　　　　　　(单位:m²)

名称	建筑面积	占地面积
混凝土拌和系统	1 000	5 000
机械修理厂	700	1 200
钢筋加工厂	400	2 000
木材加工厂	400	1 600
预制件厂	300	1 500
供水系统	350	1 400
供电系统	100	400
合计	3 250	13 100

第十一节 施工供风

施工供风:本工程无石方开挖,因而不设供风系统,零星用风根据实际情况安排。

第十二节 工地实验室

一、材料试验

现场建立工地实验室,搭设房屋4间(水泥仓库旁),配备专业试验工程师1名,试验员3名。施工中土方、砂、石、砂浆稠度、混凝土坍落度等检测均在工地实验室完成;钢材、水泥、土工物理、力学性能等质量检验委托有资质的实验室完成。

二、现场工艺试验

现场试验包括土方填筑碾压试验、焊接试验以及钢筋机械连接等。每项工程开工前先进行工艺试验,通过现场工艺试验选定的工艺流程、施工方法、施工参数和质量控制标准等经监理工程师批准后施工。

第十三节 消防设施布置

在施工用水管上设置专用消防接口,配备专用消防栓及水带、水枪等,同时配备足量的常规灭火器,如生活场所、仓库周围设砂箱,办公、住房及仓库内墙挂泡沫灭火器等。消防设施配置见表7-1-7。

表 7-1-7 消防系统工程量表

序号	项目	单位	数量	说明
1	CO_2 灭火器	个	15	5 kg/个
2	干粉灭火器	个	2	20 kg/个
3	太平桶	个	50	
4	水箱	个	2	
5	水枪	个	2	
6	消防水带	m	90	

第十四节 生活污水、生产污水处理

为防止工程施工对施工区附近的环境造成污染和破坏,施工外排的生产废水和生活污水必须进行处理以后,方可排入河道中。

一、生活污水处理

生活污水按食堂污水、粪便污水进行分别预处理,然后与其他生活污水通过地埋式污水处理装置处理达标后集中排放;雨水通过明沟直接排放到流长河中。生活污水处理工艺流程见图7-1-2。

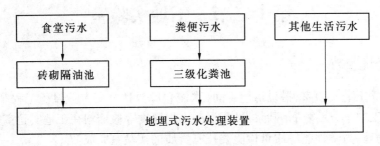

图7-1-2 生活污水处理流程

(一)食堂污水处理

食堂污水排放口设置 G-Ⅱ011 砖砌隔油池一个,净尺寸(内口长×宽×高)为2.0 m×1.0 m×0.85 m,有效容积1.60 m³,然后用管道引至地埋式污水处理装置处理。

(二)粪便污水处理

本工程施工人员基本集中在办公生活区,拟在办公生活区设置三级化粪池一座,底板和盖板均为钢筋混凝土,池壁和隔墙采用砖砌体,长×宽×高为6.0 m×2.0 m×1.8 m,有效容积为12.0 m³,然后用管道引至地埋式污水处理装置处理。化粪池应定期清挖。

(三)其他生活污水

其他生活污水主要指人员淋浴、洗涤等日常用水,可通过地下排水管道直接引至地埋式污水处理装置处理。

(四)地埋式污水处理装置

为确保生活污水达标排放,在办公生活区设置一座地埋式污水处理装置(日处理能力300 m³/d),对生活污水进行集中处理。该装置主要采用污泥吸附法和生物接触氧化技术相结合的工艺,脱除污水中的有机污染物,直接埋在地表之下。

二、生产污水处理

机械设备保养和维修废水最高排放量约为20 m³/d,设置 G-Ⅰ000 砖砌隔油池和沉淀池2座,每个池净尺寸(长×宽×高)为2.0 m×1.0 m×1.85 m,有效容积为2.3 m³。

第二章　泵站主基坑开挖

八里湾泵站主基坑顶高程 39 m,底高程 23.75 m,开挖揭露地质层自第(1)层至第(7)层,地质条件复杂,施工难度大,安全风险系数高。八里湾泵站主基坑临时围封和降排水实施后,主基坑开挖施工安全风险降低,基本达到了旱地施工标准以及边坡防护标准,具备了深基坑开挖条件。

第一节　基坑开挖场地清理

基坑开挖清理包括植被清理和表层淤泥的清挖。

(1)利用冲挖机组、人工、自卸车等清理主基坑开挖工程区域内的苇根、杂草、淤泥及其他有碍物。

(2)开挖边线按已填筑的施工围堰内侧,根据设计图纸提供的施工坡度进行充填、清理、开挖。

(3)开挖土料运到指定地区,分类按可利用和弃土分别堆放。

(4)开挖排水沟,修土坎防止土壤被冲刷流失。

第二节　土方开挖

一、开挖区域的临时道路

施工单位按施工总布置设计进行场内交通道路的布置,并结合施工开挖区的开挖方法和开挖运输机械的运行路线,规划好开挖区域的施工道路。

二、旱地施工

所有主体工程建筑物的基础开挖均应在旱地进行施工。

三、校核测量

开挖过程中,经常校核测量开挖平面位置、水平标高、控制桩号、水准高程和边坡坡比等是否符合施工图纸的要求。

四、临时边坡的稳定

主基坑的临时开挖边坡,在开挖或检查中认为存在不安全因素时,立即进行补充开挖和采取保护措施。

五、主基坑土方开挖

(1)土方明挖应从上至下分层分段依次进行,严禁自下而上或采取倒悬的开挖方法,施工中随时做成一定的坡势,以利排水,开挖过程中应避免边坡稳定范围内形成积水。

(2)主基坑基底土不得扰动或被水浸泡,基坑开挖时应预留 50 cm 以上保护层,基面保护层采用人工开挖,在基础施工前突击挖除,经验收合格后,方可进行底部工程施工。

(3)土方开挖时,结合开挖出土,规划和修筑基坑内的临时道路,使其利于后续工程的施工。

(4)主基坑开挖土应按回填土和弃土分别堆放,不得混淆,弃土堆置在指定的场地,并进行适度平整。堆土区均应设置在基坑边线 20 m 以外,以确保现场交通和基坑边坡的稳定。

(5)在基坑内设置集水井排水时,设在开挖范围以外。

六、机械开挖的边坡修整

使用机械开挖土方时,实际施工的边坡坡度应适当留有修坡余量,再用人工修整,应满足施工图纸要求的坡度和平整度。

七、边坡的护面和加固

为防止修整后的开挖边坡遭受雨水冲刷,边坡的护面和加固工作应在雨季前按施工图纸要求完成。冬季施工的开挖边坡修整及其护面和加固工作,在解冻后进行,如出现裂缝和滑动迹象,立即暂停施工和采取应急抢救措施,设置观测点,及时观测边坡变化情况,并做好记录。

第三节　施工期临时排水

施工期临时排水的措施:

(1)及时排除地面积水。

在主基坑开挖过程中,做好临时性排水设施,包括保持必要的地面排水坡度、设置临时坑槽,以及开挖排水沟和设置集水槽排走雨水和地面积水等。

(2)降低地下水位的排水措施。

①采用挖掘机、铲运机、推土机等机械进行基坑开挖时,应保证地下水位降低至最低开挖面 0.5 m 以下。

②在基坑开挖期间,对基坑及其周围受降低水位影响的地区进行地下水位和地面沉降观测。

第四节　放样精度要求

开挖轮廓位置和开挖断面的放样应满足下列精度要求：

（1）覆盖层放样，平面位置点位误差不大于 200 mm，高程点位误差不大于 200 mm。

（2）基面放样，平面位置点位误差不大于 100 mm，高程点位误差不大于 100 mm。

（3）收方断面，中心桩纵、横向误差不大于 10 cm。相应于比例尺寸为 1∶500 ~ 1∶1 000 的情况下，图上点误差平面不大于 1.0 mm、高程不大于 0.7 mm。

（4）竣工断面，中心桩纵、横向误差不大于 5 cm。相应于比例尺为 1∶200 的情况下，图上点误差平面不大于 0.75 cm、高程不大于 0.5 mm。

第五节　边坡开挖完成后的保护

边坡开挖完成后，应及时进行保护。对于可能失稳的边坡，还应按合同或设计文件规定进行边坡稳定监测，以便及时判断边坡的稳定情况和采取必要的加固措施。

第六节　质量检验与验收

一、土方开挖前的质量检查和验收

土方开挖前，承包人应会同监理人进行各项指标质量检查和验收：

（1）用于开挖工程量计量的原始地形测量剖面的复核检查。

（2）按施工图纸所示的工程建筑物开挖尺寸进行开挖剖面测量放样成果的检查。承包人的开挖剖面放样成果，应经监理人复核签认后，作为工程量计量的依据。

（3）按施工图纸所示进行开挖区周围排水和防涝保护设施的质量检查和验收。

二、土方开挖过程中的质量检查

（1）在土方开挖过程中，承包人应定期测量校正开挖平面的尺寸和标高，以及按施工图纸的要求检查开挖边坡的坡度和平整度，并将测量资料提交监理人。

（2）土方开挖工程完成后的质量检查和验收。

（3）土方开挖工程完成后，承包人应会同监理人进行各项指标质量检查和验收。

三、主体工程开挖基建面检查清理的验收

（1）按施工图纸要求检查基坑开挖面的平面尺寸、标高和场地平整度。

（2）取样检测地基土的物理力学性质指标。

（3）本款规定的基建面检查清理与土方回填、堤防填筑前的地基清理作业是检验目的和性质不同的两次作业，未经监理人同意，承包人不得将这两次作业合并为一次完成。

四、永久边坡的检查和验收

(1)永久边坡的坡度和平整度的复测检查。
(2)边坡永久性排水沟道的坡度和尺寸的复测检查。

第三章　水土保持

第一节　水土保持采取的措施

八里湾泵站工程水土流失项目建设区工程的范围,包括开挖占地、堆弃土占地、施工临时占地等。根据项目区水土流失及工程实际情况,水土保持方案以堆弃土为重点防治区。防治措施以植物措施为主,辅以临时拦挡等工程措施。

根据水土流失防治要求,结合工程实际,以预防和治理工程施工过程中导致的新增水土流失为重点,同时使原有水土流失得到有效治理,恢复植被,增加植被覆盖率。

根据主体工程总体布局、施工建设时序、工程造成的水土流失特点,结合项目区的自然条件、地形地貌等,本设计将该工程水土流失防治区划分为渠道防治区、建筑物防治区、取土场防治区、堆(弃)土防治区、临时设施区防治区等五个防治区。

将防治区中的堆(弃)土区防治区作为重点防治区。

根据各防治区的特点及水土保持目标的要求,做到主体工程建设与水土保持方案相结合,工程措施与植物措施相结合,重点治理与综合防护相结合,治理水土流失和恢复、提高土地生产力相结合,力争达到表层土不裸露、保持水土、改善项目区生态环境。水土保持措施防治体系见表7-3-1。

表7-3-1　水土保持措施防治体系

防治责任分区	工程及水保措施
进出水渠道	节约用地,护坡防护,草籽绿化
管理区	外侧护坡防护,内侧绿化,地面硬化
取土场	按设计段面开挖
堆(弃)土区	顶面复耕,坡面灌草防护及修筑支挡墩措施
临时设施	砂石料编织袋围护,仓库、加工厂工棚遮挡,围堰、导流及时拆除,复耕

第二节　水土保持采取的原则

(1)预防为主的原则。坚持"预防为主,全面规划,综合防治,因地制宜,加强管理,注重效益"的方针。

(2)生态优先的原则。注重美化和改善生态环境。

(3)与主体工程相协调的原则。做到与主体工程相互补充,相互吸收,避免重复浪费。

（4）综合治理的原则。工程措施与林草措施相结合，增加绿地面积，美化环境，恢复耕地、发展农业。

（5）经济合理的原则。既要经济可行，又要综合效益显著。

（6）临时防护与永久防护相结合的原则。加强施工过程中的动态临时防护措施，并结合永久防护措施，使施工期和运行的水土流失得到有效防护。

（7）先挡后弃的原则。先采取拦挡措施，再弃土弃渣。

第三节　生态保护

（1）尽量避免在工地内造成不必要的生态环境破坏或砍伐树木，严禁在工地以外砍伐树木。

（2）在施工过程中，对全体员工加强保护野生动植物的宣传教育，提高保护野生动植物和生态环境的认识，注意保护动植物资源，尽量减轻对现有生态环境的破坏，创造一个新的良性循环的生态环境。

（3）在施工场地内外发现正在使用的鸟巢或动物巢穴，以及受保护动物（如鸟类、蟒蛇等），妥善保护，并及时报告监理工程师和业主。

（4）施工现场内有特殊意义的树木和野生动物生境，设置必要的围栏并加以保护。

（5）在工程完工后，按要求拆除的监理工程师认为有必要保留的设施外的施工临时设施，清除施工区和生活区及其附近的施工废弃物，并按监理工程师批准的环境保护措施、计划完成环境恢复。

第四节　弃土区排水工程

弃土区排水工程包括截水沟、导流沟的开挖、修整以及导流沟的护砌等工程。

施工注意事项如下：

（1）放样基本顺直。

（2）导流沟的护砌严格按设计要求进行，并符合有关标准的规定。

（3）混凝土工程的原材料质量控制及施工措施符合相关条款要求。

第五节　高度重视水土保持工作

防止水土流失与淹没，运料车辆覆盖篷布、塑料布，严防雨水冲刷，土料流失。回填土料雨前要及时碾压，尤其是边坡压实，防止雨水冲刷，土料流失。采取的方案与措施如下：

（1）基础开挖施工过程中应尽可能地减少开挖范围，降低对地表植被破坏程度。施工完毕，及时做好工程防护及生物防护措施，防止水土流失。

（2）优化施工场地、营地选址，在不影响施工和工程质量的情况下，尽量少占地和少占好地，施工便道充分利用既有道路；严禁破坏施工区外的植被和树木，施工结束后，临时用地及时恢复绿化覆盖。

（3）开辟临时场地后，应及时平整压实，并对开挖坡面进行支挡或绿化防护，防止形成水土流失源。

（4）施工完成后，清理场地，对场地进行原貌恢复，并进行复垦或绿化处理。

（5）弃渣应按设计指定或与当地有关部门协商的弃渣场堆弃。弃渣场一般选择坡度较缓的荒地，并结合当地土地利用规划，以利于工程后恢复利用。弃渣前修筑好必要的挡护和防排水设施，弃渣完成后进行复垦和绿化，防止形成新的水土流失源。施工中禁止顺坡弃渣毁坏河道、农田和造成水土流失。

（6）构造物基础施工，对基坑开挖的土、石不得弃于河内、沟中，要设防护后弃土，防止遇雨时流入河内。基础施工完成，及时对基坑进行回填防护，防止基坑日后被冲刷。

施工环保、水土保持控制标准具体见表7-3-2。

表7-3-2 施工环保、水土保持主要控制指标

序号	检查项目	控制标准
1	噪声排放	1. 排放应同时符合国家、地方有关法规、规定等要求。 2. 施工场界噪声限值：06:00 ~ 22:00≤75 dB；22:00 ~ 06:00≤75 dB
2	生产、生活污水排放	1. 生产、生活污水排放达到国家二级排放标准。 2. 生活污水应经过污水处理厂处理后排放，其5日生化需氧量即BOD_5≤60 mg/L、化学耗氧量COD≤150 mg/L，污水排放前无明显悬浮物
3	固体废弃物	1. 节约材料、控制废弃物的产生。 2. 废弃物分类存放，提高废弃物的回收率。 3. 充分利用钢材、木材等下脚料
4	扬尘	1. 施工扬尘符合地方有关标准。 2. 施工时目测1.5 m以上无扬尘
5	运输遗洒	运输的材料、渣土、垃圾等无遗洒
6	化学危险品泄漏	1. 尽量减少化学物品的使用，控制化学物品泄漏。 2. 试验用的化学试剂、混凝土施工外加剂等不遗洒、泄漏
7	资源能源	1. 节约资源能源、降低材料消耗。 2. 水电消耗不超过定额预算，尽量节约；钢材、水泥、木材不超过定额预算，尽量回收利用上一工序的废弃料

第六节 水土保持实施

八里湾泵站水土流失防治区包括枢纽防治分区、取土区、引水渠工程区、临时生产生活区、外接道路工程区、管理设施区，总面积40.07 hm²。2011年9月2日八里湾泵站建管局与山东省水利水电建筑工程承包有限公司签订了水土保持施工合同，合同总价96.12万元，包括土方及开挖工程、植物防护工程和临时防护工程；山东黄河东平湖工程

局在施工期间根据设计和合同要求,主要负责对取土场区、临时交通道路、弃土场区、新修土方工程的临时采取水土保持措施。在工程施工期间,施工单位按照批准的水土保持施工方案采取了水保措施。

一、取土场临时措施

工程土料场地类以农田为主,取土方式采用边取料边回填的方式,在挖取土料的过程中将剥离的表层土回填到开采后的料场表面,根据土料场开采工艺,土料场水土保持措施布局为:料场周围边缘采用机械加人工修筑挡水土埂;施工中表层耕植土采取边开挖边回填的方式,临时堆土进行防尘网临时覆盖;施工完成后,表层土全部回填并对料场边坡进行削坡并进行土地复垦措施,见图7-3-1。

图 7-3-1　工程土料场

二、临时交通道路

各工程新建料场至各工程施工道路路面宽 8 m,路面结构为改善土路面,施工道路均修建在平坦的地面上,道路修建经挖填平衡基本不存在弃渣量,也不存在开挖边坡护坡问题,工程结束后对施工道路占地进行土地复耕。施工道路区需要考虑新增临时排水措施,采用人工修筑土排水沟。

三、弃土场区

弃土区及排泥区:弃土区、排泥区布置在泵站站址东 400 m 处,地面高程 37.7 m 左右,弃土区面积 83 100 m², 排泥区面积 35 000 m²。

为防止弃土场区在雨季产生新的水土流失,在征地范围内布设了排水系统和临时挡护,见图7-3-2。

施工弃土场区于 2013 年 12 月完成复耕,进行交还。

四、新修土方工程

新修土方工程主要是进水渠两侧堤防、站区平台和新修防洪堤等,一是及时整理边坡,降低水土流失;二是在堤脚修建临时排水沟;三是采取工程措施,如石护坡、混凝土护坡、硬化堤顶等,见图7-3-3。

图7-3-2   图7-3-3

五、生活区防护

施工生活区集中地人员较多,使用后的生活废水、雨水极易集中产生水土流失,施工单位一是加强了职工教育,提高思想认识;二是完善、改造、利用了原来的排水系统(见图7-3-4),各类废水集中收集,按照标准进行处理,未发生水土流失现象。

图7-3-4

工程在施工期间,国调办、省南水北调局、山东干线公司和两湖局均高度重视水土保持工作,各级领导多次莅临现场检查指导,提出了很好的意见和建议,现场建管局和监理单位不断加强管理,督促施工单位完善施工管理,采取多项临时措施,施工期间未发生水土流失现象。

第四章 环境保护

第一节 环境管理机构及职责

八里湾泵站工程施工需设立专门的环境保护机构,配备专职的环保管理人员2名,负责工程施工的环境管理、环境监测和污染事故应急处理,并协调工程管理与环境管理的关系。该机构的具体职责如下:

(1)组织适合本工程的环境保护方针,制订环保措施。

(2)组织编制工程环境保护总体规划,搞好环境保护管理。

(3)负责各项环境监测计划的落实和监督、检查,编写环境保护月、季和年报告,及时公布环境保护动态和环境监测结果。

(4)协调组织指导各相关部门做好环境管理工作。

(5)组织好环境保护宣传工作,提高施工人员的环境保护意识。

第二节 施工期环境管理

施工期环境管理内容如下:

(1)根据各施工段的施工内容和当地环境保护要求,制定本工程环境管理制度和章程,制订详细的施工期污染防治措施计划和应急计划。

(2)负责对施工人员进行环境保护培训,明确施工应采取的环境保护措施及注意事项。

(3)施工中全过程跟踪检查、监督环境管理制度和环保措施执行情况,是否符合当地环境保护的要求,及时反馈当地环保部门意见和要求。

(4)负责开展施工期环境监测工作,统计整理有关环境监测资料并上报地方环保部门。

(5)及时发现施工中可能出现的各类生态破坏和环境污染问题,负责处理各类污染事故和善后处理等。

第三节 工程施工对环境的影响

一、有利影响

南水北调东线工程是从根本上解决我国华北广大地区水资源严重短缺的一项具有重大战略意义的大型水利工程。南水北调东线第一期工程南四湖—东平湖段工程是南水北调东线工程的重要组成部分,该工程的建设实施对于实现南水北调的供水任务和目标,改善北方地区的生活、生产、生态及其发展环境将发挥重要作用。

二、不利影响

工程施工区大气环境质量不会因施工而带来不利影响。

施工固定源噪声衰减到 300 m 以外时,满足《城市区域环境噪声标准》的标准。部分河段施工区和村庄相邻,施工区机械噪声对附近居民会带来一定不利影响,应采取适当措施加以防护。

运输车辆在白天的影响距离为 70 m,在夜间的影响距离为 50 m。工程施工影响区 300 m 范围内,约影响居民 3 200 人。

生产废水排放主要来自冲洗砂石料、混凝土预制、养护废水以及冲洗汽车等机械设备,主要污染物为悬浮物。只要对生产废水进行沉淀处理,均不会对周边环境产生危害。

因为生活污水排放量很少,所以施工期废水排放对柳长河水质基本无影响。

工程施工期产生的废水、废气、废渣、噪声以及水土流失对当地环境的影响较小,且都是暂时的,通过采取一定的环保措施可以减缓。

第四节　水环境保护措施

一、生产废水处理

(一)基坑排水
基坑排水由于水体中没有新增污染物,可就近直接排入堤外沟渠或部分河道水体。

(二)混凝土拌和系统等废水处理
本工程施工期混凝土及钢筋混凝土浇筑量约 51 000 m^3,据国内相关工程生产废水排放量统计,施工中每立方米混凝土产生生产废水约 1.5 m^3,据此估算,施工生产废水总排放量为 76 500 m^3。废水中的主要污染物为细砂、泥沙、悬浮物、石油类和少量 COD 等,较易沉淀。经计算,生产废水日排放总量为 250 m^3 左右,根据施工布置及混凝土浇筑量,在工程的混凝土拌和及浇筑场地边角处设沉淀池,沉淀池内每月人工清理一次。

本工程采用自然沉淀的方式去除易沉淀的悬浮物,废水中 pH 值较高,废水进入沉淀池后,在沉淀池中加入适量的酸调节 pH 值至中值,然后进行 2.0 h 的沉淀处理。经处理达标后的废水可用于施工道路洒水及绿化用水等,剩余部分排入堤外沟渠或水体。其工艺流程如图 7-4-1 所示。

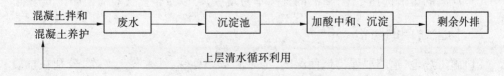

图 7-4-1　混凝土拌和养护废水处理工艺流程

(三)含油废水

本工程施工机械较多,主要燃油机械为挖掘机、推土机、铲运机、载重汽车、拖拉机、自卸汽车等,每个施工区都设有机械维修点,机械维修和清洗将产生少量的含油废水,对于含油废水,采取隔油池进行处理,在机械维修点各建隔油池一座,收集的油渍回收利用。含油废水处理工艺流程见图7-4-2。

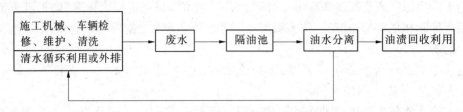

图 7-4-2 含油废水处理工艺流程

二、生活污水处理

施工期生活污水主要有洗刷用水、厕所用水等,厕所用水主要污染物为 BOD_5、COD 和悬浮物。根据施工布置及农村施工现状,在 8 个生活区建设 8 个旱厕,建设 8 个化粪池,水分自然蒸发,厕所内固体废物请专人每天清运一次,用作农肥。生活污水经化粪池的沤渍、沉淀后,可用于农田灌溉,剩余部分经石灰消毒、杀菌处理后排放。生活污水处理后水质标准至少达到《污水综合排放标准》(GB 8978—1996)二级标准后才可排放。化粪池设计尺寸及设计平面图、剖面图见《建筑给水与排水设备安装图集(上)》(L03S002 - 113)。

加强对水体的保护,设立警示牌,严禁随意向水体倾倒垃圾和污水。

第五节 环境空气保护措施

本项目在施工期产生的大气污染物主要是河道开挖产生的少量恶臭、工程施工产生的扬尘及机械施工产生的废气。

一、渠道开挖恶臭的污染防治

(1)采用机械清淤,清淤底泥要及时运至临时处置场所,临时堆场要做好防渗、防流失措施,尽量能用草袋或编织袋覆盖,减少扬尘和臭气散发。

(2)做好施工工人的个人防护,给工人发放防护用品,并随时注意检查、救护。

(3)清淤的季节选在冬季,清淤的气味不易发散,可以减轻臭气对周围居民的影响。

二、扬尘污染的防治

(1)施工场地、道路要保持地面湿度,定时洒水。夏季、秋季每天 2 次,分别在早晨和午后开工前;冬春季每天 4 次,每隔 4 h 1 次。洒水量要适度,既要起到防尘作用,又要避免因洒水过多而影响施工,施工场地要配备洒水车一辆,负责定期洒水降尘。

（2）车辆出工地前尽可能清除表面黏附的泥土,运输石灰、砂石料、水泥、粉煤灰等易产生扬尘的车辆上应覆盖篷布。

（3）加强管理,文明施工,建筑材料轻装轻卸。

（4）避免大风的情况下进行土方回填、装卸物料等。

（5）石灰、砂土等堆放场尽可能不露天堆放,如不得不敞开堆放,应对其进行洒水,提高表面含水量,也能起到抑尘的效果。

（6）仓库及加工场设于距其150 m内不能有居住区、村庄的空旷的地带内。

三、机械施工废气

选用低能耗、低污染排放的施工机械和车辆,对于废气排放超标的车辆,安装尾气净化装置;加强机械和车辆的管理和维护,减少因机械和车辆状况不佳造成的空气污染。

第六节　噪声防护措施

噪声防护目标:农村居民区、学校、医院、施工人员。

项目噪声敏感点:施工工区两侧100 m内,有关村庄及企事业单位。

噪声防护措施如下:

（1）合理安排施工时间和场地。

制订科学的施工计划,应尽可能避免大量高噪声设备同时使用。除此之外,高噪声设备的施工时间尽量安排在日间,避免夜间施工。合理布局施工现场,避免在同一地点安排大量动力机械设备,以避免局部声级过高。

（2）降低设备声级:

①设备选型上尽量采用低噪声设备,如以液压机械代替燃油机械,振捣器采用高频振捣器等。固定机械设备与挖土机械、运土机械,如挖土机、推土机等,可以通过排气管消音器和隔离发动机振动部件的方法降低噪声。

②由于机械设备会由于松动部件的振动或消音器的损坏而增加其工作时的声级,因此对动力机械设备应进行定期的维修、养护。

③闲置不用的设备应立即关闭,运输车辆进入现场应减速,并减少鸣笛,对位置相对固定的机械设备,能在棚内操作的尽量进入操作间。

（3）降低人为噪声的措施:

①按照规定操作机械设备,在挡板、支架拆卸过程中,应遵守作业规定,减少碰撞噪声。

②尽量少用哨子、钟、笛等指挥作业,混凝土加工点和施工道路尽量离居民区300 m以外。

（4）对于受影响对象采取一系列的防噪措施:在离敏感点较近施工场所与敏感点之间建移动隔声屏障,长100 m,高5.0 m,厚300 mm,可消减噪声约25 dB(A)。措施后对于农村居民区受影响较重的居民约1 000人,噪声补偿采取资金补偿的方式。

（5）该项工程施工期在多数情况下混合噪声在90 dB以上,施工人员长期处于高噪声背景下工作,身体健康会受到不良影响,因此必须采取噪声防护措施。在噪声源集中的施工点,施工人员可佩戴噪声防护用具(戴耳塞等),减小噪声对人体的危害。

第七节　固体废物处理

施工期产生的固体废弃物主要包括施工中产生的弃土(石、渣)、建设过程中产生的建筑垃圾,以及施工人员产生的生活垃圾。

一、垃圾处理

根据施工组织设计,工程施工临时建筑物约 10 000 m^2,按每平方米产生 0.05 m^3 左右的建筑垃圾计,共产生建筑垃圾 500 m^3,按每方 2 t 计,将产生 1 000 t 的建筑垃圾,建筑垃圾尽量回用。本工程施工共约需 37.6 万个工日,以每人每天产生垃圾 1 kg 计算,施工期间共将产生生活垃圾 376 t。生活垃圾要配置专门人员负责清扫工作,并在施工区和生活区一角设置垃圾箱或堆运站,对生活垃圾统一收集清理,进行卫生填埋。垃圾箱或堆运站经常喷洒灭害灵等药水,防止苍蝇等传染媒介孳生。

二、弃土、弃渣和复耕土

根据施工组织设计,在土方开挖时将表层土单独用编织袋存放,在弃渣完成表面平整后将表层植耕土覆盖到弃土表面,用推土机整平,弃土符合复耕条件的进行复耕。不适宜农业复耕的,和弃土中含石方较多、不能复耕的,放置于在弃土区边坡处,并播撒草籽,防止地表裸露。为了防止弃渣产生新的水土流失,在弃渣区坡脚处开挖排水沟、修建拦挡墩,并在弃渣坡面上设置纵向排水沟和横向排水沟,收集坡面来水,防止对坡脚的冲刷。

第八节　生态变化防护

工程施工对生态环境的影响主要为占压耕地、林地、芦苇地,毁坏树木、破坏植被,对当地的生态环境造成一定的不利影响。采用植物措施与工程措施相结合的方式进行防治。为防止雨水对输水渠堤防坡面的冲刷,输水渠内坡混凝土护砌以上部分和外坡采用乔、灌、草籽护坡。

第九节　人群健康保护

一、施工区卫生清理

(1)施工区范围内厕所掏尽运出,池坑用生石灰消毒,用净土覆盖夯实。坟墓根据群众自愿决定是否迁移,不迁移的就地烧毁,墓穴用生石灰消毒,用净土覆盖夯实。工区范围内原有的垃圾堆、畜圈(栏)、房屋等地,用石碳酸机动喷雾消毒。

(2)施工人员进入工区后,在生活区定期杀虫、灭鼠,选用灭害灵杀灭蚊、蝇等害虫,采用鼠夹法或毒饵法灭鼠。

二、施工期卫生防疫

(1)对新进入工区的施工人员进行卫生检疫。检疫项目为甲流和病毒性肝炎、疟疾等虫媒传染性疾病。

(2)工程指挥部门应加强疫情监测,对所有施工人员做定期健康观察,严格执行疫情报告制度。

(3)对工地炊事人员进行全面体检和卫生防疫知识培训,严格持证上岗制度。广泛宣传多发病、常见病(如流行性出血热、肝炎、食物中毒等)的预防治疗知识,加强群体防病、抗病意识。

(4)保护水源,加强饮用水水源监测。

(5)及时清理生活垃圾。生活区配备垃圾桶,配备专职清洁工,按卫生要求及时清扫生活垃圾并送往指定地点堆放或掩埋,不得在周边任意倾倒。

为保障施工人员和周围居民的安全,事先应在施工危险作业面附近设立警示牌,提醒施工人员和附近居民的注意。爆破前应在附近乡、村,通过广播、告示等形式反复公告群众,避免造成人员伤亡及健康损害。

第十节　专项设施的保护设计

(1)对停止通行的道路桥梁,要提前通知周围居民,并贴出通告,请大家绕行。

(2)在桥梁施工的河道上划出安全距离,用黄色安全带围拦,并树立警示牌,警示进入安全带内有生命危险。

(3)通信光缆迁移前要通知有关用户,做好信号中断的准备。

第八篇　泵站运行管理

第一章　泵站运用及调度方案

第一节　基本概况

八里湾泵站工程为南水北调东线工程梯级调水中的第十三级,也是黄河以南输水干线工程的最后一级泵站,站上是东平湖老湖区,站下接柳长河即承接邓楼站来水。八里湾泵站工程运用调度方式应遵循整个东线工程的调水原则。同时,也应符合山东省南水北调东线工程运行调度总方案的要求。

八里湾泵站设计调水流量为100 m³/s,在正常调水情况下,一般启动3台机组运行即可,一台机组备用。当有特殊要求时,需得到上级主管部门批准并经设计方认可,4台机组可全部投入使用,以满足使用要求。

第二节　管理机构

根据国调委发〔2004〕4号"关于南水北调东线山东干线有限责任公司组建方案的批复",南水北调东线山东干线有限责任公司作为项目法人负责南水北调东线一期工程山东省境内干线工程建设和运行管理。按批复的《南水北调东线一期工程南四湖—东平湖段输水与航运结合工程可行性研究报告》,八里湾泵站工程管理设八里湾泵站工程管理处,隶属于南水北调东线山东干线有限责任公司,定岗、定员应满足八里湾泵站工程运行管理的要求。

第三节　运行及调度方案

八里湾泵站工程运行及调度方案广义上分为三种运行工况,即调水运行工况、排涝工况和防洪工况。

一、调水运行工况

八里湾泵站第一期工程泵站设计运行调水位:站下35.62~37.00 m(进水侧,下同),

站上 38.90 ~ 41.40 m(出水侧,下同)。

（一）泵站运行调度水位控制条件

开机水位：站下 36.12 ~ 37.00 m,站上 38.80 ~ 41.30 m。

运行水位：站下 35.62 ~ 37.00 m,站上 38.90 ~ 41.40 m。

停机水位：一旦站下水位低于 35.62 m 或站上水位高于 41.40 m 时必须停机。

（二）泵站开、停机条件

泵站开机应在主电机、水泵、辅机系统、变配电系统、闸门启闭系统及自动化系统等检测正常且具备开机条件时,方可进行。

泵站开机应在进水闸门开启同时拦污栅落下、出水防洪闸门开启和出水工作闸门关闭的前提下,方可进行。

泵站开机电机启动应与对应的工作闸门同时启动。

泵站停机应在防洪闸门开启和工作闸门先开始关闭动作至闸门底边相距出水流道底板顶面(高程 34.26 m)70 cm 时,方可按电机停机按钮。

遇事故等需紧急停机时,可按电机紧急停机按钮,出水工作闸门联动关闭。

自动化操作控制开、停机及运行按已拟定的规定程序进行。

（三）机组开启顺序

(1)当启动 1 台机组运行时,可以是 4 台机组中的任何 1 台(最好是中间机组中的 1 台)。

(2)当 2 台机组同时运行时,应对称开启 4 台机组中 2 台,即 2#、3#或 1#、4#机组。

(3)当 3 台机组同时运行时,应先对称开启 2 台机组,再开启其他任 1 台;也可先开启中间 2 台中的任一台如 2#机组,再开边机组 4#,接着开边机组 1#;或先开启 3#机组,再开启边机组 1#,接着开边机组的 4#。应尽量减少边机组停开的工况。

(4)当 4 台机组投入运行时,应先对称开启 2 台,再开启另外 2 台。

（四）对相关联泵站的要求

八里湾泵站运行是与其站下同柳长河连接的邓楼泵站运行相关联的。在调水运行时,八里湾泵站运行前应先运行邓楼泵站,当邓楼泵站运行使其站上水位相关至八里湾泵站站下水位达 36.12 m 及以上时,八里湾泵站方可开机运行。

二、排涝运行工况

八里湾泵站工程除应满足调水工程任务外,亦可兼顾地方排涝。当新湖区出现涝水,梁济运河水位高,不能自排,且现有的排涝设施不能满足排涝要求时,则可启动本站排涝。八里湾泵站的排涝运行必须得到山东省南水北调有关管理部门的批准。

泵站排涝运行工况除站下水位有所调整外,应满足泵站调水运行工况的全部条件。泵站排涝运行站下开机与运行水位应以站上、下水位差不小于 1.90 m 为原则,故排涝运行站下最高水位不高于 37.00 ~ 39.50 m,相对应于站上水位 38.90 ~ 41.40 m。

三、防洪工况

当汛期东平湖老湖区滞洪,即站上老湖区水位高于规划水位 41.30 m 时,应关闭泵房出水侧防洪闸门挡水；当老湖区和新湖区均滞洪时，则泵房进、出水侧防洪闸门均应关闭，进水侧防洪闸门闭门水位定为 38.80 m 以下，确保泵房安全。东平湖新、老湖区设计滞洪水位分别为 43.80 m、44.80 m。

第四节　工程安全监测

　　泵站运行必须严格按照设计运行及调度方案实施，同时在运行过程中，应加强对泵站相关建筑物的水位、沉降、位移、渗透压力、扬压力和土压力的观测，确保观测资料的连续性、完整性，并进行整理分析。特别在汛期防洪工况下，更应加大观测频次，如发现危及建筑物安全的变化，应及时采取确保建筑物安全的工程措施和其他措施。

第二章　泵站机组运行操作规程

第一节　总　则

1.1　本规程适用于山东省南水北调南四湖至东平湖段八里湾泵站枢纽工程泵站运行之用。

1.2　凡参加山东省南水北调南四湖至东平湖段八里湾泵站工程泵站运行的员工均应学习和熟悉本规程,按岗位职责的规定,坚守岗位,做好安全运行工作。

1.3　认真执行本规程,使这次运行工作能安全顺利地完成。使水泵机组、电气设备处于正常完好状态下运行,并及时发现和消除故障,避免或减少各种技术性事故的发生和发展,使值班人员在安全状态下工作,避免误操作,防止人身和设备安全事故的发生。

1.4　本规程须经监理审核,启动委员会批准后方可实施。

1.5　参加运行人员除掌握本规程外,还应熟悉《电业安全工作规程》。

第二节　制　度

2.1　运行人员的分工和职责

2.1.1　本次运行由启动委员会发布开机命令,机电组负责人负责本次机电设备的运行,发生事故时组织相关人员查明事故原因和对事故的及时处理并及时向综合组汇报。

2.1.2　本次运行分三个运行班,每班不少于5人,其中班长1人,带领本班班员做好安全运行工作。

2.1.3　值班长是本班运行负责人,接受开机命令,签发操作票,检查值班员对安全运行规程的执行情况,在保证安全的条件下,组织值班员排除值班时间内发生的一般性故障。

2.1.4　值班员负责职责范围内的安全运行工作,做好各种记录,服从值班长的领导,进行抢修或检修工作。

2.1.5　当班人员应在当班时间内集中思想做好值班工作,不得离岗,不得做与值班无关的事,不负责接待参观。值班人员应着装整齐,不得酒后上班,做到文明生产,并随时做好安全及保卫工作。

2.2　交接班制度

2.2.1　按时交接班,在值班长领导下集体交接班,交班人员应向接班人员介绍本班运行情况及事故处理情况经过,对现场运行设备应详细交接清楚,双方在交接班记录簿上签字后,交班人员才能离岗。

2.2.2　在交接班中如发现设备有故障,由交班人员负责指挥处理,接班人员配合,待故障排除后,方可进行交接班。

2.2.3　在进行重要操作时不可进行交接班,待完成后再进行交接。

2.3　事故处理

2.3.1　事故处理的主要任务

（1）事故指运行时间内发生人身、设备、构筑物等的事故。

（2）解除对人身和设备的危险，并及时向上级汇报。

（3）在事故不致扩大的情况下，尽一切可能的方法继续保持设备运行。

2.3.2　主机事故跳闸后立即查明原因，排除故障后再进行启动（两次启动间隔为30 min），并向上级汇报。

2.3.3　在事故处理时，运行人员必须坚守自己的工作岗位，集中注意力保持运行设备的安全运行，只有在接到值班长的命令或在对人身安全、设备有直接危险时，方可停止设备运行。

2.3.5　值班人员应把事故情况和处理经过记录在运行日志上。

2.4　其他

2.4.1　运行时实行准入证制度，无证者不得进入泵房。

2.4.2　运行现场应有灭火器等防火安全设备。

第三节　运行应具备的条件

3.1　土建工程基本完工，必须动用的水工建筑物（包括闸门、启闭机）已通过动用验收。

3.2　所有影响设备运行、水力量测及运行人员巡视的脚手架全部拆除。

3.3　照明系统已安装完成，能满足使用。

3.4　水泵机组及附属设备已安装完毕，并已按有关规定检查、调试和分项试验。

3.5　电气设备能安全投运，动作准确、灵敏、可靠，预防性试验合格，直流电源符合设计标准，通过联动试验能满足机组运行时测量、监测、控制和保护要求。

3.6　辅助设备系统能满足主机组的运行要求。

第四节　运行检验要求

4.1　运行时间按照《泵站安装及验收规范》（SL 317—2004）执行。

根据规范要求，结合本工程具体情况，机组启动运行时间初定如下：

拟单机运行24 h，其中联合运行6 h，机组无故障停机3次。运行时间安排见表"南水北调八里湾泵站计划运行时间表"。记录所需水力量测数据、各种电气测量参数、水泵参数并汇总递交验收委员会查验，并汇报试运情况。

4.2　检查机电设备运行状况，鉴定机电设备的制造、安装质量，检查机组在持续运行时各部件工作是否正常，各设备的运行是否协调，停机后检查机组各部件有无异常现象。

4.3　测定水泵机组在设计工况下运行时的主要水力参数（泵站现场测试在泵站运行时进行）、电气参数、温度、振动和噪声是否达到设计要求。

4.4　检查机组对应的液压快速闸门工作情况。

第五节　运行检测仪器及工具的配备

运行期间必须配备500 V兆欧表、2 500 V兆欧表、振动仪、噪声计、万用表等仪器及常用的检修工具等。

第六节　开机前的准备、操作票

6.1　开机前的准备工作

6.1.1　计算机监控系统的检查

（1）上位机系统检查的内容：

①检查上位机主、从工作状态指示是否正确。

②在系统结构图中，检查机组 LCU 与上位机是否联机可控。

③确认现场开机条件是否具备，控制权是否为"远方"，如具备可进行下一步操作检查 UPS 装置是否工作正常。

④检查 GPS 同步钟上的指示灯是否闪烁，秒数字是否累加。

⑤上位机主从机操作员工作站运行监视图上的数据是否刷新。

⑥通信机指示灯是否正常显示绿色。

⑦打印机"联机"灯是否点亮。

（2）现地控制单元(LCU)检查的内容：

①检查 LCU 交直流供电电源是否正常。

②观察 PLC 工作是否正常，自检是否通过。

③检查触摸屏工作是否正常，数据是否刷新。

④检查 LCU 与上位机通信是否正常。

⑤控制权限应置于"远方"位。

6.1.2 辅助系统的检查

（1）检查供排水系统是否工作正常。

（2）检查主机冷却风机系统是否工作正常。

（3）检查清污机系统是否工作正常。

（4）顶转子装置检查。

（5）检查对应机组的叶片调节装置。

（6）检查油压启闭机、工作门、事故门运行情况。

6.1.3 主机组的检查

（1）电机上、下油缸油位、油质应符合有关规定，无渗漏现象。

（2）打开主机盖板，仔细检查并清除机组内部遗物及垃圾，用 $0.2 \sim 0.3$ MPa 压缩空气吹扫定子、转子线圈端部的灰尘。

（3）检查机组各部件联接螺栓、销钉、垫片、键等应齐全，有关螺栓应锁定锁紧或点焊牢固。

（4）电机空气间隙检查：主要部分为定子与转子、线圈与挡风板之间，并用布条沿气隙中拉一圈以保证无杂物。

（5）通过叶片调节机构将叶片调至 $-8°$（提水量最小位置）。

（6）主电机绝缘检查：用 2 500 V 兆欧表在真空开关下桩头测量，定子线圈不应小于 10 MΩ，转子绕组的绝缘电阻值不应小于 0.5 MΩ，在室温 $10 \sim 30$ ℃测量定子绕组的吸收比不低于 1.3。

（7）检查滑环与电刷的完整性、电刷压力及配合面是否接触良好。

（8）主电机接地牢固可靠。

6.1.4 站用电系统检查

（1）检查 0.4 kV：拆除外接电源及临时设备，低压开关柜内母线上无杂物及短接点，用 500 V 兆欧表检查母线绝缘。

(2)站用变压器 10 kV 侧线圈绝缘电阻不得低于 10 MΩ,0.4 kV 侧不得低于 0.5 MΩ。

6.1.5 操作、表计、保护及信号部分的检查

(1)所有控制按钮开关应操作灵活可靠,各接点接触良好。

(2)检查开关盘上的继电器、仪表的外壳是否完好,有无碰伤现象,铅封是否完整。

(3)用 500 V 兆欧表检查二次回路的绝缘电阻,其值不得低于 0.5 MΩ。

(4)一、二次部分的各种熔断器是否完整无缺,接触良好,熔丝的容量应符合保护电气设备的要求。

(5)检查保护装置,保护是否正确可靠。

(6)检查各种指示灯应完整无缺,颜色标记反映正确。

(7)检查所有测量表计指针偏转方向应正确。

(8)电气模拟操动试验正确可靠,相关设备电气联锁正常工作,做好主机和站变的分合闸试动作,最后置于分闸位置。

6.1.6 检查直流电源装置工作应正常。

6.1.7 做好各原始温度的记录工作。

6.2 操作票(见附件)

八里湾泵站工作票;

1#主变投入操作票;

1#主变退出操作票;

2#主变投入操作票;

2#主变退出操作票;

10 kV 进线开关投入操作票;

10 kV 进线开关退出操作票;

站变投入操作票;

站变退出操作票;

__号水泵机组开机操作票;

__号水泵机组停机操作票;

闸门开关操作票;

站变 400 V 低压进线柜操作票;

水泵机组开机命令票;

水泵机组停机命令票;

一般操作票;

机组运行记录表。

第七节 操 作

7.1 站用变送电操作(在 10 kV 进线开关受电后进行)

7.1.1 自动化、保护系统工作正常。

7.1.2 检查站变低压侧 400 V 母线所有断路器应在分闸位置,站变低压进线开关处

于工作位置"分闸"状态。

7.1.3 检查站变进线柜接地刀闸应在断开位置。

7.1.4 将站变高开柜断路器摇入置于工作位置,弹簧已储能。

7.1.5 站用变送电操作(自动化方式)

(1)在上位机上调出监控系统结构图。

(2)检查上位机主、从工作状态指示是否正确,主机指示灯为红色,从机指示灯为紫色,独立运行机指示灯为绿色。

(3)检查公用 LCU 与上位机是否联机可控,通信正常指示为绿蓝色,通信中断指示为红色。

(4)在上位机主机上调出变配电操作监控画面。

(5)确认站变送电条件已具备,上位机系统具备控制权限。

(6)在上位机主机上点击站用变合闸流程启动按钮。

(7)监视流程执行正常,直至完成操作。

(或手动合站变高开柜断路器,并确认其已在合闸位置)

7.1.6 检查站变应运行正常,检查低开柜站变进线开关电源电压指示应正常(首次送电应核对相序)。

7.1.7 确认低压柜站变进线开关已在合闸位置,合有关的动力及照明等断路器。

7.2 站用变停电操作

7.2.1 自动化、保护系统工作正常。

7.2.2 分有关的动力及照明等负荷开关。

7.2.3 站用变停电操作(自动化方式)

(1)在上位机上调出监控系统结构图。

(2)检查上位机主、从工作状态指示是否正确,主机指示灯为红色,从机指示灯为紫色,独立运行机指示灯为绿色。

(3)检查公用 LCU 与上位机是否联机可控,通信正常指示为蓝色,通信中断指示为红色。

(4)在上位机主机上调出变配电操作监控画面。

(5)上位机系统具备控制权限。

(6)在上位机主机上点击站用变分闸流程启动按钮。

(7)监视流程执行正常,直至完成操作。

(或手动分站变高压侧进线断路器,并确认其已在分闸位置)

7.2.4 将站变高压柜断路器摇出置于试验位置

7.3 开机前励磁系统试投操作

(1)风机开关置"自动位"。

(2)送交、直流电源。

(3)合空气开关。

(4)投交、直流电源开关。

(5)操作读写控制器将控制开关设"调试"位。

(6)按"手投"钮,励磁电压表、励磁电流表均有指示。

(7)按"增磁""减磁"钮,检查励磁调节范围。

(8)按"起动检测"钮,励磁电压表回零,松开后励磁电压表恢复正常。

(9)按"手灭"钮,励磁电压、励磁电流表均回零。

(10)操作读写控制器将控制开关设"零"位,然后设"工作"位等待开机。

7.4 主机组开机操作

(1)接到开机令后,值班人员就位,准备所需工具、防护用品和记录纸。

(2)送上励磁装置交流电源、风机动力箱、油压叶片调节装置电源、供排水动力电源及相关动力仪表电源。

(3)顶转子,使润滑油进入推力瓦和镜板中间,转子落下后检查千斤顶是否复位。

(4)启动供水设备,将机组冷却水、润滑水电动闸阀打开,压力表指示在 0.4 ～ 0.6 MPa,示流信号计结点动作正确。

(5)启动 1#、2# 液压调节装置,全行程调节叶片,动作正常后,并将叶片角度调至领导小组确定的角度。

(6)励磁调节预置额定励磁电流的 90%,励磁状态设定成工作位置、远控位置。

(7)投上各相关回路 220 V 直流电源后信号显示正常,保护仪器显示正常。

(8)送监控屏、保护屏交流电源,自动化系统工作正常。

(9)送上位机系统电源,上位机运行正常。

(10)启动主机冷却风机。

(11)将对应主机事故闸门置于全开位置。

(12)合主机开关柜直流操作、控制、合闸电源,信号显示正确。

注:开机前电机干燥电源处于"分"位。

(13)断路器手车置工作位置,接地开关分。

(14)开机操作(自动化方式执行)。

①在上位机上调出监控系统结构图。

②检查上位机主、从工作状态指示是否正确,主机指示灯为红色,从机指示灯为紫色,独立运行机指示灯为绿色。

③检查机组 LCU 与上位机是否联机可控,通信正常指示为蓝色,通信中断指示为红色。

④在上位机主机上调出相应机组操作监控画面。

⑤确认机组开机条件已具备,上位机系统具备控制权限。

⑥在上位机主机上点击需执行的开机流程按钮。

⑦监视流程执行正常,直至完成操作。

(15)正常后调节励磁电流,使功率因数超前 0.95 以上。

(16)检查对应主机位置的液压快速工作门处于全开位置。

7.5 运行中主、辅机及电气设备检查

(1)电机冷却风机正常运行。

(2)供水系统能满足主机运行要求。

（3）叶片油压调节装置运行正常,能满足主机运行要求。

（4）电机上下油缸油位正常,推力瓦、导向瓦、定子温度正常。

（5）直流系统:检查浮充电装置是否正常。

（6）检查直流屏、励磁系统各表计显示是否在正常范围内,各信号指示灯显示正常。

（7）检查高、低压开关室各表计指示正常,设备无异响、异味或放电声。

7.6 停机操作

（1）值班长接到停机令后,联系机组运行人员做好停机准备。

（2）停机操作(自动化方式执行):

①在上位机上调出监控系统结构图。

②检查上位机主、从工作状态指示是否正确,主机指示灯为红色,从机指示灯为紫色,独立运行机指示灯为绿色。

③检查机组 LCU 与上位机是否联机可控,通信正常指示为蓝色,通信中断指示为红色。

④在上位机主机上调出相应机组操作监控画面。

⑤确认上位机系统具备控制权限。

⑥在上位机主机上点击需执行的停机流程按钮。

⑦监视流程执行正常,直至完成操作。

（3）检查机组是否已正常停机,否则启动监控系统紧急停机流程或在现场控制箱上按"紧急停机"按钮。

（4）检查液压快速工作门和事故门的动作情况应正常,必要时手动落门。

（5）手车由"工作"位置拉至"试验"位置。

（6）分开主机高压开关直流电源。

（7）全站停机后,关闭供水系统及油压调节装置。

第八节　事故停机

8.1　下列各种情况发生,必须紧急停机:

（1）主机及电气设备发生火灾及严重人身、设备事故。

（2）水泵机组声音异常,发热、转速下降。

（3）水泵机组发生强烈振动。

（4）电机绕组温度异常上升,或超过规定值。

（5）水泵机组内有金属撞击声。

（6）辅助设备发生故障,短时间内无法修复,危及全站安全运行的。

（7）上下游发生人身落水事故。

（8）如上下游水位超过设计水位,视具体情况停止部分或所有机组(注:站下设计水位<35.62 m,站上设计水位>41.40 m)。

第三章 泵站机组运行安全操作规程

第一节 总 则

1.1 为确保泵站运行工作安全顺利进行,特制定了本规程。

1.2 本规程运用范围为八里湾泵站工程泵站 1~4 号机组及其辅助系统运行,泵站电气装置高、低压回路受电运行。

1.3 凡参加运行工作有关人员必须遵守并执行本规程。

第二节 高压开关室安全运行

2.1 高压变电所受电前,所内应清除杂物,停止其他施工,门窗完备,防水、防尘、防小动物窜入,防火设施齐全,门能上锁。

2.2 受电前对高压开关柜内外清扫、除尘,对电气设备、硬母排、电缆等绝缘测试良好、耐压合格,其他参数测试应能满足运行要求,认真检查电气连接,螺栓应紧固无松动等。组织有关部门进行可靠性安全检查,做到万无一失。

2.3 高压受电后非相关工作人员未经许可不得进入高压开关室内。

2.4 有关调试人员进入高压变电所作回路调试、变更、增添回路接线等必须通过联动小组。

2.5 高压操作必须严格执行操作命令票制度及操作监护制度。

2.6 没有操作命令,任何人不得随便操作开关按钮。

2.7 临时松解一、二次回路接线做检查后应随时恢复原样并保证电气连接可靠。

2.8 柜子内高压带电后严禁打开盘后封板、开启仪表继电器小室做回路检查、更换元件等作业。

2.9 进入高压变电所作巡视检查时,禁止用手触摸带电设备。

2.10 高压变电所运行中发生意外事故的处理:当发生火警、人身触电、设备故障紧急分闸,由当班值班长组织指挥事故处理。其他人员应坚守岗位,不得擅离责守。

2.11 事故处理步骤:

2.11.1 断开事故端电源开关。

2.11.2 进行事故抢救。

2.11.3 保护好事故现场。

2.11.4 同时向总值班长和启动委员会报告。

如事故开关无法分断时应断开上一级开关。

第三节 低压开关室安全运行

3.1 低压开关室具备条件后应采取封闭措施,非调运行工作人员不得入内。

3.2 首次送电前应检查各线路绝缘电阻,不得低于 0.5 MΩ,核对相序正确,特别是多拼电缆供电的各相拼接必须相对应,不得差错。

3.3 对电缆末端不具备送电的受电开关必须加锁严禁送电,设备检修中的受电开关上必须悬挂"禁止合闸、有人工作"的警告牌。

3.4 机组设备运行中，严禁停断相关的辅机电源开关，如直流屏电源、微机电源、风机电源、液压启闭机电源等。如因故必须断电，应通过值班长下达停主机命令。

3.5 发生电气火灾时必须用干粉灭火器来灭火。

第四节 液压启闭机安全运行

4.1 液压启闭机和闸门按顺序编号，旋转机械上画有箭头，指示旋转方向。

4.2 启动过程中应监听设备的声音，并注意振动等其他异常情况。

4.3 检查各阀件是否在正确位置。

4.4 检查各管道接头及闸阀处有无渗漏油情况。

4.5 检查回油箱油位指示是否正常。

4.6 缸体和活塞无明显变形或损伤，整体无锈蚀，焊缝无裂纹、开焊，紧固件无缺损，连接牢固可靠。

4.7 指示系统：各类信号指示完好无损，表计无缺损，指示正确，开高指示清晰、准确。

4.8 闸门门体无影响安全的变形、锈蚀，无焊缝开裂、螺栓及铆钉松动；支承行走机构运转灵活；止水装置完好，门槽、门坎无损坏。

4.9 闸门止水装置密封可靠，闭门状态时无翻滚、冒流现象；止水橡皮出现严重的磨损、变形、自然老化现象或漏水量超过规定值的应更换；止水压板严重锈蚀时应更换；压板螺栓、螺母不齐全时补全。

4.10 检查油泵、电机运行声音是否正常。

4.11 运行期间，上下游发生危及人身安全时，应紧急关闭闸门。

第五节 水泵机组安全运行

5.1 检查电机外壳接地，接地均应良好。

5.2 检查油位正常。

5.3 检查进出水流道应无影响主机泵安全运转的障碍物。禁止人员在泵站附近河道内游泳、捕鱼。

5.4 水泵机组启动时，禁止人员站在机组踏板上。

5.5 水泵机组运行中，禁止触摸带电的高压电缆。

5.6.1 遇有下列情况应紧急停机：①机组强烈振动；②严重的撞击声；③有焦糊异味；④电机线圈、轴承温度接近上限并有急剧上升趋势；⑤发生在该机组上的人身事故；⑥进水流道有人落水；⑦其他非停机不能挽救的意外情况。

5.6.2 值班人员发现以上所述异常情况应当紧急停机，停机后应及时向当班班长汇报，并积极配合事故处理。事后及时向总值班长说明情况。

5.6.3 紧急停机后，应注意液压快速工作闸门关闭情况，以防机组倒转。

5.6.4 事故停机后应及时断开相关电源，摇出高压开关柜相关断路器至断开位置。

第四章　泵站工程运用原则

八里湾泵站调度运用遵循整个南水北调东线的调度原则,防洪调度服从东平湖防洪调度运用原则。

第一节　调水运用原则

八里湾泵站是南水北调东线工程梯级调水中的最后一级,其调度运用方式应遵循整个东线工程的调水原则。

八里湾泵站从柳长河抽水入东平湖老湖区,其站上水位主要取决于东平湖水位变化情况,其站下水位取决于柳长河输水水位。

东平湖是确保黄河下游防洪安全的滞洪水库,同时老湖区承纳大汶河来水,其首要任务是防洪,其次是调节大汶河来水,最后是调节南水北调东线工程水量。因此,南水北调东线第一期工程采用的水量调度原则为:利用老湖区调蓄江水,蓄水位不影响黄河防洪运用,并满足胶东输水干线和穿黄工程设计引水水位39.30 m的要求。

根据水利部黄委黄汛〔2002〕5号文,东平湖老湖区7~9月汛限水位为40.80 m,10月汛限水位41.30 m,警戒水位41.80 m。因此,东线第一期工程东平湖水位控制按以下条件考虑:①大汶河来水蓄水水位7~9月按40.80 m控制,10月至翌年6月按41.30 m控制;②当湖水位低于39.30 m时调江水补充水库蓄水,充库上限水位按39.30 m控制;③当湖水位高于39.30 m时,八里湾泵站抽水入湖水量和出湖向鲁北、胶东送水的水量相平衡,此时既不挤占库容,又不占用大汶河当地水资源。按以上条件,南水北调东线工程的控制运用水位均低于目前东平湖汛限水位,不会对其防汛造成影响。

泵站第一期工程在规划调水位站下36.42~37.30 m、站上38.80~41.30 m的情况下,均可进行正常调水,当新湖区出现涝水,梁济运河水位高,不能自排,且现有的排涝设施不能满足排涝要求时,则可启动本站排涝;当汛期老湖区滞洪时,关闭泵房出水侧防洪闸门挡洪;当老湖区和新湖区均滞洪时,则泵房进、出水侧防洪闸门均关闭,确保泵房安全。

第二节　东平湖水库防洪运用原则

(1)当汶河发生较大洪水,黄河孙口站洪水流量小于10 000 m³/s时,根据汶河洪洪量及出湖能力情况,确定只用老湖或全湖运用。

(2)当花园口发生13 000~15 000 m³/s的洪峰(相应孙口站洪峰流量10 000~13 500 m³/s),视孙口站大于10 000 m³/s的水量和汶河来水情况,确定新、老湖运用方式。

（3）当花园口发生 15 000 ~ 22 000 m³/s 的洪峰（相应孙口站洪峰流量 12 300 ~ 17 500 m³/s），视孙口站大于 10 000 m³/s 的水量和汶河来水情况，确定新、老湖运用方式。

（4）当花园口发生 22 000 m³/s 以上的超标准洪水时，按上级下达的分洪方案运用。

当孙口站实测洪峰流量达 10 000 m³/s 且有上涨趋势时，首先运用老湖；当老湖区分洪能力小于黄河要求分洪流量或洪量，即需求分洪量大于老湖区的分洪能力 3 500 m³/s 或需求洪量大于老湖区的容积时，新湖区投入运用。也就是说，孙口站洪水流量不超过 17 500 m³/s 的情况下，东平湖分洪后可控制黄河流量不超过 10 000 m³/s。

大清河直接注入东平湖老湖区，其来水大小直接影响东平湖分蓄黄河洪水能力，大清河戴村坝以下堤防随滞洪区工程同时建设。根据《黄河下游 2001 年至 2005 年防洪工程建设可行性研究报告》（黄河水利委员会勘测规划设计研究院，2002 年 4 月），大清河戴村坝以下防洪工程的设防标准为老湖区 44.8 m 时大清河尚留泽站发生 7 000 m³/s 流量的洪水，左岸防洪标准为 50 年一遇，右岸为 30 年一遇。根据《山东省黄河流域防洪规划报告》（山东省水利厅，1999 年 12 月），为确保大清河及东平湖湖堤的安全，当戴村坝水文站洪水流量超过设计标准时，且发生黄汶洪峰相遇，东平湖区水位超过设计防洪水位，湖区洪水外排受阻，而且大汶河上游大雨不停，虽经全力抢险，东平湖仍有决口漫溢的危险，可启用稻村洼滞洪区分洪，以减少灾害损失。若出现黄河顶托严重，北排、南排受阻，造成湖水位急剧升高的险恶局面，启用稻村洼滞分洪，确保老湖区水位不超过 44.8 m，新湖区水位不超过 43.8 m。

八里湾泵站本身具有防洪功能，当汛期老湖区滞洪时，关闭泵房出水侧防洪闸门挡洪；当老湖区和新湖区均滞洪时，则泵房进、出水侧防洪闸门均关闭，确保泵房安全。本泵站非汛期运行时，闸门开启，保证渠道正常输水；汛期泵站停机，闸门封闭，防止运河洪水倒灌，保证泵站枢纽安全。

第三节　水机操作运用要求

（1）泵站站上水位最高调水位 41.40 m（出水池水位），站下最低调水位 35.62 m（进水池水位），最高扬程 5.78 m（特征扬程），设计调水流量为 100 m³/s。

（2）本泵站运行控制方式：

八里湾泵站设计流量为 100 m³/s。泵站设计净扬程为 4.78 m，平均净扬程为 4.15 m，最小净扬程为 1.90 m，最高净扬程为 5.78 m。

泵站选用《水利部南水北调工程水泵模型天津同台测试成果报告》中的 TJ04 - ZL - 19 号水力模型。

泵站共安装 3150ZLQ33.4 - 4.78 型立式轴流泵 4 台（其中备机 1 台），单泵设计流量为 33.4 m³/s，水泵转速为 115.4 r/min，水泵与电动机采用直联传动，配套电动机功率为 2 800 kW。

水泵采用肘形进水流道，平直管出水流道，水泵叶轮中心高程为 31.62 m。

为了满足泵站高效、稳定运行和便于流量调节及机组启动等要求，水泵叶片采用液压全调节方式。

　　水泵启动前,应对以下内容进行检查:检查水泵机组的内部、外部情况,检查油位是否合适、连接螺丝是否松动等;检查电气系统是否处于闭合状态,各电气设备、元件是否正常;检查上下游河道是否顺畅,各闸门的开关是否符合设计要求。

　　水泵要按既定的开机流程完成开机,为保证进、出水平稳顺畅,水泵开始启动时,应先将水泵转速按使用说明规定的启动速度。

　　水泵运行:根据所需流量调节水泵叶片角度(因水泵转速不可调),并检查所有运行参数,如进出口压力、油位、电流、温度、振动和流量等。

　　停机:按既定的停机流程完成停机。

第四节　　排涝运行原则

　　由于八里湾泵站的建设,增加了新湖区的排涝能力,当新湖区出现涝水,梁济运河水位高,不能自排,且现有的排涝设施不能满足排涝要求时,则可启动本站排涝,将新湖区涝水排入老湖区。

第五章 初期试运行情况

第一节 试运行的组织

由《南水北调东线第一期工程八里湾泵站枢纽工程机组试运行方案试运行工作报告》可以了解试运行的情况。

2013年5月15日,现场管理单位向南水北调东线山东干线有限责任公司报送了《关于八里湾泵站枢纽工程机组试运行方案》,2013年5月19日向南水北调东线山东干线有限责任公司报送了《八里湾泵站机组试运行验收申请》,南水北调东线山东干线有限责任公司同意由山东省南水北调东线八里湾泵站工程建设管理局主持并组织水泵机组试运行验收。

试运行验收委员会由山东省南水北调工程建设管理局、南水北调山东干线有限责任公司、山东省南水北调两湖段建管局、八里湾泵站建管局、质量监督机构、特邀专家,以及工程建设、设计、监理、施工、主要设备供应(制造)厂商、运行管理单位等组成。

试运行验收工作组具体组织实施试运行工作,工作组下设高低压室及GIS室操作班、出口断流液压闸门控制操作班、主厂房油压供水控制班、机组运行班、工程观测班、现场资料班、综合班六个班组。以项目部为主,成立了试运行小组,组织进行机组设备的启动运行和检修工作。

第二节 试运行要求、程序及步骤

采用长沟、邓楼、八里湾联调方式:

按流量计量测长沟泵站单位流量为 32.1 m^3/s,累计调水931万 m^3。

按流量计量测邓楼泵站 2$^\#$机抽水211.7万 m^3,3$^\#$机抽水293.4万 m^3,4$^\#$机抽水30.9万 m^3。

根据流量曲线计算,八里湾单位流量为26 m^3/s,累计调水267万 m^3,详见表8-5-1。

数据显示,整个运行阶段电机定子绕组最高温度43 ℃,推力轴承最高温度58 ℃,导轴承最高温度48 ℃,最大有功功率1 452 kW,推力轴水平最大振动0.09 mm,推力轴垂直最大振动0.09 mm,流道最大流量约26 m^3/s。

水力观测:运行期间站下水位36.02~36.60 m,站上水位40.80 m,扬程4.20~4.78 m。符合设计工况要求。

4台机组的流量利用流道内安装的超声流量计进行测量:在试运行期间,单机流量约26 m^3/s,联合试运行期间流量约78 m^3/s。

表 8-5-1 南水北调八里湾泵站机组试运行情况统计

机组	开机 时间 （月-日 T 时:分）	停机 时间 （月-日 T 时:分）	运行 时长 （min）	有效 功率 （kW）	定子绕 组温度 （℃）	电机轴 承温度 （℃）	水泵轴 承温度 （℃）	水平 振动 （mm/s）	垂直 振动 （mm/s）	流量 （m³/s）
1#	05-19T15:33	05-19T16:13	40	1 452	42	47	22	0.09	0.09	
	05-19T20:46	05-19T22:43	117							
	05-20T03:29	05-20T05:07	98							
2#	05-19T15:05	05-19T15:26	21	1 432	43	43	23	0.09	0.09	
	05-19T15:52	05-19T16:13	21							
	05-19T22:42	05-20T02:05	203							
3#	05-19T16:46	05-19T18:46	120	1 305	42	47	22	0.09	0.07	
	05-20T02:00	05-20T03:30	90							
	05-20T07:01	05-20T08:40	99							
4#	05-19T15:57	05-19T16:12	15	1 364	42	48		0.07	0.08	
	05-19T18:41	05-19T20:42	121							
	05-20T05:03	05-20T07:05	124							

按照设计,单机流量要达到 33.4 m³/s,三台机组联合开机应达到 100 m³/s。据管理单位人员反映,未布置流量观测,流量成果查设计曲线获得,在开度最大时流量应能够达到设计流量。试运行报告没有明确泵站实际流量能否满足设计流量要求。报告数据显示,泵站试运行流量没有达到设计流量要求。

(4)辅机:

启闭系统:泵站工作闸门、防洪检修闸门、事故闸门及液压启闭系统启闭正常。

量测系统:上下游扬压力传感器、水位传感器工作基本正常。

清污系统:清污机工作正常。

(5)电气设备:

高、低压系统:设备工作正常,开关动作灵活准确,指示灯、表计显示正常。

控制保护系统:动作准确,工作正常。

(6)相关土建工程:进水渠、清污机桥、进水池、前池、主厂房、出水池、出水渠等建筑物未出现明显异常现象,下游进水流态稳定、平顺,上游出水池无明显湍流,无大量气泡产生;机组运行期间,水泵层未发现明显的渗水现象。

(7)验收结论:试运行期间,进出水水流平顺,过水建筑物未发现异常,主机组、辅机、电气设备、金属结构等基本正常,主要技术参数满足设计要求,同意通过试运行验收技术性验收。

第九篇　安全评估

第一章　安全评估的任务、工作范围、工作内容

第一节　安全评估任务

根据《南水北调工程验收管理规定》《南水北调工程验收工作导则》《南水北调工程验收安全评估导则》，为满足工程验收的需要，受南水北调东线八里湾泵站工程建设管理局的委托，水利部水利水电规划设计总院承担南水北调东线一期工程八里湾泵站竣工验收安全评估工作。

根据已批准的设计文件、现行技术标准，本次评估工作任务是对工程形象面貌、防洪安全、工程地质、土建工程、机电金属结构设备制造与安装、安全监测以及工程初期运行情况进行工程验收安全评估，提出八里湾泵站工程建设验收安全评估报告，为工程验收提供依据。

第二节　工作范围

经与项目法人研究，确定八里湾泵站竣工验收技术鉴定工作范围：土建工程包括进水引渠、清污机（桥）、前池、进水池、泵站主副厂房、出水池、公路桥、出水渠、防洪堤等，设备安装调试工程包括泵站水力机械、金属结构、电气设计及设备安装调试，以及工程安全监测等。

第三节　工作内容

一、工程基本情况

检查了解工程勘测设计与审批过程（审批文件）及工程建设完成情况，掌握工程形象面貌，了解工程初期运用及各类设备试运行情况及调度运用方案，检查安全防护与消防措施是否落实，提出评估意见。

二、工程防洪安全性评估

(1)根据设计依据的水文系列资料,对原设计洪水成果进行评估复核;当施工期发生过较大洪水时,对延长水文系列后的洪水成果进行评估。

(2)了解项目防洪影响评价情况,对工程防洪设计标准及泄水建筑物的泄洪能力、洪水控制运用方案的可靠性进行评估。

(3)根据洪水复核成果,对挡水建筑物的安全超高进行评估。

(4)检查工程建设征地、移民安置、专项设施改建及淹没影响区处理等是否满足工程运用和防洪要求。

(5)评估初期调度运行方案是否符合防洪安全度汛及综合利用要求。

三、工程地质条件评估

(1)对工程区域地质构造、地震动参数变化情况进行综合分析评价。

(2)了解各建筑物施工开挖后的工程地质条件、水文地质条件及变化情况,评估其是否满足建筑物设计要求。

(3)评估泵站工程地质条件,对开挖后的工程地质条件变化,以及对设计采用的地质参数及其试验方法和成果进行评估;了解特殊工程地质问题的处理情况,对不良工程地质问题的处理措施进行评估。

(4)对天然建筑材料是否满足工程建设要求进行评估。

四、土建工程安全评估

(1)评估泵站工程等级及设计标准是否符合现行规范要求。

(2)评估泵站的选址选型,建筑物布置,结构型式的合理性、安全性。

(3)对初步设计审定后的主要设计变更的合理性进行评估,并检查重大设计变更的审批程序是否符合相关要求。

(4)检查水工模型试验成果及应用的情况,对消能防冲等水力设计及稳定、渗流、结构安全性进行评估。

(5)对泵站和交通桥的稳定、渗流、结构及地基设计成果进行评估,对建筑物抗震设计成果进行评估。

(6)评估泵站运行的安全性、可靠性。

(7)对泵站、交通桥建筑物的土建工程施工质量及单位工程验收情况进行评估。对施工过程中的质量缺陷(混凝土裂缝、表面不平整度、变形裂缝等),分析评估其处理措施的合理性以及对建筑物运用的影响。

五、机电设备与金属结构安全性评估

(1)对泵站安装的水泵、电机(含励磁系统)及主要附属设备的设计、制造及安装质量、调试、试运行情况进行检查和评估。

(2)对起重设备(桥机等)的结构、制造、安装、调试以及运行的安全可靠性进行检查和评估。

(3)对辅机系统的设计及主要设备的制造、安装质量、调试、试运行情况进行检查和评估。

(4)检查和评估电气设计合理性、供电安全可靠性。

(5)对计算机监控系统和通信系统的设计、运行安全可靠性进行检查和评估。

(6)对主要电气设备的施工、安装、调试、试运行的安全可靠性进行检查和评估。

(7)对泵站进出口及节制闸的金属结构闸门、启闭机、拦污栅、清污机以及泵站出水口闸阀的设计、制造、安装、调试,以及运行的安全可靠性进行检查和评估。

六、工程安全监测

(1)检查评估工程安全监测设计成果的合理性。

(2)对监测设备的安装埋设(包括设备率定、埋设施工、初始值测定、设备完好率检查、建设期监测工作及资料整编)与监测系统情况进行评估。

(3)检查评价建筑物施工期安全监测资料分析成果,对监测数据的可靠性、完整性及监测成果反映的建筑物的运行安全状态进行评估。

七、工程总体安全性评估

(1)根据工程形象面貌、工程防洪、地质条件、土建工程、机电设备与金属结构、安全监测有效性等评估结果,对工程总体安全性进行评估,提出安全评估结论意见。

(2)提出对工程遗留问题处理、调度运行以及后续未完工程安排的建议。

第二章 工程建设过程与形象面貌

第一节 工程建设过程

2010年11月1日主泵房土建工程开工建设,2012年11月16日完工。

2011年4月3日清污机桥工程开工,2012年8月29日完工。

2011年4月14日公路桥工程开工,2013年1月8日完工。

2011年4月15日进水渠工程开工,2013年4月16日完工。

2012年11月10日出水渠工程开工,2013年4月20日完工。

2011年4月20日进水池工程开工,2013年8月16日完工。

2011年5月1日前池工程开工,2013年2月4日完工。

2012年9月1日出水池工程开工,2013年8月16日完工。

2012年10月15日4台水泵机组分别开始安装,2013年5月12日全部安装完成。

2012年10月16日闸门设备开始安装,2013年5月9日全部安装完成。

2013年5月19日1#~4#水泵机组、电气设备安装、辅助设备安装分部工程通过验收。

2013年5月20日,机组试运行初步验收。

2013年6~7月,各机组按设计流量初期运用。

第二节 当前工程形象面貌

截至2013年5月26日,主泵房、主副厂房主体工程完成,安装间、副厂房内外装修正在进行;进水渠、清污机桥、前池、进水池、公路桥工程全部完成;主水泵及附属设备安装工程已完成,并已试运行通水验收;金属结构设备已全部安装,启闭设备已接入永久供电电源,完成了无水手动调试;电气工程除综合自动化系统工程外已按设计的项目和内容施工完成。

未完工程量主要有:出水渠入湖口水下,站区平台拌和站占压区土方回填,新筑堤防现浇混凝土护坡等。环评、水保、消防、档案等尚未进行专项验收。

第三章　工程防洪安全

第一节　工程等级与防洪标准

八里湾泵站工程调水设计流量为 100 m³/s。按照《防洪标准》(GB 50201—1994)及《泵站设计规范》(GB/T 50265—1997)和初步设计审查意见,本工程为 I 等工程,主要建筑物包括泵房、前池、进水池、出水池为 1 级;新建堤防(裁弯取直段)标准为 2 级;次要建筑物包括清污桥、进水渠、出水渠、站区内挡墙、非防渗范围内翼墙等为 3 级;根据《公路桥涵设计通用规范》(JTG D60—2004),确定横跨出水渠连接东平湖新建堤防的公路桥荷载标准为公路-II级,站区对外交通公路按三级公路标准,设计汽车荷载等级为公路-II级。

八里湾泵站工程设计洪水标准采用 100 年一遇,校核洪水标准为 300 年一遇。

第二节　工程防洪能力

一、流域暴雨洪水特性

八里湾泵站工程是南水北调东线第一期工程南四湖—东平湖段输水与航运结合的组成部分,位于山东省东平县境内东平湖新湖滞洪区,是南水北调东线工程的第十三级泵站,也是黄河以南输水干线最后一级泵站,站下进水渠接新湖区柳长河,站上出水渠东平湖老湖区。

东平湖位于山东省西部,大汶河下游大清河入黄河口处,又是黄河下游南岸的滞洪区,在黄河防洪体系中具有很重要的作用,在最高滞洪水位时,东平湖面积为 627 km²,其中新湖区为 418 km²,老湖区为 209 km²。

八里湾泵站工程所在地区属暖温带半湿润季风气候,一年中四季分明,春季天气多变,干旱、多风、少雨,夏季炎热多雨,秋季晴爽,冬季寒冷干燥。

降水年内分配不均,多年平均降水量为 640 mm,7～9 月汛期三个月降水量为 399 mm,占年降水量的 62%;区内多年平均气温为 13.2～13.6 ℃,最高月平均气温 27 ℃,最低月平均气温 −2 ℃。

根据《黄河下游 2001 年至 2005 年防洪工程建设可行性研究报告》等分析成果,大汶河大洪水与黄河干流大洪水遭遇的概率很小。

二、初步设计阶段设计洪水计算成果

(一)东平湖入湖洪水计算成果

大汶河属典型的山区河流,洪水汇流时间短,暴雨后 6～10 h 即出现洪峰。从大汶河

戴村坝站资料统计分析,洪水主要由降水形成,洪峰多发生在汛期降水集中的7、8两月;大汶河入湖洪水的年际变化规律与年入湖水量基本一致,20世纪60年代至今入湖洪水呈递减趋势,洪水年际之间变化也很大,实测最大洪水发生在1964年,洪峰流量6 930 m³/s,1983年洪峰63 m³/s,1989年全年没有径流。根据黄河勘测规划设计有限公司编制的黄河流域防洪规划报告,大汶河戴村坝站天然设计洪水成果见表9-3-1。

表9-3-1 大汶河戴村坝站天然设计洪水成果

项别	项目	频率 P(%) 的设计值		
		1	2.0	5.0
天然设计洪水	洪峰流量(m³/s)	10 900	8 950	6 440
	5日洪量(亿 m³)	13.04	10.96	8.30
	12日洪量(亿 m³)	21.98	18.41	13.88

(二)泵站100年一遇和300年一遇设计洪水位成果

根据黄河勘测规划设计有限公司编制的《黄河流域(片)防洪规划》,小浪底建成后,东平湖湖区使用为30~1 000年一遇,新湖区主要作为黄河的滞洪区,相应滞洪水位为43.80 m;老湖区除作为黄河分洪的滞洪区外,还承担着大汶河流域洪水的滞洪任务,老湖最高设计滞洪水位为44.80 m。

八里湾泵站站上100年一遇设计洪水位和300年一遇校核洪水位均为44.8 m,站下100年一遇设计洪水位和300年一遇校核洪水位均为43.8 m。

本阶段大汶河设计洪水和泵站防洪设计水位采用初步设计阶段成果。

三、最高挡洪水位

八里湾泵站本身具有防洪功能,当汛期老湖区滞洪时,关闭泵房出水侧防洪闸门挡洪;当老湖区和新湖区均滞洪时,则关闭泵房进、出水侧防洪闸门。泵站站下100年一遇设计洪水位和300年一遇校核洪水位采用新湖区滞洪控制水位43.80 m,站上100年一遇设计洪水位和300年一遇校核洪水位采用老湖区滞洪控制水位44.80 m。八里湾泵站特征水位见表9-3-2。

表9-3-2 泵站特征水位   (单位:m)

特征水位	进水池(站下)	出水池(站上)
设计水位	36.12	40.90
最低水位	35.62	38.90
最高水位	37.00	41.40
平均水位	36.12	40.27
防洪水位	43.80(新湖区)	44.80(老湖区)

第四章　主要建筑物工程地质

第一节　主泵房、上下游翼墙、进出水池、安装车间和副厂房

一、初步设计阶段勘察

(一)主泵房

底板顺水流方向长 35.5 m,宽 34.7 m,底板底高程 25.6~24.5 m,主泵房地基最大地基应力 285 kPa,建基面高程 25.6~23.7 m 位于⊖层细砂顶部,该层厚 7~11 m,上部(厚 1~2 m)结构松散—稍密,含有黏性土层,承载力标准值 140 kPa。2 m 以下,呈稍密—中密状态,承载力标准值 160 kPa。下伏⊖层中粗砂,厚 0~5 m,呈中密状态,承载力为 180 kPa。⑨层重粉质壤土,厚 9~15 m,夹砂礓层,承载力为 220 kPa,是该区较好的持力层。根据勘探资料,无软弱下卧层。

(二)上、下游翼墙

上、下游翼墙,主要挡土墙底高程分别为 26.3 m、33.26 m,基础分别位于呈软可塑—软塑状态的⑤、③、②层土中。

(三)进、出水池

进水池池底高程为 27.20 m,池底位于⑤层重粉质壤土,边坡涉及的土层有②~⑤层。出水池地面高程为 34.26 m,池底揭露的地层为④、⑤层,边坡涉及的土层有①~⑤层。

(四)副厂房及安装间

副厂房基础底板长 32.2 m,宽 21.5 m,安装间基础底板长 12.7 m,宽 29.3 m。副厂房位于主泵房东侧,安装间位于主泵房西侧,设计建基面高程均为 37.3 m,基础置于回填土上。

二、施工阶段工程地质

施工时主泵房基坑降水效果良好,开挖深 13~14 m,干地施工,在边坡开挖过程中未出现滑塌,开挖最低高程为 23.94~26.0 m。边坡揭露地层为②层淤泥质壤土和淤泥、③层黏土、④层轻粉质壤土、⑤层重粉质壤土、⑥层轻粉质壤土,坑底(泵房处)为⊖层细砂,呈松散状态。

站下翼墙地基高程为 23.74~29.95 m 不等,每侧翼墙分为三块,23.7 m 高程揭露地层为⊖细砂,26.0 m 高程揭露地层为⑤层重粉质壤土,第三块揭露地层有⑤层和④层。

进水池地基揭露地层以⑤层重粉质壤土和⑥层轻粉质壤土为主,局部为⑥-1层细砂。

站上翼墙、出水池位于泵房基坑的边坡上,揭露地层有⑤层重粉质壤土、④层轻粉质壤土和③层黏土,局部为⑥-1层细砂。

安装间、副厂房位于主泵房基坑的边坡位置,回填土料至设计高程,基础置于回填土上。

主要工程地质问题涉及主泵房、翼墙、进出水池边墙等地基土体,安装间、副厂房回填土体等均地基承载力不足,施工时对主泵房地基、站下翼墙地基采用了水泥粉煤灰碎石桩处理;对站上翼墙在按设计高程回填后采用了水泥土搅拌桩处理;对安装间、副厂房采用了钻孔灌注桩基础;对进水池、出水池边墙采取了水泥土搅拌桩处理;对土泵房地基砂层的渗透稳定问题采取了3面围封处理。

安全评估认为:场区土层工程性状差,需进行地基处理,经上述措施后,地基承载力不足、地基渗透稳定、不均匀变形、液化和震陷问题均已解决,处理后的地基条件满足设计要求。

第二节　清污机桥、进出水渠、公路桥

一、初步设计阶段勘察

(一)清污机桥

底板顺水流向长10 m,桥面总长101 m,共16孔,单孔净宽4.55 m,中间8孔底板顶高程为31.30 m。基础位于③层和④层土上,基础下③层厚0.12～1.20 m;④层厚1.2～1.6 m,标贯击数为3.4击;⑤层厚2～3.5 m,标贯击数为5.5击;⑥层厚1～2 m,标贯击数为5.7击;⑦层厚5.2 m,标贯击数为3.4击。③、④层承载力低,地基需进行处理。

(二)进、出水渠

进水渠长约255.0 m,底宽30～43 m,渠底高程为32.8～31.3 m,边坡为1:3～1:3.5。出水渠长约105 m,底宽37.2～30 m,渠底高程为34.26 m,边坡为1:3.5。

进水渠底地层为②、③层,边坡土层主要为②层土;出水渠底位于②层中,边坡土层为①、②层土。②、③层土均为软弱土层。

(三)公路桥

桥长100.0 m,共分5跨,单跨20.0 m,宽8.0 m,其中行车道宽6.0 m,桥面高程47.30 m,设计建基面为34.26 m,采用钻孔灌注桩基础,桩长不等,中间跨桩底高程为1.26 m。桩端位于⑧-1～⑨层土中,⑧-1层底高程10.8～13.6 m,厚11～14 m,承载力为140～160 kPa;⑧-2层底高程为9.7～12.4 m,厚1～3.6 m,承载力为180 kPa;⑨层底高程为－2.5～－0.68 m,厚11 m,承载力标准220 kPa,其下无软弱下卧层。

二、施工期工程地质

清污机桥基坑开挖采用放坡开挖,基坑深约 6 m,边坡采用 1:3.5,边坡在开挖和施工过程中无滑塌,开挖底高程 30.30 m。边坡揭露地层为②层淤泥质壤土和淤泥、③层黏土、④层轻粉质壤土,坑底为④层轻粉质壤土,齿墙底部可见⑤层重粉质壤土。

进水渠底高程由 33.2 m 渐变为 31.3 m,边坡 1:3~1:3.5,渠底地层为③、④层,边坡土层主要为②层土。

出水渠底高程 34.26 m,边坡 1:3.5,渠底位于②层中,边坡土层为①、②层。

公路桥建基面高程为 34.26 m,建基面出露地层为②、③层,均为软弱地层,厚度较大,天然地基强度不满足设计要求。

清污机桥边坡土体稳定性差及承载力低,公路桥等地基土体不能满足地基承载力要求,渠道边坡稳定性差。施工时对清污机桥边坡采用了水泥土搅拌桩复合地基处理;对公路桥采用了钻孔灌注桩基础;对进水渠、出水渠采取了放缓边坡和清除淤泥后回填,局部边坡不稳定部位采取了水泥土搅拌桩等工程处理措施。

安全评估认为:场区土层工程性状差,需进行地基处理。经上述措施后,地基存在的承载力不足、不均匀变形、边坡稳定问题均已解决,处理后的公路桥、清污机桥、进出水渠道地基条件满足设计要求,渠道边坡稳定。从现状来看,进出水渠的不均匀变形和边坡稳定问题已经解决,但是否能保持稳定,尚需工程运行后的长期考验,建议对进出水渠加强巡视,发现问题及时处理。

第三节 堤 防

堤防总长 400.0 m,均质土堤,梯形断面,堤顶宽 8 m,堤顶高程 47.30 m,北侧边坡 1:3,南侧边坡 1:2。建基面土体为①层中粉质壤土,其下卧层为②层淤泥质壤土和③层软黏土,天然地基沉降大,地震时存在震陷问题,采取了深层搅拌桩处理,经处理后的堤基条件满足设计要求。

第四节 天然建筑材料

一、土料

土料场勘探揭露地层主要为重粉质壤土和黏土,局部地方夹少量灰色软泥。土料勘察成果见表 9-4-1。在控制压实度为 0.96 和 0.94 的情况下,上述两种土料的室内力学试验指标如表 9-4-2 所示。土料的黏粒含量和含水量偏高;重粉质壤土自由膨胀率为 50%,黏土为 52%~56%,具有弱膨胀性。

在开采土料前应先降低地下水位,再开采土料。采取翻晒措施,严格控制填土的含水量。

表 9-4-1　土料试验成果与质量技术要求对照

项目	试验成果		土料质量技术要求	比较结果
	重粉质壤土	黏土		
黏粒含量	39.6	47.8	10% ~30% 为宜	不满足
塑性指数	16.6	19.3	7 ~17	基本满足
渗透系数	击实后，5.45×10^{-7} cm/s	击实后，1.25×10^{-6} cm/s	碾压后，$<1 \times 10^{-4}$ cm/s	满足
天然含水量	29.1%	35.3%	天然含水量最好与最优含水量或塑限相近似	含水量大，不满足
最优含水量	25.5%	22.1%		
塑限	23.5%	26.1%		
最大干密度	1.56 g/cm³	1.522 g/cm³	最大干密度应大于天然干密度	满足
天然干密度	1.39 g/cm³	1.47 g/cm³		

表 9-4-2　料场土不同压实度下力学指标

压实度	重粉质壤土					黏土				
	压缩系数（MPa⁻¹）	压缩模量（kPa）	黏聚力（kPa）	内摩擦角（°）	渗透系数（×10⁻⁷ cm/s）	压缩系数（MPa⁻¹）	压缩模量（MPa）	黏聚力（kPa）	内摩擦角（°）	渗透系数 ×10⁻⁷ cm/s
0.96	0.33	5.57	31	5	1.29	0.27	6.59	35	8	1.88
0.94	0.43	4.34	21	4	1.36	0.36	5.06	30	6	2.88

二、砂砾料及块石料

工程区附近无天然砂砾料及块石料，均需外购。经调查，东平县大清河砂料场的黄砂，其储量和质量均满足工程要求；东平县的金山、银山等石料场生产的粗细骨料、块石料，其储量和质量均满足工程要求，均可陆路直接运至工地，运距为 30 ~35 km。

第五节　评价与建议

（1）施工期开挖揭露的工程地质条件与初步设计阶段工程地质勘察成果基本一致，初设阶段的地质参数建议值作为技施阶段设计依据是合适的。基坑局部地段地层的层位及工程性状有少量变化，属正常变化，适当调整地基处理措施是合适的。

（2）根据《中国地震动参数区划图》（GB 18306—2001），地震动峰值加速度为 0.10g，相应地震基本烈度为 7 度。

（3）站址区位于东平湖历史上大堤决口的位置，地势较场区周围低，常年积水。地表附近分布较厚的淤泥质土；地表~第⑤细砂层的上部，厚度达 16 m 地层的性质以软弱土层为主;地下水埋深浅,承压含水层承压水头较高。站址区工程地质条件差,需采取地基处理措施。

(4)主泵房、翼墙、进出水池边墙等地基承载力不足,安装间、副厂房置于回填土上,承载力不足。施工时采取了水泥粉煤灰碎石桩、水泥土搅拌桩、钻孔灌注桩等地基处理措施;对主泵房地基砂层的渗透稳定问题采取了 3 面围封处理。经上述措施后,地基承载力不足、地基渗透稳定、不均匀变形、液化和震陷问题均已解决,处理后的地基条件满足设计要求。

(5)清污机桥边坡土体稳定性差及承载力低,公路桥地基土体承载力不足、进出水渠边坡稳定性差。施工时对清污机桥边坡采用了水泥土搅拌桩复合地基处理;对公路桥采用了钻孔灌注桩基础;对进水渠、出水渠采用了放缓边坡和清除淤泥后回填、边坡局部不稳定部位采取了水泥土搅拌桩等工程处理措施。经上述措施后,地基存在的承载力不足、不均匀变形、液化和震陷问题、边坡稳定问题均已解决,处理后的公路桥、清污机桥、进出水渠地基条件满足设计要求,渠道边坡现状稳定。

(6)新建堤防置于①中粉质壤土上,其下卧层为②层淤泥质壤土和③层软黏土,天然地基沉降大,采取了深层搅拌桩处理,经处理后的堤基条件满足设计要求。

(7)进出水渠边坡分布的地层主要为②层淤泥质壤土,经放缓边坡、清除淤泥回填、局部水泥搅拌桩处理,从现状来看,进出水渠的不均匀变形和边坡稳定问题已经解决,但能否保持长期稳定,尚需工程运行后的长期考验,建议对进出水渠加强巡视,发现问题及时处理。

第五章 土建工程设计

第一节 工程总体布置

泵站站区中心线方位为正北偏西4°,距柳长河入东平湖口384 m。站下进水引渠接柳长河,站上出水渠穿过南堤入东平湖老湖区。

泵房坐落于第⑥土层与第⑧-1土层交界处,土层上部较松软,并存在局部软弱层,不能满足建筑物对地基承载力的要求,故采用水泥粉煤灰碎石桩加固。主要建筑物沿水流方向依次有进水引渠、清污机桥、前池、进水池、泵房、出水池、公路桥、出水渠,另有防洪堤和站区平台等。

主泵房顺水流向长35.5 m,宽34.7 m,上部为13.5 m净跨的排架结构,下部采用4台机组一块底板、钢筋混凝土块基型整体结构,上下主要有三层,上层为安装(电机)层,以下为联轴层、水泵层。泵站采用肘形进水流道,低驼峰平直管出水流道,快速闸门断流,油压启闭机操作。出口设两道快速闸门,外侧为工作门,内侧为事故、检修、防洪及工作备用门。流道进口设防洪兼检修门槽。

主泵房东、西两侧分别布置副厂房和安装间。

进水引渠总长255.0 m,标准设计断面为河底高程31.30 m、底宽43.0 m、两侧边坡1:3.5。新柳长河与进水引渠采用平面收缩、纵向变坡的方式过渡。该段后接长155.0 m的引渠标准段。

清污机桥位于进水渠上,距前池上缘45.0 m,顺水流向长10 m,共16孔,中间8孔共配置8台回转式清污机;两侧斜坡段各4孔采用人工清污。

前池顺水流向长20.5 m,宽32.3~43.0 m,两侧为圆弧形直立式翼墙,上接进水引渠,顺水流向采用1:5向下的纵坡与进水池连接,池底高程由31.3 m渐变至27.2 m。进水池顺水流向长17.0 m,底宽32.3 m,底高程27.20 m,两侧为直线形直立式翼墙,上与前池、下与主泵房进水流道底连接。

出水池长20.0 m,宽32.3~37.2 m,池底高程34.26 m,池底与泵房出水流道出口平顺连接。两侧为直线加圆弧形直立式边墙,钢筋混凝土空箱式结构。

出水渠底宽37.2 m,渠底高程为34.26 m,全长182.0 m,两侧边坡均为1:3.5。在抛石防冲槽后5.25 m处,渠底以1:35的坡度上翘,直接东平湖。

公路桥横跨出水渠,与泵站主泵房相距83.0 m,长100.0 m,桥面净宽6.5 m,两端接裁弯取直新建南堤段。

防洪堤为东平湖老湖区南堤新建裁弯取直段,堤顶高程47.30 m,堤顶宽8.0 m,长约400 m,其中泵站段范围长350 m。

站区平台与新建堤防相结合,由土方填筑而成。平台顶高程为46.10 m,南北向道路中心线距离 140.75 m,东西向 282.25 m。

第二节　进水建筑物

一、工程布置及设计

(一)进水引渠

进水引渠起点接新开挖的柳长河,终点为泵站前池上缘,总长 255.0 m。起始段长 35 m,采用梯形断面,渠底宽 45.0 m,两侧边坡 1:3,渠底高程 33.20 m。过渡段通过平面收缩、纵向变坡的方式过渡,长 65 m,底宽由 45.0 m 渐变至 43.0 m,边坡由 1:3 渐变至 1:3.5,底高程由 33.2 m 渐变至 31.3 m。标准段长 155.0 m,采用梯形断面,底宽 43.0 m,两侧边坡 1:3.5,底高程 31.30 m。

引渠采用厚 30 cm 混凝土护底,护坡上部为混凝土砌块,下部为现浇混凝土,厚度均为 15 cm,其下为厚 10 cm 碎石垫层。

(二)清污机桥

清污机桥位于进水渠上,距前池上缘 45.0 m,采用钢筋混凝土箱涵式结构。顺水流向长 11.5 m,共 16 孔,单孔净宽 4.55 m。中间段主孔共 8 孔,平底板基础,4 孔 1 联,共 2 联,底板顶高程 31.30 m,底板厚 0.90 m。两岸为斜坡式,左、右两侧各 4 孔,底板厚 0.9 m。桥中墩厚 0.7 m,缝墩厚 0.59 m,桥面宽 7.6 m,桥面高程 39.30 m。中间 8 孔配置 8 台回转式清污机。两侧斜坡段 8 孔分别设置拦污栅,人工清污,皮带运输机清运污物。

清污机桥中间 8 孔基础位于第⑤层重粉质壤土上,该层土承载力满足要求。两侧各 4 孔基础位于成层土软基上,采用水泥土搅拌桩进行处理。

(三)前池及进水池

前池顺水流方向长 20.5 m,两侧为圆弧形直立式翼墙,底坡 1:5,池底高程由 31.3 m 渐变至 27.2 m,宽度由 43.0 m 渐变至 32.3 m。进水池顺水流方向长 17.0 m,两侧为直线形直立式翼墙,底宽 32.3 m,底高程 27.20 m。前池、进水池均采用钢筋混凝土底板,厚 0.6 m。由于泵站基础含有承压水层,为解决泵站和翼墙稳定以及底板抗浮稳定问题,在前池和进水池底板设置 $\phi 100$ 排水孔和 $\phi 300$ 减压井。排水孔间距 1 m,下设 3 层反滤,从下至上分别为中粗砂、瓜子片和碎石。前池底板下反滤层厚度为 70 cm,进水池底板下反滤层厚度为 80 cm。

前池、进水池两侧翼墙均为钢筋混凝土空箱式结构,墙顶高程 39.50 m。为解决天然地基承载力不足的问题,翼墙地基采用水泥土搅拌桩和水泥粉煤灰碎石桩处理,其中Ⅰ区采用水泥粉煤灰碎石桩进行处理,Ⅱ区和Ⅲ区采用水泥土搅拌桩进行处理。水泥土搅拌桩和水泥粉煤灰碎石桩桩径均采用 50 cm。

二、进水引渠边坡稳定计算

设计采用河海大学编制的边坡稳定分析程序 slope 对进水引渠边坡进行了整体抗滑稳定计算,计算方法为瑞典圆弧法。计算简图及计算成果分别见图 9-5-1 和表 9-5-1。

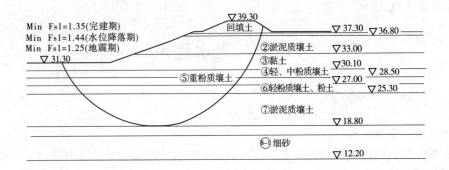

Min Fs1=1.35(完建期)
Min Fs1=1.44(水位降落期)
Min Fs1=1.25(地震期)

▽39.30 回填土   ▽37.30 ▽36.80
②淤泥质壤土   ▽33.00
③黏土   ▽30.10
④轻、中粉质壤土   ▽28.50
▽27.00
⑥轻粉质壤土、粉土   ▽25.30
⑦淤泥质壤土
▽18.80
⑧-1 细砂
▽12.20

▽31.30
⑤重粉质壤土

图 9-5-1　进水引渠边坡稳定计算简图

表 9-5-1　进水引渠边坡抗滑稳定计算成果

序号	计算工况	安全系数	
		计算值	允许值
1	完建工况	1.35	1.25
2	水位降落	1.44	1.25

计算成果表明,进水引渠边坡抗滑稳定安全系数满足规范要求。

三、清污机桥结构计算

(一)抗滑稳定和基底应力计算

清污机桥抗滑稳定和基底应力计算取中间 4 孔 1 联桥段作为计算单元,荷载组合与计算公式参照《水闸设计规范》(SL 265—2001)的规定采用。计算成果见表 9-5-2。

表 9-5-2　清污机桥抗滑稳定和基底应力计算成果

计算工况	水位组合(m)	稳定安全系数		最大应力 (kPa)	最小应力 (kPa)	平均应力 (kPa)	地基允许承载力 (kPa)	不均匀系数	
	桥前/桥后	计算	允许					计算	允许
完建工况	—	—	—	92.7	54.4	73.6		1.70	2.0
设计工况	36.42/36.12	15.3	1.35	85.3	47.6	66.5	120	1.79	2.0
校核工况	37.30/37.00	11.0	1.20	84.7	44.3	64.5		1.91	2.0

计算成果表明,清污机桥抗滑稳定安全系数和地基承载力满足规范要求。

(二)结构计算

清污机桥结构计算采用河海大学 SGR 软件,根据结构计算并按限裂设计,底板实配钢筋 ϕ 25@200 mm,顶板实配钢筋 ϕ 20/ϕ 16@100 mm,底板最大裂缝宽度 0.235 mm < 0.25 mm,顶板最大裂缝宽度 0.154 mm < 0.25 mm,满足规范要求。

四、泵站进水翼墙结构计算

（一）抗滑稳定计算

抗滑稳定采用《水闸设计规范》（SL 265—2001）推荐的抗剪公式进行计算。翼墙底面与基础之间的摩擦系数取 0.35。抗滑稳定计算成果见表 9-5-3。

表 9-5-3　泵站进水翼墙抗滑稳定计算成果

编号	计算工况	水位组合 墙前/墙后（m）	抗滑稳定安全系数	
			计算	允许
第一节	完建工况	—	1.90	1.35
	设计运行	36.12/36.62	1.39	1.35
	设计防洪	43.80/43.80	1.96	1.35
	地震工况	36.12/36.12	1.31	1.10
第二节	完建工况	—	1.67	1.35
	设计运行	36.12/36.62	1.41	1.35
	设计防洪	43.80/43.80	1.81	1.35
	地震工况	36.12/36.12	1.26	1.10
第三节	完建工况	—	2.03	1.35
	设计运行	36.12/36.62	1.93	1.35
	设计防洪	43.80/43.80	1.47	1.35
	地震工况	36.12/36.12	1.70	1.10

计算结果表明，泵站进水翼墙抗滑稳定安全系数满足规范要求。

（二）基底应力及地基允许承载力计算

翼墙基底应力采用常规的偏心受压公式进行计算，复合地基允许承载力采用国家标准《建筑地基处理技术规范》（JGJ 79—2012）中计算公式进行计算。翼墙基底应力和复合地基允许承载力计算成果见表 9-5-4。

表 9-5-4　泵站进水翼墙地基应力计算成果

部位	计算工况	水位组合 墙前/墙后（m）	最大应力（kPa）	最小应力（kPa）	平均应力（kPa）	复合地基允许承载力（地基处理后）	不均匀系数	
							计算	允许
第一节	完建工况	—	266	217	242	250	1.23	2.5
	设计运行	36.12/36.62	185	161	173		1.15	2.5
	设计防洪	43.80/43.80	186	119	153		1.57	2.5
	地震工况	36.12/36.12	195	161	178		1.21	3.00

部位	计算工况	水位组合墙前/墙后（m）	最大应力（kPa）	最小应力（kPa）	平均应力（kPa）	复合地基允许承载力（地基处理后）	不均匀系数 计算	不均匀系数 允许
第二节	完建工况	—	245	146	196	200	1.68	2.5
	设计运行	36.12/36.62	176	104	140		1.68	2.5
	设计防洪	43.80/43.80	137	107	122		1.28	2.5
	地震工况	36.12/36.12	173	136	155		1.27	3.00
第三节	完建工况	—	108	76	92	30	1.42	2.5
	设计运行	36.12/36.62	105	66	86		1.59	2.5
	设计防洪	43.80/43.80	80	49	65		1.63	2.5
	地震工况	36.12/36.12	119	62	91		1.92	3.00

计算结果表明,泵站进水翼墙地基经处理后,地基承载力满足规范要求。

(三)沉降计算

选用翼墙高度最大断面,采用分层总和法,对进水翼墙沉降进行计算。计算最大沉降值为 6.4 cm,满足规范要求。

第三节　出水建筑物

一、工程布置及设计

(一)出水池

出水池与主泵房出口相接,总长 20.0 m。两侧为直线接圆弧形直立式翼墙,采用钢筋混凝土空箱式结构,墙顶高程 47.30 m。池底与泵房出水流道出口平顺连接,底板顶高程 34.26 m,厚 0.7 m,宽度由 32.3 m 渐变至 37.2 m。

(二)出水渠

出水渠与出水池相接,总长 182.0 m,由 4 段组成。紧接出水池的一段为 40.0 m 长直线段,该段底宽 37.2 m,底高程 34.28 m。后接 15 m 收缩段,底宽由 40 m 收缩为 30.0 m,底高程不变。然后接 50.0 m 长直线段,底宽 30 m,底高程 34.26 m。最后,渠底以 1:35 的缓坡段接东平湖,该段长 77.0 m,高程由 34.26 m 渐变至 36.46 m。出水渠两侧边坡均采用 1:3.5,池底采用混凝土进行防护,混凝土厚 30 cm,两侧采用混凝土进行护坡,厚 20 cm。出水渠末端采用厚 20 cm 土工模袋混凝土护坡。

经计算,出水渠左侧边坡抗滑稳定不满足要求,设计采用水泥土深层搅拌桩对左侧边坡进行了处理,搅拌桩桩径为 500 mm,桩长为 9.0 ~ 15.0 m,置换率 $m = 11.5\%$。右侧边坡天然地基满足抗滑稳定要求,未进行处理。

(三)公路桥

新建公路桥位于出水渠上,轴线距主泵房出口边缘 83.0 m,横跨泵站出水渠,两侧与东平湖老湖区南堤新建的裁弯取直段连接。桥梁全长 100.0 m,桥面净宽 6.5 m,桥面高程 47.30 m。汽车荷载等级采用公路 - Ⅱ级,设计洪水为 50 年一遇,设计洪水位为 44.8 m。

桥梁上部结构采用预应力钢筋混凝土简支空心板结构,单跨 20.0 m,共 5 跨。桥梁支撑采用排架结构,排架柱采用圆形,直径 1.3 m。基础为钢筋混凝土钻孔灌注桩,桩径 1.5 m,桩长 27.0 ~ 29.0 m,桩顶高程 34.26 ~ 38.30 m,桩底高程 7.26 ~ 9.30 m。桥台为钢筋混凝土轻型结构,基础采用钢筋混凝土钻孔灌注桩,桩径采用 1.2 m,设计桩长 29.0 m,桩顶高程 40.8 m,桩底高程 11.8 m。中跨桥面距地面较高,为减少桥梁纵向位移,在中跨桩承台四周局部换填水泥土。桥面板支座采用固定支座和橡胶滑板支座两种型式,固定支座设置在两边跨的内侧桥墩上,其余桥墩上均设置滑板支座。

二、泵站出水翼墙结构计算

(一)抗滑稳定计算

泵站出水翼墙抗滑稳定计算方法及工况和进水翼墙相同,翼墙底面和基础之间摩擦系数取 0.35,抗滑稳定计算成果见表 9-5-5。

表 9-5-5 泵站出水翼墙抗滑稳定计算成果

部位	计算工况	水位组合 墙前/墙后(m)	抗滑稳定安全系数	
			计算	允许
第一节	完建工况	—	1.87	1.35
	设计运行	41.40/41.40	1.73	1.35
	设计防洪	44.80/44.80	1.85	1.35
	地震工况	40.90/40.90	1.38	1.10
第二节	完建工况	—	1.59	1.35
	设计运行	41.40/41.40	1.45	1.35
	设计防洪	44.80/44.80	1.57	1.35
	地震工况	40.90/40.90	1.29	1.10

计算结果表明,泵站出水翼墙抗滑稳定安全系数满足规范要求。

(二)基底应力计算及地基允许承载力计算

泵站出水翼墙基底应力计算方法、工况以及复合地基允许承载力计算方法和进水翼墙相同。翼墙基底应力计算成果及复合地基允许承载力计算成果见表 9-5-6。

表 9-5-6　泵站出水翼墙地基应力计算成果

部位	计算工况	水位组合墙前/墙后（m）	最大应力（kPa）	最小应力（kPa）	平均应力（kPa）	复合地基允许承载力	不均匀系数	
							计算	允许
第一节	完建工况	—	271	204	238	250	1.33	2.5
	设计运行	41.40/41.40	230	162	196		1.42	2.5
	设计防洪	44.80/44.80	214	105	160		2.05	2.5
	地震工况	40.90/40.90	200	148	174		1.35	3.00
第二节	完建工况	—	246	134	190	200	1.84	2.5
	设计运行	41.40/41.40	235	111	173		2.12	2.5
	设计防洪	44.80/44.80	161	86	124		1.87	2.5
	地震工况	40.90/40.90	227	135	181		1.68	3.00

计算结果表明,泵站出水翼墙基础在经过处理后,地基承载力满足规范要求。

三、出水渠边坡稳定计算

设计采用河海大学编制的边坡稳定分析程序 slope 对出水渠左侧边坡的整体抗滑稳定进行了计算,计算简图及计算成果分别见图 9-5-2 和表 9-5-7。

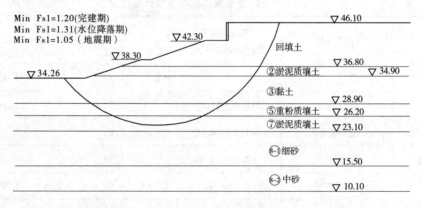

图 9-5-2　出水渠左侧边坡稳定计算示意图(处理前)

表 9-5-7　出水渠左侧边坡抗滑稳定计算成果

计算工况	安全系数		
	处理前计算值	处理后计算值	允许值
完建工况	1.20	1.51	1.25
水位降落	1.31	1.97	1.25

计算成果表明,经处理后的出水渠左侧边坡抗滑稳定安全系数满足规范要求。

第四节　堤防与站区平台

一、工程布置及设计

(一)堤防

防洪堤为东平湖老湖区南堤的裁弯取直段,与泵站出水渠公路桥相接。东平湖老湖区南堤原为4级堤防,设计堤顶高程46.80 m,堤顶宽6.0 m。据调查,东平湖堤防等级将提高为2级,本次防洪堤按2级堤防进行设计。

本工程防洪堤总长400.0 m(不含公路桥),其中站区范围内标准段长350 m,两端过渡段长50 m。堤型采用均质土堤,梯形断面。按《堤防工程设计规范》(GB 50286—2013)计算,堤顶超高为2.29 m,设计取2.50 m,设计堤顶高程为47.30 m。堤顶宽度采用8.0 m。迎水侧边坡坡比取1∶3,堤脚平台顶高程为42.30 m。背水侧边坡坡比为1∶2,坡脚即站区平台顶高程为46.10 m。迎水侧采用厚20 cm混凝土护坡、护脚,背水侧采用草皮护坡。堤顶道路按三级公路标准设计,采用沥青路面,双车道,路面净宽6.0 m,两侧路肩宽各1.0 m。

根据地质条件,堤基上部为软弱土层,遇地震时,有震陷的可能。按《堤防工程设计规范》(GB 50286—2013)计算,堤基沉降量较大。为减小沉降量,并考虑与公路桥衔接,设计采用水泥土深层搅拌桩对堤基进行处理。搅拌桩桩径采用500 mm,平均桩长10.0 m,置换率$m = 11.5\%$。

(二)站区平台

站区平台主要用于泵站工程管理,平台分东、西两区,东区主要布置办公管理用房,西区为辅助生产区。平台由土方填筑而成,与防洪堤相结合,南北道路中心线距离140.75 m,东西道路中心线相距282.25 m。东平湖老湖区设计洪水位44.80 m,为满足泵站运行管理和防洪要求,平台顶高程取46.10 m。平台边坡坡比为1∶3,高程41.30 m处设戗台,宽2.0 m。边坡采用混凝土框格草皮防护。

站区平台基础存在软弱土层,平台填土高达8.0～9.0 m。为满足边坡稳定要求,对平台边坡部分地基采用水泥土搅拌桩处理。搅拌桩桩径$d = 500$ mm,设计桩长为10.0～12.0 m,置换率m为11.5%。另外,为解决地基承载力问题和震陷问题,对站区建筑物地基采用预制混凝土管桩进行了加固。

二、堤防稳定及沉降计算

(一)稳定计算

选用典型断面,采用河海大学编制的边坡稳定分析程序slope对防洪堤边坡进行整体抗滑稳定计算,计算方法采用瑞典圆弧法,计算参数采用天然地基参数,计算成果见表9-5-8。

表 9-5-8　防洪堤抗滑稳定计算成果

计算工况	水位组合(m)	安全系数	
	堤内/堤外	计算值	允许值
完建工况		1.50	1.30
水位降落	44.80/42.80	1.89	1.30

计算成果表明,堤防在未经地基处理的情况下,整体抗滑稳定安全系数即可满足规范要求。

(二)沉降计算

按《堤防工程设计规范》(GB 50286—2013)中规定的计算方法,分别选取公路桥东、西两侧堤防各一个断面进行了计算,计算成果见表 9-5-9。

表 9-5-9　堤防堤基最终沉降量计算成果

堤防堤基沉降量(cm)	
天然堤基	复合堤基
71.6~76.8	30~31

计算成果表明,堤基处理前,堤基沉降较大,经处理后堤基沉降减少。

(三)站区平台边坡稳定计算

利用河海大学编制的边坡稳定分析程序 slope,并采用瑞典圆弧法对站区平台边坡进行整体抗滑稳定计算,计算成果见表 9-5-10。

表 9-5-10　站区平台边坡抗滑稳定计算成果

计算断面	计算工况	水位组合(m)	安全系数		
		坡内/坡外	处理前	处理后	允许值
1	完建工况	—	1.11	1.48	1.25
	水位降落	43.80/41.80	1.45	1.66	1.25
2	完建工况	—	1.14	1.49	1.25
	水位降落	43.80/41.80	1.54	1.69	1.25

计算成果表明,经地基处理后,平台边坡抗滑稳定安全系数满足规范要求。

第五节　主要设计变更

一、主泵房设计优化

（一）主泵房结构

主泵房进、出水流道根部墩墙初设阶段全部采用钢筋混凝土结构,考虑到尺寸较大,施工图阶段采用先内部砌石后外部浇筑钢筋混凝土结构,使工程投资有所节省,并降低了混凝土水化热,减少了混凝土结构的温度裂缝。同时,考虑到墩墙上、下部结构受力不同,施工图阶段在联轴层开始采用变截面,厚度由原设计1.30 m变为1.00 m,使工程投资有所节省。

（二）主泵房地基处理

初设阶段,主泵房地基处理采用水泥土深层搅拌桩复合地基,施工图阶段采用水泥粉煤灰碎石桩(CFG)复合地基。优化后,工程投资有所节省,承载力得到进一步提高,主泵房地基沉降进一步减少。

二、其他设计变更

(1)进、出水渠由原设计浆、干砌石护底、护坡变更为混凝土护底、护坡。

(2)初设阶段,进水翼墙Ⅰ区地基为水泥土搅拌桩复合地基,施工阶段变更为水泥粉煤灰碎石桩复合地基。

(3)新建防洪堤迎水侧护坡由干砌石护坡变更为混凝土护坡,并增设混凝土护脚。

(4)副厂房增设电梯与相应的电梯井及观景塔楼。

(5)管理区建筑物地基处理由水泥土搅拌桩变更为预制混凝土管桩。

(6)初设阶段,泵站回填土方利用柳长河开挖弃土。由于八里湾泵站和柳长河分属两个标段,地域也不同,且两个标段未能同时实施,实施阶段回填土方调整为重新找料场取土,导致回填土方运距增加。

(7)考虑耐久性等原因,主厂房屋面结构由初设阶段的轻型钢结构变更为现浇型钢筋混凝土结构,使主厂房钢筋等工程量有所增加。

第六节　工程安全监测

设计选取主泵房、副厂房、安装间、清污机桥和挡土墙为安全监测的重点部位,监测内容为建筑物渗流监测、土压力监测和建筑物位移监测等。

一、渗流监测

渗流监测由建筑物基底扬压力监测和两侧绕渗监测两部分组成。

在主泵房底板下正对主泵房的墩墙选取2个断面,于上游侧、中部、下游侧各设3个测点;基底孔隙水压力测点共设6个;在出水池底板下正对断面处各设1个孔隙水压力计。

为监测主泵房两侧土体中水的绕渗情况,于安装间和副厂房底板下各设 3 个孔隙水压力计,测点共 6 个。

二、土压力监测

为监测挡土墙墙后土压力值,于前池及出水池两侧挡土墙各选 2 个断面,在墙后中间及底部共设 3 个土压力测点,共计 12 个;在主泵房回填水泥土部位各选 2 个断面,各设 2 个土压力测点,共计 4 个。

三、建筑物位移监测

选取主泵房为水平位移监测对象,采用视准线法,于主泵房下游侧顶部布置 2 个测点;在主泵房两边土堤上分别布置一套观测基准点;在主泵房、挡土墙、公路桥和清污机闸顶部共设垂直位移测点 64 个,与主泵房的观测基准点一起形成闭合水准路线。位移测量采用二等水准测量。

四、仪器选型

近二三十年以来,随着材料和加工工艺的不断进步和发展,振弦式仪器的优点得到进一步提高,已能满足水利水电工程恶劣环境的监测要求,且有令人满意的长期稳定性,因此各类监测仪器均采用振弦式。

五、自动化监测系统

采用智能分布式安全监测系统来实现自动化监测。该系统具有数据采集、数据传输、数据储存记录、数据检查等功能。其主体结构由监测仪器、测量控制单元(MCU)、专用软件和监控计算机等组成。

(一)系统的组成

安全监测自动化系统采用分层、分布、开放式的结构,最低层的测量控制单元能独立自主地工作,源源不断地将数据采集上来,通过通信电缆传入管理所的中心控制室,供上层各级分析处理和查看,系统包括测量控制单元(MCU)、网络通信连接、安全监控中心三个部分。

(二)系统的组网方式

安全监测自动化系统采用分层、分布式的数据采集系统结构,数据采集单元和监控计算机构成环型网,监控计算机对所有测量控制单元进行控制,并采集所有 MCU 的数据,存入数据库中。通过服务器,将数据传输到八里湾泵站安全监控中心。

(三)观测成果分析

1. 沉降观测

从施工单位整理的沉降量汇总表可以看出,主泵房、进出水翼墙及清污机桥各部位的沉降变形均较小,均满足规范要求,且沉降已基本稳定。

2.土压力、水压力观测

2012年3月,施工单位分别增加了水压力和土压力观测。从观测数据可以看出,水压力、土压力变化符合规律,其各指标都满足设计要求。

第七节 评价与建议

(1)泵房结构布置及结构计算所需物理力学参数选择基本合理,计算方法符合规范要求,结构设计安全可靠。

(2)泵房地基物理力学参数选择合理,建筑物抗滑、抗浮等整体稳定安全。

(3)进、出水渠的布置、断面结构尺寸基本合理。经水工模型试验验证,各工况下泵站引水流量满足要求,水头损失较小,水流流态良好。

(4)泵站基础存在承压水层,为保证泵站、翼墙抗滑稳定以及底板抗浮稳定,对前池、进水池以及进水池底板所采取的地基排水减压措施是合适的。建议运行中加强排水减压设施和地下水位的观测。

(5)进、出水渠渠坡及防洪堤和站区平台边坡稳定计算方法、工况和参数选择基本合理,抗滑稳定安全系数满足规范要求。

(6)进、出水翼墙抗滑稳定和基底应力计算方法、工况以及参数选择基本合理。翼墙抗滑稳定安全系数和基底应力不均匀系数满足规范要求。对翼墙基础采用水泥土搅拌桩或水泥粉煤灰碎石桩处理后,地基承载力满足规范要求。

(7)主泵房进、出水流道根部墩墙和地基处理优化使工程投资有所减少,结构更为合理。但副厂房增设电梯及观景塔楼,以及管理区建筑物地基处理措施等变更导致工程投资增加。此外,因土方运距增加,导致土方工程单价增加,使工程投资增加。

(8)本工程安全监测设计合理。从目前观测的数值分析,本工程主体结构各项观测指标数据,包括土压力、孔隙水压力、水平位移、沉降等都在正常范围内,泵房地基沉降变形已基本稳定,表明工程现状安全可靠,已具备试运行条件。

第六章 土建工程施工质量及评价

第一节 施工概况

2010年9月16日,八里湾泵站工程正式开工建设,土建工程施工单位为山东黄河东平湖工程局。至2013年5月底,已施工完成主体工程。

完成的主要工程量:土方开挖39.55万 m³,土方填筑56.19万 m³,水泥土换填0.92万 m³,混凝土浇筑4.27万 m³,混凝土灌注桩4 797.78 m,水泥粉煤灰碎石桩13 992.40 m,水泥土搅拌桩35 550.99 m³,钢筋制作安装3 967.04 t。

第二节 基坑开挖

建筑物基础开挖采用机械施工,分段、分层开挖到位。泵站主泵房基坑最大挖深15 m,分四层开挖到底,每层厚度控制在3.5 m以内,预留保护层,人工清除。可利用的土方堆放在弃土区,以备后期回填之用。

基坑开挖完成后,经检测,建基面的高程、开挖尺寸、轴线偏移符合设计要求。基坑开挖经参建各方联合检验,已进行重要隐蔽工程验收。

第三节 土建工程原材料

一、施工单位原材料检测情况

原材料由施工单位自行组织采购,钢材采用莱芜钢铁有限公司产品和山东济南钢铁有限公司产品,水泥采用山东鲁珠集团有限公司产品,黄砂采用东平湖中砂,碎石采用银山石料加工厂石子,粉煤灰采用邹平电厂粉煤灰,HPC – GYJ高效减水剂采用山东水务混凝土外加剂有限公司产品。原材料进场时由物料科、质检科和实验室共同检查验收并及时做好取样检测工作,检测合格后才允许进场。据施工单位统计,原材料共进场水泥28 545.2 t,取样送检246组;粉煤灰6 600 t,取样送检30组;砂子46 982.7 t,检测117次;石子73 950.7 t,检测178次;进场钢筋4 906.447 t,检测原材264组,焊接121组。土工布进场4个批次,土工布检测4次,外加剂检测20次。其检测内容、检测频率及检测结果见表9-6-1~表9-6-13。

表 9-6-1　八里湾泵站原材料检测内容

序号	材料名称		检测项目		检测取样		
			必检项目	其他项目	取样单位	取样数量	取样方法
1	水泥		强度、凝结时间、安定性、碱含量	不溶物、细度、烧失量、SO_3、MgO	同厂别、同品种、同强度等级、同批次每200~400 t 散装、袋装水泥为一个取样单位	水泥样重12 kg	从20个不同部位（袋）水泥中等量取样，混合均匀作为样品，总数不少于20 kg
2	砂		颗粒级配、比重、含泥量、有机质	含水量、坚固性、孔隙率、云母含量、有害物质含量	产地相同，以400 m^3 为一个取样单位	22 kg	每批砂应隔一定距离于不同深度的八个部位取等份砂，用四分法缩分至所需样品数量
3	碎石、卵石		颗粒级配、比重、含泥量、压碎值	针片状含量、强度、坚固性、吸水、密度、有害物质含量	产地相同，以400 m^3 为一个取样单位	40 kg	在不同部位抽取15份等量试样进行缩分至所需样品数量
4	混凝土	水工混凝土	抗压强度、坍落度	抗折强度、动弹性模量、碳化	大体积混凝土28 d 龄期每500 m^3、非大体积混凝土100 m^3 同配比混凝土为一个取样单位，当混凝土方量不足以上数量时每浇筑一块也应取一组	一组三块15 cm × 15 cm × 15 cm，	混凝土试样应在浇筑地点随机采取
		抗冻混凝土	抗压强度、抗冻性、含气量	抗折强度、抗拉强度、动弹		一组三块10 cm × 10 cm × 40 cm，一组六块17.5 cm × 18.5 cm ×15 cm	混凝土试样应在浇筑地点随机采取
		防渗混凝土	抗压强度、抗渗性	抗折强度、抗拉强度、动弹性模量、抗冻性、干缩、徐变、钢锈、碳化			混凝土试样应在浇筑地点随机采取
5	钢筋	钢筋混凝土用钢筋	抗拉强度、冷弯	冲击、化学成分	同一级别、同一直径、同批次质量不大于60 t 为一个取样单位	抗拉2根，冷弯2根	去掉端头50 cm 截取一组试样，拉伸试样长度为5d+200 mm，冷弯试样长度为5d+150 mm
		钢筋焊接	抗拉强度		300个焊接头为一个取样单位，不足300个也作一个批次	3个焊接试样	从每批次取样单位中切取三个接头，也可按生产条件作模拟试验
6	砌筑砂浆		强度、稠度	沉入度	每工作班应至少制成试件1组	一组6块	砂浆试样应在砌筑地点随机采取

表 9-6-2　袋装水泥物理性能指标(P. O 42. 5)

性能指标	比表面积 (m²/kg)	初凝时间	终凝时间	抗压强度		抗折强度	
				3 d	28 d	3 d	28 d
设计值	≥300	≥45	≤600	≥17. 0	≥42. 5	≥3. 5	≥6. 5
检测次数	117	117	117	117	117	117	117
平均值	3 681	195	274	25. 1	48. 4	5. 8	8. 4
最大值	3 820	260	332	29. 5	5. 6	6. 4	9. 3
最小值	3 420	118	207	22	45. 8	5. 1	7. 3
合格率(%)	100	100	100	100	100	100	100

表 9-6-3　散装水泥物理性能指标(P. O 42. 5)

性能指标	比表面积 (m²/kg)	初凝时间	终凝时间	抗压强度		抗折强度	
				3 d	28 d	3 d	28 d
设计值	≥300	≥45	≤600	≥17. 0	≥42. 5	≥3. 5	≥6. 5
检测次数	77	77	77	77	77	77	77
平均值	3 606	188	262	24. 4	50. 5	5. 5	8. 4
最大值	3 990	260	310	28. 4	55. 9	6. 4	8. 9
最小值	3 300	112	204	21. 6	47. 1	4. 5	7. 4
合格率(%)	100	100	100	100	100	100	100

表 9-6-4　粉煤灰性能指标(Ⅱ级)

性能指标	细度(%) 0. 045 mm 筛余	需水量比 (%)	烧失量 (%)	SO₃ 含量 (%)	含水量 (%)
设计值	≤25. 0	≤105	≤8	≤3. 0	1. 0
检测次数	33	33	33	33	33
平均值	11. 4	97. 5	3. 6	1. 1	0. 3
最大值	24. 6	105	8. 0	1. 4	0. 8
最小值	5. 1	92. 0	0. 5	0. 5	0. 1
合格率(%)	100	100	100	100	100

表 9-6-5　混凝土细骨料(中砂)检测成果统计

性能指标	表面密度 (kg/m³)	堆积密度 (kg/m³)	含泥量 (%)	含泥量	细度模数
设计值	≥2 500	—	≤3.0	无	2.3~3
检测次数	117	117	117	117	117
平均值	2 629	1 466	1.8	0	2.67
最大值	2 700	1 570	2.8	0	2.84
最小值	2 580	1 310	0.6	0	2.23
合格率(%)	100	100	100	100	100

表 9-6-6　混凝土粗骨料(5~20 mm 碎石)检测成果统计

性能指标	表面密度 (kg/m³)	堆积密度 (kg/m³)	孔隙率(%)	针状物含量(%)	含泥量(%)	含泥量(%)	吸水量(%)	超径(%)	逊径(%)
设计值	≥2 550	—	—	≤15	≤1.0	无	≤2.5	<5	<10
检测次数	103	103	103	103	103	103	103	103	103
平均值	2 683	1 486	44.6	4.3	0.4	0	0.6	2.7	4.2
最大值	2 720	1 530	46	8	0.7	0	0.7	4	6.4
最小值	2 650	1 450	43.5	2	0.2	0	0.6	1.6	2
合格率(%)	100	100	100	100	100	100	100	100	100

表 9-6-7　混凝土粗骨料(20~40 mm 碎石)检测成果统计

性能指标	表面密度 (kg/m³)	堆积密度 (kg/m³)	孔隙率(%)	针状物含量(%)	含泥量(%)	泥块含量(%)	吸水量(%)	超径(%)	逊径(%)
设计值	≥2 550	—	—	≤15	≤1.0	无	≤2.5	<5	<10
检测次数	70	70	70	70	70	70	70	70	70
平均值	2 680	1 481	44	5	0.4	0	0.6	0.4	3.3
最大值	2 770	1 500	45	8	0.6	0	0.6	1.2	4
最小值	2 470	1 440	44	3	0.2	0	0.6	0	2.9
合格率(%)	100	100	100	100	100	100	100	100	100

表 9-6-8　外加剂性能指标

性能指标	减水率（%）	含气量（%）	抗压强度比（%）			泌水率比（%）	凝结时间差（min）	收缩率比（%）
			3 d	7 d	28 d			
标准值	≥10	≥3.0	≥115	≥110	≥100	≤70	-90~120	≤135
检测次数	20	20	20	20	20	20	20	20
平均值	20.7	5.2	130	126	123	18.5	112	82
最大值	22	5.5	132	128	132	20	120	90
最小值	19	4.9	129	125	110	17	108	75
合格率（%）	100	100	100	100	100	100	100	100

表 9-6-9　土工布性能指标

性能指标	厚度（mm）	CBR 顶破强力（kN）	单位面积质量（g/m²）	拉伸试验				梯形撕破	
				纵向		横向			
				断裂强度（kN/m）	断裂伸长率（%）	断裂强度（kN/m）	断裂伸长率（%）	纵向（kN）	横向（kN）
标准值	≥2.1	≥1.2	0.09	≥8	25~100	≥8	25~100	0.20	0.20
检测次数	1	1	1	1	1	1	1	1	1
平均值	2.10	1.479	257	8.43	62	8.26	69	0.243	0.238
最大值	2.10	1.479	257	8.43	62	8.26	69	0.243	0.238
最小值	2.10	1.479	257	8.43	62	8.26	69	0.243	0.238
合格率（%）	100	100	100	100	100	100	100	100	100

表 9-6-10　止水带性能指标

性能指标	硬度（邵氏A，度）	拉伸强度（MPa）	扯断伸长率（%）	压缩永久变形		撕裂强度（kN/m）	脆性温度（℃）	热空气老化(70℃×168 h)		
				70℃×24 h	23℃×168 h			硬度变化（邵氏A，度）	拉伸强度（MPa）	扯断伸长率（%）
标准值	60±5	≥15	≥380	≤35	≤20	≥30	≤-45 通过	≤+8	≥12	≥300
检测次数	1	1	1	1	1	1	1	1	1	1
平均值	57	17	450	25	15	42	通过	+2	13	425
最大值	57	17	450	25	15	42	通过	+2	13	425
最小值	57	17	450	25	15	42	通过	+2	13	425
合格率（%）	100	100	100	100	100	100	100	100	100	100

表 9-6-11　1 级钢筋检测试验结果 (施工自检) 统计

公称直径 (mm)	检测项目及 标准要求	屈服强度 ≥235 MPa	抗拉强度 ≥370 MPa	拉断后标距	延伸率 ≥25%
6.5	检测次数	2	2	2	2
	平均值	273	433	43	32.5
	最大值	275	435	43	32.5
	最小值	270	430	43	32.5
	合格率(%)	100	100	100	100
8	检测次数	10	10	10	10
	平均值	278	433	52	30.8
	最大值	375	450	53	32.5
	最小值	255	415	52	30
	合格率(%)	100	100	100	100
10	检测次数	8	8	8	8
	平均值	314	466	65	29
	最大值	367	513	66	32
	最小值	255	410	64	28
	合格率(%)	100	100	100	100
12	检测次数	5	5	5	5
	平均值	271	410	77	28.7
	最大值	275	410	78	30
	最小值	270	410	77	28.3
	合格率(%)	100	100	100	100
14	检测次数	1	1	1	1
	平均值	263	433	93	32
	最大值	265	435	93	33
	最小值	260	430	92	31.5
	合格率(%)	100	100	100	100
16	检测次数	2	2	2	2
	平均值	268	458	106	32
	最大值	270	460	106	32.5
	最小值	265	455	105	31
	合格率(%)	100	100	100	100

表 9-6-12　2 级钢筋检测试验结果(施工自检)统计

公称直径 (mm)	检测项目及 标准要求	屈服强度 ≥235 MPa	抗拉强度 ≥370 MPa	拉断后标距	延伸率 ≥25%
12	检测次数	9	9	9	9
	平均值	370	565	78	30
	最大值	380	580	79	31.5
	最小值	360	550	77	28.5
	合格率(%)	100	100	100	100
14	检测次数	18	18	18	18
	平均值	370	535	90	28.5
	最大值	380	560	91	30
	最小值	360	505	88	25.8
	合格率(%)	100	100	100	100
16	检测次数	18	18	18	18
	平均值	370	545	102	27.5
	最大值	390	550	103	29
	最小值	365	540	101	26.5
	合格率(%)	100	100	100	100
18	检测次数	23	23	23	23
	平均值	370	540	115	28
	最大值	380	550	117	30
	最小值	360	510	113	26.5
	合格率(%)	100	100	100	100
20	检测次数	18	18	18	18
	平均值	368	540	127	27
	最大值	375	560	128	28
	最小值	360	525	125	25
	合格率(%)	100	100	100	100
22	检测次数	40	40	40	40
	平均值	360	530	140	27
	最大值	365	555	143	30
	最小值	360	505	138	25.5
	合格率(%)	100	100	100	100

公称直径 （mm）	检测项目及 标准要求	屈服强度 ≥235 MPa	抗拉强度 ≥370 MPa	拉断后标距	延伸率 ≥25%
25	检测次数	26	26	26	26
	平均值	365	550	159	27
	最大值	365	555	160	28
	最小值	360	545	157	25.5
	合格率(%)	100	100	100	100
28	检测次数	7	7	7	7
	平均值	360	600	175	25
	最大值	365	650	179	28
	最小值	355	555	170	21.5
	合格率(%)	100	100	100	100
32	检测次数	1	1	1	1
	平均值	365	575	200	24
	最大值	370	610	205	28
	最小值	360	560	195	22
	合格率(%)	100	100	100	100

表 9-6-13　3 级钢筋检测试验结果（施工自检）统计

公称直径 （mm）	检测项目及 标准要求	屈服强度 ≥235 MPa	抗拉强度 ≥370 MPa	拉断后标距	延伸率 ≥25%
8	检测次数	14	14	14	14
	平均值	443	589	52	29
	最大值	458	601	53	32.5
	最小值	420	565	50	25
	合格率(%)	100	100	100	100
10	检测次数	18	18	18	18
	平均值	445	590	63	27
	最大值	465	610	66	32
	最小值	410	565	60	20
	合格率(%)	100	100	100	100

续表 9-6-13

公称直径 (mm)	检测项目及标准要求	屈服强度 ≥235 MPa	抗拉强度 ≥370 MPa	拉断后标距	延伸率 ≥25%
12	检测次数	10	10	10	10
	平均值	370	545	102	27.5
	最大值	390	550	103	29
	最小值	365	540	101	26.5
	合格率(%)	100	100	100	100
14	检测次数	8	8	8	8
	平均值	453	599	88	25
	最大值	465	610	91	30
	最小值	442	580	83	18.6
	合格率(%)	100	100	100	100
16	检测次数	9	9	9	9
	平均值	463	600	99	24
	最大值	465	625	104	30
	最小值	460	575	96	20
	合格率(%)	100	100	100	100
18	检测次数	13	13	13	13
	平均值	455	625	116	29
	最大值	465	635	117	30
	最小值	445	610	115	28
	合格率(%)	100	100	100	100
20	检测次数	22	22	22	22
	平均值	460	630	127	27
	最大值	490	635	129	29
	最小值	450	620	124	24
	合格率(%)	100	100	100	100
22	检测次数	7	7	7	7
	平均值	460	645	142	29
	最大值	465	650	143	30
	最小值	455	635	141	28
	合格率(%)	100	100	100	100
25	检测次数	40	40	40	40
	平均值	460	658	161	29
	最大值	465	660	162	29.5
	最小值	455	655	160	28
	合格率(%)	100	100	100	100

二、监理单位抽检情况

（1）水泥：由施工单位采购，共进场 P.O 42.5 水泥 27 156.3 t。主要检测项目：细度、水泥安定性、凝结时间、抗折强度、抗压强度等。合格率 100%。检测成果见表 9-6-14。

表 9-6-14　水泥监理抽样检测成果统计

检测项目		标准稠度	细度（%）	凝结时间（min）		安定性	抗压强度（MPa）		抗折强度（MPa）	
				初凝	终凝		3 d	28 d	3 d	28 d
技术指标		—	≤25.0	≥45 min	≤10 h	合格	≥17	≥42.5	≥3.5	≥6.5
P.O 42.5	平均值	27.5	合格	201	258	合格	24.4	49.7	5.7	8.7
	最大值	27.8	合格	250	290	合格	26.7	53.3	6.8	9.5
	最小值	26.9	合格	155	237	合格	21.9	46.6	5.0	8.1
	检测数量	8	合格	8	8	8	8	8	8	8

（2）外加剂：减水剂溶液浓缩物以 5 t 为一取样单位。外加剂使用情况和检测结果见表 9-6-15。

表 9-6-15　外加剂监理抽样检测成果统计

样品名称	规格/型号	监测组数	合格	合格率	累计组数	合格	合格率
引气减水剂	HPC – GYJ	1	1	100%	1	1	100%

（3）砂石骨料：检测成果见表 9-6-16。

表 9-6-16　砂石骨料监理检测成果统计

项目	5～20 mm				20～40 mm				5～31.5 mm				砂子			
	压碎指标（%）	超径（%）	逊径（%）	含泥量（%）	针片状颗粒含量（%）	超径（%）	逊径（%）	含泥量（%）	针片状颗粒含量（%）	超径（%）	逊径（%）	含泥量（%）	针片状颗粒含量（%）	细度模数	含泥量（%）	含水量（%）	表观密度（kg/m³）
规定值	≤16	<5	<10	≤1.0	≤15	<5	<10	≤1.0	≤15	<5	<10	≤0.5	≤15	2.2～3.0	<3	≤6	2 500
组数	2	2	2	2	2	3	3	3	3	1	1	1	1	5	5	4	5
最小值	9.1	0	0	0.42	7.6	0	1	0.2	2.7	4	2	0.3	4	2.68	1.2	2.6	2 520
最大值	9.1	2.3	4.1	0.5	7.6	3	3.3	0.6	6.4	4	2	0.3	4	2.90	2.8	2.6	2 640
平均值	9.1	1.2	2.1	0.46	7.6	2	2.2	0.3	4.03	4	2	0.3	4	2.81	1.95	2.6	2 596
合格率（%）	100	100	100	100	100	100	100	100	100	100	100	100	100	100	100	100	100

（4）钢筋：到 2013 年 5 月 28 日，八里湾泵站工程已进场钢筋 4 566.1 t，监理单位抽检

12 组,检测项目包括直径、屈服点、抗拉强度、断后伸长率、冷弯等。检测结果均满足Ⅰ、Ⅱ级钢筋指标要求,见表9-6-17。

表 9-6-17　钢筋抽检统计　　　　　　　　　　（单位:MPa）

钢筋级别	组数	抗拉强度最大	抗拉强度最小	抗拉强度平均	合格率(%)
HRB335 Φ16	1	555	550	552.5	100
HRB335 Φ18	2	565	505	535	100
HRB335 Φ20	3	560	505	538.5	100
HRB400 Φ20	1	569	565	567	100
HRB335 Φ22	1	540	535	537.5	100
HRB335 Φ25	1	550	545	547.5	100
HRB400 Φ25	2	609	593	598	100
HRB335 Φ32	1	570	565	567.5	100

　　焊接质量检测 6 组,极限抗拉强度满足《钢筋焊接及验收规程》(JGJ 18—2012)要求。套筒连接检测 2 组,质量合格,见表9-6-18。

表 9-6-18　钢筋焊接和机械连接抽样检查成果统计　　　　　　（单位:MPa）

序号	钢筋焊接	组数	抗拉强度最大	抗拉强度最小	抗拉强度平均
1	Φ16	1	530	520	525
2	Φ18	1	599	582	588
3	Φ20	2	535	505	522
4	Φ22	1	555	530	543
5	Φ25	1	590	570	578
序号	机械连接	组数	抗拉强度最大	抗拉强度最小	抗拉强度平均
6	Φ20	1	564	551	557
7	Φ28	1	570	560	565

　　上列检测和试验结果显示,八里湾泵站工程的原材料质量是合格的。

第四节　混凝土主体建筑物

一、泵站混凝土建筑物概况

　　泵站主要建筑物沿水流方向依次有进水引渠、清污机桥、前池、进水池、泵房、出水池、公路桥、出水渠，另有防洪堤和站区平台等。主泵房顺水流向长 35.5 m，宽 34.7 m，上部为 13.5 m 净跨的排架结构，下部采用 4 台机组一块底板、钢筋混凝土块基型整体结构，上下主要有三层，上层为安装(电机)层，以下为联轴层、水泵层。泵房基础坐落于第⑥土层与第⑦土层交界处，底板以下砂层为承压水含水层，透水性较强，为减轻承压水的影响，对主泵房地基采用混凝土地连墙三面围封截渗。主泵房东、西两侧分别布置副厂房和安装间。清污机桥位于进水引渠上，采用两侧斜坡式钢筋混凝土平底板箱涵式结构，顺水流向长 10.0 m，共 16 孔，中间段主孔 8 孔，两侧斜坡段各 4 孔，单孔净宽 4.55 m。前池顺水流向长 20.5 m，宽 32.3 ~ 43.0 m，两侧为圆弧形直立式翼墙，上接进水引渠，顺水流向采用约 1:5 向下的纵坡与进水池连接。进水池顺水流向长 17.0 m，底宽 32.3 m，底高程 27.20 m，两侧为直线形直立式翼墙，上与前池、下与主泵房进水流道底连接。前池、进水池均采用钢筋混凝土底板，底板设置冒水孔，下设反滤层。前池、进水池两侧翼墙均为钢筋混凝土空箱扶壁式结构。主泵房后接出水池，出水池长 20.0 m，宽 32.3 ~ 37.2 m，池底高程 34.26 m，池底与泵房出水流道出口平顺连接。两侧为直线加圆弧形直立式边墙，钢筋混凝土空箱扶壁式结构。泵站主要土建工程量见表 9-6-19。

表 9-6-19　八里湾泵站主要土建工程量

工程	项目					
	土方开挖（m³）	土方填筑（m³）	混凝土及钢筋混凝土（m³）	浆砌石（m³）	干砌石（m³）	水泥土深层搅拌桩（m³）
进水渠	55 593	6 615	307	—	4 664	—
清污机桥	30 343	6 426	2 933	466	466	470
泵站工程	113 860	77 984	37 785			11 804
出水渠	75 247		2 841	1 757	1 212	4 347
公路桥	—		2 012			
堤防	3 461	28 449	249	630	3 494	6 300
管理区	27 447	367 107	4 455	1 496		29 956
合计	305 951	486 581	50 582	4 349	9 836	52 877

注：本工程钢筋用量为 3 645 t，即 72 kg/m³。

二、混凝土强度等级

根据《水工混凝土结构设计规范》(SL 191—2008)，设计提出本泵站主要建筑物各部位混凝土强度等级见表 9-6-20。

表 9-6-20　主要建筑物各部位混凝土强度等级

结构部位	强度等级	抗渗等级	抗冻等级
主泵房基础等中下部结构	C25	W4	F150
主泵房地连墙	C25	W4	F150
主副厂房、安装间排架与框架结构	C30	W2	F150
东落地挡墙钻孔灌注桩基础	C25	—	
出水池底板及翼墙等挡土结构	C25	W4	F150
清污机桥、公路桥主体结构	C25	W4	F150
公路桥面板、铺装及栏杆等预制构件	C40	—	F150
铺盖、护坡、护底等	C20		F150
垫层	C10		

三、主泵房混凝土施工

混凝土工程施工方法、施工工艺如下：

混凝土工程包括混凝土和钢筋混凝土工程，主要包括进水渠、清污机桥、前池和进水池、主泵房、出水池、出水渠、公路桥、拦船索、翼墙挡墙及其他永久建筑物的混凝土、钢筋混凝土、预制混凝土等。

（一）施工分层分块

本工程建筑物的施工，根据各部位的结构特点进行分层、分块，泵站主厂房施工分五层（底板层→进水流道层→水泵层→联轴及出水流道层→电机层），进、出水渠段分底板和墩墙两段浇筑完成，前池及进水池分底板、挡土墙和护坡三段浇筑完成，出水池分底板和挡土墙两段浇筑完成。

（二）模板及脚手架工程

模板及脚手架工程施工前进行施工放样设计，墩墙等外露面部位采用新组合大钢模板，异形部位采用木模板和定型模板。支撑架采用钢管脚手架，对承重脚手架进行受力计算并绘制脚手架施工图，审核后现场实施。

（三）钢筋工程

每批钢筋进货时均有相应的出厂质保书，进场根据规格、数量按有关规范规定分批进行原材料和焊接接头抽样试验。试验合格后使用，不合格者严格禁用。现场焊接和绑扎严格按规范进行操作。

（四）混凝土施工

本工程混凝土采用集中拌和，生产系统布置在基坑东侧。配备 2 台 HZS50 混凝土拌和站,混凝土粗、细骨料采用 ZL50 装载机装入配料斗,水泥自动计量。混凝土运输采用 8 t 自卸汽车运输混凝土吊罐,平均运距 200 m,在进水池上安装 MQ600/30 门座起重机吊 3 m³ 罐入仓,同时配备一辆 25 t 汽车吊协助,人工平仓振捣。进、出水池等其他部位利用 HBT60 混凝土输送泵送料入仓。

混凝土采用在混凝土表面覆盖塑料薄膜加盖草包等材料进行养护,使混凝土在一定时间内保持湿润,垂直面由于覆盖较困难,采用挂土工布的方法进行养护,同时加强对棱角和突出部位的保护。

泵站底板混凝土浇筑块平面尺寸为 35.5 m×34.7 m,厚 1.5 m,由于浇筑方量较大,仓面较大,为避免混凝土初凝产生冷缝,混凝土采用阶梯形分层浇筑,分五层,每层厚 0.3 m,宽 1.5 m,为避免大体积混凝土施工期发生裂缝,施工中选用水化热较低的水泥;通循环冷却水;掺加外加剂延缓水化热峰值时间;严格控制粗、细骨料的质量;优化混凝土配合比。在满足混凝土强度、耐久性和和易性的前提下,掺入Ⅰ级粉煤灰和外加剂,改善混凝土骨料级配,减少单位水泥用量,降低水化热;拌和水采用地下水;调节混凝土养护温度和湿度,实行保温养护减小混凝土内外温差,在混凝土表面覆盖草袋及塑料薄膜,进行保温、保湿养护等控制措施。

(五)特殊气候的混凝土施工

(1)雨季施工:雨季施工期间,勤测粗、细骨料的含水量,随时调整用水量和粗、细骨料的用量,仓面加以覆盖,仓内排水畅通,确保混凝土浇筑质量。

(2)夏季施工:夏季施工期间对砂石料加以遮盖,必要时用冷水淋洒,浇筑时使用料场的下层骨料,使用地下水拌和,混凝土运输过程中同样要遮盖,以降低混凝土的入仓温度。混凝土初凝后及时用草包等对混凝土表面加以覆盖,并及时浇水养护,保持混凝土表面湿润。

(3)冬季施工:冬季施工期防止砂、石料表面冻结,并清除冰块,必要时,为提高入仓温度,采用温水拌和。运输过程中采取保温措施,混凝土浇筑后,在混凝土表面及时覆盖保温棉被,拆模控制在气温不陡降时,防止混凝土收缩。

四、混凝土质量控制

(一)混凝土配合比

混凝土配合比委托山东省水利工程试验中心进行试验,各类混凝土试验配合比见表 9-6-21。

现场混凝土拌制过程中根据细骨料含水量和粗骨料的超、逊径情况,对混凝土配合比进行调整。

(二)中间产品的质量试验和检测情况

中间产品按《水工混凝土施工规范》(DL/T 5144—2001)及《水利水电工程施工质量检测与评定规程》(附条文说明)》(SL 176—2007)进行评定。各部位混凝土及砂浆拌和物检测情况见表 9-6-22。

表 9-6-21 八里湾泵站混凝土试验配合比汇总

序号	设计指标	工程使用部位	水泥名称品种等级	水胶比	砂率 (%)	每立方米混凝土材料用量											坍落度 (cm)	含气量 (%)	抗渗等级	抗冻等级
						水 (kg)	水泥 (kg)	粉煤灰		砂 (kg)	小石 (kg)	中石 (kg)	外加剂						
								质量 (kg)	掺量 (%)				质量 (kg)	掺量 (%)	型号				
1	C20	CFG桩	山东鲁珠 P.O 42.5	0.45	43	149	266	65	20	813	431	646	6.62	0.02	HPC-GYJ	195	—	—	—
2	C25W4F150	主泵房、进水渠、清污机桥、前池、进水池、出水池、出水渠	山东鲁珠 P.O 42.5	0.44	40	158	289	70	20	745	447	671	7.18	0.02	HPC-GYJ	185	4.6	W4	F150
3	C25	公路桥地下灌注桩	山东鲁珠 P.O 42.5	0.45	40	162	359	—	—	744	1 115	—	6.46	0.018	HPC-GYJ	183	—	—	—
5	C40	公路桥板	山东鲁珠 P.O 42.5	0.36	36	145	403	—	—	674	500	698	8.06	0.02	HPC-GYJ	50	—	—	—
6	C30	公路桥	山东鲁珠 P.O 42.5	0.42	39	148	282	71	20	741	463	695	6.00	0.017	HPC-GYJ	70	—	—	—
7	C35	副厂房、安装间、灌注桩	山东鲁珠 P.O 42.5	0.40	41	162	344	61	15	756	435	652	9.32	0.023	HPC-GYJ	190	—	—	—
9	C30W6	主厂房/副厂房	山东鲁珠 P.O 42.5	0.41	40	150	294	73	20	750	1 125	—	8.07	0.022	HPC-GYJ	165	—	W6	—
10	C35W6	安装间	山东鲁珠 P.O 42.5	0.39	39	153	314	79	20	724	1 131	—	8.65	0.022	HPC-GYJ	170	—	W6	—
11	C25F150	公路桥预制板	山东鲁珠 P.O 42.5	0.43	38	144	251	84	25	722	1 179	—	5.31	0.016	HPC-GYJ	55	4.3	—	F150

表 9-6-22　混凝土拌和物、砂浆拌和物抗压强度评定

单位工程名称	分部工程	混凝土强度等级	组数	最小值 R_{min} (MPa)	平均强度 R_n (MPa)	离差系数 C_v	保证率 ρ	质量评定	抗冻抗渗	等级
泵站段	地基防渗工程	C25	45	27.4	32.8	0.10	98.6	R_{min} (27.4) >90% $R_标$ 强度保证率 P (98.6%) >95% 离差系数 C_v (0.10) <0.14	抗渗 2 组	符合设计和规范要求，质量等级"优良"
	地基加固工程（安装间地下灌注桩）	C35	49	36.1	38.4	0.03	99.2	R_{min} (36.1) >90% $R_标$ 强度保证率 P (99.2%) <95% 离差系数 C_v (0.03) <0.14		符合设计和规范要求，质量等级"优良"
	地基加固工程（副厂房地下灌注桩）	C25	90	35.8	40.1	0.04	99.8	R_{min} (35.8) >90% $R_标$ 强度保证率 P (99.8%) <95% 离差系数 C_v (0.04) <0.14		符合设计和规范要求，质量等级"优良"
	地基加固工程（落地挡墙地下灌注桩）	C35	15	39.8	41.2	—	—	$R_标 \leqslant 20$ MPa，$S_n =0.8$； $R_标 >20$ MPa，$S_n =2.0$ MPa $41.2-0.7\times2.0=39.8>R_标$ $41.2-1.6\times2.0=38.0\geqslant0.80R_标$		符合设计和规范要求，质量等级"合格"
	地基加固工程（主泵房 CFG 桩）	C20	38	25.1	29.0	0.07	100	R_{min} (25.1) >90% $R_标$ 强度保证率 P (100%) >95% 离差系数 C_v (0.07) <0.14		符合设计和规范要求，质量等级"优良"
	地基加固工程（站下翼墙 CFG 桩）	C20	30	22.9	25.9	0.07	100	R_{min} (22.9) >90% $R_标$ 强度保证率 P (100%) >95% 离差系数 C_v (0.07) <0.14		符合设计和规范要求，质量等级"优良"

续表 9-6-22

单位工程名称	分部工程	混凝土强度等级	组数	最小值 $R_{\min}$ (MPa)	平均强度 R_n (MPa)	离差系数 C_v	保证率 ρ	质量评定	抗冻抗渗	等级
泵站段	进水渠工程	C10	2	15.9	17.3	—	—	$R_n(17.3) \geq 1.15R_{标}$ $R_{\min}(15.9) \geq 0.95R_{标}$	抗渗 1组	符合设计和规范要求，质量等级"优良"
		C20	46	20.9	25.5	0.09	98.9	$R_{\min}(20.9) > 90\% R_{标}$ 强度保证率 $P(98.9\%) > 95\%$ 离差系数 $C_v(0.09) < 0.14$	抗冻 1组	符合设计和规范要求，质量等级"合格"
		C25	68	25.5	29.4	0.07	98.0	$R_{\min}(25.5) > 90\% R_{标}$ 强度保证率 $P(98.0\%) > 95\%$ 离差系数 $C_v(0.07) < 0.14$	抗冻 1组	符合设计和规范要求，质量等级"优良"
	出水渠工程	C10	3	12.2	12.6	—	—	$R_n(12.6) \geq 1.15R_{标}$ $R_{\min}(12.2) \geq 0.95R_{标}$	抗渗 1组	符合设计和规范要求，质量等级"合格"
		C20	36	23.8	26.2	0.07	100	$R_{\min}(23.8) > 90\% R_{标}$ 强度保证率 $P(100\%) > 95\%$ 离差系数 $C_v(0.07) < 0.14$	抗冻 1组	符合设计和规范要求，质量等级"优良"
		C25	32	28.9	29.5	0.01	100	$R_{\min}(28.9) > 90\% R_{标}$ 强度保证率 $P(100\%) > 95\%$ 离差系数 $C_v(0.01) < 0.14$		符合设计和规范要求，质量等级"优良"

续表 9-6-22

单位工程名称	分部工程	混凝土强度等级	组数	最小值 R_{min}（MPa）	平均强度 R_n（MPa）	离差系数 C_v	保证率 ρ	质量评定	抗冻抗渗	等级
泵站段	清污机桥工程	C10	5	16.8	19.5	—	—	$S_n = 1.5$ MPa，$R_标 < 20$ MPa，应取 $S_n = 1.5$ MPa $19.5 - 0.7 \times 1.5 = 18.45 > R_标$ $19.5 - 1.6 \times 1.5 = 17.10 \geq 0.80 R_标$	抗渗 1组	符合设计和规范要求，质量等级"合格"
		C25	32	26.5	31.8	0.08	98.8	$R_{min}(26.5) > 90\% R_标$ 强度保证率 $P(98.8\%) > 95\%$ 离差系数 $C_v(0.08) < 0.14$	抗冻 1组	符合设计和规范要求，质量等级"优良"
	前池工程	C10	8	13.0	18.0	—	—	$S_n = 3.2$ MPa $18.0 - 0.7 \times 3.2 = 15.76 > R_标$ $18.0 - 1.6 \times 3.2 = 12.88 \geq 0.80 R_标$	抗渗 1组	符合设计和规范要求，质量等级"合格"
		C25	40	26.4	29.4	0.06	99.9	$R_{min}(26.4) > 90\% R_标$ 强度保证率 $P(99.9\%) > 95\%$ 离差系数 $C_v(0.06) < 0.14$	抗冻 1组	符合设计和规范要求，质量等级"优良"
	进水池工程	C10	4	18.6	20.15	—	—	$R_n(20.15) \geq 1.15 R_标$ $R_{min}(18.6) \geq 0.95 R_标$	抗渗 1组	符合设计和规范要求，质量等级"合格"
		C25	28	25.6	29.6	—	—	$S_n = 2.1$ MPa $29.6 - 0.7 \times 2.1 = 28.13 > R_标$ $29.6 - 1.6 \times 2.1 = 26.24 \geq 0.83 R_标$	抗冻 1组	符合设计和规范要求，质量等级"合格"

续表 9-6-22

单位工程名称	分部工程	混凝土强度等级	组数	最小值 R_{min} (MPa)	平均强度 R_n (MPa)	离差系数 C_v	保证率 ρ	质量评定	抗冻抗渗	等级
泵站段	出水池工程	C10	7	12.2	13.6	—	—	$S_n = 1.7$ MPa, $R_标 < 20$ MPa, 应取 $S_n = 1.7$ MPa $13.6 - 0.7 \times 1.7 = 12.41 > R_标$ $13.6 - 1.6 \times 1.7 = 10.88 \geq 0.80R_标$	抗渗1组	符合设计和规范要求,质量等级"合格"
		C25	66	28.5	29.7	0.02	100	R_{min} (28.5) $> 90\% R_标$ 强度保证率 $P100\% > 95\%$ 离差系数 C_v (0.02) < 0.14	抗冻1组	符合设计和规范要求,质量等级"优良"
	主泵房土建工程	C10	7	15.6	18.2	—	—	$S_n = 2.5$ MPa, $R_标 < 20$ MPa, 应取 $S_n = 2.5$ MPa $18.2 - 0.7 \times 2.5 = 16.45 > R_标$ $18.2 - 1.6 \times 2.5 = 14.2 \geq 0.80R_标$		符合设计和规范要求,质量等级"合格"
		C25	138	25.0	30.6	0.10	96.6	R_{min} (25.0) $> 90\% R_标$ 强度保证率 $P(96.6\%) > 95\%$ 离差系数 C_v (0.10) < 0.14	抗渗7组	符合设计和规范要求,质量等级"优良"
		C30	16	32.6	35.8	—	—	$S_n = 2.0$ MPa, $R_标 \geq 20$ MPa, 应取 $S_n = 2.0$ MPa $35.8 - 0.7 \times 2.0 = 34.4 > R_标$ $35.8 - 1.6 \times 2.0 = 32.6 \geq 0.80R_标$	抗冻7组	符合设计和规范要求,质量等级"合格"

续表 9-6-22

单位工程名称	分部工程	混凝土强度等级	组数	最小值 R_{min} (MPa)	平均强度 R_n (MPa)	离差系数 C_v	保证率 ρ	质量评定	抗冻抗渗	等级
泵站段	副厂房土建工程	C10	3	16.9	18.4	—	—	$R_n \geq 1.15R_标$（11.5 MPa） $R_{min} \geq 0.95R_标$（9.5 MPa）		符合设计和规范要求，质量等级"合格"
		C30	22	30.0	33.9	—	—	$S_n = 1.5$，$R_标 > 20$ MPa，应取 $S_n = 2.0$ MPa $33.9 - 0.7 \times 2.0 = 32.5 > R_标$ $33.9 - 1.6 \times 2.0 = 30.7 \geq 0.80R_标$		符合设计和规范要求，质量等级"合格"
	安装间土建工程	C15	1	18.5	18.5	—	—	R_{min}（18.5）$\geq 1.15R_标$		符合设计和规范要求，质量等级"合格"
		C35	29	35.0	39.2	—	—	$S_n = 2.1$ MPa $39.2 - 0.7 \times 2.1 = 37.73 > R_标$ $39.2 - 1.6 \times 2.1 = 35.84 \geq 0.83R_标$	抗渗1组	符合设计和规范要求，质量等级"合格"
		C30	4	34.9	35.7	—	—	$R_n \geq 1.15R_标$（34.5 MPa） $R_{min} \geq 0.95R_标$（38.5 MPa）		符合设计和规范要求，质量等级"合格"

续表 9-6-22

单位工程名称	分部工程	混凝土强度等级	组数	最小值 R_{min} (MPa)	平均强度 R_n (MPa)	离差系数 (C_v)	保证率 ρ	质量评定	抗冻抗渗	等级
管理区、新筑堤防及公路桥工程	公路桥工程	C25	32	25.9	29.2	0.07	97.9	$R_{min}(25.9)>90\% R_标$ 强度保证率 $P(97.9\%)>95\%$ 离差系数 $C_v(0.07)<0.14$		符合设计和规范要求，质量等级"优良"
		C15	1	21.5	21.5	—	—	$R_{min}(21.5)\geq1.15R_标$		符合设计和规范要求，质量等级"合格"
		C30	20	27.6	35.15	—	—	$S_n=2.6$ MPa $35.15-0.7\times2.6=33.33>R_标$ $35.15-1.6\times2.6=30.99\geq0.83R_标$		符合设计和规范要求，质量等级"合格"
		C40	39	40.5	44.8	0.06	96.5	$R_{min}(40.5)>90\% R_标$ 强度保证率 $P(96.5\%)>95\%$ 离差系数 $C_v(0.06)<0.14$		符合设计和规范要求，质量等级"优良"

续表 9-6-22

单位工程名称	分部工程	混凝土强度等级	组数	最小值 R_{min} (MPa)	平均强度 R_n (MPa)	离差系数 C_v	保证率 ρ	质量评定	抗冻抗渗	等级
	排涝渠桥梁工程	C25	52	25.6	29.1	0.06	98.8	$R_{min}(25.6) > 90\% R_标$ 强度保证率 $P(98.8\%) > 95\%$ 离差系数 $C_v(0.06) < 0.14$		符合设计和规范要求，质量等级"优良"
		C40	17	46.1	47.3	—	—	$S_n = 0.47$，$R_标 \geq 20$ MPa，应取 $S_n = 2.0$ MPa $47.3 - 0.7 \times 2.0 = 45.9 > R_标$ $47.3 - 1.6 \times 2.0 = 44.1 \geq 0.83 R_标$		符合设计和规范要求，质量等级"合格"
对外交通工程	四分干渠桥涵工程	C25	51	25.6	29.1	0.06	98.8	$R_{min}(25.6) > 90\% R_标$ 强度保证率 $P(98.8\%) > 95\%$ 离差系数 $C_v(0.06) < 0.14$		符合设计和规范要求，质量等级"优良"
		C40	17	46.1	47.3	—	—	$S_n = 0.47$，$R_标 \geq 20$ MPa，应取 $S_n = 2.0$ MPa $47.3 - 0.7 \times 2.0 = 45.9 > R_标$ $47.3 - 1.6 \times 2.0 = 44.1 \geq 0.83 R_标$		符合设计和规范要求，质量等级"优良"
	排涝沟涵	—	—	—	—	—	—	—		未施工完成，暂未统计

第五节　地基防渗工程

一、工程概况

因八里湾泵站主泵房基础位于或接近承压含水层即第⑧层中细砂层,承压水头高达 15 m,且与东平湖老湖区有一定的水力联系,主泵房坐落在砂基上,防渗长度不足,在进水池低水位运行条件下,尤其在老湖区滞洪条件下,承压水对主泵房的抗滑稳定、地基的渗透稳定不利。

设计单位委托河海大学进行了三维渗流数学模型计算,计算比较了:①不采取任何防渗措施;②按原《可研报告》中的四面围封;③东西北侧三面围封等多种方案,设计采用其推荐的方案,即在主泵房底板下设钢筋混凝土地下连续墙,沿站上及两侧三面围封截渗。设计地下连续墙厚 0.45 m,底高程为 7.74 m,伸入第⑨层重粉质壤土相对不透水土层下不小于 2.0 m。

三面围封混凝土防渗墙总长度 103.45 m,总面积为 1 655.2 m²,共分为 14 个槽孔,有效墙顶高程 23.74 m,墙底高程 7.74 m,墙深为 16.0 m。槽孔内满置钢筋骨架,单片骨架高 15.86 m,宽 7.84 m,重约 5.95 t。混凝土强度等级 C25 抗渗等级为 W6。

钢筋混凝土截渗墙施工时间段为 2010 年 11 月 27 日至 2011 年 12 月 9 日,施工净工日 13 工作日。

二、防渗墙施工

地下墙施工槽段划分及施工顺序在施工前与设计联系,根据工程的实际情况进行划分并取得设计认可后进行施工,地下连续墙共分为 14 幅。施工流水安排总体上是从西向东,具体施工流水视导墙制作和现场实际情况做适当调整。

(一)导向槽施工

防渗墙导向槽为直角矩形结构,槽孔宽为 0.5 m。混凝土强度等级为 C20,内设 16 mm 螺纹钢。防渗墙施工完成后进行拆除。

基础开挖处理并验收合格后,人工进行导向槽钢筋绑扎,模板封堵施工,经验收合格后进行导向槽混凝土浇筑,混凝土浇筑完成并达到规定龄期后进行防渗墙成槽施工。

(二)泥浆制备

泥浆配合比见表 9-6-23。

表 9-6-23　泥浆配合比

膨润土	8% ~ 12%
高黏 CMC	0.8% ~ 1.2%
Na_2CO_3	1.5% ~ 4%

泥浆在搅拌池搅拌均匀后泵入储浆池储存,并稳定 24 h 后使用。新鲜泥浆的各项性

能控制指标见表9-6-24。

表9-6-24　新鲜泥浆的各项性能控制指标

项目	黏度(Pa·s)	相对密度	pH 值	含砂率(%)
指标	18 ~ 25	1.02 ~ 1.10	7 ~ 9	<2

回收浆在回浆池沉淀后,对指标仍优良的部分直接泵入储浆池,对指标有所改变的部分在搅拌池调整后,再泵回储浆池。

(三)槽段开挖

采用薄壁液压抓斗施工,8 m 长槽孔一般可三抓成槽,在过程中适时控制垂直度,成槽后进行验孔换浆,一期槽两端设置接头管。

(四)钢筋笼制作安装

1.钢筋笼平台施工

钢筋笼平台采用 10 号槽钢焊接,平台底层采用素混凝土铺平,平台标高用水准仪校正,钢筋笼平台放样用经纬仪,以保证钢筋笼平台四个角均为直角。

2.钢筋成型

现场设置专门的钢筋加工场,所需成型的钢筋由专人负责加工成型,并归类堆放。

3.钢筋笼制作

钢筋笼制作按以下步骤实施:

(1)铺好迎土面钢筋钢片,将其焊好,并焊好迎土面钢筋网片的施工用筋。

(2)制作桁架,将桁架放置于迎土面钢筋网片上并焊接。

(3)以桁架为支撑焊接迎坑面钢筋网片。

(4)焊接迎坑面施工用筋和加钢筋。

(5)焊接封闭筋、定位块。

4.钢筋笼吊放

钢筋笼重约 6 t,吊放采用双机抬吊,以 25 t 吊机作为主机。起吊时必须使吊钩中心与钢筋笼形心相重合,入槽时保证起吊平衡。安放后允许中心位置误差为 ±30 mm,高程误差为 ±10 mm。

5.墙体混凝土浇筑

地下墙体混凝土强度等级采用 C25,抗渗等级 W6。混凝土浇筑一般在钢筋笼入槽后的 4 h 内开始。采用现场搅拌混凝土,每个槽段设三根导管灌注,导管间距 3 m,距墙端小于 1 m。浇筑中保证混凝土面均匀上升,导管埋深保持在 2 ~ 6 m。按规定要求在浇筑的同时取样养护,进行抗压和抗渗试验。

一序槽施工完毕后,拔出接头管,对二序槽进行开挖,开挖方法同一序槽;二序槽开挖完毕后,对混凝土孔壁进行刷洗 4 ~ 5 遍,以刷子钻头基本不带泥屑、孔底淤积不再增加为止。钢筋笼制作安装及混凝土浇筑和一序槽相同。

三、质量检测情况

钢筋混凝土地下截渗墙共取混凝土抗压试块 45 组,最小值 27.4 MPa,平均值 32.8

MPa,离差系数 0.1,强度保证率 98.6%;抗渗混凝土试块 2 组,在最高 0.8 MPa 水压下最小渗透高度 30 mm,最大渗透高度 81 mm,满足 W6 的抗渗要求。

每幅槽段均按一个单元工程进行质量评定,根据现场对槽孔、清孔、混凝土浇筑、钢筋笼制作、安放等进行检查、检测所得到数据等情况进行综合评定后,所有 14 幅截渗墙全部达到合格标准。

第六节　堤防工程

新筑堤防为东平湖老湖区南堤新建裁弯取直段,为均质土堤。筑堤填筑土料大部分利用渠道开挖土料,部分采用外调土料。土料的铺料厚度 40 cm,使用 18 t 自行式振动碾,静碾一遍,振碾三遍,再静碾一遍,满足设计要求 96% 的压实度标准。堤防工程土方填筑检测成果统计见表 9-6-25。

表 9-6-25　堤防工程土方填筑检测成果统计

填筑部位	检测点次	设计值		实测值			
		最大干密度（g/cm³）	压实度（%）	最小值（g/cm³）	最大值（g/cm³）	平均值（g/cm³）	合格率（%）
新筑堤防土方填筑西侧	35	1.66	96	1.598	1.619	1.611	100
新筑堤防土方填筑西侧	147	1.84	96	1.753	1.816	1.776	98.6
新筑堤防土方填筑东侧	473	1.63	96	1.551	1.575	1.571	98.3

堤基采用水泥土搅拌桩进行加固处理。

第七节　交通桥梁工程

交通桥梁工程包括公路桥、排涝渠桥梁和四分干渠桥涵。桥涵基础采用混凝土灌注桩,上部混凝土现场浇筑,为常规施工方法。

经检测,交通工程的混凝土强度符合设计要求,检测成果见表 9-6-26。

表 9-6-26　交通桥梁工程混凝土抗压强度检测成果

单位工程名称	分部工程	混凝土强度等级	检测组数	最小值（MPa）	平均强度（MPa）	离差系数（C_v）	保证率（%）
管理区、新筑堤防及公路桥工程	公路桥工程	C25	32	25.9	29.2	0.07	97.9
		C15	1	21.5	21.5	—	—
		C30	20	27.6	35.15	—	—
		C40	39	40.5	44.8	0.06	96.5

单位工程名称	分部工程	混凝土强度等级	检测组数	最小值(MPa)	平均强度(MPa)	离差系数(C_v)	保证率(%)
对外交通工程	排涝渠桥梁工程	C25	52	25.6	29.1	0.06	98.8
		C40	17	46.1	47.3	—	—
	四分干渠桥涵工程	C25	51	25.6	29.1	0.06	98.8
		C40	17	46.1	47.3	—	—

第八节　其他工程(回填工程)

其他工程包括主泵房、安装间、站上站下翼墙和落地挡墙的空箱回填,以及站区平台回填等。

箱体填筑土料选用基坑开挖土料,土料的最大干密度为 1.69 g/cm³,控制含水量为(19.0±2)%,施工时,铺土厚 20 cm,利用冲击夯夯实 4 遍,设计要求压实度 92%,干密度达到 1.555 g/cm³。施工过程中,共检测 11 615 次,最小干密度为 1.538 g/cm³,最大干密度为 1.651 g/cm³,平均干密度为 1.584 g/cm³,合格率 98.6%。

前池、机修车间、管理区等部位分别利用外调土料或开挖土料,设计要求压实度 96%,施工过程中,经检测达到压实度 96% 的设计要求。

第九节　施工质量缺陷及处理

一、混凝土施工中发生的缺陷处理

2011~2013 年由南水北调工程建设稽查大队四次对泵站工程进行了质量检查和复查,共发现质量缺陷 37 处,其中 I 类质量缺陷 23 处,II 类质量缺陷 14 处,经过参建各方认真研究处理,目前均处理完成并验收。详见表 9-6-27"2011~2013 年度质量缺陷统计表"。质量缺陷处理后对工程安全、功能以及运用无影响。

二、重要缺陷处理情况

(一)清污机桥蜂窝缺陷处理

2012 年 3 月 30 日,国调办飞检组在泵站进行质量检查时发现清污机桥桥墩圆头存在蜂窝现象共 4 处,施工单位编制了缺陷修复施工方案,经监理单位审批后进行整改。

首先对疏松混凝土沿划线位置用金钢石切割锯切割成缝,沿缝内进行凿除并形成新的修补工作面;凡修补部位凿除深度,均大于表层钢筋内侧 5 cm,以利新旧混凝土结合及结构的整体性。混凝土凿毛后基面,露出清洁、坚硬石子,并进行吹扫,清除灰尘、石屑,混凝土浇筑修补前,对基面用高压水枪进行清理,基面干燥后,涂刷一层水泥浆,以利结合。对凿除混凝土后暴露出的钢筋进行除锈、整理,并请监理工程师验收通过后,进行下一步工序。

表9-3-27　2011～2013年度质量缺陷统计

序号	报审表编号	备案表编号	缺陷类别	缺陷名称	部位	验收	统计			备注
							Ⅰ	Ⅱ	Ⅲ	
1	20110720	20120829	Ⅰ	裂缝	1#～4#进水流道	√	4			
2	20120401-1	20120419-1	Ⅱ	蜂窝	清污机桥工程桥墩(左侧)	√			2	
3	20120401-2	20120419-2	Ⅱ	蜂窝	清污机桥工程桥墩(中跨)6#中墩进水圆头下部	√			1	
4	20120401-3	20120419-3	Ⅱ	蜂窝	清污机桥工程桥墩(右侧)1#中墩迎水侧圆头中下部	√			1	
5	20120401-4	20120416	Ⅰ	麻面	清污机桥工程桥墩(左侧)3#桥墩左墙面	√	1			
6	20120402	20120422	Ⅱ	蜂窝、麻面、施工缝渗水、嵌入木条等	进水流道层闸门槽,圆头处	√	1	3		
7	20120403	20120827	Ⅱ	裂缝	清污机桥工程3#孔左墙距倒角向上1.2m处	√		1		
8	20120404	20120426	Ⅰ	止水	公路桥5#桥墩	√	1			
9	20120414	20120423	Ⅰ	涨模、错台、麻面、缺损调角等	公路桥预制板	√	4			
10	20120415	20120515	Ⅱ	止水偏移	清污机桥工程1#桥墩下游侧底板	√		1		
11	20120420	20120829	Ⅰ	裂缝	联轴层门洞、横隔墙、中墩	√	3			
12	20120427	20120827	Ⅰ	裂缝	2～4#流道联轴电机风洞、电缆道底板	√	3			
13	20120527	20120529	Ⅰ	漏浆挂帘	前池工程右侧挡土墙迎水面	√	1			
14	20120528	20121011	Ⅱ	止水偏移	安装间右侧边墩4#门洞北侧	√		1		
15	20120618	20120711	Ⅱ	错台	清污机桥工程桥墩(中跨)	√		1		
16	20130121	20130412	Ⅰ	裂缝	出水池右侧挡土墙直线段迎水面	√	2			
17	20130130	20130503	Ⅰ	止水	出水渠	√	1			
18	20130306	20130308	Ⅱ	2～6#底板边缘局部厚度尺寸不足	副厂房与主泵房门洞30.62m高程	√			1	
19	20130305	20130401	Ⅱ	底槛二期混凝土	出水侧门槽二期混凝土	√		1		
20	20130412	20130503	Ⅰ	止水渗水	安装间与主泵房30.62m门洞	√		1		
21	20130423	20130423	Ⅰ	错台	进水池右侧翼墙	√	1			
22	20130504	20130517	Ⅰ	排水孔冒带砂	进水池底板排水孔	√	1			
合计							23	9	5	

在凿除部位,按设计轮廓线重新立模,模板采用原部位浇筑时使用的钢模板,以求模板与原混凝土贴实、合缝,避免浇筑后发生错台、漏浆等。模板架立时尽量避免伤害原混凝土面,修补混凝土采用高于原混凝土一个强度等级的配合比进行浇筑(实际采用 C30 一级配混凝土,配合比为水泥∶粉煤灰∶砂∶石子∶外加剂∶水 = 294∶73∶750∶1 125∶8.07∶150)。混凝土拌和使用 0.25 m³ 强制式混凝土拌和机,确保混凝土熟料的入仓质量,使用 30 mm 振捣棒结合人工插捣密实。混凝土初凝后立即覆盖养护。施工中对混凝土坍落度等进行跟踪检测,并制作试件养护(试件按两种方式进行养护,一组在标养室内进行,一组在现场同条件养护)至标准龄期后进行强度检测。混凝土浇筑后于 4 月 12 日委托山东大学水利工程试验中心进行强度检测,使用回弹仪对修补部位进行 7 d 强度回弹,满足设计要求。4 月 19 日由建管、设计、监理、施工四方联合对清污机桥墩蜂窝缺陷处理进行了验收,相关资料备案存档。2012 年 6 月,南水北调工程建设稽察大队对此进行了确认。

(二)进水流道裂缝处理

进水流道裂缝于 2011 年 7 月流道模板拆除后已发现,2012 年 3 月南水北调稽查大队检查后,施工单位委托山东省水利工程试验中心检测,结果表明均为表层裂缝,确定裂缝类型后,采用高压灌注止漏法对裂缝进行了修复。该灌浆法是运用高压灌注机搭配止水针头,将止漏材料注入渗水裂缝,达到止漏效果。处理步骤如下:

(1)钻孔,于裂缝最低处左或右 5~10 cm 处倾斜钻孔至裂缝深度最大处,循序由低处往高处钻,孔距以 25~30 cm 为宜,钻至裂缝最高处埋设止水针头。钻孔时与裂缝面交叉,保证注射效果。

(2)放置止水针头,使用专用工具将止水针头固定牢。

(3)注浆,以高压灌注入聚氨酯灌浆材料(油溶性),直至裂缝表面渗出。

(4)灌注完成并待聚氨酯灌浆材料完全固化后,即可除去止水针头。

(5)沿裂缝走向凿"V"形槽,清洁后采用高一强度等级细石混凝土并掺入 108 胶及微膨胀剂进行修补,压光抹平与周围平顺相接。

修复完毕后于 2012 年 8 月 15 日委托山东省水利工程试验中心对修复后的裂缝进行检测,检测结果修复效果较好。2012 年 8 月 29 日由建管、设计、监理、施工四方联合对进水流道裂缝修复情况进行了验收,通过验收后,进行了质量缺陷备案。2012 年 6 月,南水北调工程建设稽查大队对此进行了确认。

以上工程施工中产生的缺陷已经按建设程序进行了处理,技术方案和施工措施基本合适,检测结果满足运行要求,并通过参建各方的联合验收和上级部门的确认。

第十节　单元工程、分部工程及单位工程质量评定

八里湾泵站工程已经评定单元工程 442 个,经参建各方联合检验评定,全部合格,其中优良单元工程 400 个,优良率 90.5%。

八里湾泵站工程已评定 22 个分部工程,安装间和副厂房土建按照《建筑工程施工质量验收统一标准》(GB 50300—2001)评定,为合格。其他 20 个分部工程按照《水利水电工程施工质量检测与评定规程(附条文说明)》(SL 176—2007)评定,经参建各方联合检

验评定,均为优良。

八里湾泵站工程共分为3个单位工程,目前尚未组织对单位工程的检查验收。

八里湾泵站枢纽工程的单元工程、分部工程质量评定情况见表9-6-28。

表9-6-28　八里湾泵站枢纽工程的单元工程、分部工程质量评定成果统计

序号	单位工程名称	分部工程名称	质量等级	单元工程		
				数量	优良个数	优良率(%)
1	泵站段工程	地基防渗	优良	16	16	100
2		地基加固	优良	21	21	100
3		进水渠	优良	24	23	95.8
4		清污机桥	优良	20	18	90.0
5		拦污设备及安装	优良	24	23	95.8
6		进水池	优良	16	14	87.5
7		前池	优良	34	30	88.2
8		主泵房土建	优良	34	26	76.5
9		金属结构及启闭机安装	优良	39	39	100
10		出水池	优良	43	41	95.3
11		出水渠	优良	13	12	92.3
12		副厂房土建	合格	7	1	—
13		安装间土建	合格	6	3	—
14		1#机组安装	优良	12	11	91.7
15		2#机组安装	优良	12	11	91.7
16		3#机组安装	优良	12	10	83.3
17		4#机组安装	优良	12	9	75.0
18		辅助设备安装	优良	21	20	95.2
19		电气设备安装	优良	20	16	80.0
20	管理区、新筑堤防及公路桥工程	公路桥	优良	28	28	100
21	对外交通工程	排涝渠桥梁	优良	15	15	100
22		四分干渠桥涵	优良	13	13	100
单元工程合计			参建评定	442	400	90.5

第十一节 评价与建议

一、评价

（1）基坑开挖完成后,建基面的高程、轮廓尺寸、轴线偏差符合设计要求,已进行重要隐蔽工程验收。

（2）混凝土工程原材料由施工单位自行采购,监理单位对原材料的质量进行了监督。所用水泥、粉煤灰、外加剂、钢筋、止水带等均为国家正规企业生产,均附有出厂合格证明,施工单位对原材料进行了检测,监理单位对部分材料进行了抽检,检测结果表明全部合格。

（3）主体建筑物混凝土施工布置,施工方案基本合适,各施工工序能够按有关规范规定进行操作,混凝土浇筑质量总体合格,外观形象较好。在施工过程中,对各部位不同强度等级的混凝土进行了以抗压强度为主的试验,监理单位对试验结果进行了见证和跟踪,混凝土试验结果均为合格产品。

（4）主泵房基础周边采用钢筋混凝土防渗墙进行围封截渗,成墙方案和施工工序基本合适,施工质量合格。

（5）地基加固工程的施工工艺基本符合规范规定。水泥换填土的压实度满足 96% 的设计要求,水泥粉煤灰碎石桩达到 C20 的抗压强度指标,水泥土搅拌桩施工质量分别达到无侧限强度相应的质量标准,混凝土灌注桩的抗压强度满足设计要求的强度等级。

（6）新筑堤防工程土料利用开挖土料或外调土料填筑,经检测,堤防填筑的压实度满足设计要求的 96% 的标准。

箱体回填的压实度达到 92% 的设计要求;前池、机修车间等部位的回填达到 96% 的填筑标准。

（7）公路桥、排涝渠桥梁和四分干渠桥涵的施工质量符合设计要求。

（8）对施工中发生的质量缺陷能够认真分析原因,所采取的处理措施合适,处理结果满足设计及运行要求。

（9）经参建各单位联合检验评定,442 个单元工程全部合格,优良率 90.5%。22 个分部工程除安装间和副厂房按建筑工程要求评定为合格外,其他 20 个分部工程均被评为优良等级。

（10）土建工程的施工过程处于受控状态,总体施工质量合格,符合设计要求。

二、建议

（1）在竣工验收前,对泵站的土建工程进行一次全面的检查,对机组进人孔渗水、出水流道底板渗水等问题进一步做好处理。

（2）对主泵房底板及其他位于设计水位以下的建筑物结构防渗情况进行检查,发现问题及时处理。

（3）对埋设在主泵房基础内的渗流渗压观测设施要加强观测,及时掌握建筑物基础下扬压力情况,验证截渗效果。

第七章　水力机械

第一节　水力机械设计

一、主水泵及附属设备

八里湾泵站是南水北调东线一期工程的第十三级泵站,其设计参数见表9-7-1。

表 9-7-1　泵站设计参数

一、设计流量(m³/s)	100	
二、特征水位	进水池(站下)	出水池(站上)
设计水位(m)	36.12	40.90
平均水位(m)	36.12	40.27
最低水位(m)	35.62	38.90
最高水位(m)	37.00	41.40
三、泵站净扬程		
最高净扬程(m)	5.78	
设计净扬程(m)	4.78	
平均净扬程(m)	4.15	
最低净扬程(m)	1.90	

经公开招标确定,八里湾泵站选用《水利部南水北调工程水泵模型天津同台测试成果报告》中的3150ZLQ33.4－4.78号水力模型,经装置模型试验确定真机参数为:水泵叶轮直径为3 150 mm,转速为115.4 r/min,水泵与电动机直联,单台电机配套功率为2 800 kW,全站共装机4台(其中1台备用),总装机容量11 200 kW。水泵叶片调节采用液压全调节方式。

泵站采用肘型流道进水和低驼峰平直管流道出水,并在出水流道出口设两道快速闸门的断流方式。每台机组设快速闸门和备用快速闸门各一道,采用油压启闭机操作。快速闸门的启闭程序和运行速度根据机组水力过渡过程来设置控制,闸门和机组实现联动操作。

水泵叶轮中心安装高程为31.62 m,水泵层高程为30.62 m,联轴器层高程为40.85 m,安装(电机)层高程为46.40 m。

水泵原型装置性能曲线见图6-1-1。从图6-1-1可以看出,在泵站设计净扬程工况时,水泵满足设计流量要求,且效率较高,在最低净扬程和最高净扬程工况时,水泵能安全稳定运行。泵站主机组选型、进出水流道型式合理,水泵技术参数、出水流道出口断流措施满足泵站运行条件,符合相关规范要求。

二、辅机系统设计

根据机组冷却、润滑等技术用水的要求,本站采用直接供水系统方式。供水系统设技术供水泵和全自动滤水器,并在供水管路上安装压力传感器和示流信号器等自动控制元件满足泵站自动化运行的要求。

为了满足泵站检修及站内用水设备渗漏水排出的要求,本站设排水系统。排水系统将检修和渗漏排水合二为一,共设 2 台套潜水排污泵。站内渗漏排水汇集到积水廊道内后,由浮球液位计自动控制排水泵的起停,确保站内的排水安全。检修排水时采用人工操作。

水泵叶片调节机构采用液压油操作,设 2 套油压装置。本站油压装置采用蓄能器与回油箱总成合为一体,型号为 HYZ – 0.3 – 4.0 – TS 3NC2,额定压力为 4.0 MPa。

每台水泵进水流道内各设 5 声道超声波流量计各 1 套,用以监测水泵运行时的工作流量。

泵站辅机系统设计合理,满足泵站运行条件,符合规范要求。

三、起重机

主泵房内设 320 kN/100 kN 桥式起重机 1 台,起重机净跨(L_k)13.5 m,桥机轨道顶部高程为 58.845 m。

泵站起重设备选型合理,技术参数满足泵站运行要求。

第二节 主机设备制造

八里湾泵站水泵为 3150ZLQ33.4 – 4.78 型立式轴流泵,设备制造商为江苏航天水力设备有限公司(原高邮水泵厂)。在设备制造过程中,监理工程师对设备制造方的质量保证体系进行了审核,对原材料、工序工艺、质量记录、出厂验收,以及水泵制造进行监督管理,做到资料可查,质量可控。

(1)质量体系审核。工程开工前审查承包人的开工申请报告、生产进度计划、质量保证体系、安全生产保证体系及制造能力,实地查看了承包人的加工场地、设备,抽查了特殊工序人员的岗位资格证书,确认承包人具备完成八里湾水泵制造所需的人员、场地、设备及相应的质量保证体系。

(2)原材料报验。对于用于水泵制造的原材料、外购件,要求承包人报监理工程师备验,只有通过监理工程师验收的原材料、外购件,方可用于水泵加工。

(3)质量记录。要求承包人对水泵制造进行全过程质量记录,并报监理工程师验收,监理工程师按事先规定的质量控制点进行见证,所有的质量检验均形成质量记录。

监造工程师采用巡查和驻厂监造相结合的工作方法,对设备制造的进度和质量进行了控制。

主机所有设备质量均达到了项目合同、招标投标文件和制造图纸规定的要求。

第三节　水力机械设备安装

经公开招标,山东黄河东平湖工程局为本站水力机械设备安装承包商,负责所有水力机械设备的安装与调试。

一、主水泵及附属设备

(1)安装前土建尺寸复测及混凝土基础面找平。

将标高和机组纵横向中心线引到每台机组的电机层、联轴层和水泵层,然后根据这些所测放的基准线检查进水底座、泵座、上座和电机基础板位置的混凝土中心、标高,地脚螺栓预留孔尺寸是否符合规范要求,对超过要求和影响安装的地方要进行处理,并对所有要求浇筑二期混凝土的位置进行打毛、清洗并錾成锯齿形,以保证与二期混凝土结合牢固。对调整垫铁安装位置的混凝土进行找平,要求和调整铁的接触面及水平度要符合规范要求。

(2)主机泵设备检测:对设备进行清点,预装和设备部件尺寸的复测,将到工的设备按装箱单进行清点并分类入库保管。

水导轴承的预装。检查水导轴瓦,表面光滑、无裂纹脱壳等缺陷,将水泵水导轴承组装到主轴轴颈部位,检查其间隙在测量温度环境下是否符合设计要求。

测量水泵和电机的各部位加工尺寸是否符合规范和图纸要求,并做好记录,以作为确定电机安装实际高程的依据。

(3)水泵预埋件安装。

水泵预埋件安装主要有进水底座、泵座、上座安装,此阶段只安装上座和泵座,进水底座吊到位置调整好加固后,暂不浇二期混凝土,待叶轮外壳、进水锥管安装好再向上连接,并用调整垫铁垫实后一次性把该部位二期混凝土浇筑好。

预埋件的调整垫铁放置平面打磨平整,清理干净,垫铁高度设置在上下可调位置,垫铁上平面高程与相应设备安装高程一致,偏差小于 ±2 mm,预埋件与混凝土接触面清洁彻底,无油漆、油污、泥渣等杂物,保证与二期混凝土良好接触。垫铁、地脚螺栓、底座、泵座、上座等埋件注意除锈、除漆等清理工作,二期混凝土后外露面注意防锈。每只地脚螺栓不少于两组垫铁,每组不超过 5 块(层),其中只有一对斜垫铁。垫铁薄边厚度宜不小于 10 mm,斜率为 1/25 ~ 1/10,搭接度在 2/3 以上。

将泵进水底座、泵座、上座吊装至各调整垫铁上,根据所测放的高程线、中心纵横向线,依据质量要求调整泵座、上座、进水底座的中心、高程、水平度、同轴度。规范要求中心为 0 ~ 3 mm(测量机组十字中心线与埋件上相标记距离)、高程(±2 mm)、水平度(0.07 mm/m)、同轴度 1.5 mm(测量机组中心线到止口半径),调整合格后对调整垫铁进行点焊固定并对座进行焊接加固,浇筑上座、泵座的地脚螺栓的二期混凝土,确保地脚螺栓的垂直固定。

（4）泵与电机的固定部件安装。

将叶轮外壳放置在水泵层的进水口旁边，不要将半面连接螺栓拆除，因为其安装顺序滞后，分开易产生变形。将进水锥管、底座放置在基础混凝土上，上搁置叶轮检修拖轮架，把叶轮吊入叶轮检修拖轮架搁置好。

把导叶体吊装在泵座上紧固好，导叶体水平以水导轴窝上水平面水平为准，在调整水平的同时，根据导叶体上平面高程来升降。利用吊钢丝和合象水平仪来调整好导叶体的水平度、中心（以上座或下座为基准）及水导轴窝垂直同轴度均符合安装质量要求，在调整中严格控制导叶体高程并紧固好地脚螺栓，再在四周架设四只千斤顶和对调整垫铁、座等进行点焊加固。紧地脚螺栓时，要用百分表监视法紧地脚螺栓，要对角紧，全部紧固后，对高程、水平、中心进行复测均符合安装质量要求，同时检查水导轴窝的同轴度符合安装质量要求后，浇筑泵座二期混凝土，强度达到要求后，才能安装出水弯管与顶盖。

把水导轴承、后导水锥放置在导叶体上，将出水弯管与顶盖连接就位，放置在上座上，调整顶盖的水平、高程和其与水导轴窝的同轴度符合安装质量要求后，浇筑上座二期混凝土。

电机基础混凝土平整坚实，基础垫板调整水平，高程统一。将下机架与定子组装后吊放到电机基础板上，穿好基础螺栓，然后用电气回路法和水平仪进行测量和调整定子，同时检查下机架水平和中心偏差符合安装质量要求，定子、下机架安装合格后，加固并浇地脚螺栓二期混凝土强度达到80%以上时，用百分表监视法紧地脚螺栓，焊接加固电机基础后浇筑电机基础二期混凝土，并注意养护好二期混凝土。定子按水泵垂直同心找正时，各半径与平均半径之差，不超过设计空气间隙值的±5%，定子的高程由之前测量的数据推算出实际安装高程。

（5）垂直同轴度调整。

机组垂直同轴度调整方法为：架设测同轴度装置，平衡梁稳固且有足够的钢度，与被测部件绝缘，钢琴线无曲折，重锤重量适当，不能使钢琴线拉伸，重锤全部浸入机油中，重锤四周焊有阻尼片，可有效阻止晃动。电池导线连接牢固。测同心时周围控制有震动和较大噪声，且有挡风措施。同心测量时，被测部件的圆周上分东、南、西、北对称点相应做标志，测点适当清理，避开特殊点及设备缺陷点，测点在同一水平面上，各被测部件的测点方向一致。

调节求心器使钢琴线调至水导轴窝中心，电机定子同心测量以调整好的钢琴线为中心，在上、下端面的东、南、西、北四个方向测点测量半径，计算出中心差后再分别与水导轴窝同方向偏差进行比较，得出定子与水导轴窝同轴度偏差值，满足安装质量要求。

用同样的方法测量调整顶盖填料座孔止口的同轴度。

（6）轴瓦研刮。

轴瓦的研刮是按轴瓦与轴承的配合来对轴瓦表面进行刮研加工，使其在接触角范围内贴合严密和有适当的间隙，从而达到设备中能形成良好的油膜。

推力轴瓦的研刮方法如下：

①为了使推力轴瓦与镜板或导轴承头均匀接触，需要在安装前进行研刮。进出油边的研刮按轴瓦设计图纸要求进行。在镜板上研磨，用纯酒精擦洗，然后在镜板面上涂一层

匀薄的石墨粉显示剂,瓦面刮削以点为主,不能出现深长的刮痕。

②检查轴瓦和镜板的接触情况。刮低"高点"直到轴瓦面接触点在每平方厘米有 2 ~ 3 点,研刮时注意:刮刀要锋利;每研刮一次,所刮刀痕相互成 90°;粗刮时刀痕要宽,细刮时要按接触点的分布情况挨次刮,不能东挑西剔;精刮时最大最亮的接触点全部刮,中等接触点刮尖,小接触点可以不刮。这样使大点分成几个小点,中点分成两个小点,无点处也显示出小点,即点数增多。研刮后,要求每块轴瓦局部不接触面积每处不得大于轴瓦面积的 2%,其总和不得超过该轴瓦面积的 5%。进油边按设计要求刮削,以抗重螺栓为中心约占总面积 1/4 的部位,刮低 0.01 ~ 0.02 mm,然后在其 1/6 的部位,另从 90°方向,再刮低 0.01 ~ 0.02 mm。推力轴承卡环受力后其轴向间隙不得大于 0.03 mm,间隙过大时,不得加垫。

导轴瓦的研刮方法如下:

①清洗导轴承头支承面及导轴瓦,在导轴承头上涂一层匀薄的石墨粉显示剂把轴瓦覆盖上,来回推动 4 ~ 6 次,取下导轴瓦。

②检查接触面情况,按刮推力轴瓦的方法,使其接触点在每平方厘米有 2 ~ 3 点,研刮后,要求每块轴瓦局部不接触面积不大于轴瓦面积的 2%,其总和不得超过该轴瓦面积的 5%。

(7)机组转动部件安装。

机组转动设备进场后,妥善放置,防止发生弯曲变形、锈、碰、磨等情况,水泵轴要放置平稳,在多处用木方垫平。电机转子到场后,放置在专设的转子机坑内,平稳放置。叶轮外壳两半圆不宜拆散,若拆散,吊装后要恢复原状。

将水泵轴与接力器下拉杆同时吊入与叶轮头连接,连接螺栓锁定紧固,叶轮头下部支撑牢固,在顶盖用千斤顶适当支撑,保持水泵和水泵轴垂直。吊入接力器与水泵轴临时连接固定,做好防尘、防晃措施。

电机转子吊装,大型电机转子运输时为卧放,到达现场翻身成竖立状态后吊装就位,转子竖起后用手拉葫芦调节使转子保持垂直,在定子四周至少 8 个位置放好 1 mm 厚的硬纸条,在转子缓慢放下时由专人不停地上下抽动,随时注意转子与定子碰擦情况并调整,在下机架的四条支腿上架设四只千斤顶,转子下降到位后顶住转子,保持转子基本水平,转子高度要高于实际高度 10 mm 左右,以便压装推力头和给推力轴承加润滑脂。

吊装电机上机架和压装推力头,电机上机架油缸与定子连接,上油缸清理干净后,安装抗重螺栓、推力瓦,初调推力瓦水平。

(8)盘车、调整轴线摆度。

将电机转动部分落到推力瓦上后,先复测电机磁场中心,根据磁场中心高度调整镜板水平度和推力瓦受力均匀,在磁场中心合格后,镜板水平度达到 0.02 mm/m,转子大体调中后,安装上操作油管及密封件,检查有无卡阻现象。油压试验合格后开始测量和处理电机轴、泵轴的摆度,盘车前检查空气间隙内杂物。

电机轴摆度。在电机轴下端法兰圆周 XY 方向各架设一只百分表,然后盘车几圈,再按圆周标注的 8 个点位置记录百分表读数,根据相似三角形法计算出绝缘垫磨削量,绝缘垫安装方位做好标志,磨削时放平,均匀研磨。处理摆度均是采用刮削的方法进行处理,过程中反复检查各点厚度，直至接近要求的磨削量，装上后再按前述方法盘车测量摆度，反复处理，直至摆度达到技术标准要求。每次绝缘垫处理后及时检查转子水平。

水泵轴摆度。水泵轴和电机轴连接后在水导轴颈处 XY 方向架设百分表，盘车测量摆度，同样计算确定处理量及方位，采用铲刮泵轴法兰面来调整摆度，使摆度达到技术标准要求。电机轴与水泵轴联接盘摆度时用的是工作螺栓，摆度调整合格后，要铰孔更换精制螺栓，更换螺栓后要复测机组轴线摆度。

（9）机组定中心，检查空气间隙、叶片间隙和调整瓦间隙。

在机组轴线摆度、镜板水平度调整好，压力油密封性试验合格后，复测磁场中心，合格后安装推力瓦抗重螺栓锁片，安装上油槽冷却器、推力瓦测温元件、上导轴承，然后进行机组转动件盘车，以水导轴窝为基准，移动机组转动部件，定机组转动部件中心，要求偏差在 0.04 mm 以内，用塞尺检查空气间隙合格后，再根据摆度值和摆度方位调整电机上、下导轴瓦间隙，安装叶轮外壳，检测叶片间隙，叶片间隙上部小下部大，检测时在 4 个方位，分别对各叶片上、中、下三个点进行测量，安装检测水导轴承间隙。

（10）叶片调节机构安装和其他部件安装。

（11）安装泵填料函部件、进水锥管、进人孔、防护罩、电机顶车装置、上风道盖板、下风道盖板等，并对电机上、下油槽进行加油。

（12）机组流道注水，做泵密封性试验。

泵进水口底座、上座、电机基础板浇筑二期混凝土达到强度时，进水流道进行注水，检查泵各组合面的密封状况。

以上安装过程和主要安装步骤符合相关要求，主水泵机组的安装质量均评定为优良，单元工程优良率 100%。各项技术指标均符合设计和规范要求。

二、辅机系统设备

（一）供、排水泵安装

根据施工图和产品使用说明书，确定水泵基础安装尺寸，设备定位基准的面、线或点，对安装基准线的平面位置其偏差不超过 ±2 mm，标高偏差不超过 ±1 mm。

（二）管道安装

预埋管道的安装：预埋工作同土建施工紧密配合，穿插进行。预埋管道及配件提前加工，具备预埋条件后，预埋件迅速就位，出墙开孔处用木模，伸出部位与墙面成 90°，加固保护，在监理工程师在场时做管道耐压渗漏试验，合格后进行混凝土浇筑。

明管安装位置与安装图中设计值的偏差在室内不得大于 10 mm，在室外不得大于 15 mm。管道焊缝表面无裂缝、气孔、夹渣及熔合性飞溅，咬边深度小于 5 mm，长度不超过焊缝全长的 10%，且小于 100 mm。

（三）轴流风机的安装

整体机组的安装直接放置在基础上，用成对斜垫铁找平。叶片校正按设备技术文件的规定或监理人批准的方法校正各叶片的角度，并锁紧固定叶片的螺母。

经查阅资料，以上安装过程和主要安装步骤符合相关要求，安装质量均评定为优良，单元工程优良率 100%。各项技术指标均符合设计和规范要求。建议有关部门督促施工单位按照质量标准和要求尽快完成主副厂房风机及管道等未完部分的安装与验收。

第四节 机组试运行

4 台机组的试运行于 2013 年 5 月 19 日 15:05 分开始,至 5 月 20 日 08:40 分结束。首先启动 2# 机组,之后依次启动 1#、3#、4# 机组;1# 水泵机组累计运行 255 min,2# 水泵机组累计运行 245 min,3# 水泵机组累计运行 309 min,4# 水泵机组累计运行 260 min。

其中,4 台机组联合运行时间大于 10 min。每台机组无故障停机 3 次。

4 台机组试运行中电气设备、辅机设备运行正常,未发生电气、辅机设备异常现象。主机组设备、电气设备、闸门启闭机及辅机系统设备安装等工程在试运行期间运行基本正常,主要设备的制造安装质量及主要技术参数均满足设计要求,符合有关规程、规范的规定。

根据评估初步意见,又分别于 2013 年 6 月 10 日至 2013 年 6 月 20 日、2013 年 6 月 24 日至 2013 年 6 月 27 日两个时段进行了运行通水,情况如下。

一、变电站

主变、站变等设备运行状况正常,控制、保护、数据采集通信系统运行正常。

二、主机泵

2013 年 6 月 10 日 10:35 分至 6 月 27 日 12:15 分通水期间,1# 水泵机组累计运行 86 小时 18 分钟,2# 水泵机组累计运行 48 小时 27 分钟,3# 水泵机组累计运行 59 小时 40 分钟,4# 水泵机组累计运行 130 小时 43 分钟。

整个运行阶段推力轴承瓦温度 49~64 ℃,定子线圈最高温度 41~54 ℃,导轴承最高温度 37~53 ℃,最大有功功率 1 290~1 962 kW。

三、水力观测

运行期间站下水位 35.70~36.70 m,站上水位 40.55~40.70 m,扬程 3.90~4.90 m。
4 台机组流量利用流道内安装的超声流量计进行测量:
在试运行期间,叶轮角度 $-8° ~ +4.14°$,单机流量 20.9~34.6 m³/s。

四、辅机

风系统:风机运行正常。
启闭系统:泵站工作闸门、防洪检修闸门、事故闸门及液压启闭系统启闭正常。
量测系统:上下游扬压力传感器、水位传感器工作基本正常。
清污系统:清污机工作正常。

五、电气设备

高、低压系统:设备工作正常,开关动作灵活、准确,指示灯、表计显示正常。

控制保护系统:动作准确,工作正常。

六、视频监视系统

图像清晰,控制灵活,工作正常。

七、相关土建工程

进水渠、清污机桥、进水池、前池、主厂房、出水池、出水渠等建筑物未出现明显异常现象,站下进水流态稳定、平顺,站上出水池无明显湍流,无大量气泡产生;机组运行期间,水泵层未发现渗水现象。

八、数据采集

泵站运行期间对相关数据进行了采集,本次运行对上下游水位、主机泵叶片角度、流道、主电机油冷却器冷却水压力、供水母管、油压装置系统油压力、定子电流、定子电压、励磁电流、励磁电压、有功功率、无功功率、功率因数、电机上机架震动、水泵震动、电机层噪声、联轴层噪声、水泵层噪声、推力轴承瓦温、导轴承瓦温、定子线圈温度等指标进行定时观测,并进行了详细记录。

九、存在问题及处理

(1)电机厂家关于推力瓦温进行了书面答复,TL2800 - 52立式电机推力瓦温的允许温度为80 ℃,据此推力瓦的报警温度设为75 ℃,跳闸温度设为80 ℃。

(2)电机运行噪声偏高,电机厂家出具"八里湾泵站电机噪声平均声压级分析报告",报告通过现场实测数值进行分析、修正换算,电机噪声指标满足国标要求及规范设计要求。

(3)因上游河道尚未完全疏通,故两次运行均采取单机运行,未进行3台机组联合运行。

根据以上资料评估认为,机组试运行基本满足规范要求。

第五节 评价与建议

(1)泵站主水泵机组选型及布置合理,技术参数满足泵站运行要求。

(2)泵站进、出水流道型式合理,出口断流措施满足泵站要求。

(3)泵站辅机系统设备的选型及布置符合《泵站设计规范》(GB/T 50265—2010)的要求,设备技术参数满足泵站运行要求。

(4)泵站起重设备选型及布置合理,技术参数满足泵站运行要求。

(5)所有水机设备及主要材料的出厂资料基本齐全,设备制造质量基本合格,符合相关规范的规定,设备已投入试运行。

(6)所有水机设备安装、检测和验收资料基本齐全。经安装、监理各方综合评定,安装质量符合设计、招标文件及相关规范规定。

（7）工程已按设计项目基本建设完工，2013 年 5 月 19 日 15：05 至 5 月 20 日 08：40 进行了泵站试运行及验收，而后又分别于 2013 年 6 月 10 日至 20 日、2013 年 6 月 24 日至 27 日两个时段进行了运行通水。评估认为，机组试运行基本满足规范要求。

（8）为总结前期建设经验，建议对该站的水泵性能指标尤其是装置效率等重要指标作进一步考核，评价设备选型、制造和安装水平，同时也为下一步的泵站验收提供依据。

第八章　电气工程

第一节　电气工程设计及主要设计变更

经查阅《南水北调东线一期工程八里湾泵站工程竣工验收安全评估工程设计自检报告(2013 - 05 版)》《南水北调东线第一期工程八里湾泵站工程初步设计报告(2009 - 03 版)》等资料,并通过本次安全评估梳理和交流,明确了本次建设验收安全评估的设计范围、内容和设计变更项目。

一、主要设计内容

(一)泵站供电系统

泵站内设一座 110 kV 专用变电所,由引自东平县 220 kV 李楼变电站的一回 110 kV 线路供电。线路全长约 28.02 km,其中,架空线长 27.8 km,接入本站电缆进线段长 0.22 km。

另由新湖 35 kV 变电站引接一回 10 kV 架空线路,作为"永临结合"的施工和泵站非运行期的永久供电电源。

(二)电气主接线

变电所的 110 kV 侧为单母线接线,设有 1 个进线、2 个主变和 1 个 PT、避雷器间隔。10 kV 侧采用单母线分段接线,Ⅰ、Ⅱ段母线上各接有 1 台主变、2 台主泵组和 1 台站用变。

(三)机组启动

泵组采用全压异步直接启动方式。经设计计算,在电力系统最小运行方式下,一台主变运行、启动第一台同步电动机时,10 kV 母线电压为额定电压的 88.3%,满足《泵站设计规范》(GB/T 50265—2010)的要求。

(四)主电动机及主要电气设备选择

1. 主电动机

主水泵配套电机选用 TL2800 - 52 立式同步电动机四台,单机额定功率为 2 800 kW,额定电压为 10 kV,额定电流为 190 A,额定功率因数 0.9(超前),额定效率 95%。

2. 变压器

2 台主变压器采用 S11 - 16000/110 ± 2 × 2.5%/10.5kV 油浸变压器,$U_d\% = 10.5$,YNd11 接线。

2 台站用变压器及 1 台所用变压器(箱变)均采用 SCB11 - 500/10 ± 5%/0.4 kV 干式变压器。

3．配电装置

110 kV 配电装置选用户内三相共箱式 SF_6 气体绝缘金属封闭开关设备(GIS);10 kV 配电装置采用户内 KYN28A - 12(Z)型中置式金属封闭开关设备。柜中配置了 HVF12 型真空断路器、微机消弧消谐选线综合装置等设备。

泵站低压系统选用 MNS 型低压开关柜。进线、母线分段开关柜中主开关配置 HiAN16 型智能框架断路器。

(五)站用电

泵站设有两台 500 kVA 站用变压器,分别接在 10 kV 的Ⅰ、Ⅱ段母线上,互为备用。380/220 V 低压母线分段。泵站不运行时,主变及站变退出运行,由地区 10 kV 供电的箱式变电站担负泵站检修、照明及管理、生活用电。

(六)主要电气设备布置及电缆敷设

泵站两台 110 kV 主变压器布置在副厂房北侧室外。110 kV GIS 设备布置在副厂房二层 GIS 室内。

主厂房电机层布置 4 台 2 800 kW 的同步立式电动机。电动机中性点设备布置在中性点设备箱内。

泵站副厂房位于主厂房东侧,一层为高低压配电室,站变及励磁变室,直流柜、励磁柜、LCU 柜室;二层为 GIS 室、中控室、运行值班室、电工实验室等。

在副厂房一层下设有电缆夹层,与主厂房出水侧的电缆廊道相通。主厂房一层与二层间设有电缆夹层,用以 GIS 的一、二次电缆敷设。

(七)过电压保护及接地

为防止直击雷,110 kV 架空送电线路沿全线架设避雷线,其中一回为 OPGW 复合光纤兼避雷线。

为防止雷电侵入波对主变压器及高压设备的绝缘造成危害,在 110 kV 架空线与电缆进线段的连接处和 GIS 与电缆进线段的连接处,分别装设一组 HY10WZ - 100/260 型和 Y10WF - 100/260 氧化锌避雷器,在主变压器中性点上装设一只 Y1W5 - 73/200 型氧化锌避雷器。

为保护主电动机及 10 kV 电气设备,在每台主电动机回路装设了一组 JPBHY5CD2 - 12.7/41 ×29 型三相组合式电动机过电压保护器,每台电动机中性点装设一只 HY2.5W8/19 中性点过电压保护器。在装有真空断路器的开关柜中,配置一组氧化锌避雷器,防止操作过电压。

为防止直击雷,在主泵房及副厂房顶设避雷带(网)保护,其接地引下线与泵站总接地网可靠连接。

泵站内所有高、低压电气设备、计算机监控系统设备和通信远动等设备的防雷接地、保护接地、工作接地、防静电接地等共用一个总接地装置,接地装置由自然接地体和人工接地体联合组成。泵站工频接地电阻设计值要求不大于 0.5 Ω。

(八)继电保护及安全自动装置

泵站主要高压电气设备均配置微机型综合保护监控装置。

(1)10 kV 同步电动机保护:纵联差动保护、负序过流保护、过负荷保护、低电压保护、失磁保护、失步保护、单相接地保护、温度保护。

（2）主变压器保护：纵联差动保护、过电流保护、零序电流保护、过负荷保护、重瓦斯保护、轻瓦斯保护、温度保护。

（3）站用变压器保护：电流速断保护、过电流保护、过负荷保护、低压侧零序过电流保护、温升保护。

（4）110 kV 母线保护：定时限电流速断保护、过电流保护以及故障录波。

（5）10 kV 母线保护：定时限电流速断保护、过电流保护、低电压保护、单相接地监测。10 kV 母线分段保护：定时限电流速断保护、过电流保护。

（6）励磁系统保护：硬件监测保护、脉冲监测保护、投励超时保护、交流电源消失或断相保护、励磁电流过大或过小保护、PT 断线及 CT 故障保护、失步保护、再同步不成功保护。

（九）综合自动化控制系统

泵站控制管理方式按"无人值班"（少人值守）的原则设计，采用以计算机监控系统为主、常规监控设备为辅的控制管理方式。

泵站自动化范围包括：机电和金属结构设备的自动控制系统、水力测量及水工建筑物安全自动监测系统、视频监视系统及办公自动化系统四部分。

1. 计算机监控系统

泵站计算机监控系统为分层分布式的开放型结构，采用光纤环形以太网。监控系统分两层，即集中监控层和现地监控层。

集中监控层位于中央控制室。采用 100 Mbps 双光纤以太网络，TCP/IP 网络协议，组成开放的计算机网络系统。主要设备包括：两台主计算机兼操作员工作站、1 台工程师工作站、1 台数据库服务器、1 台安全监测服务器、1 台通信服务器、1 台视频服务器、1 套语音报警装置、1 台网络激光打印机、1 套在线 UPS 电源以及 GPS 时钟等。

现地监控层包括 13 台 LCU 控制柜，其中：4 台机组 LCU；1 台 110 kV 电气设备 LCU；1 台泵站公用 LCU；2 台闸门液压系统 LCU；2 台机组叶片调节液压系统 LCU；1 台机组技术供水系统 LCU；1 台泵站渗漏、检修排水系统 LCU；1 台清污设备 LCU。

泵站与南水北调东线第一期工程管理信息系统的信息传输媒介为 1 000 M 光纤以太网，在本工程计算机监控系统主控级的光端交换机上预留一个传输速率为 1 000 Mb/s 的接口，通过此接口与调度层联络。

2. 水力监测和安全监测系统（电气）

本站设一台安全监测服务器，负责对泵站的安全监测。它通过 RS-485 总线与各 DAU 数据采集单元相连接，各种非电气量（包括渗透压力、扬压力、位移、水位）的采集单元以 RS-485 总线方式通过安全监测服务器接入 100/10 Mbps 快速以太网络。

3. 视频监视系统

视频监视系统由摄像、传输、显示及控制等四个主要部分组成。主要用于监视 110 kV 变电所、站区、各电气设备室、泵站电机层、联轴器层、水泵层设备运行状况等。

视频监视系统采用专为安全防范和监视系统设计生产的高分辨率数字信号处理（DSP）彩色摄像机。多媒体主机具备画面分割和矩阵切换功能，32 路输入，4 路输出。视频服务器配置品牌计算机，21 寸彩色 LCD 显示器。

4.办公自动化

（略）

（十）通信系统

1.电力调度通信

本站至 220 kV 李楼变电站的电力调度通信,采用 OPGW 复合光纤通信方式。在泵站和 220 kV 李楼变电所各设一套光端机,由站内通信服务器经光端交换机向电力系统上传所需 110 kV 各种电气参数,并接收电力调度指令信号。

2.水利调度通信

本站与上级调度部门的联系采用光纤通信方式:由中控室通信服务器经光端交换机与上级调度部门实现高速宽带数字传输,将泵站内各机组、设备的运行状态、运行参数以及视频图像传送至上级调度部门并接受上级调度部门的调度信号,实现本站与上级调度的实时数据、视频图像及语音的上、下传输。

3.内部通信及对外通信

为满足泵站内部生产通信和行政事务通信要求,站内设一台 100 门数字程控交换机。泵站通过 8 芯光缆和 10 对电话电缆实现与地方公用电信网连接。

4.通信电源

为保障通信的可靠性,设置一套 GZDW - 150AH/48V - M 智能型高频开关直流电源系统作通信电源。

二、主要设计变更

经查,自本泵站工程初步设计报告审查批复后,在工程建设过程中,电气工程设计未发生重大设计变更。一般设计变更履行了规定的设计变更程序。主要有以下三点:

（1）主电动机(泵组)额定转速由初设的 125 r/min 变更为 115.4 r/min。

（2）避雷器的配置经优化后调减。

（3）厂房电气设备布置进行了适当调整。

三、设计评价

根据《关于南水北调一期工程 110 千伏输变电工程接入系统方案的批复》（鲁电集团发展〔2008〕462 号文）,八里湾泵站“110 千伏规划进线 2 回,采用单母线分段接线,本期一回,采用单母线接线。”

评估认为,批文中的规划方案更为安全可靠。一期的方案,供电可靠性有所降低,但节省了输变电工程的建设投资。综合八里湾泵站在南水北调东线的位置和特点以及所在电网现状,一期方案也是可行的,能够满足调水的需要。

第一章:经设计计算分析,主电动机采用全压异步直接启动是合理的,既经济又简单可靠。

第二章:主电动机、主变及站用变、110 kV GIS、高低压开关柜等主要电气设备选型合理,也满足当前国家对节能和环保的要求。

第三章:过电压保护及接地设计满足规程规范要求。实测接地电阻最大值为 0.35

Ω,满足设计要求(要求不大于0.5 Ω)。

第四章:泵站综合自动化系统、远动通信系统,其功能、结构及配置合理,满足规程规范要求。

第五章:主要电气设备采用先进的微机型综合保护监控装置,配置合理,符合规程规范规定。

第二节　电气设备采购、安装调试及施工监理

经查阅《南水北调东线八里湾泵站工程建设验收安全评估工程建设管理工作报告(2013－05 版)》《南水北调东线第一期工程南四湖—东平湖输水与航运结合工程八里湾泵站枢纽工程安全评估监理自检报告(2013－05 版)》《南四湖—东平湖输水与航运结合工程八里湾泵站枢纽工程建设验收安全评估第二标段工程施工自检报告(2013－05 版)》等有关资料,以及了解交流,总体情况概述如下。

一、设备采购及设备制造监理

(一)设备采购

按照国家和国调办的规定,全部机电设备和主要材料通过公开招标采购。经招标投标确定的主要合同厂商如下:

主泵电动机:江苏航天水力设备有限公司。

电气设备:正泰电器股份有限公司。

计算机监控系统:合肥三立自动化工程有限公司。

(二)设备制造监理及出厂验收

通过招标选定设备制造监理为山东龙信达咨询监理有限公司。

该公司依据合同制订了监造计划和监造质量控制体系,对泵组及主要电气设备选派了驻场监造工程师。对合同设备的重要厂内试验和出厂验收,组织有关单位人员到工厂目睹或验收。从监理单位自检报告中,未见电气设备有制造缺陷和质量问题。

(三)评估意见

泵站的电气设备制造质量总体达到了合同或有关规范要求,没有发现大的质量问题和制造缺陷。设备制造和安装过程中,总会发生一些质量问题或缺陷,重要的是要查明原因,解决问题和消除缺陷,从而达到质量要求。例如,同步电动机部件(出厂编号2171110338～341)出厂运抵工地后,发现推力头镜面粗糙,加工精度不合格,经返厂处理后合格。

本次安全评估中,经查阅《同步电机产品证明书》《服务联系单》等有关资料,以及交流了解,重点提出以下问题应进一步予以关注:

(1)同步电动机制造厂选用自调心推力瓦,经安装测试电机摆度较大。上海电机厂于 2013 年 4 月 10 日发文:认为规范"电机摆度允许值为 0.03 mm/m,主要是针对扇形瓦结构电机。所以八里湾项目电机转子摆渡允许值为 0.05 mm/m。""电机运行以后电机转子摆渡会好于刚安装好的状态。"对此问题,在今后运行中应加强监测和检查。

（2）关于同步电动机超速试验。

电机厂提供的超速试验转速为173.1 r/min，维持时间2 min，不满足规范要求。为此，电机厂于2013年4月7日提供了《八里湾电机磁极拉螺杆计算》，用以表明"电机在飞逸转速215 r/min情况下，机械强度满足要求"。评估认为，校核计算是必要的，但不等同于规定的试验。今后运行中应高度关注，并尽力防范反向飞逸的发生。

二、设备安装调试

（一）设备安装调试及质量控制

通过公开招标确定机电设备安装调试施工承包商为山东黄河东平湖工程局。该局将电气安装工程施工分包给东平普惠电力工程有限公司。

合肥三立自动化工程有限公司负责全站综合自动化系统的供货及安装调试。

施工项目经理部建立了质量检查机构。在工程实施前，会同业主、监理工程师及设计单位进行施工图的会审，请业主、监理工程师及设计单位对工程的关键部位进行技术交底，并在内部实行三级交底制度。严格按工艺流程施工，认真执行施工技术规范、技术标准及有关技术操作规程。施工过程中项目经理、技术负责人全面管理质量，质检科全过程跟踪检测。建立质量控制点，对关键工程和关键部位实行重点控制与监督。做好施工资料整理工作，便于质量追溯。

（二）评估意见

经查阅各有关单位的安全评估自检报告，已经完工经过验收的电气安装工程，均未见安装调试中有质量问题。设备制造和安装过程中，总会发生一些质量问题或缺陷，例如试运行时，主电动机和主变差动保护误动，经查是安装相序有误和接线质量问题造成的，处理后运行正常。

目前，泵站综合自动化系统和少量的盘柜安装调试、电缆的敷设与连接，尚未完工，正在进行中。

三、施工监理

（1）经公开招标，选定山东龙信达咨询监理有限公司，承担本工程施工监理和设备制造监理。监理部进场后，及时编制了"监理规划"，建立了质量控制体系和6项监理实施细则及各项工作制度，按照"三控制、两管理、一协调"开展监理工作。

（2）设备及安装质量复检复评。

监理部按照《水利水电工程施工质量检测与评定规程（附条文说明）》（SL 176—2007）对电气工程质量进行了复检复评、签证和验收。机电设备安装工程质量评定情况见表9-8-1。

（3）评估意见。

经查阅监理单位安全评估自检报告，已经完工经过验收的电气安装工程，均未发生质量问题及未见处理情况。设备制造和安装过程中，总会发生一些质量问题或缺陷，关键在于及时查明原因，解决问题和消除缺陷，达到质量要求。

目前，泵站综合自动化系统和少量的盘柜安装调试、电缆的敷设与连接，尚未完工，故对这些未完工程,监理也尚未组织验收。

表 9-8-1　机电设备安装工程质量评定(监理复评验收)

单位工程	分部工程		单元工程		
名称	名称	等级	总数	优良数	优良率
泵站段工程	1#机组安装	优良	12	11	91.7%
	2#机组安装	优良	12	11	91.7%
	3#机组安装	优良	12	10	83.3%
	4#机组安装	优良	12	9	75.0%
	辅助设备安装	优良	21	20	95.2%
	电气设备安装	优良	20	16	80.0%
计算机监控系统		待评	16		待评

四、安全与质量监督

工程监督管理单位是山东省南水北调工程建设管理局。

质量监督单位是南水北调南四湖至东平湖段工程质量监督项目站。

第三节　有关历次验收结论、遗留问题及处理

一、历次检查验收

泵站工程自开工建设以来,先后接受了省南水北调建管局、山东干线公司、工程质量监督项目站,以及国调办、国家审计署的多次检查、稽查,未提出大的质量问题,对历次检查验收意见都进行了整改。其中涉及电气工程主要验收的有以下几点:

(1)2013 年 4 月 22 日,水下工程阶段验收。

(2)2013 年 5 月 19 日,分部工程验收。

(3)2013 年 5 月 20 日,机组试运行验收。

二、分部工程验收

受建管局委托,监理单位主持,参建各方参加,完成了泵站段工程分部工程验收。在泵站段单位工程22项分部工程中,有6项为机电工程,质量评定全部优良。详见前述"机电设备安装工程质量评定表"。

综合自动化系统单位工程及分部工程尚未验收。

三、试运行验收

试运行及验收范围除泵站综合自动化系统因正在安装调试,未参加试运行外,包括了

需要动用的 110 kV 变电所和泵站的所有电气设备。

（一）试运行验收

山东省南水北调工程建设管理局于 2013 年 5 月 18～20 日，在八里湾泵站主持召开了泵站枢纽工程机组试运行验收技术性初步验收会议。验收结论为："试运行期间，进出水水流平顺，过水建筑物未发现异常，主机组、辅机、电气设备、金属结构等基本正常，主要技术参数满足设计要求，同意通过试运行验收技术性初步验收"。

（二）遗留问题

试运行验收技术性初验工作组在验收工作报告中，提出了 4 项存在问题及建议，要求 6 月 20 日前完成，并由泵站建管局组织验收。

（1）到目前为止，土建工程尚有部分尾工。

（2）机电设备需进一步调整完善。

（3）自动化尾工要加快进度，已采集的数据要进一步完善。

（4）要建立健全各项规章制度，完善安全设施及警示标志和设备标识。

四、评估意见

（1）在试运行工况下，4 台泵组和各电气设备运行基本正常，所测泵组各部位温度、振动值基本符合规范要求。

（2）受河道来水等条件限制，经验收工作组决定，泵站单机试运行 4 h、全站泵组联合试运行 10 min。而《南水北调工程验收工作导则》（NSBD10－2007）和《泵站安装及验收规范》（SL 317—2004）规定，泵站各台机组试运行时间为累计运行 48 h 或带负荷连续运行 24 h，全站机组联合试运行 6 h，最低不少于 2 h，且机组无故障停机次数不少于 3 次。与规范对比，两者相差较大，且没有达到过额定负荷工况，没有采用自动化系统运行，而是现地手动操作、监视，振动值也较大。

（3）试运行（包括试开机）中，出现了一些质量问题。有些已经处理完毕，如主电动机组、主变差动保护误动等。有些则需要与上述遗留问题一并抓紧解决完善，如泵组、主变噪声较大等问题。

第四节　　评价与建议

（1）八里湾泵站电气工程设计依据和设计标准符合国家有关技术标准要求。泵站规划（远期）的供电系统和电气主接线，站用电接线，主电动机及主要电气设备选择与布置、机组启动方式、过电压保护及接地装置、微机监控系统、视频监视系统、继电保护和通信系统等设计基本满足国家和行业有关规程规范要求。

泵站一期的供电系统和电气主接线方案，与远景规划方案相比，供电可靠性有所降低，但节省了输变电工程的建设投资。综合八里湾泵站在南水北调东线的位置及特点和所在电网现状，一期方案也是可行的，能够满足调水需要。

（2）在工程建设过程中，电气设计未发生重大设计变更。发生的一般设计变更也履行了规定的设计变更程序。

（3）经查阅建管、设计单位、监理（监造）单位和施工单位提供的安全评估自检报告和相关资料，泵站主要电气设备的采购制造、已完工验收的电气工程安装调试，基本符合设计和国家有关技术标准要求，未发生安全、质量事故和大的安全、质量问题。

（4）除泵站综合自动化系统工程外，本泵站电气工程基本已按设计的项目和内容施工完毕，2013 年 5 月 18～20 日进行了机组试运行并通过了技术性初步验收。在此试运行工况下，4 台泵组和各电气设备运行基本正常。

（5）泵站综合自动化系统等尾工应抓紧完工、验收和投入使用。泵站综合自动化系统与南水北调东线全线调度信息管理系统的链接、联调，以及泵站办公自动化系统，可待试通水后具备条件时完成。对试运行验收提出的 4 项遗留问题应按要求处理，对机组、主变噪声大等问题应查明原因予以解决。待这些尾工、问题处理完毕、验收合格后，可以进行试通水运行。

（6）运行管理部门要做好保养维护，规范管理，使设备处于良好状态，确保调水运用时安全可靠。在今后运行中，要对主电动机的自调心推力瓦运行状况，加强监测、检查，并尽力防范电动机组反向飞逸，确保安全可靠运行。

第九章　金属结构

本工程金属结构的主要项目包括进水渠段拦污栅及清污机、泵站进口防洪/检修闸门（拦污栅）及启闭机（自动挂钩梁）、泵站出口防洪/事故检修闸门及启闭机和快速闸门及启闭机。共计门（栅）槽28孔，其中拦污栅12扇，闸门12扇；清污机（与拦污栅一体）8套，启闭设备9台（套）；金属结构总工程量约398.7 t（不含启闭机及自动挂钩梁等）。金属结构工程量见表9-9-1。

表9-9-1　八里湾泵站金属结构工程量

序号	名称	数量	单重(t)	合重(t)
一	进水渠段			
1	回转式清污机(4.55 m×8 m)	8 套	—	—
2	斜坡段拦污栅	8 扇	—	21.2
3	清污机(拦污栅)埋件	16 套	—	3.9
4	800 mm 皮带输送机	1 台	45	45
二	泵站进口			
1	防洪及检修闸门(7.1 m×5.7 m)	4 扇	20.1	80.4
2	防洪/检修闸门埋件	4 套	9.9	39.6
3	拦污栅(与防洪/检修闸门共槽)	4 孔	8.4	33.6
4	钢排架	1 榀	37.6	37.6
5	2×160 kN 双吊点电动葫芦(含自动挂钩梁)	1 台	—	—
三	泵站出口			
1	快速闸门(7.1 m×4.24 m)	4 扇	13.3	53.2
2	快速闸门埋件	4 套	5.9	23.6
3	快速闸门配重	4 扇	2	8
4	快速闸门2×200 kN 液压启闭机	4 套	—	—
5	防洪/事故检修闸门(7.1 m×4.24 m)	4 扇	16.2	64.8
6	防洪/事故检修闸门埋件	4 套	6.2	24.8
7	防洪/事故检修闸门配重	4 扇	2	8
8	防洪/事故检修闸门2×200 kN 启闭机	4 套	—	—
合计	398.7 t(注：配置进口防洪/检修闸门存放、运输设备，即30 t汽车起重机1台)			

八里湾泵站工程设计单位为中水淮河规划设计研究有限公司,金属结构设备制造厂家为山东水总机械工程有限公司,金属结构设备安装单位为山东黄河东平湖工程局,监理(监造)单位为山东龙信达咨询监理有限公司,质量监督单位为南水北调南四湖至东平湖段工程质量监督项目站。

第一节　金属结构设计

一、设计依据

根据《黄河勘测规划设计有限公司》编制的《黄河流域(片)防洪规划》,东平湖新湖区主要作为黄河滞洪区,相应滞洪水位为 43.80 m;老湖区除作为黄河分洪的滞洪区外,还要承担汶河流域的滞洪任务,最高设计滞洪水位为 44.80 m。本泵站为南水北调东线工程梯级调水中的一级,其第一期工程在规划调水位站下(新湖区)36.42～37.30 m,站上(老湖区)38.80～41.30 m。

泵站进口防洪/检修闸门挡洪条件:站下水位 43.80 m,站上按无水设计。

泵站出口防洪/事故检修闸门挡洪条件:站上水位 44.80 m,站下按无水设计。

泵站出口快速闸门挡洪条件:站上水位 41.30 m,站下按无水设计。

泵站出口防洪/事故检修闸门及快速闸门启门操作条件:站上水位 41.30 m,站下无水。

闭门操作条件:站上水位 41.30 m,站下考虑闸门底坎以上 2 m 水头。

二、进水渠段拦污栅及清污机

主泵房上游进水渠段设置 16 孔拦污栅槽,中间 8 孔栅槽底坎高程为 31.30 m,孔口尺寸为 4.55 m×8 m(宽×高,下同),拦污栅和其上部清污机桥面布置的 8 台回转式清污机设计为一体,并配备皮带输送污物装置;两边斜坡段各设 4 扇斜面拦污栅,其倾角为 75°,间距为 160 mm,由人工清污。

拦污栅按 1.5 m 水头设计,其主梁选用 32a 工字型钢,栅条为 8 mm×80 mm 的矩形断面,主要构件材质为 Q235。

三、泵站进口防洪/检修闸门(拦污栅)及启闭机

该工程在进水渠段和泵站进口共布置 2 道拦污栅,泵站进口拦污栅与防洪/检修闸门共槽,计 4 孔。孔口尺寸为 7.1 m×5.7 m,底坎高程为 27.20 m,闸门挡水水头为 16.8 m。4 扇防洪/检修闸门为潜孔式双吊点平面滑动钢闸门,采用实腹式多主梁焊接结构,选用 Q345 钢材;侧、顶止水为 P 型橡皮止水,底止水为板条型橡皮止水,后置水封;闸门主支承为增强聚甲醛自润滑滑块,侧向为轮式支承。闸门考虑 1 m 水位差静水启闭,启门采用旁通阀充水平压,计算最大启门力为 302.3kN。

4 扇潜孔式平面拦污栅设计水头为 1 m,其主梁选用 56a 工字型钢,栅条为 8 mm×80 mm 的矩形断面,间距为 120 mm,主要构件材质为 Q235。

拦污栅与进口防洪/检修闸门共同使用 1 台 2×160 kN 双吊点电动葫芦带自动挂钩梁启吊，双吊点电动葫芦设置在距闸面平台 11.5 m 高度的钢排架上，其箱形断面尺寸为420 mm×650 mm，翼板厚 25 mm，腹板厚 20 mm，结构主要受力材料为 Q235。

四、泵站出口

(一)防洪/事故检修闸门及启闭机

潜孔式双吊点定轮防洪/事故检修闸门共 4 扇，孔口尺寸 7.1 m×4.24 m，底坎高程34.26 m，闸门挡水水头为 10.54 m。门叶为实腹式双主梁焊接结构，材质为 Q235；主轮支承选用悬臂滚轮支承型式，材质为 ZG230 - 450 铸钢，采用自润滑关节轴承；侧向支承也为轮式结构；侧、顶水封为 P 型，底水封为板条型，均为后止水。

主轨埋件采用工字型钢板焊接结构，材质为 Q345。

闸门动水启闭，其启门操作水头为 7.04 m；闭门操作水头为 5.04 m。计算最大启门力为 323.1 kN，闭门力为 -95.2 kN，每扇闸门由 1 台 2×200 kN 液压启闭机控制操作。

(二)快速闸门及启闭机

4 扇快速闸门孔口尺寸、底坎高程、支承形式、止水布置、门叶及埋件材质、启闭机机型及容量均同出口防洪/事故检修闸门，其挡水水头 8.6 m(考虑 1.2 倍水锤)，启门操作水头为 7.04 m，闭门操作水头为 5.04 m；计算最大启门力为 292 kN，闭门力为 -54.2 kN，动水启闭。

五、结构设计主要计算值

依照金属结构的设计布置及选型，其闸门(拦污栅)结构设计主要计算值见表 9-9-2，闸门埋件结构设计主要计算值见表 9-9-3，进口防洪/检修闸门双吊点电动葫芦钢排架结构设计主要计算值见表 9-9-4。

表 9-9-2　闸门(拦污栅)结构设计主要计算值

序号	名称	孔口尺寸 - 水头 (m)	弯曲应力 σ (N/mm²)	许用弯曲应力 $[\sigma]$ (N/mm²)	刚度 $1/f$	许用刚度 $1/[f]$	剪应力 τ (N/mm²)	许用剪应力 $[\tau]$ (N/mm²)
1	进水渠段							
(1)	拦污栅	4.55×8 - 1.5	85.6	160	1/735	1/500	12.4	95
2	泵站进口							
(1)	防洪/检修闸门	7.1×5.7 - 16.8	132.5	219	1/1 075	1/750	35.2	128
(2)	拦污栅	7.1×5.7 - 1	99.9	160	1/880	1/500	14.4	95
3	泵站出口							
(1)	防洪/事故检修闸门	7.1×4.24 - 10.54	120.2	152	1/1 155	1/750	32.6	90
(2)	快速闸门	7.1×4.24 - 8.6	113.3	152	1/1 240	1/750	28.5	90

表 9-9-3 闸门埋件结构设计主要计算值 （单位：N/mm²）

序号	主要计算值	泵站进口防洪/检修闸门	泵站出口防洪/事故检修闸门	泵站出口快速闸门
1	轨道（颈部）局部承压应力 σ	—	170.2	166.7
2	轨道（颈部）局部许用承压应力［σ］	—	219	219
3	轨道底板最大弯应力 σ	79.1	90.8	118.6
4	轨道底板许用最大弯应力［σ］	219	219	219

表 9-9-4 进口防洪/检修闸门双吊点电动葫芦钢排架结构设计主要计算值 （单位：N/mm²）

序号	计算值/许用值	
1	钢排架最大压应力 σ	85.5
2	钢排架许用压应力［σ］	152
3	钢排架最大拉应力 σ	75
4	钢排架许用拉应力［σ］	152
5	偏心受压弯矩作用平面内稳定 F_X	92.5
6	偏心受压弯矩作用平面内许用稳定［F_X］	152
7	偏心受压弯矩作用平面外稳定 F_Y	84
8	偏心受压弯矩作用平面外许用稳定［F_Y］	152

六、防腐设计

闸门、拦污栅及其埋件涂装前进行表面预处理，处理后其表面清洁度等级不低于 Sa2.5 级，表面粗糙度 R_Z 值在 40 ~ 70 μm 范围内；预埋件与混凝土接触面清洁度等级最低应达到 Sa1 级，然后刷涂水泥胶浆 1 道。

闸门、拦污栅和预埋件外露部分（不锈钢板除外）防腐蚀设计为分 2 层喷锌，每层 80 μm，总厚度最小为 160 μm；然后涂环氧底漆 1 道 40 μm，改性耐磨环氧漆 1 道 80 μm，再涂聚氨酯面漆 2 道，每层 25 μm，总厚度 50 μm。

七、设计变更

该工程金属结构施工图设计与初步设计阶段相比，未发生设计变更。

八、工程建设安全评估前技术要求

《南水北调东线一期工程八里湾泵站工程竣工验收安全评估工程设计自检报告》

（2013年5月）金属结构安装调试要求如下：

蓄水前，应完成所有金属结构设备的安装。

调试前，检查各构件是否与混凝土干涉和拉杆的连接情况，启闭试验前，止水橡皮应浇水润滑。安装合格后，无水情况下进行全行程启闭试验。闸门做全行程启闭试验3次，电动葫芦带检修闸门（或拦污栅）往复行程3次。

蓄水前，按照设计要求配备永久或可靠的临时供电电源。

第二节　金属结构制造

2011年1月至2012年11月，八里湾泵站金属结构设备采购标段3的合同内容全部完成并通过出厂验收。监理按照设计文件、规程规范制订了监造验收大纲，审查和批准制造厂家的施工组织设计；制造厂家提供的材料/构配件进场报验单须由监理批准同意才可进场使用。

设备出厂验收资料包括出厂验收纪要、钢材产品质量证明书、焊接材料质量证明书、焊缝外观质量检验表、焊缝超声波探伤报告、钢构件制作工序质量评定表（埋件、闸门和拦污栅外观尺寸、直线度、平面度、扭曲等检验记录）、涂装质量评定表、产品合格证等，液压设备出厂前进行了液压启闭机总成试验。

设备于2011年7月起陆续运抵工地，参建各方在监理监督下开箱检查验收。进场验收纪要对清污机、闸门（拦污栅）及其埋件的评价为：满足设计及规范要求，与招标文件基本相符，质检资料基本齐全，进场验收通过。

第三节　金属结构安装

一、安装进度

金属结构设备安装属于八里湾泵站主体建安施工标段2的分部工程内容。

闸门（拦污栅）及其埋件安装于2012年5月开工，2013年3月启闭机开始安装，于2013年5月上旬安装完毕。

2013年5月10日，金属结构及启闭机安装工程分部工程由项目法人、监理、设计、制造和安装组成验收工作组，工程质量监督项目站列席。工作组验收结论认为：本分部工程已按批准的设计内容完成，施工质量达到设计标准及规范要求，工程资料基本齐全，施工中无质量及安全事故，工程施工质量评定为优良等级，同意通过验收。不存在遗留问题。

目前，全部金属结构设备已安装到位，启闭设备已接入永久供电电源，完成了无水手动调试。

二、安装质量

金属结构设备安装分部工程分为39个单元工程，其安装质量评定由施工单位自检、监理及施工单位复检完成。单元工程质量全部合格，合格率100%，优良率100%。

进水渠段拦污栅及其埋件安装质量评定表对所检测的项目均有检测数据,栅体在栅槽内升降灵活、平稳,无卡阻现象。

平面闸门门体安装工程质量评定表对止水橡皮、支承、焊缝、防腐等均有检测数据,根据《水利水电工程钢闸门制造安装及验收规范》,完成了单吊点平面闸门的静平衡试验。

清污机安装完毕进行了空载试运行,对驱动装置、牵引链条的运行速度、齿耙与栅条及轨道的间隙、齿耙插入栅条的深度等做了质量检测记录。

液压启闭机安装完毕进行了液压系统试验和无水启闭试验,液压系统试验主要做了液压缸的耐压试验,外泄漏试验、保压试验、油泵试验、无水手动操作试验,并调整主令控制器及调整高度指示器等,试验结果符合质量标准要求。缺少设计单位对快速闸门液压启闭机快速关闭、缓冲时间的技术要求,试验质量评定表也缺少此项检测记录。

2×160 kN 双吊点电动葫芦进行了在空载及额定负荷下,小车的制动距离试验,并对轨道横向倾斜度、全行程内高低差等进行了检测;完成了自动挂梁对泵站进口 4 扇防洪/检修闸门和 4 扇拦污栅的挂、脱钩试验。但尚未进行在产品说明书(应是出厂验收资料之一)指导下的负荷试验参数及检测项目。

三、缺陷处理及质量事故

截至目前,金属结构设备制造及安装过程中尚未发生缺陷处理和质量事故。

第四节　评价与建议

(1)金属结构设计总体布置及选型合理,有关技术参数选择合适,闸门及启闭设备的设计原则、结构选材、结构设计、启闭力、主要构件的设计均符合现行设计规范和技术规程的有关规定,可以满足该工程的运行要求。

(2)金属结构制造质量资料记录未发现缺陷及事故,产品出厂全部为合格。制造与安装进行了设备交接,金属结构制造满足设计及规范要求,与招标文件基本相符,质检资料基本齐全,进场验收通过。

(3)全部金属结构现已安装到位,启闭机进行了无水手动调试,并通过单元工程和分部工程质量评定。金属结构安装质量达到设计标准及规范要求,工程资料基本齐全,施工中无质量及安全事故。

(4)建议如下:

①设计单位根据工程竣工验收的要求,向项目法人进一步明确和提出金属结构尚未完成的调试工作和适时进行自动操作试验和有水试验的技术要求。

②金属结构的竣工验收资料应进一步整理完善,以备归档。

③管理单位按照工程调度运用原则,尽快与设计单位共同制定闸门的运行操作规程,提交上级主管部门审批后执行;工程竣工验收后应将水泵机组及金属结构设备的检修维护纳入制度化、规范化管理,确保工程安全可靠运行。

第十章　工程总体安全性评估

八里湾泵站工程位于山东省东平县境内的东平湖新湖滞洪区,是南水北调东线一期工程的第十三级泵站、黄河以南输水干线最后一级泵站;也是南四湖—东平湖段输水工程与航运结合的组成部分。工程的主要任务是抽引邓楼站的来水入东平湖向北调水 100 m³/s,并适当结合东平湖新湖区的排涝。泵站设计站上水位 40.90 m、站下水位 36.12 m,设计净扬程 4.78 m,平均净扬程 4.15 m。站内安装单机流量为 33.4 m³/s 的立式轴流泵 4 台套(备机 1 套),总装机流量为 133.6 m³/s,总装机容量为 11 200 kW。

工程于 2010 年 9 月正式开工建设,至 2013 年 5 月已完成主泵房、主副厂房主体工程,安装间、副厂房内外装修正在进行;泵站进水渠、清污机桥、前池、进水池、公路桥工程已全部完成;水泵及附属设备安装工程已完成;金属结构设备已全部安装到位,启闭设备已接入永久供电电源,完成了无水手动调试;电气工程已按设计内容施工完成;2013 年 5 月 19~20 日进行初步试运行通水验收;2013 年 6 月分两个时段进行了单机设计流量通水运行,1#机组累计运行约 86 h,2#机组累计运行约 48 h,3#机组累计运行约 59 h,4#机组累计运行约 130 h,抽水总量约 3 200 万 m³。截至 2013 年 7 月初,综合自动化系统工程已基本完成安装调试;其他未完工程包括副厂房内部工程、新筑堤防现浇混凝土护坡、工程安全监测联网,以及消防、水保、档案等专项验收。

第一节　工程初期运用与防洪安全

(1)泵站工程采用的防洪标准符合现行技术标准的规定。设计洪水和洪水位采用初步设计阶段经水利部审定的成果是合理的。

(2)八里湾泵站的主要任务是接力邓楼泵站提水,泵站枢纽满足防洪需要。初拟的工程调度原则基本合理。

(3)八里湾泵站试运行需长沟、邓楼泵站联调。经对 2013 年 6 月 20 日试通水运行计量,长沟泵站(三台机组运用)从南四湖上级湖抽水量约 931 万 m³,邓楼泵站(三台机组运用)累计抽水量约 536 万 m³;根据流量曲线进行计算(流量计尚不能使用),八里湾泵站初步试运行累计抽水约 267 万 m³。由于梁济运河支流沟道较多,该段工程槽蓄量不易计算;柳长河(20 km)抽水前底高程 33.6 m,现状高程约 35.78 m(站下最低水位),计算槽蓄耗水量约 235 万 m³。

(4)机组预运行表明,4 台机组均运行正常,各项指标均符合设计和规范要求。主机组、辅机、电气设备、保护等系统均能正常投入运行。2013 年 6 月又进行了两个时段的运行检验,单机过流量和运行时间满足要求。

(5)因上游河道尚未完全疏通(临近站下通航交通桥梁尚未完成),故两次运行均采取单机运行,未进行 3 台机组联合运行,建议尽快协调解决。

第二节　工程地质

（1）施工期开挖揭露的工程地质条件与初步设计阶段工程地质勘察成果基本一致，地质参数建议值是合适的。根据基坑局部地段地层的层位性状变化，适当调整地基处理措施是合适的。

（2）根据《中国地震动参数区划图》（GB 18306—2001），地震动峰值加速度为0.10g，相应地震基本烈度为7度。

（3）站址区位于东平湖历史上大堤决口的位置，地势较场区周围低，常年积水。地表附近分布较厚的淤泥质土；地表至第③细砂层的上部，厚达16 m地层以软弱土层为主；地下水埋深浅，承压含水层承压水头较高。站址区工程地质条件差，设计需采取相应地基处理措施是合适的。

（4）主泵房、翼墙、进出水池边墙等地基承载力不足，安装间、副厂房置于回填土上，承载力不足，施工时采取了水泥粉煤灰碎石桩、水泥土搅拌桩、钻孔灌注桩等地基处理措施；为保证主泵房地基砂层的渗透稳定采取了3面围封处理。经上述措施后，地基承载力不足，以及地基渗透稳定、不均匀变形、液化和震陷问题均已解决，处理后的地基条件满足设计要求。

（5）清污机桥边坡土体稳定性差及承载力低，公路桥地基土体承载力不足，进出水渠边坡稳定性差。施工时对清污机桥边坡采用了水泥土搅拌桩复合地基处理，对公路桥采用了钻孔灌注桩基础，对进水渠、出水渠采用了放缓边坡和清除淤泥回填、边坡局部不稳定部位采取了水泥土搅拌桩等工程处理措施。处理后的公路桥、清污机桥、进出水渠地基条件满足设计要求。

（6）新建堤防置于①中粉质壤土上，其下卧层为②层淤泥质壤土和③层软黏土，天然地基沉降大，采取了深层搅拌桩处理，经处理后的堤基条件满足设计要求。

（7）进出水渠边坡分布的地层主要为②层淤泥质土，经放缓边坡、清除淤泥回填、局部水泥搅拌桩处理，现状来看不均匀变形和边坡稳定问题已经解决，但能否保持长期稳定，尚需工程运行后的长期考验，建议对进出水渠加强巡视，发现问题及时处理。

第三节　土建工程设计

一、泵站

（1）本工程建于第四系沉积及冲洪积地层上，工程总体布置基本合理，泵房进出水顺畅，运行管理方便。

（2）泵站地基性状主要为细砂及轻粉质壤土和粉土，天然地基允许承载力标准值仅135～160 kPa，设计采用水泥粉煤灰碎石桩进行地基加固，复合地基承载力满足设计要求，工程地基处理措施经济合理。

（3）本工程细砂和轻粉质壤土互层地基允许渗透坡降较低，同时存在地基承压水及与东平湖老湖区水力联系等问题,设计采用在泵房东西北三向地下混凝土连续墙截渗措施是合适的,可保证地基渗透稳定、安全可靠。

(4)泵房地基物理力学参数选择合理,建筑物抗滑、抗浮等整体稳定安全。

(5)泵房结构布置及结构计算所需物理力学参数选择基本合理,计算方法基本符合规范要求,结构设计安全可靠。

二、进、出水建筑物

(1)进、出水渠的布置及断面结构尺寸基本合理。经水工模型试验验证,各工况下泵站引水流量满足要求,水头损失较小,水流流态良好。

(2)泵站基础存在承压水层,为保证泵站、翼墙抗滑稳定以及底板抗浮稳定,对前池、进水池采取的地基排水减压措施是合适的。建议运行中加强排水减压设施和地下水位的观测。

(3)进、出水渠渠坡及防洪堤和站区平台边坡稳定计算方法、工况和参数选择基本合理,抗滑稳定安全系数满足规范要求。

(4)进、出水翼墙抗滑稳定和基底应力计算方法、工况以及参数选择基本合理。翼墙抗滑稳定安全系数和基底应力不均匀系数满足规范要求。对翼墙基础采用水泥土搅拌桩或水泥粉煤灰碎石桩处理后,地基承载力满足规范要求。

三、工程设计变更

主泵房进、出水流道根部墩墙和地基处理优化是合理的。主厂房结构、增设副厂房电梯及观景塔楼、管理区建筑物地基处理及回填土方运距增加等设计变更,导致工程投资增加。

四、运行检验

据建设单位提供资料,2013年6月分两个时段进行了单机设计流量通水运行期间,进水渠、清污机桥、进水池、前池、主厂房、出水池、出水渠等建筑物未出现明显异常现象,下游进水流态稳定、平顺,上游出水池无明显湍流,无大量气泡产生。

五、安全监测

工程安全监测设计是合理的。从目前观测的资料分析,主体结构土压力、孔隙水压力、水平位移、沉降等都在正常范围内,泵房地基沉降变形已基本稳定,表明工程现状安全可靠,已具备试运行条件。

第四节　土建施工及施工质量

(1)基坑开挖完成后,建基面的高程、轮廓尺寸、轴线偏差符合设计要求,已进行重要隐蔽工程验收。

(2)混凝土工程原材料由施工单位自行采购,监理单位对原材料的质量进行了监督。

所用水泥、粉煤灰、外加剂、钢筋、止水带等均为国家正规企业生产,均附有出厂合格证明,施工单位对原材料进行了检测,监理单位对部分材料进行了抽检,检测结果表明全部合格。

(3)主体建筑物混凝土施工布置、施工方案基本合适,各施工工序能够按有关规范规定进行操作,混凝土浇筑质量总体合格,外观形象较好。在施工过程中,对各部位不同强度等级的混凝土进行了以抗压强度为主的试验,监理单位对试验结果进行了见证和跟踪,混凝土试验结果均为合格产品。

(4)主泵房基础周边采用钢筋混凝土防渗墙进行围封截渗,成墙方案和施工工序基本合适,施工质量合格。

(5)地基加固工程的施工工艺基本符合规范规定。水泥换填土的压实度满足96%的设计要求,水泥粉煤灰碎石桩达到C20的抗压强度指标,水泥土搅拌桩施工质量分别达到无侧限强度相应的质量标准,混凝土灌注桩的抗压强度满足设计要求的强度等级。

(6)新筑堤防工程土料利用开挖土料或外调土料填筑,经检测,堤防填筑的压实度满足设计要求的96%的标准。箱体回填的压实度达到92%的设计要求,前池、机修车间等部位的回填达到96%的填筑标准。

(7)公路桥、排涝渠桥梁和四分干渠桥涵的施工质量符合设计要求。

(8)针对施工中发生的质量缺陷,所采取的处理措施合适,处理结果满足设计及运行要求。

(9)经参建各单位联合检验评定,442个单元工程全部合格,优良率90.5%。22个分部工程除安装间和副厂房按建筑工程要求评定为合格外,其他20个分部工程均被评为优良等级。

(10)八里湾泵站枢纽土建工程的施工过程处于受控状态,总体施工质量合格,符合设计要求。

(11)建议在国调办拟定的试通水验收前,对泵站的土建工程进行一次全面的检查(包括水下部分),发现问题及时处理;对机组进人孔渗水、出水流道底板渗水等问题进一步做好处理。建议加强主泵房基础内的渗流渗压观测,及时掌握建筑物基础下扬压力情况,验证截渗效果。

第五节　水力机械

(1)泵站主水泵机组、辅机系统设备、起重设备选型及布置合理,技术参数满足泵站运行要求。

(2)泵站进、出水流道型式合理,出口断流措施满足泵站要求。

(3)水机设备及主要材料的出厂资料基本齐全,设备制造质量基本合格,符合相关规范的规定。

(4)所有水机设备的安装、检测和验收资料基本齐全。经安装、监理各方综合评定,安装质量符合设计、招标文件及相关规范规定。

(5)据建设单位提供资料,2013年6月各单机运行期间上游水位为35.70~36.70 m,

下游水位为40.55～40.70 m,扬程为3.90～4.90 m;主变、站变等设备运行状况正常,控制、保护、数据采集通信系统运行正常;推力轴承瓦温度49～64 ℃,定子线圈最高温度41～54 ℃,导轴承最高温度37～53 ℃,最大有功功率1 290～1 962 kW;叶轮角度－8°～+4.14°,单机流量20.9～34.6 m³/s;并对相关数据进行了采集和记录。

(6)存在问题及处理:关于推力瓦温,电机厂家进行了书面答复,TL2800－52立式电机推力瓦温的允许温度为80 ℃,据此推力瓦的报警温度设为75 ℃,跳闸温度设为80 ℃。关于电机运行噪声偏高,厂家出具《八里湾泵站电机噪音平均声压级分析报告》,报告通过现场实测数值进行分析、修正换算,电机噪声指标满足国标要求及规范设计要求,建议进一步复核验证。

(7)为总结前期建设经验,建议对该站的水泵性能指标尤其是装置效率等重要指标作进一步考核,评价设备选型、制造和安装水平,同时也为下一步的泵站验收提供依据。

第六节　电气工程

(1)八里湾泵站电气工程设计依据和设计标准符合国家有关技术标准要求。泵站规划(远期)的供电系统和电气主接线,站用电接线,主电动机及主要电气设备选择与布置、机组启动方式、过电压保护及接地装置、微机监控系统、视频监视系统、继电保护和通信系统等设计基本满足国家和行业有关规程、规范要求。

泵站一期的供电系统和电气主接线方案,与远景规划方案相比,供电可靠性有所降低,但节省了输变电工程的建设投资。综合八里湾泵站在南水北调东线的位置及特点和所在电网现状,一期方案也是可行的,能够满足调水需要。

(2)泵站主要电气设备的采购制造、已完工验收的电气工程安装调试,基本符合设计和国家有关技术标准要求,未发生安全、质量事故和大的安全、质量问题。

(3)除泵站综合自动化系统工程外,本泵站电气工程基本已按设计的项目和内容施工完毕,2013年5月18～20日进行了机组试运行并通过了技术性初步验收。在此试运行工况下,4台泵组和各电气设备运行基本正常。据建设单位提供资料,2013年6月分两个时段进行了单机设计流量通水运行期间,高、低压系统电气设备开关动作灵活准确,指示灯、表计显示正常;控制保护系统工作正常;视频监视系统图像清晰,工作正常。

(4)试通水运行以后,也可能较长时间不调水运行,故运行管理部门要做好保养维护,规范管理,使设备处于良好状态,确保调水运用时安全可靠。在今后运行中,要对主电动机的自调心推力瓦运行状况,加强监测、检查,并尽力防范电动机组反向飞逸,确保安全可靠运行。

第七节　金属结构

(1)金属结构设计总体布置及选型合理,有关技术参数选择合适,闸门及启闭设备的设计原则、结构选材、结构设计、启闭力、主要构件的设计均符合现行设计规范和技术规程的有关规定,可以满足该工程的运行要求。

（2）金属结构制造质量资料记录未发现缺陷及事故，产品出厂全部为合格。制造与安装进行了设备交接，金属结构制造满足设计及规范要求，与招标文件基本相符，质检资料基本齐全，进场验收通过。

（3）全部金属结构现已安装到位，启闭机进行了无水手动调试，并通过单元工程和分部工程质量评定。金属结构安装质量达到设计标准及规范要求，工程资料基本齐全，施工中无质量及安全事故；2013年6月运行通水期间涉及金属结构设备运行正常。

（4）金属结构的竣工验收资料应进一步整理完善，以备归档。

（5）建议管理单位按照工程调度运用原则，尽快与设计单位共同制定闸门的运行操作规程，提交上级主管部门审批后执行；工程竣工验收后应将水泵机组及金属结构设备的检修维护纳入制度化、规范化管理，确保工程安全可靠运行。

第八节　总体评估意见与建议

工程建设至2013年6月已基本完成国调办批复的主体工程建设内容，评估认为：泵站工程防洪标准符合现行技术标准的规定；工程总体布置和建筑物结构设计基本合理，处理后的地基承载力和防渗可满足设计及规范要求。已实施的土建工程总体施工质量合格。泵站机组、辅机系统、金属结构等设备选型及布置合理，技术参数可满足运行要求，机电和金属结构已进行的分部验收合格。

在2013年5月20日枢纽工程机组试运行技术性初步验收基础上，2013年6月又分两个时段进行了单机通水运行，各泵站机组流量和历时满足要求，水泵、电气和金属结构设备运行基本正常。建议全面检查泵站枢纽水下部分结构运行情况，发现问题及时处理；进一步复核电机噪声指标；制定各类设备运行操作规程；抓紧实施泵站土建、综合自动化系统等尾工和验收。

工程已基本具备向东平湖输调水功能，泵站枢纽工程具备初步验收条件。

附　表

南水北调东线一期工程八里湾泵站枢纽工程主要设计指标

序号	项目	单位	数量	备注
一	工程地址			
	山东省东平县东平湖新湖区			
二	泵站设计流量及年运行时间			
1	设计流量	m³/s	100	
2	装机流量	m³/s	133.6	
3	年平均运行时间	h	3 703	
三	泵站运行规划水位			85 国家高程基准,下同
1	站下水位			渠道水位
(1)	设计水位	m	36.42	
(2)	最高水位	m	37.30	
(3)	最低水位	m	36.42	
(4)	平均水位	m	36.42	
2	站上水位			
(1)	设计水位	m	40.80	
(2)	最高水位	m	41.30	
(3)	最低水位	m	38.80	
(4)	平均水位	m	40.17	
四	特征水位			
1	进水池水位			
(1)	设计水位	m	36.12	
(2)	最高水位	m	37.00	
(3)	最低水位	m	35.62	
(4)	平均水位	m	36.12	
2	出水池水位			
(1)	设计水位	m	40.90	
(2)	最高水位	m	41.40	
(3)	最低水位	m	38.90	
(4)	平均水位	m	40.27	
五	防洪水位			
1	站上防洪水位	m	44.80	东平湖老湖区
2	站下防洪水位	m	43.80	东平湖新湖区

序号	项目	单位	数量	备注
六	泵站特征扬程			
1	调水			
(1)	设计净扬程	m	4.78	
(2)	最高净扬程	m	5.78	
(3)	最低净扬程	m	1.90	
(4)	平均净扬程	m	4.15	
2	排涝			在调水设计扬程范围内
七	工程等级			
1	主要建筑物	级	1	
2	次要建筑物	级	3	
八	主要建筑物			
1	主泵房			
(1)	布置形式			堤身式、站身挡洪
(2)	基础形式(平面尺寸)	m		整体块基型(34.7×35.5)
(3)	地基特性			水泥粉煤灰碎石桩复合地基
(4)	防渗措施			钢筋混凝土地连墙三面封截渗
(5)	主厂房结构形式			排架结构
(6)	主厂房尺寸(长×宽×高)	m		34.7×15.5×17.35
(7)	进、出水流道形式			肘型进水、低驼峰平直管出水
(8)	断流方式			快速闸门
(9)	控制高程			
	安装(电机)层高程	m	46.40	
	联轴层高程		40.85	
	水泵层高程		30.62	
	底板底高程	m		24.14~25.34
	起重机轨顶高程	m	58.845	
2	副厂房			
(1)	建筑面积	m²	2 143	32.2×21.8(平面尺寸)
(2)	结构形式			框架结构
(3)	基础形式			箱型地下结构下设钻孔灌注桩基础
(4)	地基特性			回填土地基
(5)	一层地面高程	m	46.40	

序号	项目	单位	数量	备注
3	安装间			
(1)	几何尺寸(长×宽×高)	m		12.7×15.5×17.35
(2)	结构形式			排架结构
(3)	基础形式			箱型地下结构下设钻孔灌注桩基础
(4)	地基特性			回填土地基
(5)	一层地面高程	m	46.40	
4	清污机桥			
(1)	结构形式			平底板箱涵式
(2)	每孔净宽/孔数	m/孔	4.55/16	
(3)	顺水流向长	m	11.5	
(4)	桥面净宽	m	7.1	
(5)	底板顶高程	m	31.30	中间段底板
(6)	桥面高程	m	39.30	
5	进水池			
(1)	长度	m	17.00	
(2)	宽度	m	32.3	
(3)	池底高程	m	27.20	
(4)	翼墙顶高程	m	39.50	
6	出水池			
(1)	长度	m	20.0	
(2)	宽度	m	32.3~37.2	
(3)	池底高程	m	34.26	
(4)	翼墙顶高程	m	47.30	
7	公路桥			汽车荷载为公路-Ⅱ级
(1)	结构形式			排架式预应力空心板结构
(2)	基础形式			钻孔灌注桩
(3)	桥面长	m	101.0	
(4)	桥面净宽	m	6.5	
(5)	桥面高程	m	47.30	
(6)	跨数	跨	5	
(7)	单跨跨径	m	20.0	

续附表

序号	项目	单位	数量	备注
8	堤防			
(1)	堤型			均质土堤
(2)	堤身断面			梯形断面
	堤顶高程	m	47.30	
(3)	堤顶宽	m	8.0	
(4)	两侧边坡			外1:3,内1:2
(5)	堤基特征			软基,水泥土深层搅拌桩加固
9	站区平台			
(1)	顶高程	m		46.10
(2)	边坡			1:3
(3)	地基特征			软土地基,水泥土深层搅拌桩加固边坡等地基
九	主要机电设备及输变电线路			
1	水泵			
(1)	台数	台	4	(1台备用)
(2)	型式/型号			立式轴流泵 3150ZLQ33.4-4.78
(3)	单机流量	m³/s	33.4	
(4)	叶轮直径	m	3 150	
(5)	转速	r/min	115.4	
(6)	叶轮中心高程	m	31.62	
2	泵房内起吊设备			
(1)	台数	台	1	
(2)	型式			桥式起重机 320/100 kN
(3)	轨距	m	13.5	
(4)	起重量:主钩/副钩	kN	320/100	
3	电动机			
(1)	台数	台	4	
(2)	型号			TL2800-52/3250
(3)	单机容量	kW	2 800	
(4)	电机转速	r/min	115.4	
4	主变压器			
(1)	台数	台	2	
(2)	型号			S9-16000/110

序号	项目	单位	数量	备注
(3)	额定容量	kVA	16 000	
(4)	额定电压(高/低)	kV	110/10.5	
5	站用变压器			
(1)	台数	台	2	
(2)	型号			SCB10-500/10
(3)	额定容量	kVA	500	
(4)	额定电压(高/低)	kV	10/0.4	
6	箱式变电站			
(1)	数量	座	1	
(2)	型号			YBM-250(12/0.4)
(3)	额定容量	kVA	250	
7	泵站电源			
(1)	110 kV 专用线			
(2)	回数	回	1	
(3)	线路长度	km	27.8	架空线路
十	金属结构			
1	清污机			
(1)	型式			回转式清污机
(2)	孔数/台数	孔/台	16/8	其中8边孔设置拦污栅
(3)	孔口尺寸(宽×高)	m		中孔(4.55×7.7)
2	泵房进口防洪、检修闸门及拦污栅			
(1)	闸门型式			平面滑动钢闸门
(2)	孔数/门数	孔/扇	4/4	
(3)	孔口尺寸(宽×高)	m		7.1×5.70
(4)	拦污栅数量	扇	4	
(5)	启闭机型式/台数	台	1	移动式双吊点电动葫芦
3	泵房出口快速工作闸门			
(1)	闸门型式			平面滚动钢闸门
(2)	孔数/门数	孔/扇	4/4	
(3)	孔口尺寸(宽×高)	m		7.1×4.24
(4)	启闭机型式/台数	台	4	QPY-2×200 kN

序号	项目	单位	数量	备注
4	泵房出口防洪兼事故检修闸门			
	闸门型式			平面滚动钢闸门
	孔数/门数	孔/扇	4/4	
	孔口尺寸(宽×高)	m		7.1×4.24
	启闭机型式/台数	台	4	QPY－2×200 kN
	安装、检修起吊设备	台	1	300 kN 轮胎式起重机
十一	工程占地及拆迁			
1	工程永久占地	亩	193.1	
2	工程临时占地	亩	271	
3	房屋拆迁	m²	835	
十二	工程投资			
	工程静态总投资	万元	26 577	

参 考 文 献

[1] 中华人民共和国住房和城乡建设部.GB 50265—2010 泵站设计规范[S].北京:中国计划出版社,
2011.

[2] 中华人民共和国建设部.GB 50202—2002 建筑地基基础工程施工质量验收规范[S].北京:中国计
划出版社,2004.

[3] 中华人民共和国国家质量监督检验检疫总局.GB 50204—2002 混凝土结构工程施工质量验收规范
(2010 版)[S].北京:中国建筑工业出版社,2002.

[4] 中华人民共和国国家质量监督检验检疫总局,中国国家标准化管理委员会.GB/T 14173—2008 水
利水电工程钢闸门制造、安装及验收规范[S].北京:中国标准出版社,2009.

[5] 中华人民共和国建设部,中华人民共和国国家质量监督检验检疫总局.GB 50150—2006 电气装置安
装工程 电气设备交接试验标准[S].北京:中国计划出版社,2006.

[6] 中华人民共和国建设部,中华人民共和国国家质量监督检验检疫总局.GB 50169—2006 电气装置安
装工程 接地装置施工及验收规范[S].北京:中国计划出版社,2006.

[7] 中华人民共和国建设部.GB 50168—2006 电气装置安装工程 电缆线路施工及验收规范[S].北
京:中国计划出版社,2006.

[8] 中华人民共和国水利部.SL 288—2003 水利工程建设项目施工监理规范[S].北京:中国水利水电出
版社,2004.

[9] 中华人民共和国水利部.SL 176—2007 水利水电工程施工质量检测与评定规程(附条文说明)[S].
北京:中国水利水电出版社,2007.

[10] 中华人民共和国水利部.SL 223—2008 水利水电建设工程验收规程[S].北京:中国水利水电出版
社,2008.

[11] 中华人民共和国水利部.SL 234—1999 泵站施工规范[S].北京:中国水利水电出版社,1999.

[12] 中华人民共和国水利部.SL 352—2006 水工混凝土试验规程(附条文说明)[S].北京:中国水利水
电出版社,2006.

[13] 中华人民共和国水利部.SL 237—1999 土工试验规程[S].北京:中国水利水电出版社,1999.

[14] 中华人民共和国水利部.SL 105—2007 水工金属结构防腐蚀规范(附条文说明)[S].北京:中国水
利水电出版社,2008.

[15] 中华人民共和国水利部.SL 381—2007 水利水电工程启闭机制造安装及验收规范[S].北京:中国
水利水电出版社,2007.

[16] 中华人民共和国水利部.SL 378—2007 水工建筑物地下开挖工程施工规范[S].北京:中国水利水
电出版社,2007.

[17] 中华人民共和国国家经济贸易委员会.DL/T 5161.1—2002 电气装置安装工程质量检验及评定规
程 第 1 部分:通则[S].北京:中国电力出版社,2002.

[18] 中华人民共和国经济贸易委员会.DL/T 5144—2001 水工混凝土施工规范[S].北京:中国电力出
版社,2002.

[19] 朱永庚,等.泵站应用技术[M].天津:天津大学出版社,2010.

[20] 刘家春.泵站管理技术[M].北京:化学工业出版社,2014.

［21］张仁田.南水北调工程中大型泵站泵型选择的若干问题［J］.水力发电学报,2003(4):119-127.

［22］魏昌林,等.中国南水北调［M］.北京:中国农业出版社,2000.

［23］刘竹溪,等.中国泵站工程［M］.北京:中国水利电力出版社,1993.

［24］栾鸿儒,等.水泵及水泵站［M］.北京:中国水利电力出版社,1992.

［25］严登丰.泵站过流设施与截流闭锁装置试验［M］.北京:中国水利电力出版社,2000.

［26］丘传忻.泵站工程［M］.武汉:武汉大学出版社,2001.

［27］关醒凡.现代泵技术手册［M］.北京:中国宇航出版社,1995.

［28］杜刚海.大型泵站机组安装与检修［M］.北京:水利电力出版社,1995.

［29］王国光.采取止水措施的基坑渗流场研究［J］.工业建筑,2001,31(4):43-45.

［30］杨波.临近江河的超深基坑降水控制系统研究［D］.上海:同济大学.2005.

［31］吴迟恭.水力学［M］.4版.北京:高等教育出版社,1993.

［32］B. H. 阿拉文,C. H. 罗米诺夫.渗流理论［M］.北京:高等教育出版社,1958.

［33］里亨,张锡文,何枫.论多孔介质中立体流动问题的数值模拟方法［J］.石油大学学报,2000,24(5):
112-116.

［34］Lubinski. Theory of elasticity for porous bodies displaying a strong pore structure［J］. Proc. U. S. National
Congress of Applied Mechanics,1954:247-256.

［35］刘建军,裴桂红.我国渗透力学发展现状及展望［J］.武汉工业学院学报,2002(3):99-103.

［36］谢和平,周宏伟.岩土介质渗流物理的现代研究方法［J］.世界采矿快报,1997,13(19):3-4.

［37］Zienkiewicz O. C. ,Shiomi T. Dynamic behavior of saturated porous media:the generalized Biot for mul-
action and its numerical solution［J］. Int. J. Num and Analy. Meth. in Geomech. 1984,8:71-96.

［38］薛禹群,吴吉春.地下水数值模拟在我国——回顾与展望［J］.水文地质工程地质.1997(4):21-24.

［39］于峰.区域地下水数值模拟［D］.济南:山东大学,2005.

［40］黄春峨.考虑渗流作用的基坑稳定分析［D］. 杭州:浙江大学,2001.

［41］许胜,王媛.深基坑渗流对周边环境影响数值模拟研究［J］.路基工程,2009(3):58-59.

［42］俞洪良,陆杰峰,等.深基坑工程渗流场特性分析［J］.浙江大学学报,2002(5):595-600.

［43］陶明星,刘建民.基坑渗流的数值模拟与分析［J］.工程勘察,2006(1):23-25.

［44］钱午,苏景中.深基坑工程止水帷幕设计概要［J］.土工基础,1998,12(1):8-13.

［45］杨波,刘国彬,杨光煦.超深防渗帷幕性质研究及设计优化［J］.岩土工程技术,2004,18(5):267-
270.

［46］王东,沈凡,赵玮.深搅止水帷幕在超大基坑开挖中的应用［J］.昆明大学学报(综合版),2002(2):
64-65.

［47］刘爱娟.基坑止水帷幕优化设计及工程应用［D］.郑州:华北水利水电学院, 2006.

［48］任红涛.止水帷幕对基坑渗流场影响分析［D］.武汉:中国地质大学,2006.

［49］吴世兴.深基坑悬挂式帷幕的渗流分析［J］.福建建设科技,2009(5):4-5.

［50］丁洲祥,龚晓南,俞建霖,等.止水帷幕对基坑环境效应影响的有限元分析［J］.岩土力学,2005,26
S1:146-150.

［51］杨秀竹,陈福全,雷金山,等.悬挂式帷幕防渗作用的有限元模拟［J］.岩土力学.2005,26:105-107.

［52］卢廷浩.土力学［M］.南京:河海大学出版社,2005.

［53］张莲花.基坑降水引起的沉降变形时空规律及降水控制研究［D］.成都:成都理工学院.2001.

［54］王根华,王庆苗,马国强.水泥土截渗墙技术在淮北大堤加固工程中的应用［J］.地基基础工程,
2004,7(8):62-63.

［55］邓永锋,刘松玉,洪振舜.水泥土搅拌桩复合地基载荷试验数值分析［J］.岩土力学,2004,25(2):

310-314.

[56] 朱伯芳.有限单元法原理及应用[M].2版.北京:中国水利水电出版社,1998.

[57] 孙讷正.地下水流的数学模型和数值方法[M].北京:地质出版社,1981.

[58] 王国光.基坑工程渗流场的有限元分析[D].天津:天津大学,1999.

[59] 罗焕炎,陈雨孙.地下水运动的数值模拟[M].北京:中国建筑工业出版社,1988.

[60] 陈东.搅拌桩复合地基受力变形和沉降计算方法研究[D].南京:南京水利科学研究院,2006.

[61] 梁发云.基于多孔介质理论的地基土变形模量估算方法[J].岩土力学,2004,25(7):1147-1150.

[62] 田春亮.深基坑降水群井优化设计及三维渗流有限元分析[D].西安:西安理工大学,2010.

[63] 叶书麟.地基处理工程实例应用手册[M].北京:中国建筑工业出版社,1998.

后 记

经过一年多的时间,作者执笔总结了南水北调东线八里湾泵站工程建设与管理的实践经验和成果,并借鉴参考了相关书籍资料,认真整理、筛选、汇总编写成书。

本书编著人员及编著分工如下:前言、附表、参考文献、后记由山东龙信达咨询监理有限公司钟传利编著;第一篇第一章由山东黄河河务局东平湖管理局李新立编著;第一篇第二~四章由黄河水利委员会工程建设管理中心李建军编著;第一篇第五章,第二篇第一~三章由山东黄河东平湖工程局刘瑞伟编著;第二篇第四章,第九篇第一~四章由山东黄河河务局槐荫黄河河务局孙倩编著;第二篇第五章,第四篇第二、三章由黄河勘测规划设计有限公司张艳锋编著;第三篇由山东黄河河务局李建志编著;第四篇第一章,第五篇由山东黄河东平湖工程局王继堂编著;第六篇由山东黄河河务局东平湖管理局杨玉林编著;第七、八篇由山东建筑大学钟传青编著;第九篇第五、六章由山东黄河河务局冯延海编著;第九篇第七~十章由黄河勘测规划设计有限公司冯向珍编著。山东龙信达咨询监理有限公司孙强参与第四、五篇部分内容编著;山东黄河河务局东平湖管理局曲淑文参与第一、二篇部分内容编著。

本书由钟传利、王继堂担任主编,钟传利负责全书统稿及书稿整体规划;由李新立、刘瑞伟担任副主编。

本书的成稿作者付出了艰苦的劳动,洒下了辛勤的汗水,为读者学习交流工作提供了便捷之路。

作 者

2014 年 10 月